# 半導体の光物性

理学博士 中山 正昭 著

コロナ社

# まえがき

　太陽光の恵みによって地球上の生命が維持されているように，私たちの世界は光に満ちあふれている。光物性とは，「光と物質の相互作用の諸現象」を総称する言葉であり，身近に見ている光の反射，吸収，発光，散乱という現象がその代表的なものである。「半導体の光物性」は，物理学の学問領域として，光エレクトロニクスの基盤として，さらには，半導体材料，デバイスの光学的評価の物理学基礎として，長年にわたって研究が行われてきた。光物性は，きわめて魅力的なものであるが膨大な学問体系から成り立っており，それを前にすると，初めて学ぶ者は茫然とするのではないだろうか。事実，筆者は，研究を通して独学で光物性という学問を学び，幾度となくその広さと深さに立ち尽くすことを経験している。学問は，知識という点から始まり，線となり，そして，あくなき探求と研鑽によって面という体系を自己の中に確立できる。昨今の半導体の光物性に関する研究とそれを応用したデバイス開発において，高度な知識と考察が要求されながらも，研究・開発に要求されるスピードのために，光物性という学問を熟成するだけの時間的なゆとりを持つことが困難となり，表層的なものに留まる傾向が見られるように思える。また，大学という教育の場において，その専門教育の主体となっている学部 4 年生と前期博士課程（修士課程）の大学院生に対して，何らかのテーマを与えて研究をさせながら，限られた時間で，歴史的広がりと深みがあり，かつ，日進月歩で発展している半導体の光物性を十分に理解させることに，現場の教員として難しさを痛感している。

　本書は，上で述べた思いに駆られて，浅学非才を顧みず，筆者の「半導体の光物性」の研究者として，そして，大学教員としての 30 年の年月を通して，点から線，そして面へと熟成した学問体系をまとめたものである。本書の執筆において最も意識したことは，学問の体系をイメージとして理解してもらうために，思考を展開するための道具としての理論を詳細に述べ，かつ，それに対応した概念や計算と実験結果を図によって説明することである。そのために，本書では総数 216 枚の図と豊富な物理パラメータの表を示している。また，で

きる限り，著者のオリジナルなデータを用いている．これは，熟知したデータを基に，読者に生き生きと語りかけるためである．さらに，各項目の歴史と最新の展開までを対応する引用・参考文献を示して系統的に説明することを意図して，総数539編の引用・参考文献を示している．したがって，本書を背景として，さらに詳細を学びたい読者は参考文献から比較的容易に体系的独学が可能である．

本書は，半導体の基礎物性（1章），光物性の基礎理論（2章），励起子の光学応答（3章），電子・正孔プラズマの光学応答（4章），ラマン散乱（5章），および，量子井戸構造・超格子の光物性（6章）から構成されている．各章の内容は，目次を参照していただきたい．点から線，そして面としての体系を構築することを意識した構成になっていることを理解していただけるはずである．本書は，学部レベルの電磁気学，量子力学，統計力学，固体物理学の知識を前提としており，理工系，特に，物理系，電気・電子工学系，材料系の大学院生，および，企業や研究所で半導体の光物性や光機能性に関連した研究・開発に携わっている方を主対象としている．また，教員が本書を適宜要約することによって，学部3年生と4年生の光物性物理学のテキストとしても用いることができる．

筆者は，本書が従来の光物性関連の専門図書と一線を画す斬新なものであると確信しているが，また，斬新であるがゆえに，筆者の浅学非才さが現れる箇所があることを認識している．これについては，ご批判とご意見をいただき，本書の改訂版を出版する機会が得られれば望外の喜びである．

最後に，本書は，大阪市立大学工学部応用物理学科（現 電子・物理工学科）と大学院工学研究科電子情報系専攻の光物性工学研究室で共に研究の時を過ごした学生たちとの議論と研究の中から生まれてきた．「真理の女神が微笑むのは一瞬である」という筆者の言葉と厳しい指導の下で，全力を尽くして真理を追い求めてくれた学生たちに心から感謝の意を表する．そして，筆者のこれまでの研究者人生を支えてくれた家族に本書を捧げる．

2013年7月

中山　正昭

# 目　　次

## 1. 半導体の基礎物性

1.1 結 晶 構 造 ································································· 1
　1.1.1 基 本 結 晶 格 子 ················································ 1
　1.1.2 ブリルアンゾーン ·················································· 4
1.2 フ ォ ノ ン ································································· 5
　1.2.1 フォノンの基礎 ······················································ 6
　1.2.2 閃亜鉛鉱型半導体のフォノン ·································· 8
　1.2.3 ウルツ鉱型半導体のフォノン ·································· 9
　1.2.4 混晶半導体のフォノン ·········································· 13
1.3 バ ン ド 構 造 ··························································· 14
　1.3.1 バンド構造の基礎 ················································ 14
　1.3.2 閃亜鉛鉱型半導体のバンド構造 ····························· 19
　1.3.3 ウルツ鉱型半導体のバンド構造 ····························· 22
　1.3.4 混晶半導体のバンドギャップエネルギーと格子定数 ····· 24
1.4 励 起 子 ································································· 25
　1.4.1 励起子状態の基礎理論 ·········································· 25
　1.4.2 励起子の微細構造 ················································ 29
1.5 量子井戸構造と超格子 ················································ 32
　1.5.1 ヘテロ接合とバンド不連続性 ·································· 32
　1.5.2 量子井戸構造のサブバンド状態 ······························ 34
　1.5.3 超格子のミニバンド構造 ········································ 37
　1.5.4 超格子のフォノン ················································ 39

## 2. 光物性の基礎理論

2.1 光物性の電磁波論 ……………………………………………… 42
　2.1.1 マクスウェル方程式からポラリトン方程式へ ……………… 42
　2.1.2 誘　電　関　数 ………………………………………………… 46
　2.1.3 ポ ラ リ ト ン …………………………………………………… 55
2.2 バンド間遷移の量子論 ………………………………………… 62
　2.2.1 直 接 遷 移 確 率 ………………………………………………… 62
　2.2.2 結合状態密度と直接遷移の吸収係数 ………………………… 68
　2.2.3 間接遷移確率と吸収係数 ……………………………………… 72
2.3 励起子遷移の量子論 …………………………………………… 77
2.4 不純物が関与する光学遷移の量子論 ………………………… 81
　2.4.1 バンド-不純物間遷移 ………………………………………… 82
　2.4.2 ドナー-アクセプター対発光 ………………………………… 83
　2.4.3 等電子トラップによる発光過程 ……………………………… 86
2.5 再結合発光速度と吸収係数の関係 …………………………… 87
2.6 オージェ再結合 ………………………………………………… 89

## 3. 励起子の光学応答

3.1 励起子による吸収と反射 ……………………………………… 94
3.2 励 起 子 発 光 ……………………………………………………… 102
　3.2.1 発　光　効　率 ………………………………………………… 103
　3.2.2 自由励起子発光と束縛励起子発光 …………………………… 104
　3.2.3 励起子発光ダイナミクス ……………………………………… 111
　3.2.4 弱局在励起子発光 ……………………………………………… 115
　3.2.5 励起子ポラリトン発光 ………………………………………… 118
3.3 励起子分子光学応答 …………………………………………… 121
　3.3.1 励起子分子の基礎理論 ………………………………………… 121
　3.3.2 励起子分子発光 ………………………………………………… 126
　3.3.3 2光子共鳴励起光学応答 ……………………………………… 131
　3.3.4 励起子分子量子ビート ………………………………………… 137

3.4 励起子非弾性散乱過程による発光 …………………………………………… 141
   3.4.1 励起子非弾性散乱過程による発光の基礎理論 ………………………… 142
   3.4.2 励起子-励起子散乱による発光と光学利得 …………………………… 146
   3.4.3 励起子-電子散乱による発光と光学利得 ……………………………… 151
3.5 薄膜における励起子重心運動の量子化と光学応答 ……………………… 153
3.6 励起子状態に対する格子ひずみ効果 ……………………………………… 156
   3.6.1 閃亜鉛鉱型半導体における格子ひずみ効果の理論 …………………… 156
   3.6.2 光変調反射分光法 ………………………………………………………… 161
   3.6.3 閃亜鉛鉱型ひずみエピタキシャル構造の励起子状態 ………………… 163
   3.6.4 ウルツ鉱型半導体における格子ひずみ効果の理論と
         励起子エネルギーシフト ………………………………………………… 166

## 4. 電子・正孔プラズマの光学応答

4.1 多体効果の基礎理論 ………………………………………………………… 172
   4.1.1 モット転移密度 …………………………………………………………… 172
   4.1.2 バンドギャップ再構成 …………………………………………………… 175
4.2 電子・正孔プラズマによる光学利得の理論 ……………………………… 181
4.3 電子・正孔プラズマの発光スペクトルと光学利得スペクトル ………… 185
4.4 電子・正孔液体（液滴）の発光スペクトル ……………………………… 191

## 5. ラ マ ン 散 乱

5.1 ラマン散乱の基礎理論 ……………………………………………………… 197
   5.1.1 ラマン散乱の電磁気学的側面 …………………………………………… 198
   5.1.2 ラマン散乱の量子論的側面 ……………………………………………… 200
5.2 ラマンテンソルとラマン散乱選択則 ……………………………………… 202
5.3 ラマン散乱の動的構造因子と空間の有限サイズ効果 …………………… 205
5.4 LOフォノン-プラズモン結合モード ……………………………………… 211
5.5 格子ひずみ効果 ……………………………………………………………… 216
   5.5.1 閃亜鉛鉱型半導体の光学フォノン振動数に対する格子ひずみ効果 … 217
   5.5.2 ウルツ鉱型半導体の光学フォノン振動数に対する格子ひずみ効果 … 219

# 6. 量子井戸構造・超格子の光物性

- 6.1 量子井戸構造におけるサブバンド構造の理論 ……………… 222
  - 6.1.1 単一量子井戸構造におけるサブバンドエネルギー ……… 223
  - 6.1.2 伝達行列法 ………………………………………… 224
  - 6.1.3 バンド非放物線性 ……………………………………… 228
  - 6.1.4 正孔サブバンド構造の厳密な解析 …………………… 230
  - 6.1.5 電場効果：量子閉じ込めシュタルク効果 ……………… 233
- 6.2 量子井戸構造における励起子状態の理論 …………………… 237
  - 6.2.1 完全2次元系における励起子状態 …………………… 238
  - 6.2.2 有限ポテンシャルにおけるタイプI励起子状態 ……… 240
  - 6.2.3 有限ポテンシャルにおけるタイプII励起子状態 ……… 243
- 6.3 量子井戸構造における光学遷移の量子論 …………………… 246
  - 6.3.1 バンド間遷移 …………………………………………… 247
  - 6.3.2 サブバンド間遷移 ……………………………………… 248
  - 6.3.3 励起子遷移 ……………………………………………… 250
- 6.4 量子井戸構造における励起子光学応答 ……………………… 251
  - 6.4.1 励起子による吸収と反射 ……………………………… 251
  - 6.4.2 励起子発光 ……………………………………………… 255
  - 6.4.3 励起子分子発光 ………………………………………… 262
  - 6.4.4 荷電励起子発光 ………………………………………… 265
  - 6.4.5 量子閉じ込めシュタルク効果と自己電気光学効果素子 …… 268
  - 6.4.6 励起子-励起子散乱 …………………………………… 272
  - 6.4.7 励起子量子ビートと励起子分子量子ビート ………… 273
- 6.5 量子井戸構造におけるサブバンド間遷移とそのデバイス応用 …… 278
  - 6.5.1 サブバンド間吸収と量子井戸赤外光検出器 ………… 278
  - 6.5.2 量子カスケードレーザー ……………………………… 279
- 6.6 超格子のミニバンド構造と有効質量 ………………………… 282
  - 6.6.1 ミニバンド幅の分光学的評価 ………………………… 282
  - 6.6.2 ミニバンド有効質量の分光学的評価 ………………… 285
- 6.7 超格子におけるワニエ・シュタルク局在とブロッホ振動 ……… 287

|   |   |   |
|---|---|---|
| 6.7.1 | ワニエ・シュタルク局在の理論的概略 | 288 |
| 6.7.2 | ワニエ・シュタルク局在状態の形成 | 290 |
| 6.7.3 | ワニエ・シュタルク局在状態における波動関数共鳴 | 294 |
| 6.7.4 | ブロッホ振動の理論的概略 | 296 |
| 6.7.5 | ブロッホ振動 | 298 |

6.8 GaAs/AlAs タイプII超格子における励起子光学応答 ……… 301

|   |   |   |
|---|---|---|
| 6.8.1 | Γ-X サブバンド交差 | 302 |
| 6.8.2 | タイプII準直接遷移型励起子 | 304 |
| 6.8.3 | タイプII準直接遷移型励起子分子 | 307 |
| 6.8.4 | タイプII励起子-励起子分子系におけるボース統計性の発現 | 309 |

6.9 超格子におけるフォノンとラマン散乱 ……… 312

|   |   |   |
|---|---|---|
| 6.9.1 | フォノンラマン散乱選択則 | 313 |
| 6.9.2 | 音響フォノンの折り返しモードと分散関係 | 314 |
| 6.9.3 | 音響フォノンの折り返しモードに対する界面の乱れの影響 | 318 |
| 6.9.4 | 光学フォノンの閉じ込めモードと分散関係 | 319 |
| 6.9.5 | 界面モード | 322 |

引用・参考文献 ……… 325

索　　引 ……… 348

# 1 半導体の基礎物性

本章では，半導体の光物性を理解するために必要な基礎物性について述べる。具体的には，結晶構造（crystal structure）と群論（group theory）に基づく空間的対称性，結晶を構成する原子の集団振動である格子振動（その量子化描像がフォノン：phonon），電子と正孔の波数ベクトル（wave vector）に対するエネルギー分散関係（energy dispersion relation）であるバンド構造（band structure），および，電子と正孔がクーロン束縛した準粒子である励起子（exciton）について，代表的な光機能性半導体であるⅢ-Ⅴ族化合物半導体とⅡ-Ⅵ族化合物半導体を主対象に解説する。さらに，すでに多様なデバイスに応用されている半導体低次元構造の量子井戸構造（quantum well structure）と超格子（superlattice）のバンド構造とフォノンの概略についても述べる。

## 1.1 結 晶 構 造

### 1.1.1 基本結晶格子

光物性において重要なバンド構造,励起子,フォノンの固有状態（eigenstate）は，結晶構造の空間的対称性によって決定される。Ⅲ-Ⅴ族化合物半導体のGaAs，GaP，GaSb，AlAs，InAsやⅡ-Ⅵ族化合物半導体のZnS，ZnSeなどの半導体の結晶構造は，立方晶（cubic crystal）系の閃亜鉛鉱構造（zincblende structure）に属する。**図1.1**（a）は，閃亜鉛鉱構造の基本結晶格子（basic crystal lattice）を示している。閃亜鉛鉱構造は，格子ベクトル（lattice vector）が（1/4，1/4，1/4）ずれた原子が異なる2種類の面心立方格子（face-centered cubic lattice）で構成される。原子が同じ種類の場合，SiやGeの結晶構造であるダイヤモンド構造（diamond structure）となる。格子定数（lattice constant）は，立方晶の1辺の長さ（$a$）に相当する。閃亜鉛鉱構造では，$sp^3$

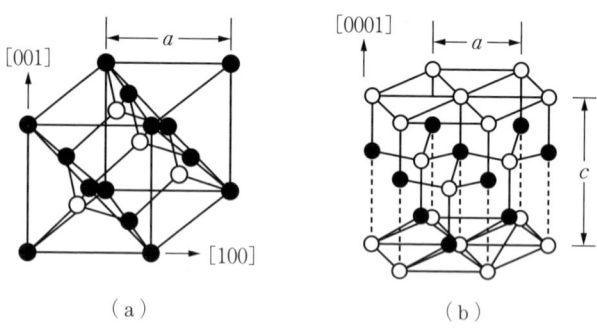

図 1.1 （a）閃亜鉛鉱構造と（b）ウルツ鉱構造の基本結晶格子

混成軌道（hybridization orbital）によって正四面体的な共有結合（covalent bond）が形成されている。閃亜鉛鉱構造を群論で表記すると，点群（point group）$T_d$（Schönflies 記号），もしくは，$\bar{4}3m$（国際表記もしくは Hermann-Mauguin 記号）となる。結晶の点群（基本結晶格子を不変に保つ対称操作の集合）は，すべてで 32 種類あり，点群に結晶特有の並進操作（基本結晶格子が規則正しく配列すること）を加えたものを空間群（space group）と呼ぶ。閃亜鉛鉱構造の空間群は，$T_d^2$（$F\bar{4}3m$）である。群論の表記は，結晶構造の空間的対称性を表現するものであり，フォノン，バンド構造，励起子などの固有状態を分類し理解するための基礎知識として重要である[1],[2]†。本書では，使う立場からの「物性の言葉，もしくは，記号としての群論」について概略を述べることにする。半導体の光物性では，次項で述べる Γ 点での波動関数（wave function）の特性が主体であり，Γ 点に関しては点群のみで説明できる。点群表記 $T_d$ の T は，tetragonal の略称で正四面体と同様の対称性を持つことを意味し，付加記号の d は，diagonal の略称で正四面体の対角方向（閃亜鉛鉱型構造の場合は [111] 方向）に鏡映面（鏡に映すような面対称）を持つことを示している。$\bar{4}3m$ の $\bar{4}$ は，主軸方向（[100] 方向）に $\bar{4}$ 回転軸（回反軸：$2\pi/4 = 90°$ の回転の後に 180° 反転すると元に戻る対称性）があること，3m は 3 回軸（[111] 方向）とそれに平行な鏡映面があることを意味している。

---

† 肩付きの数字は，巻末の引用・参考文献番号を表す。

Ⅲ族窒化物半導体のGaN, AlN, InNやⅡ-Ⅵ族化合物半導体のZnO, CdSなどの半導体の結晶構造は，六方晶（hexagonal crystal）系のウルツ鉱構造（wurtzite structure）に属する。図1.1（b）は，ウルツ鉱構造の基本結晶格子を示している。ウルツ鉱構造を構成する共有結合の基本ユニットは，閃亜鉛鉱構造と同様に正四面体的$sp^3$混成軌道である。したがって，共有結合の観点からは閃亜鉛鉱構造とウルツ鉱構造は類縁であり，例えば，GaNを立方晶系の基板上にエピタキシャル成長（epitaxial growth）すると，閃亜鉛鉱構造となる場合があることが知られており[3),4)]，このことはデバイス応用の観点において注目されている。ウルツ鉱構造の場合，構造の異方性のために2組みの格子定数（$a$と$c$）で基本結晶格子が表現され，$sp^3$混成軌道が交互に逆転して結合している結晶方向を$c$軸[0001]と定義する。ウルツ鉱構造の点群は$C_{6v}$（6 mm），空間群は$C_{6v}^4$（P6$_3$mc）である。点群$C_{6v}$の$C_6$は，6回軸（$2\pi/6=60°$の回転で元に戻る対称性）があることを意味し（六方晶系の特徴：回転軸は$c$軸），付加記号のvはvertical（垂直）の略称で，主軸を含む垂直面に鏡映面があることを示している。6 mmの6は，上記の6回軸があること，mmは2種類の鏡映面があることを意味している。鏡映面に関しては，主軸に平行な2組みの等価な三つの鏡映面が存在する。

　ここで，結晶構造の極性面（polar face）について述べる。これは，特にウルツ鉱構造のGaN系の発光デバイスにおいて重要な事項である。ウルツ鉱構造の場合，$c$面(0001)が極性面であり，その法線方向（$c$軸[0001]）に格子がひずむとピエゾ電場（piezoelectric field：格子ひずみに起因する圧電分極によって発生する電場）が生じる（ピエゾ電場に関する詳細は6.1.5項を参照）。なお，閃亜鉛鉱構造の極性面は，(111)面である。GaN系デバイスを作製する場合，極性面である$c$面(0001)を成長面として$In_xGa_{1-x}N$層などをエピタキシャル成長することが多く［一般的な市販の発光ダイオード（light emitting diode：LED）がこれに相当する］，ピエゾ電場が原因となって，発光層に注入される電子と正孔の再結合発光確率（recombination luminescence probability）が低下する。そこで，図1.2に示しているように，$c$面に垂直な$a$面($11\bar{2}0$)

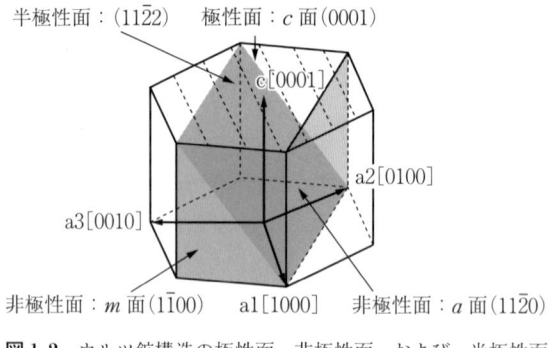

**図 1.2** ウルツ鉱構造の極性面，非極性面，および，半極性面

や $m$ 面 $(1\bar{1}00)$ と呼ばれる非極性面（non-polar face），あるいは $c$ 面に対して傾いた半極性面（semi-polar face），例えば $(11\bar{2}2)$[5]や $(20\bar{2}1)$[6]を成長面とし，ピエゾ電場の効果を大きく低減することが高効率発光ダイオード[5]や半導体レーザー[6]を作製する指針の一つとなっている。

### 1.1.2 ブリルアンゾーン

物性物理学において，電子，フォノン，励起子のエネルギー分散関係，すなわち，エネルギーの波数ベクトル（波動ベクトルとも呼ぶ）依存性は，きわめて重要なものである。結晶の電子バンド構造やフォノンのエネルギー分散関係は，ブリルアンゾーン（Brillouin zone）と呼ばれる逆格子空間（reciprocal lattice space：波数空間（wave vector space）とも呼ぶ）において記述される。波数空間を考慮する必然性は，結晶中の電子やフォノンを量子力学的波動として扱う場合（物性論の大前提），その波動の状態（厳密には空間を波動が伝播する位相）が波数ベクトル（$|\boldsymbol{k}|=2\pi/\lambda$：$\lambda$ は波長）で定義されるためである。具体的には，結晶中の任意の波動関数は，実空間格子ベクトル $\boldsymbol{R}$ の移動に対して不変なブロッホ関数（Bloch function）$u_k(\boldsymbol{r}+\boldsymbol{R})=u_k(\boldsymbol{r})$ を前提とすると（結晶の並進対称性によって保証される），一般に次式の特性を持つ。

$$\Psi_k(\boldsymbol{r}+\boldsymbol{R}) = \exp[i\boldsymbol{k}(\boldsymbol{r}+\boldsymbol{R})]u_k(\boldsymbol{r}+\boldsymbol{R}) = \exp(i\boldsymbol{k}\cdot\boldsymbol{R})\exp(i\boldsymbol{k}\cdot\boldsymbol{r})u_k(\boldsymbol{r})$$
$$= \exp(i\boldsymbol{k}\cdot\boldsymbol{R})\Psi_k(\boldsymbol{r}) \tag{1.1}$$

式 (1.1) は，実空間格子ベクトル $\boldsymbol{R}$ の移動が，波動関数の位相変化 $\exp(i\boldsymbol{k}\cdot\boldsymbol{R})$ に相当することを意味しており，これをブロッホの定理（Bloch's theorem）と呼ぶ。

図1.3に，(a) 閃亜鉛鉱構造と (b) ウルツ鉱構造のブリルアンゾーンを示している．対称性の良い点には Γ，X，L などの記号が付けられている．また，Γ点からX点方向の波数空間をΔ線，Γ点からL点方向の波数空間をΛ線などと表記する．光物性において特に重要なものが，$\boldsymbol{k} = (0, 0, 0)$ のΓ点である．式 (1.1) のブロッホの定理から，Γ点の波動関数は実空間格子ベクトル $\boldsymbol{R}$ の移動に対して不変であることがわかる．これは，全結晶空間で同じ固有状態，波動でいえば定在波であることを意味している．

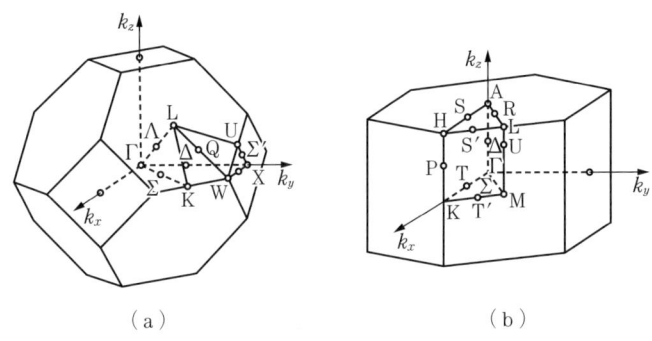

図1.3 (a) 閃亜鉛鉱構造と (b) ウルツ鉱構造のブリルアンゾーン

## 1.2 フォノン

結晶を構成している原子の集団振動である格子振動は，その量子化描像がフォノンと呼ばれ，原子の規則的配列状態と対称性，原子間結合力，格子ひずみなどの結晶構造の諸要素によって状態が決定される．フォノンには，電子，正孔，励起子を散乱する，もしくは，それらとの結合状態［ポーラロン (polaron)］を形成するという物性的な効果とともに，ラマン散乱分光法 (Raman scattering spectroscopy) や赤外分光法 (infrared spectroscopy) によってフォノンをプローブすることにより，結晶性を光学的に評価できるという側面がある．

## 1.2.1 フォノンの基礎

ここでは，フォノンの基礎として，2原子直線格子モデル（**図1.4**参照）に基づいてフォノンについて解説する。質量 $M$ と $m$ の異種の原子が，ばね定数 $\beta$ を持って交互に周期的に並んだ直線格子（格子定数：$a$）を考える。$l$ 番目のセルの質量 $M$ の原子の変位を $u_l$，質量 $m$ の原子の変位を $v_l$ とする。$l$ 番目のセルの1対の原子の運動方程式は，次式で表される。

$$\left.\begin{array}{l} M\dfrac{d^2 u_l}{dt^2} = -\beta(u_l - v_l) - \beta(u_l - v_{l-1}) = -\beta[2u_l - (v_l + v_{l-1})] \\[2mm] m\dfrac{d^2 v_l}{dt^2} = -\beta(v_l - u_{l+1}) - \beta(v_l - u_l) = -\beta[2v_l - (u_{l+1} + u_l)] \end{array}\right\} \quad (1.2)$$

$u_l$ と $v_l$ を波数ベクトル $k$，振動数 $\omega$ の平面波として次式で定義すると

$$u_l = A\exp[i(kx_l - \omega t)], \quad v_l = B\exp[i(k(x_l + a/2) - \omega t)] \quad (1.3)$$

式 (1.2) は，下記の行列関係となる。

$$\begin{pmatrix} 2\beta - M\omega^2 & -2\beta\cos(ka/2) \\ -2\beta\cos(ka/2) & 2\beta - m\omega^2 \end{pmatrix} \begin{pmatrix} A \\ B \end{pmatrix} = \begin{pmatrix} 0 \\ 0 \end{pmatrix} \quad (1.4)$$

式 (1.4) が意味を持つためには，行列式がゼロであればよいので，以下の分散関係が得られる。

$$\omega_\pm^2 = \beta\left(\frac{1}{M} + \frac{1}{m}\right) \pm \beta\left[\left(\frac{1}{M} + \frac{1}{m}\right)^2 - \frac{4\sin^2(ka/2)}{Mm}\right]^{1/2} \quad (1.5)$$

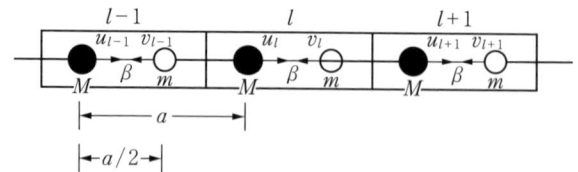

図1.4　2原子直線格子モデル

**図1.5** は，式 (1.5) に基づいて計算したフォノン分散関係の概略図を示している。二つの分枝があり，振動数がゼロから始まる下分枝（$\omega_-$）が音響フォノン（acoustic phonon）に，有限の振動数から始まる上分枝（$\omega_+$）が光学フォ

ノン（optical phonon）に相当する。光学フォノンが，一般的に光と相互作用する。$k=0$ 近傍の波数領域の音響フォノン分散関係は，式 (1.5) から近似的に以下のようになる。

$$\omega_- = \left(\frac{\beta a^2}{2(M+m)}\right)^{1/2} k \tag{1.6}$$

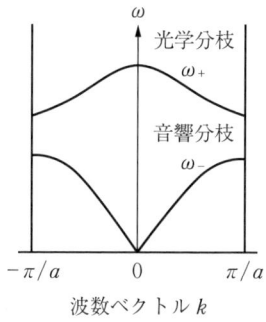

図 1.5 式 (1.5) に基づいて計算したフォノン分散関係の概略図

式 (1.6) は，$\omega_-$ が波数ベクトル $k$ との線形関係にあることを意味しており，その係数が物質中の音速に対応する。すなわち，音波の分散を示している。これが，音響フォノンの語源である。また，$k=0$ における振幅関係は，音響フォノンの場合，$A=B$（同一位相の振動），光学フォノンの場合，$A=-(m/M)B$（逆位相の振動）となる。

フォノンは，量子力学的にはボース粒子（ボソン：boson）である。振動モードを単純な調和振動子（harmonic oscillator）と仮定すると，温度 $T$ で熱平衡にある振動数 $\omega$ のフォノン密度の期待値と平均エネルギーは，次式で与えられる。

$$\langle n_{\mathrm{ph}} \rangle = \frac{1}{\exp\left(\dfrac{\hbar \omega}{k_{\mathrm{B}} T}\right) - 1} \tag{1.7a}$$

$$\langle E \rangle = \hbar \omega \left(\langle n_{\mathrm{ph}} \rangle + \frac{1}{2}\right) \tag{1.7b}$$

ここで，式 (1.7a) の右辺は，ボース分布関数（Bose distribution function）に相当する。フォノンの生成と消滅に関しては，生成演算子（creation operator：$a^+$）と消滅演算子（annihilation operator：$a$）を用いて，以下のように取り扱うことができる。

$$a^+ |n_{\mathrm{ph}}\rangle = \sqrt{n_{\mathrm{ph}}+1}\,|n_{\mathrm{ph}}+1\rangle, \quad a|n_{\mathrm{ph}}\rangle = \sqrt{n_{\mathrm{ph}}}\,|n_{\mathrm{ph}}-1\rangle \tag{1.8}$$

式 (1.8) は，2 章に述べるが，フォノンの生成・消滅を伴う間接遷移型（indirect transition type）半導体の光学遷移確率（optical transition probability）におい

て重要な役割をする。

## 1.2.2 閃亜鉛鉱型半導体のフォノン

図1.6は，閃亜鉛鉱構造 GaAs のフォノン分散関係の計算結果と中性子散乱法（neutron scattering method）によって測定された実験結果を示している[7]。図の上軸のΓ，X，L，Δ，Λ，Σなどの記号は，図1.3（a）に示したブリルアンゾーンの位置や方向を表している。図1.6から明らかなように，閃亜鉛鉱構造のフォノンには基本的に4種類のモードがある。各フォノンには，フォノンの伝播方向と同じ方向に格子振動する縦モード［縦型音響（longitudinal acoustic：LA）フォノンと縦型光学（longitudinal optical：LO）フォノン］と，直交方向に格子振動する横モード［横型音響（transverse acoustic：TA）フォノンと横型光学（transverse optical：TO）フォノン］があるために，すべてで4種類のモードとなる。縦モードの自由度は1，横モードの自由度は2である。なお，[0ζζ]方向（Σ方向）では，縦モードと横モードの混成が生じ，TA と TO フォノンの縮退が解ける。

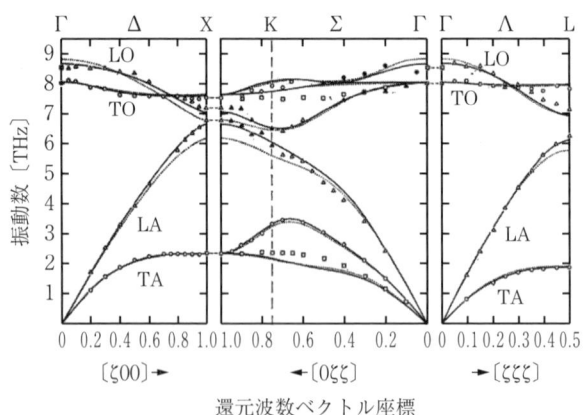

**図1.6** 閃亜鉛鉱構造 GaAs のフォノン分散関係の計算結果と中性子散乱法によって測定された実験結果[7]（Reprinted with permission. Copyright（1963）by the American Physical Society.）

図1.7は，これら4種類のフォノンモードのΓ点における振動状態の概略図を示している。GaAsのような閃亜鉛鉱構造の場合，ブリルアンゾーンを決定する単位胞（unit cell）は1対の構成原子（GaAsの場

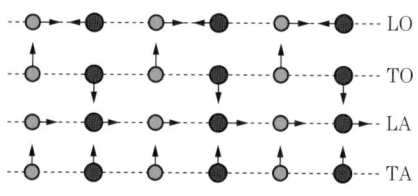

図1.7 TA, LA, TO, LO フォノンモードのΓ点における振動状態の概略図

合はGa原子とAs原子）で構成される。したがって，フォノンモードの数としては，3次元の自由度を考慮して3×2=6であり，その内の3モードが音響フォノンに，残りの3モードが光学フォノンとなる。各モード数に関しては，LAフォノンが1，TAフォノンが2，LOフォノンが1，TOフォノンが2である。群論に基づくと，$T_d$（$\overline{43}$m）の閃亜鉛鉱型半導体の光学フォノンは$T_2$対称性に分類され，赤外活性（infrared active）かつラマン活性（Raman active）である。群論の表記に関しては，ウルツ鉱型半導体と合わせて次項で述べる。なお，GaAsのような化合物半導体の場合は，極性があるためにΓ点においてTOとLOフォノンは分極相互作用（polarization interaction）により分裂しているが，SiやGeのような元素半導体の場合は，無極性であるためにΓ点においてTOとLOフォノンは縮退している。

### 1.2.3　ウルツ鉱型半導体のフォノン

図1.8は，ウルツ鉱構造GaNのフォノン分散関係の計算結果とラマン散乱分光法で測定されたΓ点のフォノン振動数（■）を示している[8]。図1.6のGaAsのフォノン分散関係と比較すると，ウルツ鉱構造の場合，かなり複雑なものとなっている。その理由は，ウルツ鉱構造の単位胞を構成する原子数が，閃亜鉛鉱構造の2倍の4個（GaNの場合，2対のGa原子とN原子）であるためである。フォノンモードの数は，3次元の自由度を考慮して3×4=12であり，その内の3モードが音響フォノンに，残りの9モードが光学フォノンとなる。

このような複雑なフォノンモードを考える場合，群論に基づく因子群解析

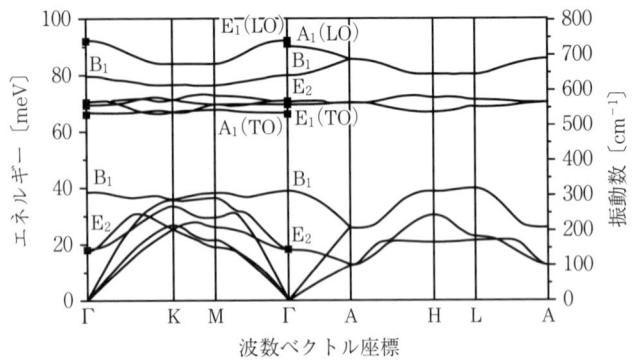

図1.8 ウルツ鉱構造 GaN のフォノン分散関係の計算結果とラマン散乱分光法で測定された Γ 点の光学フォノン振動数（■）[8]
(Reprinted with permission. Copyright (1997) by the American Physical Society.)

(factor group analysis) が有効である。因子群解析とは，フォノンモードがどのような群の既約表現 (irreducible representation) に属するかを決めるものである。既約表現とは，簡単に述べると，群の対称性操作に対してこれ以上に分解できない（簡略化できない）表現のことを意味する。ここでは，光と相互作用する Γ 点のフォノンモードを対象とし，結果のみを示すことにする（フォノンモードの分類記号として考えていただきたい）。なお，因子群解析の結果は，5章で述べるラマン散乱選択則と密接に関連している。ウルツ鉱構造の点群は，先に述べたように $C_{6v}$ (6 mm) であり，その因子群解析の結果を以下に示す[9],[10]。

$$\Gamma = 2A_1 + 2B_1 + 2E_1 + 2E_2 \tag{1.9}$$

ここで，A，B，E の記号は，Mulliken 記号と呼ばれ，つぎの意味を示している。

  A：1次元表現（縮退していない状態）  主軸方向に対称
  B：1次元表現（縮退していない状態）  主軸方向に反対称
  E：2次元表現（2重縮退の状態）
  T：3次元表現（3重縮退の状態）

3次元表現の T は，F とも記される。下付き数字の意味を説明するためには，

群論の煩雑な対称性操作を説明する必要があるので，ここでは記号として取り扱って詳細は無視する。Mulliken 記号の意味から，式 (1.9) は 12 個のモードを表現していることがわかる。これは，上記の単純なモード数の計算と一致する。式 (1.9) の内，一つの $A_1$ モードと一つの $E_1$ モードが音響フォノンに属する。したがって，光学フォノンはつぎのように表される。

$$\Gamma_{opt} = A_1 + 2B_1 + E_1 + 2E_2 \tag{1.10}$$

光学フォノンのモードの数は，上で述べたように9個である。各モードの基準振動を図 1.9 に示している[10]。ここで，$B_1$ モードは光学的不活性（サイレントモード：silent mode）である。式 (1.10) に基づいて図 1.8 のフォノン分散関係を見ると，$\Gamma$ 点において，$A_1$(TO)，$E_1$(TO)，$A_1$(LO)，$E_1$(LO)，および，2個の $E_2$ モード（低振動数モードを $E_2^{low}$，高振動数モードを $E_2^{high}$ と呼ぶ）が観測されていることがわかる。$E_2$ モードに TO と LO フォノンの区別がないのは，非極性モード（nonpolar mode）であるためである。このように，因子群解析に基づいて，フォノンモードを分類することができる。分光学的には，$A_1$，$E_1$ は赤外活性かつラマン活性であり，$E_2$ モードはラマン活性のみである。先に述べたように，閃亜鉛鉱構造の光学フォノンの場合，3重縮退の $\Gamma_{opt} = T_2$

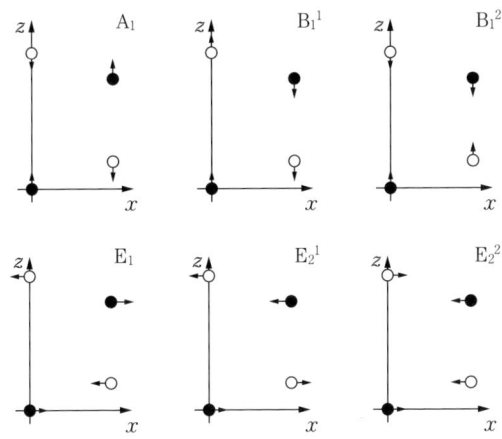

図 1.9　ウルツ鉱構造における $\Gamma$ 点光学フォノンモードの基準振動の概略図

となる。これは，閃亜鉛鉱構造が立方晶対称性を持つので，対称性が低いウルツ鉱構造で非縮退と2重縮退に分裂していたモードが融合するためである。

表1.1に，代表的な半導体の結晶構造，格子定数，Γ点の光学フォノン振動

**表1.1** 代表的な半導体の結晶構造，格子定数，Γ点の光学フォノン振動数。Dがダイヤモンド構造，ZBが閃亜鉛鉱構造，WZがウルツ鉱構造を意味している。ウルツ鉱構造の格子定数に関しては，$c$軸方向とそれに垂直な面の格子定数を記している。

| 半導体 | 結晶構造 | 格子定数 [Å][a] | | 光学フォノン振動数 [cm$^{-1}$][a),b)] |
|---|---|---|---|---|
| | | $a$ | $c$ | |
| Si | D | 5.431 0 | | 520 |
| Ge | D | 5.657 9 | | 301 |
| SiC (3C) | ZB | 4.369 6 | | (TO) 766, (LO) 838 |
| AlAs | ZB | 5.661 4 | | (TO) 361, (LO) 404 |
| AlN | WZ | 3.111 1 | 4.978 8 | $A_1$ (TO) 611, $A_1$ (LO) 890, $E_1$ (TO) 671, $E_1$ (LO) 912, $E_2^{low}$249, $E_2^{high}$657 |
| AlP | ZB | 5.463 5 | | (TO) 439, (LO) 501 |
| AlSb | ZB | 6.135 5 | | (TO) 316, (LO) 334 |
| GaAs | ZB | 5.653 3 | | (TO) 268, (LO) 292 |
| GaN | WZ | 3.190 1 | 5.189 1 | $A_1$ (TO) 533, $A_1$ (LO) 735, $E_1$ (TO) 560, $E_1$ (LO) 742, $E_2^{low}$145, $E_2^{high}$567 |
| GaP | ZB | 5.450 6 | | (TO) 365, (LO) 402 |
| GaSb | ZB | 6.095 9 | | (TO) 230, (LO) 243 |
| InAs | ZB | 6.058 3 | | (TO) 219, (LO) 241 |
| InN | WZ | 3.544 6 | 5.703 4 | $A_1$ (TO) 400, $A_1$ (LO) −, $E_1$ (TO) 484, $E_1$ (LO) 570, $E_2^{low}$190, $E_2^{high}$590 |
| InP | ZB | 5.868 7 | | (TO) 306, (LO) 344 |
| InSb | ZB | 6.479 4 | | (TO) 185, (LO) 197 |
| CdS | WZ | 4.131 8 | 6.749 0 | $A_1$ (TO) 234, $A_1$ (LO) 305, $E_1$ (TO) 242, $E_1$ (LO) 307, $E_2^{low}$43, $E_2^{high}$256 |
| ZnO | WZ | 3.249 6 | 5.204 2 | $A_1$ (TO) 380, $A_1$ (LO) 574, $E_1$ (TO) 407, $E_1$ (LO) 583, $E_2^{low}$101, $E_2^{high}$437 |
| ZnS | ZB | 5.405 3 | | (TO) 274, (LO) 350 |
| ZnSe | ZB | 5.667 | | (TO) 207, (LO) 253 |
| ZnTe | ZB | 6.088 2 | | (TO) 177, (LO) 207 |

[注] a) 文献11), b) 文献12)

## 1.2.4 混晶半導体のフォノン

III-V族化合物半導体やII-VI族化合物半導体の場合,2種類の半導体がランダムに混ざり合って結晶格子を組む混晶半導体(alloy semiconductor)が広く用いられている。$Al_xGa_{1-x}As$, $In_xGa_{1-x}As$, $GaAs_xP_{1-x}$, $In_xGa_{1-x}P$, $In_xGa_{1-x}N$, $Al_xGa_{1-x}N$, $Zn_xMg_{1-x}O$ などが,その代表的なものである。ここで,$x$ を混晶比(alloy composition)と呼ぶ。半導体 A と B から成る混晶半導体($A_{1-x}B_x$)におけるΓ点の光学フォノンモードは,混晶比に大きく依存する。その混晶比依存性は,**図 1.10** に示すように,大きく分けて3種類に分類される[13]。図 1.10(a)が1モードタイプ,(b)が2モードタイプ,(c)と(d)が部分的2モードタイプである。1モードタイプでは,二つの半導体の光学フォノンモードが融合し,LOフォノンとTOフォノンがそれぞれ一つのモードとなる。2モードタイプでは,二つの半導体の光学フォノンがそれぞれ自己主張し,$LO_1$, $TO_1$, $LO_2$, $TO_2$ という四つのモードが形成される。部分的2モードタイプでは,自己主張している光学フォノンモードが,ある混晶比の領域で消失する。ChangとMitra[13]は,混晶を構成する原子の質量と振動のばね定数のバランスによって,上記の混晶比依存性を分類することができることを提案してい

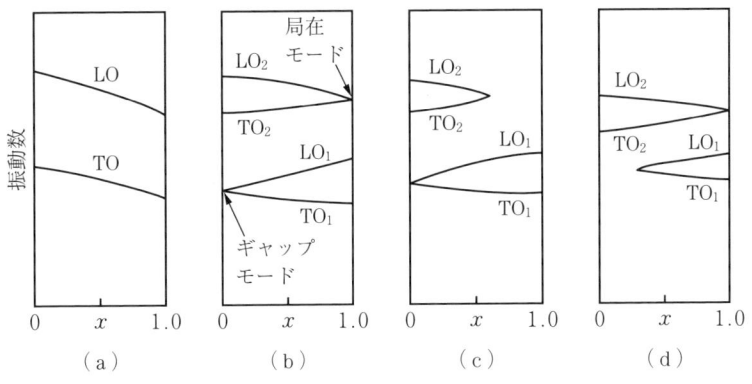

**図 1.10** 混晶半導体におけるΓ点光学フォノンモードの混晶比依存性の概略図

る。いくつかの混晶半導体の混晶比依存性の分類を以下に記す[12), 13)]。
（1） 1モードタイプ：$In_xGa_{1-x}P$, $Zn_xCd_{1-x}S$, $ZnSe_xTe_{1-x}$
（2） 2モードタイプ：$Al_xGa_{1-x}As$, $Al_xGa_{1-x}Sb$, $GaAs_xP_{1-x}$, $Zn_xCd_{1-x}Te$, $CdS_xSe_{1-x}$, $ZnS_xSe_{1-x}$, $Mg_xCd_{1-x}Te$, $Cd_xHg_{1-x}Te$
（3） 部分的2モードタイプ：$In_xGa_{1-x}As$, $In_xGa_{1-x}Sb$, $GaAs_xSb_{1-x}$

## 1.3 バンド構造

バンド構造，すなわち，電子エネルギーの波数ベクトル依存性は，フォノンと同様に原子の規則的配列状態と対称性などの結晶構造の諸要素によって決定され，半導体の物性と機能性を支配する最も重要な要因である。また，バンド構造は，後で述べる励起子と密接に関係している。光物性を理解するためには，バンド構造の理解が必須である。

### 1.3.1 バンド構造の基礎

単純化のために，図1.11（a）に示すように伝導帯（conduction band）と価電子帯（valence band）に下記の式で表される放物線的バンドが一つずつあると仮定する（2バンドモデル）。

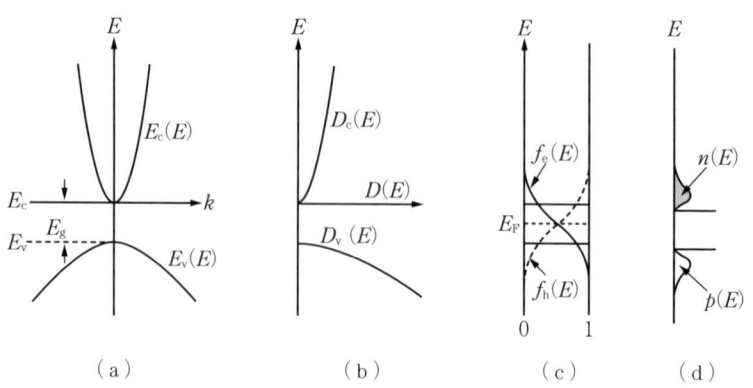

図1.11 （a）バンド構造（2バンドモデル），（b）状態密度分散，（c）フェルミ分布関数，（d）電子・正孔密度分布の概略図

## 1.3 バンド構造

$$E_c(k) = E_c + \frac{\hbar^2 k^2}{2m_e^*}, \quad E_v(k) = E_v - \frac{\hbar^2 k^2}{2m_h^*} \tag{1.11}$$

ここで,$m_e^*$と$m_h^*$が電子と正孔の有効質量(effective mass)であり,$E_c$が伝導帯下端エネルギー,$E_v$が価電子帯上端エネルギー,$E_g = E_c - E_v$がバンドギャップエネルギー(band gap energy),もしくは,禁制帯幅(forbidden band width)である。まず,状態密度(density of states)について述べる。一辺の長さが$L$の立方体では,最小波数ベクトルは$2\pi/L$であり,最小波数空間体積は$(2\pi/L)^3 = (2\pi)^3/V$となる。伝導帯を前提とすると,波数ベクトルが$0$から$k$までの状態数$N_c(k)$は以下の式で与えられる。

$$N_c(k) = \frac{2}{(2\pi)^3/V} \int_0^k 4\pi k^2 dk = \frac{V}{3\pi^2} k^3 \tag{1.12}$$

ここで,係数の2は,電子がフェルミ粒子(フェルミオン:fermion)であるために,一つの状態でのスピンのアップとダウンの縮退を意味している。伝導帯の分散関係に従って,$k = [2m_e^*(E - E_c)]^{1/2}/\hbar$を式(1.12)に代入すると,次式のエネルギー単位の状態数が得られる。

$$N_c(E) = \frac{V}{3\pi^2}\left(\frac{2m_e^*(E - E_c)}{\hbar^2}\right)^{3/2} \tag{1.13}$$

伝導帯の状態密度は,$V \to 1$として,つぎのように与えられる。

$$D_c(E) = \frac{dN_c(E)}{dE} = \frac{1}{2\pi^2}\left(\frac{2m_e^*}{\hbar^2}\right)^{3/2}\sqrt{E - E_c} \tag{1.14}$$

価電子帯の状態密度は,同様に次式となる。

$$D_v(E) = \frac{dN_v(E)}{dE} = \frac{1}{2\pi^2}\left(\frac{2m_h^*}{\hbar^2}\right)^{3/2}\sqrt{E_v - E} \tag{1.15}$$

状態密度のエネルギー依存性を表したのが,図1.11(b)である。電子と正孔の密度,$n(E)$と$p(E)$は,状態密度とフェルミ分布関数(Fermi distribution function)の積で与えられる。

$$n(E) = D_c(E)f_e(E), \quad p(E) = D_v(E)f_h(E) \tag{1.16}$$

ここで,$f_e(E)$と$f_h(E)$が電子と正孔のフェルミ分布関数である。

$$f_\mathrm{e}(E) = \frac{1}{1+\exp\left(\dfrac{E-E_\mathrm{F}}{k_\mathrm{B}T}\right)}, \quad f_\mathrm{h}(E) = 1 - f_\mathrm{e}(E) \tag{1.17}$$

$E_\mathrm{F}$ は，フェルミ準位（Fermi level）を意味している．図 1.11（c），（d）にフェルミ分布関数と電子・正孔密度のエネルギー依存性を示している．なお，フェルミ準位は，バンドギャップの中心に位置すると仮定している．

熱平衡状態における総電子密度 $n$ と総正孔密度 $p$ は，以下の式で与えられる．

$$n = \int_{E_\mathrm{c}}^{\infty} D_\mathrm{c}(E) f_\mathrm{e}(E) dE, \quad p = \int_{-\infty}^{E_\mathrm{v}} D_\mathrm{v}(E) f_\mathrm{h}(E) dE \tag{1.18}$$

上式の積分を行う際に，フェルミ分布関数を以下のボルツマン分布関数（Boltzmann distribution function）に近似する．

$$f_\mathrm{e}(E) \approx \exp\left(-\frac{E-E_\mathrm{F}}{k_\mathrm{B}T}\right) \tag{1.19}$$

その結果，$n$ と $p$ は

$$n = 2\left(\frac{2\pi m_\mathrm{e}^* k_\mathrm{B} T}{h^2}\right)^{3/2} \exp\left(-\frac{E_\mathrm{c}-E_\mathrm{F}}{k_\mathrm{B}T}\right) = N_\mathrm{c} \exp\left(-\frac{E_\mathrm{c}-E_\mathrm{F}}{k_\mathrm{B}T}\right) \tag{1.20 a}$$

$$p = 2\left(\frac{2\pi m_\mathrm{h}^* k_\mathrm{B} T}{h^2}\right)^{3/2} \exp\left(-\frac{E_\mathrm{F}-E_\mathrm{v}}{k_\mathrm{B}T}\right) = N_\mathrm{v} \exp\left(-\frac{E_\mathrm{F}-E_\mathrm{v}}{k_\mathrm{B}T}\right) \tag{1.20 b}$$

となる．ここで，$N_\mathrm{c}$ を伝導帯有効状態密度（conduction-band effective density of states），$N_\mathrm{v}$ を価電子帯有効状態密度（valence-band effective density of states）と呼ぶ．式（1.20 a），（1.20 b）に基づくと

$$np = N_\mathrm{c} N_\mathrm{v} \exp\left(-\frac{E_\mathrm{g}}{k_\mathrm{B}T}\right) \equiv n_\mathrm{i}^2 \tag{1.21}$$

という関係式が得られる．式（1.21）は，温度が一定の場合，$np$ の値はフェルミ準位に関係なく一定値であることを意味しており（$E_\mathrm{g}$ を活性化エネルギーとした熱分布確率によって決定される），半導体のキャリア密度に関する重要な概念である．$n_\mathrm{i}$ は真性半導体（intrinsic semiconductor）のキャリア密度に対応している．また，式（1.20 a），（1.20 b）から，以下のフェルミ準位の定義

## 1.3 バンド構造

式が導出される。

$$E_\mathrm{F} = \frac{E_\mathrm{c}+E_\mathrm{v}}{2} + \frac{k_\mathrm{B}T}{2}\ln\left(\frac{n}{p}\right) + \frac{3}{4}k_\mathrm{B}T\ln\left(\frac{m_\mathrm{h}^*}{m_\mathrm{e}^*}\right) \tag{1.22}$$

式(1.22)から，n型半導体の場合（$n>p$），$E_\mathrm{F}$はバンドギャップの中心から伝導帯側にシフトし，p型半導体の場合（$n<p$），$E_\mathrm{F}$は価電子帯側にシフトすることがわかる。

つぎに，バンド構造と密接に関連する有効質量について述べる。有効質量は，電子波束の加速度運動の古典対応原理から導出される。電子波束の群速度（group velocity）は，バンド分散関係を$E(k)$とすると，次式で与えられる。

$$v_\mathrm{g} = \frac{d\omega(k)}{dk} = \frac{1}{\hbar}\frac{dE(k)}{dk} \tag{1.23}$$

加速度$a$は

$$a = \frac{dv_\mathrm{g}}{dt} = \frac{1}{\hbar}\frac{d}{dt}\left[\frac{dE(k)}{dk}\right] = \frac{1}{\hbar}\left[\frac{d^2E(k)}{dk^2}\right]\frac{dk}{dt} \tag{1.24}$$

となる。量子力学的運動量は$p=\hbar k$と定義されるので，力は，$F=dp/dt=\hbar dk/dt$となり，古典的力$F=m^*a$と式(1.24)との対応関係から，有効質量は次式によって与えられる。

$$m^* = \frac{\hbar^2}{d^2E(k)/dk^2} \tag{1.25}$$

すなわち，有効質量は，バンド分散関係の曲率の逆数に比例する。

本項の最後に，不純物ドーピング（impurity doping）と不純物準位（impurity level）について述べる。半導体の重要な特徴は，不純物をドーピングして，電子が主キャリアであるn型と正孔が主キャリアであるp型に制御できることである。言い換えれば，フェルミ準位を制御できることである。n型半導体を作る不純物をドナー（donor），p型半導体を作る不純物をアクセプター（acceptor）と呼ぶ。IV族半導体のSiの場合は，価電子が一つ過剰なV属元素（P, As, Sb）がSi原子と置換してドナーとなり，価電子が一つ欠乏しているIII属元素（B, Al, Ga, In）がアクセプターとなる。III-V族化合物半導体の

GaAsでは，通常は，Si原子がドナーとして用いられる。この場合，Si原子がGa原子と置換して電子が供給される。なお，Si原子がAs原子と置換すればアクセプターとなるが（Siは両極性不純物），実用的には用いられていない。アクセプターとしては，おもにII族元素（Be，Zn）とIV族元素のC（Asと置換する）が用いられている。これらのことは，他のIII-V族化合物半導体でも同様である。

II-VI族化合物半導体では，代表的なZnOを例にとると，III族元素がZn原子と置換してドナーとして作用する。また，酸素欠陥が生じやすいので，意図的にドーピングをしなくともn型となることが多い。一方，p型に関しては，原理的にはV族元素がO原子と置換してアクセプターとして作用するが，デバイスに応用できる程度の高い正孔密度を得ることがきわめて困難である。これは，主として強い自己補償効果（self-compensation effect）に起因する。イオン結合性を有する半導体では，結晶中に電気的に活性な不純物が入ると，結晶内部の電気的中性を保つように，不純物と反対の電荷にイオン化された格子欠陥が生じる。この過程で生じた電子と正孔は，再結合して$E_r$なるエネルギーを放出する。$E_r$に比べて格子欠陥の生成エネルギー$E_f$が大きければ，不純物の添加によって格子欠陥の生成される割合が少なく，結晶の電気的特性の制御は容易である。逆に$E_f$が$E_r$より小さい場合には，不純物の添加が格子欠陥を導くことになり，結晶の電気的特性の制御は困難になる。一般に，$E_r$はバンドギャップエネルギーと相関があり，$E_f$は結晶の凝集エネルギーと関係する。このことから，バンドギャップエネルギーが大きいものほど，また，イオン結合性が強いものほど自己補償効果が強くなる。ZnOの場合，$10^{16}$ cm$^{-3}$のオーダーの正孔キャリア密度で，pn接合が作製されて発光ダイオードの室温動作が確認されている[14]。

ここでは，有効質量近似（effective mass approximation）に基づいて，不純物準位について理論的に述べる。ドナーの場合，例えばSi結晶中のP原子を考えると，P$^+$を核として過剰電子（$-e$）がクーロン引力によって束縛された状態である。これは，陽子の周りを電子が回っている水素原子と類似の状態で

あり，水素原子のシュレーディンガー方程式（Schrödinger equation）に基づいて，電子の束縛エネルギー（binding energy）を考えることができる．結晶中の電子を取り扱う場合，ドナーやアクセプターのような浅い不純物（shallow impurity）では，電子の質量を結晶中の有効質量（$m_e^*$）として取り扱い，ドナー状態は，下記の有効質量近似シュレーディンガー方程式で表される．

$$\left(-\frac{\hbar^2}{2m_e^*}\nabla_r^2 - \frac{e^2}{4\pi\varepsilon_0\varepsilon r}\right)F(r) = E_n F(r) \tag{1.26}$$

ここで，$\varepsilon_0$ は真空の誘電率（dielectric constant），$\varepsilon$ は物質の比誘電率（relative dielectric constant），$F(r)$ は包絡関数（envelope function）である．電子の束縛エネルギー［イオン化エネルギー（ionization energy）とも呼ぶ］は，よく知られている水素原子の解に基づいて，以下の式で与えられる．

$$E_n = \frac{1}{(4\pi\varepsilon_0)^2}\frac{m_e^* e^4}{2\hbar^2\varepsilon^2}\frac{1}{n^2} = 13.6\frac{1}{\varepsilon^2}\frac{m_e^*}{m_0}\frac{1}{n^2} \quad [\text{eV}] \tag{1.27}$$

上式の 13.6 eV は，水素原子のイオン化エネルギーに相当するリュードベリエネルギー（Rydberg energy），$n$ は主量子数である．また，平均的な束縛距離に対応する有効ボーア半径（effective Bohr radius：$a_B^*$）は

$$a_B^* = \frac{4\pi\hbar^2\varepsilon_0\varepsilon}{m_e^* e^2} = 0.0529\varepsilon\frac{m_0}{m_e^*} \quad [\text{nm}] \tag{1.28}$$

となる．式（1.28）の 0.0529 nm は，水素原子ボーア半径である．半導体固有の物性は，$\varepsilon$ と $m_e^*$ によって繰り込まれている．半導体の場合，$\varepsilon$ と $m_e^*$ の値はそれぞれ 7〜13 と $0.1m_0$〜$0.3m_0$ が典型的な値であり，電子の束縛エネルギーは数十 meV，有効ボーア半径は数 nm となる．ドナー準位は，伝導帯の底から束縛エネルギーだけ低い禁制帯の中に形成される．また，アクセプター準位も上記と同様に取り扱うことができ，価電子帯の頂上から束縛エネルギーだけ高い禁制帯の中に形成される．

### 1.3.2 閃亜鉛鉱型半導体のバンド構造

図 1.12 は，GaAs のバンド構造の経験的擬ポテンシャル法に基づく計算結果

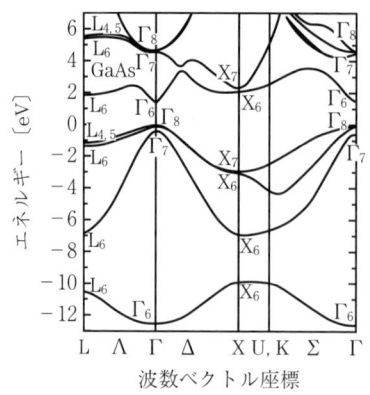

**図 1.12** GaAs のバンド構造の経験的擬ポテンシャル法に基づく計算結果[15] (Reprinted with permission. Copyright (1976) by the American Physical Society.)

を示している[15]。図では，価電子帯の上端のエネルギーをゼロとしている。なお，バンド構造の最も代表的なパラメータであるバンドギャップエネルギーは，電子-フォノン相互作用によって温度変化し，その温度依存性は次式の経験的な Varshni 則（Varshni's law）[16] によってよく説明できることが多くの半導体において確かめられている。

$$E_g(T) = E_g(0) - \frac{\alpha T^2}{T + \beta} \quad (1.29)$$

一般に，バンドギャップエネルギーは，温度の上昇とともに低下する（$\alpha > 0$）。パラメータ $\beta$ は，ほぼデバイ温度（Debye temperature）に相当する物理量である。GaAs の場合，0 K から 300 K までのシフト量は，-95 meV 程度である。ブリルアンゾーンの $\Gamma$ 点を中心として，伝導帯では，$\Gamma$ バレー［下に凸の形状をしていることから谷（valley）と呼ばれる］から $\Delta$ 方向[100]に X バレーが，$\Lambda$ 方向[111]に L バレーが存在する。GaAs の場合，伝導帯下端（電子の最低エネルギー状態）と価電子帯上端（正孔の最低エネルギー状態）は，どちらも $\Gamma$ 点である。バンド間光学遷移（interband optical transition）では，波数ベクトル（運動量）が保存されなければならない。すなわち，光学遷移は，波数空間において垂直遷移であることが原則である。その理論的詳細については，2.2 節で述べる。上記のバンド構造の場合，$\Gamma$ 点近傍において垂直遷移が可能であり，このような半導体を直接遷移型半導体（direct transition-type semiconductor）と呼ぶ。GaAs 以外に，GaSb，InAs，InSb などが，直接遷移型半導体に相当する。価電子帯は，どのような半導体においても $\Gamma$ 点が上端であるが，AlAs，AlP，GaP などの半導体では，伝導帯の X バレーが最低エネルギー状態となる。このように伝導帯下端と価電子帯上端のブリルアンゾーン

の位置が異なる場合,電子と正孔の波数ベクトルが異なるために直接遷移は不可能となり,フォノンや不純物による散乱過程によって波数ベクトルの違いを補う必要がある。その結果,直接遷移型半導体と比較して光学遷移確率が大きく低下する。このような半導体を,間接遷移型半導体(indirect transition-type semiconductor)と呼ぶ。一般に,発光デバイスに用いられるのは,直接遷移型半導体である。

ここで,光物性において最も重要なΓ点近傍のバンド構造に着目する。図1.13(a)は,閃亜鉛鉱構造のΓ点近傍のバンド構造の模式図を示している。Γ点の電子は,陽イオン(GaAsの場合はGa$^{3+}$)のs型波動関数の特性を持ち,正孔は陰イオン(GaAsの場合はAs$^{3-}$)のp型波動関数の特性を持つ。したがって,スピン縮退を無視すると,電子の自由度は1,正孔の自由度は3であ

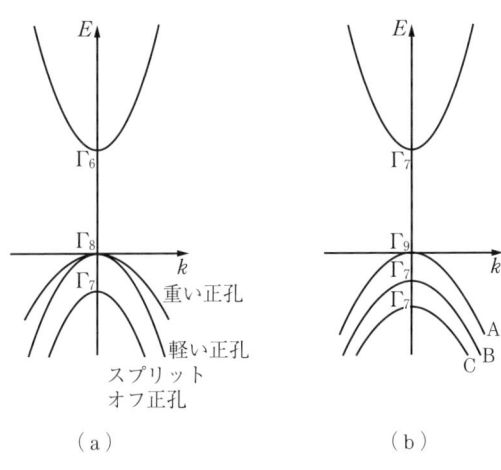

図1.13 (a)閃亜鉛鉱構造と(b)ウルツ鉱構造のΓ点近傍のバンド構造の模式図

る。この自由度を反映して,伝導帯には一つのバンドが,価電子帯には三つのバンドが形成される。正孔はp型波動関数に起因する軌道角運動量を持つために,スピン-軌道相互作用(spin-orbit interaction)が生じる。そのために,三つの正孔バンドは,Γ点頂上に縮退した二つのバンド[重い正孔(heavy hole)と軽い正孔(light hole)]とスピン-軌道相互作用エネルギー($\Delta_{so}$)だけ分裂した一つのバンド[スプリットオフ正孔(split-off hole)]に分裂する。重い正孔と軽い正孔の区別は,その有効質量の違いによる。p型波動関数は,軌道角運動量量子数(方位量子数)$l=1$とスピン量子数$s=1/2$を持つので,三つの正孔バンドを全角運動量量子数$J$と全角運動量磁気量子数$m_J$($m_J=-J$,

$-J+1, \cdots, J-1, J$）を指標として，それらの量子状態を以下のよう分類することができる．

  重い正孔      $|J, m_J> = |3/2, \pm 3/2>$
  軽い正孔      $= |3/2, \pm 1/2>$
  スプリットオフ正孔  $= |1/2, \pm 1/2>$

なお，電子は $l=0$ なので，$|1/2, \pm 1/2>$ である．

群論に基づくと，点群 $T_d$（$\bar{4}3$m）の対称性を持つ閃亜鉛鉱構造の $\Gamma$ 点のバンドの既約表現は，伝導帯電子は $\Gamma_6$，価電子帯の縮退している重い正孔と軽い正孔は $\Gamma_8$，スプリットオフ正孔は $\Gamma_7$ となる［図1.12と図1.13（a）参照］．

**表1.2** 点群 $T_d$（$\bar{4}3$m）の既約表現と対応する基底関数[1),17)]

| 既約表現 | | 次元 | 基底関数 |
|---|---|---|---|
| $A_1$ | $\Gamma_1$ | 1 | $r, xyz$ |
| $A_2$ | $\Gamma_2$ | 1 | $R_x R_y R_z$ |
| $E$ | $\Gamma_3$ | 2 | $(2z^2-x^2-y^2, x^2-y^2)$ |
| $T_1$ | $\Gamma_4$ | 3 | $(R_x, R_y, R_z)$ |
| $T_2$ | $\Gamma_5$ | 3 | $(x, y, z)$ |
| | $\Gamma_6$ | 2 | $\phi(1/2, -1/2), \phi(1/2, 1/2)$ |
| | $\Gamma_7$ | 2 | $\Gamma_6 \otimes \Gamma_2$ |
| | $\Gamma_8$ | 4 | $\phi(3/2, -3/2), \phi(3/2, -1/2)$ $\phi(3/2, 1/2), \phi(3/2, 3/2)$ |

ここで用いている既約表現の記号 $\Gamma_i$ は，Koster 記号と呼ばれるものである．慣習として，フォノンの場合は Mulliken 記号が，バンド構造や励起子状態の場合は Koster 記号が用いられている．**表1.2**に，点群 $T_d$（$\bar{4}3$m）の既約表現と対応する基底関数（basis function）をまとめている[1),17)]。

ここで，$r$ や $xyz$ は球対称的（$s$ 軌道的）関数を，$R_i$ は添字の $i$ 軸周りの回転を表す軸性ベクトル成分，$x, y, z$ は p 軌道的関数を表している．$\phi(1/2, -1/2)$ や $\phi(3/2, -3/2)$ は，上に記した電子と正孔の量子状態 $|J, m_J>$ に対応する基底関数である．例えば，$\Gamma_8$ は縮退した重い正孔と軽い正孔に対応するので，$\phi(3/2, \pm 3/2)$ と $\phi(3/2, \pm 1/2)$ で表される．これらの具体的な基底関数については，2.2節で説明する．

### 1.3.3 ウルツ鉱型半導体のバンド構造

ウルツ鉱構造の場合，立方晶の閃亜鉛鉱構造よりも対称性が低下し，結晶場分裂（crystal field splitting：$\Delta_{cr}$）が生じる．そのために，図1.13（b）に模式

## 1.3 バンド構造

的に示しているように，価電子帯での重い正孔バンドと軽い正孔バンドの縮退が解ける。図1.14は，$l=1$で3重縮退した正孔バンドに対するスピン-軌道相互作用と結晶場分裂の効果を模式的に示している。

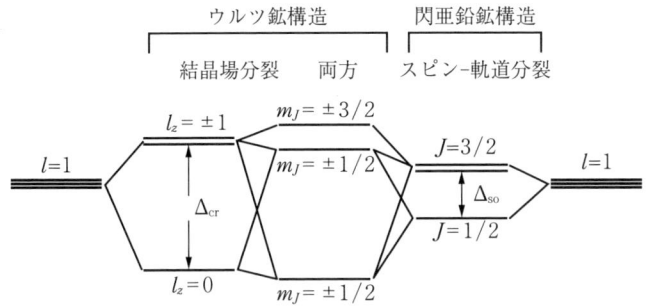

**図1.14** $l=1$で3重縮退した正孔バンドに対するスピン-軌道相互作用と結晶場分裂の効果の模式図

慣習として，分裂した三つの正孔バンドをエネルギーの順にA，B，Cバンドと呼ぶ。点群$C_{6v}$（6 mm）の対称性を持つウルツ鉱構造のΓ点のバンドの既約表現は，伝導帯電子は$\Gamma_7$，価電子帯の正孔はAバンド（$\Gamma_9$），Bバンド（$\Gamma_7$），Cバンド（$\Gamma_7$）となる［図1.13（b）参照］。ただし，価電子帯の序列の解釈には未解決なことがある。GaNやCdSなどのほとんどのウルツ鉱型半導体の場合は，上で述べたように$\Gamma_9$-$\Gamma_7$-$\Gamma_7$であることはまったく問題ないが，ZnOの場合は，当初（1960年）の研究において$\Gamma_7$-$\Gamma_9$-$\Gamma_7$になるとされ[18]，その解釈が踏襲されてきた。$\Gamma_9$と$\Gamma_7$が逆転する原因については，価電子帯の1番目と3番目のバンドが混成し，その結果として1番目と2番目のバンドが逆転するためと考えられている。1999年以降，この価電子帯の序列についてリバイバル的な研究が

**表1.3** 点群$C_{6v}$（6 mm）の既約表現と対応する基底関数[1), 17)]

| 既約表現 | | 次元 | 基底関数 |
|---|---|---|---|
| $A_1$ | $\Gamma_1$ | 1 | $z$ |
| $A_2$ | $\Gamma_2$ | 1 | $R_z$ |
| $B_1$ | $\Gamma_3$ | 1 | $x(x^2-3y^2)$ |
| $B_2$ | $\Gamma_4$ | 1 | $y(3x^2-y^2)$ |
| $E_1$ | $\Gamma_5$ | 2 | $(x, y)$, $(R_x, R_y)$ |
| $E_2$ | $\Gamma_6$ | 2 | $(x^2-y^2, xy)$ |
| | $\Gamma_7$ | 2 | $\phi(1/2, -1/2)$, $\phi(1/2, 1/2)$ |
| | $\Gamma_8$ | 2 | $\Gamma_7 \otimes \Gamma_3$ |
| | $\Gamma_9$ | 2 | $\phi(3/2, -3/2)$, $\phi(3/2, 3/2)$ |

なされ，通常のウルツ鉱型半導体と同様に $\Gamma_9$-$\Gamma_7$-$\Gamma_7$ であるとの結果が報告されている[19～22]。ZnO の価電子帯の序列に関しては，いまだに議論の的となっている。なお，GaN，ZnO，CdS は，バンド構造的に直接遷移型半導体である。**表 1.3** に，点群 $C_{6v}$（6 mm）の既約表現と対応する基底関数をまとめている[1),17)]。ここで，$\phi(1/2, \pm1/2)$ と $\phi(3/2, \pm3/2)$ は，上で述べたように電子と正孔の基底関数であり，具体的な基底関数については，3.1 節で説明する。

### 1.3.4 混晶半導体のバンドギャップエネルギーと格子定数

半導体 A と B から成る混晶半導体（$A_{1-x}B_x$）のバンドギャップエネルギーの混晶比依存性は，経験論的に次式で表される[23]。

$$E_g(A_{1-x}B_x) = (1-x)E_g(A) + xE_g(B) - x(1-x)C \tag{1.30}$$

パラメータ $C$ を湾曲因子（bowing parameter）と呼ぶ。直接遷移型半導体の GaAs と間接遷移型半導体の AlAs から成る混晶半導体 $Al_xGa_{1-x}As$ の場合，**図 1.15** に示すように，$x=0.45$ 近傍で $\Gamma$ 点バンドギャップエネルギーが X 点および L 点バンドギャップエネルギーよりも高くなり，それよりも大きな混晶

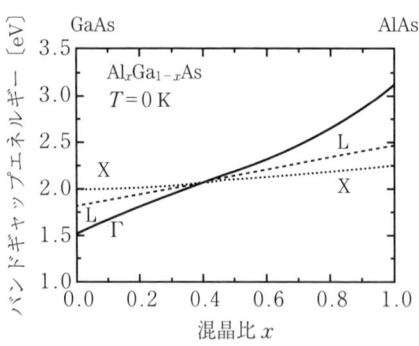

**図 1.15** 混晶半導体 $Al_xGa_{1-x}As$ の $\Gamma$ 点，X 点，L 点バンドギャップエネルギーの混晶比（$x$）依存性[23]（Reprinted with permission. Copyright (2001), American Institute of Physics.）

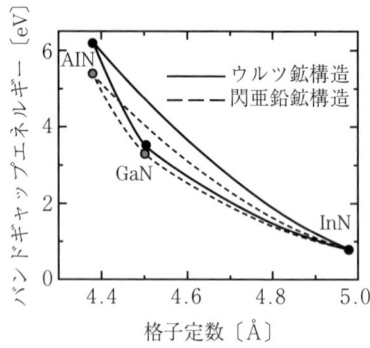

**図 1.16** ウルツ鉱構造と閃亜鉛鉱構造のⅢ族窒化物混晶半導体（$In_xGa_{1-x}N$，$Al_xGa_{1-x}N$，$Al_xIn_{1-x}N$）の $\Gamma$ 点バンドギャップエネルギーの格子定数依存性[25]（Reprinted with permission. Copyright (2003), American Institute of Physics.）

比では間接遷移型となる[23]。これは，伝導帯におけるバレー間交差に起因するものである。同様の現象が，$GaAs_xP_{1-x}$, $In_xGa_{1-x}P$, $In_xAl_{1-x}As$ などでも生じる（Γ-X バレー交差）[24]。図 1.16 は，ウルツ鉱構造と閃亜鉛鉱構造のⅢ族窒化物混晶半導体（GaN, InN, AlN の混晶：$In_xGa_{1-x}N$, $Al_xGa_{1-x}N$, $Al_xIn_{1-x}N$）のΓ点バンドギャップエネルギーの格子定数依存性を示している[25]。混晶半導体の場合，格子定数も混晶比によって変化し，一般的に，次式の線形補間で表現される Vegard の法則（Vegard's law）で与えられる[26]。

$$a(A_{1-x}B_x) = a(A) + [a(B) - a(A)]x \tag{1.31}$$

Vegard の法則を利用することによって，X 線構造解析（X-ray structural analysis）から格子定数を求めて混晶比を評価することができる。

## 1.4 励起子

励起子は，伝導帯の電子と価電子帯の正孔がクーロン相互作用（Coulomb interaction）によって束縛された準粒子であり，半導体の光物性の根幹をなすものである。反射（reflection），吸収（absorption），発光（luminescence）のスペクトルにおいて，励起子の光学応答が最も顕著に現れる。なお，励起子は，量子力学的にはボース粒子として取り扱われる。

### 1.4.1 励起子状態の基礎理論

励起子は，ワニエ（Wannier）型とフレンケル（Frenkel）型の 2 種類に分類される。ワニエ型励起子は，図 1.17 に示しているように，電子・正孔対が結晶空間の中で，ある程度の広がりを持っている状態であり（その広がりの尺度が有効ボーア半径），水素原子型エネルギー系列（Rydberg series）のエネルギー状態を有している。半導体の励起子は，一般的にワニエ型である。フレンケル型励起子は，結晶の単位胞の中に励起子が閉じ込められた状態であり，有機分子結晶の励起子がその典型例である。以下では，ワニエ型励起子を対象に議論を進める。

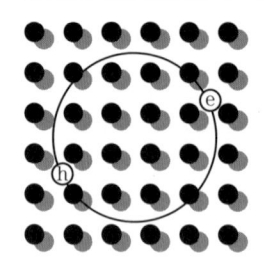

**図1.17** ワニエ型励起子の概略図

励起子の有効質量近似シュレーディンガー方程式は，励起子包絡関数を $F(\boldsymbol{R}, \boldsymbol{r})$ とし（$\boldsymbol{R}$ が励起子の重心運動座標，$\boldsymbol{r}$ が電子・正孔間の相対運動座標），重心有効質量（translational effective mass）を $M_\mathrm{X} = m_\mathrm{e}^* + m_\mathrm{h}^*$（$m_\mathrm{e}^*$ が電子の有効質量，$m_\mathrm{h}^*$ が正孔の有効質量），換算有効質量（reduced effective mass）を $\mu = 1/(1/m_\mathrm{e}^* + 1/m_\mathrm{h}^*)$ と定義して，クーロン相互作用を考慮すると以下の式で与えられる。なお，この理論では，単純化のために，図1.11(a)で示したように，伝導帯と価電子帯にそれぞれ一つのパラボリックなバンドがあることを仮定している。

$$\left.\begin{array}{l}\left(E_\mathrm{g} - \dfrac{\hbar^2}{2M_\mathrm{X}}\nabla_R^2 - \dfrac{\hbar^2}{2\mu}\nabla_r^2 - \dfrac{e^2}{4\pi\varepsilon_0\varepsilon r}\right)F(\boldsymbol{R},\boldsymbol{r}) = EF(\boldsymbol{R},\boldsymbol{r}) \\[2mm] F(\boldsymbol{R},\boldsymbol{r}) = \dfrac{1}{\sqrt{N}}\exp(i\boldsymbol{K}\cdot\boldsymbol{R})\varphi(\boldsymbol{r})\end{array}\right\} \quad (1.32)$$

式(1.32)は，変数分離によって，下記の重心（並進）運動項の式(1.33)と相対運動項の式(1.34)に方程式を分けることができる。

$$\left(-\frac{\hbar^2}{2M_\mathrm{X}}\right)\nabla_R^2\phi(\boldsymbol{R}) = E_R\phi(\boldsymbol{R}), \quad \phi(\boldsymbol{R}) = \frac{1}{\sqrt{N}}\exp(i\boldsymbol{K}\cdot\boldsymbol{R}) \quad (1.33)$$

$$\left(-\frac{\hbar^2}{2\mu}\nabla_r^2 - \frac{e^2}{4\pi\varepsilon_0\varepsilon r}\right)\varphi_{nlm}(\boldsymbol{r}) = E_r\varphi_{nlm}(\boldsymbol{r}), \quad \varphi_{nlm}(\boldsymbol{r}) = R_{nl}(r)Y_{lm}(\theta,\phi) \quad (1.34)$$

式(1.33)の解は単純で，つぎの重心運動エネルギー（励起子波数ベクトル $\boldsymbol{K}$ に関する励起子エネルギー分散：励起子バンド）を与える。

$$E_R = \frac{\hbar^2 K^2}{2M_\mathrm{X}} \quad (1.35)$$

一方，式(1.34)は，先に述べたように，陽子（+e）と電子（-e）がクーロン相互作用している水素原子のシュレーディンガー方程式と類似している。なお，$R_{nl}(r)$ が動径関数，$Y_{lm}(\theta, \phi)$ が球面調和関数を意味している。励起子の固有状態は，水素原子と同様に，主量子数 $n$ を基準として，1s, 2s, 2p, 3s,

3p, …, ∞ ［連続状態（continuum state）］に記述できる．ここで，光（厳密には1光子）と相互作用できるのは，包絡関数の対称性から1s, 2s, 3sというs状態のみであることを知っておく必要がある．これの根拠については，2.3節で理論的に述べる．したがって，以下では，s状態に限定して理論を展開する．

励起子束縛エネルギー［有効リュードベリエネルギー（effective Rydberg energy）とも呼ぶ：$E_b$］と有効ボーア半径（$a_B^*$）は，不純物準位の場合と同様に，式（1.34）から以下のように導出できる．

$$E_b = \frac{1}{(4\pi\varepsilon_0)^2}\frac{\mu e^4}{2\hbar^2\varepsilon^2}\frac{1}{n^2} = 13.6\frac{1}{\varepsilon^2}\frac{\mu}{m_0}\frac{1}{n^2} \quad [\text{eV}] \tag{1.36}$$

$$a_B^* = \frac{4\pi\hbar^2\varepsilon_0\varepsilon}{\mu e^2} = 0.0529\varepsilon\frac{m_0}{\mu} \quad [\text{nm}] \tag{1.37}$$

励起子束縛エネルギーと有効ボーア半径は，反比例の関係にある．それらの値は，物質パラメータ（有効質量，比誘電率）に依存して大きく変わる．おおまかには，励起子束縛エネルギーは，1 meV ≦ $E_b$ ≦ 100 meV，有効ボーア半径は，1 nm ≦ $a_B^*$ ≦ 50 nm の範囲となる．

以上のことから，最終的に励起子のエネルギー分散関係は，以下の式で与えられる．

$$E_n(\boldsymbol{K}) = E_g - \frac{1}{n^2}E_b + \frac{\hbar^2\boldsymbol{K}^2}{2M_X} \tag{1.38}$$

この励起子エネルギー状態の概略を示したのが**図1.18**であり，以下のことを意味している．

（1） 励起子は，バンドギャップエネルギー（$E_g$）よりも励起子束縛エネルギー（$E_b$）だけ低いエネルギー状態である．したがって，励起子光学応答は，光学スペクトルにおいて最も顕著に現れる．

（2） $n = \infty$ の連続状態（水素原子ではイオン化状態に相当する）が電子・正孔の非束縛状態（自由キャリア状態）に対応し，その下端エネルギーが $E_g$ に相当する．

（3） 破線で示した光の分散関係と励起子エネルギー分散の交わるところで，光と励起子の相互作用（反射，吸収，発光）が生じる。なお，厳密には，光と励起子の混成状態である励起子ポラリトン（exciton polariton）が形成されるが，それについては2.1節で述べる。

これまでは，理想的な励起子について考えてきたが，ここでは半導体のイオン性の効果について述べる。化合物半導体の場合，程度の差はあるが必ずイオン性を有しているために，電子と正孔はクーロン相互作用によって周辺の結晶格子をわずかにひずませる。そのために，電子と正孔は，フォノンの雲（phonon cloud）をまとった状態となり，この状態のことをポーラロンと呼ぶ。ポーラロン状態における電子と正孔の有効質量は，以下の式で与えられる[27]。

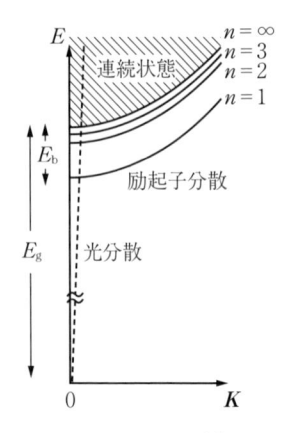

**図 1.18** ワニエ型励起子のエネルギー状態の概略図。破線は，光の分散を表している。

$$m_{e,h}^{pol} \approx m_{e,h}^{*}\left(1+\frac{\alpha_{e,h}}{6}\right) \tag{1.39}$$

ここで，$m_{e,h}^{*}$ は格子変形のない状態での電子と正孔有効質量であり，式 (1.25) によって定義されるものである。$\alpha_{e,h}$ は，電子・正孔と LO フォノンとの相互作用の強さを表す Fröhlich 結合定数（Fröhlich coupling constant）であり

$$\alpha_{e,h}=\frac{e^2}{8\pi\varepsilon_0 \hbar \omega_{LO}}\left(\frac{2m_{e,h}^{*}\omega_{LO}}{\hbar}\right)^{1/2}\left(\frac{1}{\varepsilon_b}-\frac{1}{\varepsilon_s}\right) \tag{1.40}$$

と与えられる[27]。ここで，$\varepsilon_b$ は背景誘電率（background dielectric constant），$\varepsilon_s$ は静的誘電率（static dielectric constant）であり，具体的な定義に関しては 2.1 節で述べる。通常の半導体では，$\alpha_{e,h} \leq 1$ である。また，バンドギャップエネルギーもポーラロン効果（polaron effect）によってわずかに減少する。

$$\Delta E_g \approx \alpha_{e,h} \hbar \omega_{LO} \tag{1.41}$$

イオン性の大きい半導体，言い換えれば，励起子束縛エネルギーが大きい半導

体では，上記のポーラロン効果による有効質量とバンドギャップエネルギーの変化が励起子束縛エネルギーに影響を与える。文献28)では，励起子束縛エネルギーに対するポーラロン効果に関する詳細な理論が述べられている。

### 1.4.2 励起子の微細構造

1.4.1項では，最も単純な2バンドモデルに基づいて励起子状態を考えたが，実際の半導体では，バンド構造の説明で述べたように価電子帯には三つのバンドが存在し，それぞれ伝導帯電子と相互作用して励起子を形成し，さらに，電子と正孔のスピンや励起子の分極が関与して，励起子状態は複雑なものとなる。ここでは，閃亜鉛鉱型半導体の伝導帯電子（$\Gamma_6$）と価電子帯の$\Gamma$点頂上で縮退している重い正孔と軽い正孔（$\Gamma_8$）によって形成される励起子状態を例にその詳細について述べる。スピン縮退を考慮すると，$\Gamma_6$電子と$\Gamma_8$正孔から形成される励起子の状態数は$2\times4=8$となる。電子・正孔間相互作用には，励起子を形成するクーロン相互作用以外に，スピンが関与する交換相互作用（exchange interaction）と励起子分極が関与する分極相互作用がある。図1.19は，上記の相互作用による励起子状態の分裂（微細構造）の模式図を示している[29]。8重縮退している状態が，交換相互作用によって五つの3重項励起子（triplet exciton）と三つの1重項励起子（singlet exciton）に分裂する。その交換相互作用分裂エネルギーが，$\Delta E_{st}$である。3重項励起子は光学的に禁制遷移（forbidden transition）であり，1重項励起子が光と相互作用する。さらに，1重項励起子が，分極相互作用によって二つの横型励起子（transverse exciton）

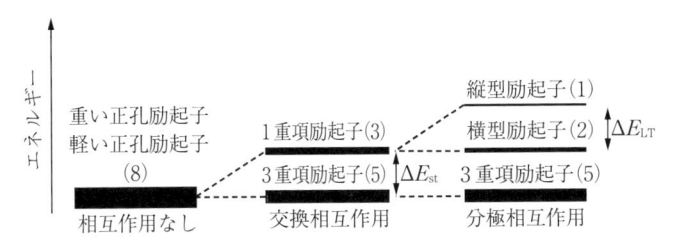

図1.19 閃亜鉛鉱型結晶の重い正孔励起子と軽い正孔励起子に対する交換相互作用と分極相互作用の効果の模式図

と一つの縦型励起子(longitudinal exciton)に分裂する。これは,先に述べたTOフォノンとLOフォノンの分裂と類似の現象である。その分裂エネルギーを縦横分裂エネルギー(longitudinal-transverse splitting energy:$\Delta E_{LT}$)と呼ぶ(L-T分裂エネルギーと略される場合が多い)。この縦横分裂エネルギーは,2.1節で述べるが,励起子と光との相互作用の強さ,すなわち,振動子強度(oscillator strength)と密接に関連している物理量である。単純に述べれば,$\Delta E_{LT}$が大きいほど振動子強度が大きい。交換相互作用分裂エネルギーと縦横分裂エネルギーの大小関係は,一般に,$\Delta E_{st} \ll \Delta E_{LT}$であり,$\Delta E_{LT}$の大きさは半導体の種類に大きく依存し,0.1 meVから15 meV程度の範囲である。

つぎに,群論に基づいて述べる。励起子状態($\Gamma_{EX}$)は,電子の既約表現$\Gamma_e$と正孔の既約表現$\Gamma_h$,そして励起子包絡関数の既約表現$\Gamma_{env}$の積で表される。閃亜鉛鉱型半導体の$\Gamma$点で縮退している重い正孔励起子と軽い正孔励起子の場合,$\Gamma_e = \Gamma_6$,$\Gamma_h = \Gamma_8$である。$\Gamma_{env}$は,1s励起子を前提としているので$\Gamma_1$である。したがって,励起子状態は次式で表される。

$$\Gamma_{EX} = \Gamma_e \otimes \Gamma_h \otimes \Gamma_{env} = \Gamma_6 \otimes \Gamma_8 \otimes \Gamma_1 = \Gamma_3 + \Gamma_4 + \Gamma_5 \qquad (1.42)$$

ここで,$\otimes$は直積を意味しており,点群$T_d$($\overline{43}m$)の直積関係から式(1.42)の結果が得られる[1),17)]。なお,$\Gamma_1$は全対称性であるために,実際には直積の結果に作用しない。上の群論に基づく解析から,縮退している重い正孔励起子と軽い正孔励起子は,$\Gamma_3$(次元2),$\Gamma_4$(次元3),$\Gamma_5$(次元3)の状態で表現できることが明らかである。表1.2を参照すると,$\Gamma_5$の基底関数は$(x, y, z)$であることがわかる。光学遷移は,双極子遷移(dipole transition)として近似できるので,p型の基底関数である$\Gamma_5$励起子状態が許容遷移(allowed transition)となる。その他の$\Gamma_3$励起子状態と$\Gamma_4$励起子状態は,基底関数の特性から禁制遷移である。許容遷移が1重項励起子に,禁制遷移が3重項励起子に相当する。以上の群論に基づく解析結果は,図1.19を用いて説明した相互作用による励起子状態の分類と一致する。

ウルツ鉱型半導体の場合,価電子帯はA,B,Cの三つのバンドに分裂しているので,励起子もそれに応じて,三つのA励起子,B励起子,C励起子が形

成される.ここで,閃亜鉛鉱型半導体の場合と同じく,群論に基づく解析を行う.なお,この解析では,価電子帯の序列を図1.13(b)に示しているように,$\Gamma_9$-$\Gamma_7$-$\Gamma_7$ とする.

$$\left.\begin{array}{l}\Gamma_{\text{A-EX}}=\Gamma_7\otimes\Gamma_9\otimes\Gamma_1=\Gamma_5+\Gamma_6\\ \Gamma_{\text{B-EX}}=\Gamma_{\text{C-EX}}=\Gamma_7\otimes\Gamma_7\otimes\Gamma_1=\Gamma_1+\Gamma_2+\Gamma_5\end{array}\right\} \quad (1.43)$$

**表1.4** 主要な半導体の室温のバンドギャップエネルギー($E_g$),光学遷移型,励起子束縛エネルギー($E_b$),有効ボーア半径($a_B{}^*$),縦横分裂エネルギー($\Delta E_{LT}$).遷移型の記号のDは直接遷移型,Iは間接遷移型を意味している.有効ボーア半径の値は,文献を示していないものが式(1.37)に基づく概算値である.

| 半導体 | $E_g$ [eV] | 遷移型 | $E_b$ [meV] | $a_B{}^*$ [nm] | $\Delta E_{LT}$ [meV] |
|---|---|---|---|---|---|
| Si | 1.110[a] | I | 14.3[a] | 4.5 | — |
| Ge | 0.664[a] | I | 4.2[a] | 12 | — |
| SiC(3C) | 2.2[a] | I | 27[a] | 2.2 | — |
| AlAs | 2.153[a] | I | 20[a] | 3.6 | — |
| AlN | 6.2[a] | D | 48 (A)[b] | 1.6 (A) | — |
| AlSb | 1.63[a] | I | 19[a] | 3.6 | — |
| GaAs | 1.424[a] | D | 4.2[a] | 13 | 0.08[a] |
| GaN | 3.44[a] | D | 25.2 (A)[c]<br>25.3 (B)[c]<br>27.3 (C)[c] | 2.8 (A) | 1.0 (A)[c] |
| GaP | 2.268[a] | I | 19[a] | 3.3 | — |
| GaSb | 0.75[a] | D | 1.6[a] | 26 | — |
| InAs | 0.359[a] | D | 1.0[d] | 39 | — |
| InP | 1.34[a] | D | 5.1[a] | 11 | 0.1[a] |
| InSb | 0.180[a] | D | 0.52[a] | 70 | — |
| CdS | 2.485[e] | D | 28 (A)[e]<br>28 (B)[e] | 3.1 (A) | 2.0 (A)[e]<br>1.4 (B)[e] |
| ZnO | 3.37[e] | D | 61 (A)[e]<br>59 (B)[e]<br>59 (C)[e] | 1.8 (A)[e] | 2.0 (A)[e]<br>11.1 (B)[e]<br>14.6 (C)[e] |
| ZnS | 3.56[e] | D | 36[e] | 2.1 | 1.4[d] |
| ZnSe | 2.67[e] | D | 19[e] | 3.5 | 1.6[d] |
| ZnTe | 2.35[d] | D | 13[d] | 5.3 | 0.65[d] |
| CuCl | 3.395 (4.2 K)[e] | D | 190[e] | 0.7[e] | 5.7[e] |

〔注〕 a) 文献30), b) 文献31), c) 文献32), d) 文献11), e) 文献33)

表1.3に示した既約表現の次元から，A励起子，B励起子，C励起子とも，四つの状態を有していることが明らかである．これは，電子と正孔の各一つの状態から形成される状態数が$2\times2=4$であるので，当然のことである．さらに，表1.3の基底関数から，$\Gamma_1$と$\Gamma_5$励起子状態が許容遷移で，$\Gamma_2$と$\Gamma_6$励起子状態が禁制遷移であることが判断できる．

**表1.4**に，主要な半導体のバンドギャップエネルギー，励起子束縛エネルギー，有効ボーア半径，縦横励起子分裂エネルギーを示している．

## 1.5 量子井戸構造と超格子

量子井戸構造と超格子とは，異なる種類（半導体Aと半導体B）の半導体超薄膜のヘテロ接合構造（heterojunction structure）であり，ナノメーターオーダーの空間に電子・正孔波動関数が閉じ込められ，量子効果が発現する．これを，量子閉じ込め効果（quantum confinement effect），または，量子サイズ効果（quantum size effect）と呼ぶ．超格子は，A/Bを一つのユニットとした周期的積層構造（人工格子：artificial lattice）と定義される．歴史的に見れば，1970年にIBMのEsakiとTsuが半導体超格子の概念を提案し[34]，その概念は半導体だけでなく物性物理学全般に広まり，ナノテクノロジーの嚆矢となった．その提案の後，超格子の部分構造ともいえる量子井戸構造の研究が進展した．分子線エピタキシー（molecular beam epitaxy：MBE）法や有機金属気相エピタキシー（metal-organic vapor phase epitaxy：MOVPE）法などの精密な結晶成長技術の進歩に伴い，量子井戸構造と超格子は近年の光物性研究の中心となってきた．量子井戸構造は，いまや，半導体レーザーや発光ダイオードに欠かすことのできないものとなっている．

### 1.5.1 ヘテロ接合とバンド不連続性

ヘテロ接合A/Bでは，半導体Aと半導体Bのバンドギャップエネルギーの違いにより，伝導帯と価電子帯にバンド不連続性（band discontinuity）が生

## 1.5 量子井戸構造と超格子

じる。半導体AとBのバンドギャップエネルギーを$E_g(A)$と$E_g(B)$とし，$E_g(A)<E_g(B)$の条件を設定する。図1.20は，A/Bヘテロ接合のバンド不連続性の概略図を示しており，大きく分けて，タイプⅠ［図1.20（a）参照］とタイプⅡ［図1.20（b），（c）参照］の二つに分類することができる。ヘテロ接合の伝導帯不連続エネルギー（$\Delta E_c$）と価電子帯不連続エネルギー（$\Delta E_v$）は，形式的には以下の式で与えられる。

$$\Delta E_c = Q_c[E_g(B) - E_g(A)], \quad \Delta E_v = Q_v[E_g(B) - E_g(A)] \tag{1.44}$$

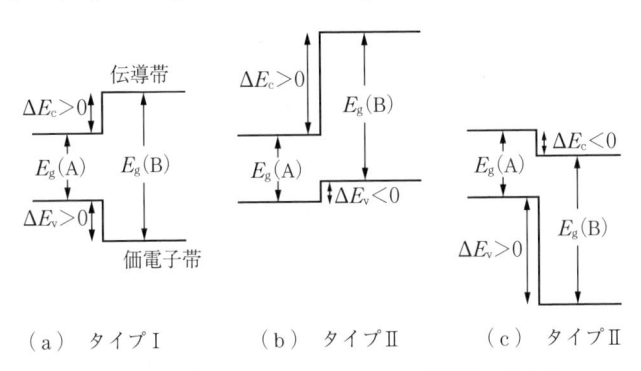

（a）タイプⅠ　　（b）タイプⅡ　　（c）タイプⅡ

**図1.20** A/Bヘテロ接合のバンド不連続性の概略図

ここで，$Q_c$と$Q_v$を伝導帯オフセット比（conduction-band offset ratio）と価電子帯オフセット比（valence-band offset ratio）と呼ぶ（$Q_c + Q_v = 1$）。タイプⅠヘテロ接合系では，電子と正孔はバンドギャップエネルギーが小さい半導体Aに閉じ込められる（$\Delta E_c>0$，$\Delta E_v>0$）。一方，タイプⅡヘテロ接合系では，図1.20（b）の場合，$\Delta E_c>0$で$\Delta E_v<0$であり，電子は半導体Aに，正孔はバンドギャップが大きい半導体Bに閉じ込められ，図1.20（c）の場合はその逆となる。すなわち，タイプⅡ系では，電子と正孔の空間分離が生じる。これまで多種多様なヘテロ接合が作製されてきたが，$\Delta E_c$と$\Delta E_v$が精密に決定されているものは限られている。GaAs/Al$_x$Ga$_{1-x}$As系では，Γ点バンドに関して$Q_c=0.66$近傍であることが実験的に明確になっている[35]。歴史的な経緯を少し述べると，最も研究されてきたGaAs/Al$_x$Ga$_{1-x}$As系でさえ，1986年ごろまでは，$Q_c=0.85$として取り扱われていて，物理と応用の両面においてか

なり大きな混乱があった。なお，第1原理計算の進歩によって，理論的な計算精度はかなり向上している[36)〜38)]。

### 1.5.2 量子井戸構造のサブバンド状態

図1.21は，タイプI単一量子井戸構造のポテンシャル構造と量子化準位を模式的に示している。ここで，$n$ は量子数を意味している。多重量子井戸構造（multiple quantum well structure）や超格子を含めて，量子化エネルギー（quantized energy）は，次式の有効質量近似［包絡関数近似（envelope function approximation）とも呼ぶ］に基づく1次元シュレーディンガー方程式によって解くことができる。

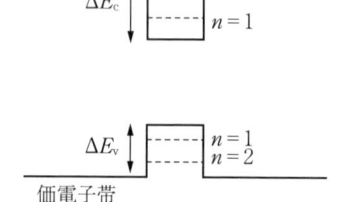

**図1.21** タイプI単一量子井戸構造のポテンシャル構造と量子化準位の模式図

$$\left(-\frac{\hbar^2}{2m_j^*}\frac{d^2}{dz^2}+V(z)\right)\phi_n(z)=E_n\phi_n(z) \tag{1.45}$$

ここで，$m_j^*$ が $j$ 層の電子（正孔）有効質量，$V(z)$ が量子井戸ポテンシャル，$\phi_n(z)$ が包絡関数，$E_n$ が量子化エネルギーである。バンド構造の特性は，有効質量に繰り込まれているとして取り扱う。包絡関数とは，量子井戸構造を構成する結晶の原子ポテンシャルによる波動関数の微細な空間的変化の包絡線に相当する波動関数であると考えればよい。式(1.45)は，ポテンシャルの高さが無限の場合，以下のように解析的に解くことができる。

$$\phi_n(z)=\sqrt{\frac{2}{L}}\sin\left(\frac{n\pi z}{L}\right),\quad E_n=\frac{(\hbar\pi n)^2}{2m^*L^2} \tag{1.46}$$

式(1.46)から，量子井戸層の層厚（$L$）の2乗の逆数で量子化エネルギーが増大することがわかる。これが，量子サイズ効果の大きな意味の一つであり，層厚の制御によるバンドギャップエネルギーの制御が可能であることを示している。また，価電子帯について考えてみると，立方晶系の半導体では，すでに

## 1.5 量子井戸構造と超格子

述べたように,バルク結晶において重い正孔(HH)バンドと軽い正孔(LH)バンドがΓ点で縮退している。量子井戸構造の場合,$m_{HH}^* > m_{LH}^*$ という有効質量条件のために,重い正孔バンドと軽い正孔バンドの縮退が解ける。これによって,電子機能性や光機能性が大きく変化する。励起子の観点では,重い正孔励起子と軽い正孔励起子が形成される。有限ポテンシャルに関しては,式(1.45)を数値計算により解く必要がある(計算手法の詳細は6.1節参照)。**図1.22**は,有効質量近似に基づいて計算したGaAs($d$〔nm〕)/AlAs単一量子井戸構造における(a)電子,(b)重い正孔と軽い正孔の量子化エネルギーの層厚($d$)依存性を示している。数百meVのエネルギー範囲にわたって,量子化エネルギーを制御できることがわかる。

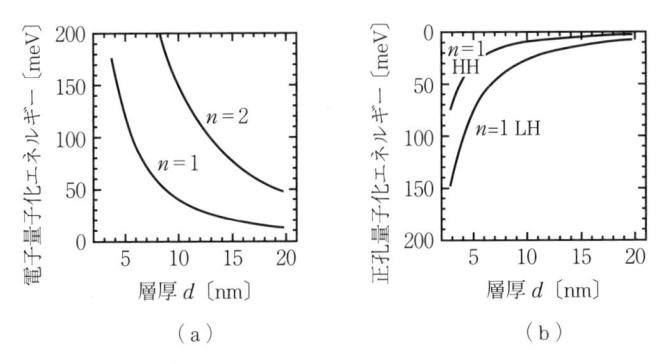

**図1.22** 有効質量近似に基づいて計算したGaAs($d$〔nm〕)/AlAs単一量子井戸構造における(a)電子,(b)重い正孔(HH)と軽い正孔(LH)の量子化エネルギーの層厚($d$)依存性

上で示した式(1.45)は,量子井戸構造の積層方向(量子閉じ込め方向)の有効質量近似シュレーディンガー方程式である。つぎに,量子井戸面内での有効質量近似シュレーディンガー方程式について述べる。量子井戸面内では,電子・正孔はポテンシャル束縛のない自由粒子(波動関数的には平面波)として振る舞う。したがって,シュレーディンガー方程式と固有値(面内の電子・正孔の運動エネルギー)は,次式で与えられる。

$$\left.\begin{array}{l}-\dfrac{\hbar^2}{2m_j^*}\left(\dfrac{\partial^2}{\partial x^2}+\dfrac{\partial^2}{\partial y^2}\right)\exp\left[i(k_x x + k_y y)\right] = E_{/\!/}\exp\left[i(k_x x + k_y y)\right]\\[6pt] E_{/\!/} = \dfrac{\hbar^2(k_x^2+k_y^2)}{2m_j^*}\end{array}\right\} \quad (1.47)$$

式 (1.47) は，量子井戸面内では運動量分散を持つバンドが形成されていることを意味する。したがって，量子井戸構造の量子化エネルギー状態をサブバンド (subband) と呼ぶ。以上のことから，量子井戸構造におけるサブバンドエネルギーは，量子化エネルギー $E_n$ と面内の電子・正孔の運動エネルギー $E_{/\!/}$ の和として与えられる。

$$E_n(k_x,k_y) = E_n + \dfrac{\hbar^2(k_x^2+k_y^2)}{2m_j^*} \quad (1.48)$$

つぎに，量子井戸構造の状態密度について述べる。積層方向は波動関数が閉じ込められているので，電子・正孔が自由粒子として振る舞うことができる2次元面内の状態密度を考慮する。ここで，1辺の長さが $L$ の2次元空間を考える。波数空間での最小波数は $2\pi/L$，最小面積は $(2\pi/L)^2$ となる。波数ベクトルの大きさが $0 \sim k$ までの2次元状態数 $N(k)$ は，スピン縮退を考慮すると，次式で与えられる。

$$N(k) = 2\int_0^k \dfrac{2\pi k dk}{(2\pi/L)^2} = \dfrac{L^2 k^2}{2\pi} \quad (1.49)$$

電子の面内のエネルギーは，上で述べたように $E = \hbar^2 k^2/2m_j^*$ なので，これを用いて $N(k)$ をエネルギー単位での状態数 $N(E)$ に変換し，$L^2 \to 1$ として，以下のように状態密度が求まる。

$$D(E) = \dfrac{dN(E)}{dE} = \dfrac{d}{dE}\left(\dfrac{m_j^*}{\pi\hbar^2}E\right) = \dfrac{m_j^*}{\pi\hbar^2} \quad (1.50)$$

上式から明らかなように，量子井戸構造の2次元状態密度は，エネルギーに依存しない一定値となる。図 1.23 に，量子化エネルギー，面内運動エネルギー（面内分散関係），および，状態密度の概略図を示している。バルク結晶（3次元）の状態密度は，1.3.1 項で述べたように $D(E) \propto \sqrt{E}$ なので，バンド端近

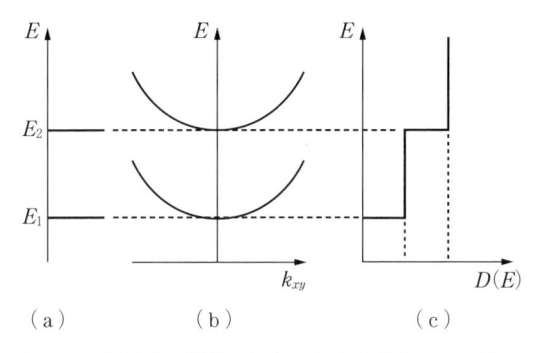

**図 1.23** 量子井戸構造における（a）量子化エネルギー，（b）面内運動エネルギー（面内分散），および，（c）状態密度の概略図

傍の状態密度が小さいために，キャリア密度が低い（図 1.11 参照）。一方，量子井戸構造の場合，状態密度が一定であるためにバンド端の状態密度が大きく，それによってバンド端のキャリア密度が高くなる。これが，量子井戸を利用した発光デバイスにおける高効率発光の主要因の一つである。

また，量子閉じ込め効果は，励起子の有効ボーア半径を収縮させるために，励起子束縛エネルギーが増大する。ポテンシャル障壁が無限の 2 次元極限では，有効ボーア半径はバルク結晶の 1/2 になり（$a_{B,2D}^* = a_B^*/2$），励起子束縛エネルギーは 4 倍になる（$E_{b,2D} = 4E_b$）（理論の詳細は 6.2.1 項参照）。実際の有限ポテンシャルかつ有限厚さの場合，電子・正孔クーロンポテンシャルを有効質量近似シュレーディンガー方程式に繰り込んで，変分計算を行う必要がある。量子井戸構造における励起子状態の安定化は，励起子束縛エネルギーが比較的小さい GaAs 系において顕著な効果となり，室温においても励起子効果が明確に現れるために（バルク結晶では実現され得ない）[39]，物性とデバイス応用の両面で盛んに研究が行われてきた。

### 1.5.3 超格子のミニバンド構造

超格子とは，上で述べたように，異なる半導体のナノメーターオーダーの超薄膜の周期的積層構造である。超格子の電子状態の最大の特徴は，超格子を構

成する各量子井戸の包絡関数が共鳴トンネル効果 (resonant tunneling effect) によって重なり合い，その相互作用により積層方向にミニバンド (miniband) が形成されることである．その概略図を，**図 1.24** に示す．ミニバンドの波数領域は，$0 \leq |k_z| \leq \pi/D$ であり ($D$ は超格子周期)，これをミニブリルアンゾーン (mini-Brillouin zone) と呼ぶ．バルク結晶のブリルアンゾーンの波数領域は，格子定数によって決定されるが，超格子では格子定数よりも長い超格子周期 $D$ によって決定されるために，そのブリルアンゾーンは波数空間においてバルク結晶よりも小さくなる．これが，ミニブリルアンゾーンの語源である．

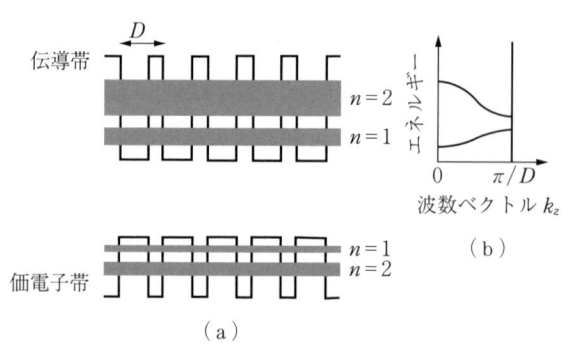

**図 1.24** 超格子のミニバンド構造の概略図：(a) 実空間，(b) 波数空間 (ミニブリルアンゾーン)

A/B 超格子 (A が量子井戸層，B が障壁層) におけるミニバンド分散関係は，有効質量近似に基づけば，よく知られている次式の単純なクローニッヒ・ペニイ型方程式 (Kronig-Penney-type equation) から求められる[40]．

$$\cos(k_z D) = \cos(k_A d_A)\cosh(k_B d_B)$$
$$+ 1/2 \left( \frac{m_A^* k_B}{m_B^* k_A} - \frac{m_B^* k_A}{m_A^* k_B} \right) \sin(k_A d_A) \sinh(k_B d_B), \quad (1.51)$$

$$k_A = \frac{\sqrt{2m_A^* E}}{\hbar}, \quad k_B = \frac{\sqrt{2m_B^*(V-E)}}{\hbar}$$

式 (1.51) において，量子力学の教科書に記述されている一般的なクローニッヒ・ペニイ型方程式と異なるところは，A 層と B 層の有効質量の違いを，有

効質量補正として取り込んでいることである。図1.25は，上記の有効質量近似に基づいて計算した GaAs（3.2 nm）/AlAs（0.9 nm）超格子の（a）包絡関数と（b）ミニバンド構造を示している。超格子のミニバンド構造における状態密度特異点は，$k_z = 0$ の Γ 点と，$k_z = \pi/D$ の π 点（ミニブリルアンゾーン端）である。超格子の元々の応用としての提案は，ミニバンドを利用して，直流電圧印加条件でブロッホ振動（Bloch oscillation）を誘起し，テラヘルツ帯域の電磁波を発生させるというものであった。なお，ブロッホ振動の振動数は，$\nu = eFD/h$ で与えられる。ここで，$F$ は超格子に印加されている電場強度である。1993年に，フェムト秒パルスレーザーを用いた超高速分光の実験によって，ブロッホ振動に起因するテラヘルツ電磁波（terahertz electromagnetic wave）の発生が初めて観測された[41]。

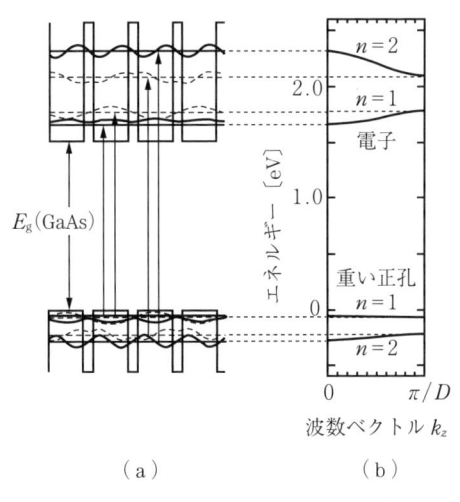

**図 1.25** 有効質量近似に基づいて計算した GaAs(3.2 nm)/AlAs(0.9 nm) 超格子の（a）包絡関数と（b）ミニバンド構造

### 1.5.4 超格子のフォノン

上で述べたように，超格子ではミニブリルアンゾーンが形成される。このミニブリルアンゾーン形成が最も劇的に現れるのが，超格子のフォノン状態である[42]。図1.26は，(001)面 $(GaAs)_4/(AlAs)_4$ 超格子の縦型フォノン分散関係（実線）の計算結果を示している[42]。超格子構造の添え字の数値は，モノレイヤー（monolayer：ML と略す）単位の長さを表している。例えば，GaAs の場合，1 ML は [001]方向の As-Ga-As スタッキングの長さに相当し格子定数の1/2（0.283 nm）である。破線は，GaAs と AlAs のバルク結晶のフォノン分散

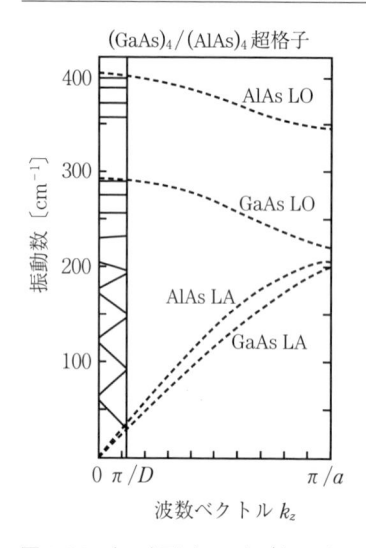

図1.26 (001)面 $(GaAs)_4/(AlAs)_4$ 超格子の縦型フォノン分散関係（実線）の計算結果。破線は，GaAsとAlAsのバルク結晶のフォノン分散関係を示している。

関係を示している。計算方法は，1.2.1項で述べた直線格子モデルを超格子に拡張したものである[43]。$(GaAs)_4/(AlAs)_4$ 超格子の場合，積層方向（$z$ 方向）に8MLの長周期性があるために，ミニブリルアンゾーン端（$k_z = \pi/D$）はバルク結晶のブリルアンゾーンの1/8の位置に形成され，フォノン分散が折り返される。この折り返し効果（zone-folding effect）によって，超格子特有の新たなフォノンモードが生成される。$(GaAs)_4/(AlAs)_4$ 超格子には，積層方向に $8 \times 2 = 16$ の自由度があり，その内の8モードがLAフォノンに，残りの8モードがLOフォノンに分配される。点群 $T_d$（$\bar{4}3m$）の閃亜鉛鉱構造の半導体から構成された超格子では，長周期性のために対称性が低下して正方晶となり，点群 $D_{2d}$（$\bar{4}2m$）となる。空間群は，超格子周期がMLの偶数倍の場合には $D_{2d}^5$（$P\bar{4}2m$），奇数倍の場合には $D_{2d}^9$（$I\bar{4}2m$）である[44]。

超格子のLAフォノン分散関係は，GaAsとAlAsのバルク結晶の分散関係を平均化したものを，ミニブリルアンゾーンにおいて単純に折り返した状態である。これを，折り返しLAフォノンモード（folded LA-phonon mode）と呼ぶ。この現象は，二つのLAフォノン分散の振動数領域が重なっているためである。一方，LOフォノン分散関係は，LAフォノンとは大きく異なっており，上で述べた量子井戸構造の量子化状態に類似している。LOフォノンの場合，GaAsとAlAsの振動数領域が重なっていないために，それぞれのLOフォノンは自己主張し，GaAs型LOフォノンモードとAlAs型LOフォノンモードが形成される。図1.27は，$(GaAs)_{10}/(AlAs)_{10}$ 超格子の $k_z=0$ におけるLAフォノンモードとLOフォノンモードの格子変位パターンの計算結果を示している[42]。

## 1.5 量子井戸構造と超格子

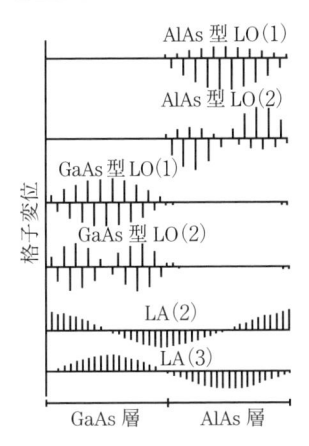

**図 1.27** $(GaAs)_{10}/(AlAs)_{10}$ 超格子の $k_z=0$ における LA フォノンモードと LO フォノンモードの格子変位パターンの計算結果。括弧内の数字は各フォノン分枝の番号を示している。

括弧内の数字は，各フォノン分枝の番号を示している。LA フォノンモードの場合，超格子全体に展開するモードであるが，GaAs 型 LO フォノンモードは GaAs 層に，AlAs 型 LO フォノンモードは AlAs 層に強く閉じ込められた状態となっている。このような LO フォノンモードを，閉じ込め LO フォノンモード（confined LO-phonon mode）と呼ぶ。このように，超格子はフォノンの制御という観点においても興味深い。

# 2 光物性の基礎理論

本章では，光物性の基礎理論について，電磁波論における誘電関数応答とポラリトン，バンド間遷移（直接型遷移と間接型遷移）の量子論，励起子遷移の量子論，不純物が関与する光学遷移，具体的には，バンド－不純物間遷移（band-impurity transition），ドナー－アクセプター対発光（donor-acceptor pair luminescence），等電子トラップを介した遷移（isoelectronic-trap mediated transition）の量子論，再結合発光確率と吸収係数（absorption coeffient）との関係（Roosbroeck-Shockley 関係），および，バンド間非発光過程であるオージェ再結合（Auger recombination）を対象として述べる[1]～[3]。ここで述べる内容は，半導体の光物性の根幹となるものである。なお，ラマン散乱も光物性における重要な現象であるが，それについては，独立して 5 章で述べる。

## 2.1 光物性の電磁波論

光物性の電磁波論は，光学応答を現象論的に解析する場合の中核をなすものである。本節では，ポラリトン方程式（polariton equation）と物質中の光の波動，光学フォノン，励起子，および，プラズモン（plasmon）の誘電関数（dielectric function），光学フォノンポラリトン（optical phonon polariton），励起子ポラリトン（exciton polariton），表面ポラリトン（surface polariton）について述べる。

### 2.1.1 マクスウェル方程式からポラリトン方程式へ

物理学の学問体系から明らかなように，古典物理学の範疇においては，光学応答を含む電磁波現象はマクスウェル方程式（Maxwell's equation）を基礎として解析できる。ここで述べたいことは，マクスウェル方程式がポラリトンと

いう概念に直接結び付くことである。ポラリトンとは，光と物質の素励起（おもに励起子とフォノン）との結合状態の総称であり，半導体の光物性を理解する上で不可欠の概念である。なお，ポラリトンを考える上で，誘電関数という概念が必須であり（通常の電磁気学では誘電率と呼ばれる），その詳細は次項で述べる。光の反射，屈折（refraction），吸収，透過（transmission）という最も身近な光学応答は，電磁波論に基づいて解析できる。

まず，基本となるマクスウェル方程式を式 (2.1 a)〜(2.1 d) に記す。式 (2.2 a) と式 (2.2 b) はその補助式である。

$$\nabla \cdot \boldsymbol{D} = \mathrm{div}\boldsymbol{D} = \rho \tag{2.1 a}$$

$$\nabla \cdot \boldsymbol{B} = \mathrm{div}\boldsymbol{B} = 0 \tag{2.1 b}$$

$$\nabla \times \boldsymbol{E} = \mathrm{rot}\,\boldsymbol{E} = -\frac{\partial \boldsymbol{B}}{\partial t} \tag{2.1 c}$$

$$\nabla \times \boldsymbol{H} = \mathrm{rot}\,\boldsymbol{H} = \boldsymbol{j} + \frac{\partial \boldsymbol{D}}{\partial t} \tag{2.1 d}$$

$$\boldsymbol{D} = \varepsilon_0 \boldsymbol{E} + \boldsymbol{P} \tag{2.2 a}$$

$$\boldsymbol{B} = \mu_0 \boldsymbol{H} + \boldsymbol{M} \tag{2.2 b}$$

ここで，$\boldsymbol{E}$ が電場，$\boldsymbol{D}$ が電束密度（電気変位とも呼ぶ），$\varepsilon_0$ が真空の誘電率，$\boldsymbol{P}$ が分極密度，$\rho$ が電荷密度，$\boldsymbol{H}$ が磁場，$\boldsymbol{B}$ が磁束密度，$\mu_0$ が真空の透磁率，$\boldsymbol{M}$ が磁化密度，$\boldsymbol{j}$ が電流密度を意味する。これからの理論展開の前提条件として，半導体を非磁性かつ絶縁体的と捉えて，$\rho = 0$，$\boldsymbol{j} \ll \partial \boldsymbol{D}/\partial t$，$\boldsymbol{M} = 0$ とする。この条件において，下記のように電場に関する波動方程式（wave equation）が導出できる。

$$\nabla \times \nabla \times \boldsymbol{E} = -\nabla \times \frac{\partial \boldsymbol{B}}{\partial t}, \ \nabla \times \frac{\partial \boldsymbol{H}}{\partial t} = \frac{\partial^2 \boldsymbol{D}}{\partial t^2} \tag{2.3}$$

$$\nabla \times \nabla \times \boldsymbol{E} = -\mu_0 \nabla \times \frac{\partial \boldsymbol{H}}{\partial t}, \ \nabla \times \frac{\partial \boldsymbol{H}}{\partial t} = \frac{\partial^2}{\partial t^2}(\varepsilon_0 \boldsymbol{E} + \boldsymbol{P}) \tag{2.4}$$

$$\nabla \times \nabla \times \boldsymbol{E} = \nabla(\nabla \cdot \boldsymbol{E}) - \Delta \boldsymbol{E} = -\mu_0 \frac{\partial^2}{\partial t^2}(\varepsilon_0 \boldsymbol{E} + \boldsymbol{P}) \tag{2.5}$$

$$\Delta E - \varepsilon_0 \mu_0 \frac{\partial^2 E}{\partial t^2} = \mu_0 \frac{\partial^2 P}{\partial t^2} \tag{2.6}$$

式 (2.6) が波動方程式である．ここで $P=0$ ならば，式 (2.6) は真空における電磁波の波動方程式となり，通常の電磁気学でよく知られているように，真空中の光の速度 $c = 1/\sqrt{\varepsilon_0 \mu_0}$ により光が伝播することを表現する．すなわち，物質の電磁波論において，物質の特性（励起子，フォノン，電子など）は，右辺の分極密度 $P$ の中に現象論的に組み込まれる．

分極密度 $P$ は，単位体積当りの物質内での双極子モーメント $p_i$ の和である．

$$P = \sum_i p_i \tag{2.7}$$

電磁気学的には，以下のように定義される．

$$P = \varepsilon_0 [\chi] E \tag{2.8}$$

ここで，$[\chi]$ は電気感受率（electric susceptibility）であり，一般にはテンソルで表現される．式 (2.8) の意味は非常に重要であり，光の電場 $E$ によって分極密度が物質内に誘起されることを意味している．これを式 (2.2 a) の電束密度 $D$ の表現に代入する．

$$D = \varepsilon_0 E + P = \varepsilon_0 (1 + [\chi]) E = \varepsilon_0 [\varepsilon] E \tag{2.9}$$

$[\varepsilon] = 1 + [\chi]$ が誘電関数テンソルであり，光に対する物質の応答関数（response function）と定義できる．なお，この場合の 1 は，単位行列である．誘電関数は，一般的にエネルギー $E$ と波数ベクトル $k$ の複素関数である．

$$\varepsilon_{ij}(\omega, k) = \varepsilon_{1,ij}(\omega, k) + i \varepsilon_{2,ij}(\omega, k) \tag{2.10}$$

以下では，数式表現の煩雑性を防ぐために，物質は光学的に等方的と仮定し，誘電関数をスカラー量として取り扱う．この単純化においても，議論の本質は失われない．式 (2.6) の波動方程式の分極密度 $P$ を式 (2.8) と式 (2.9) を利用して，以下のように誘電関数に置き換える．

$$\Delta E - \varepsilon_0 \mu_0 \frac{\partial^2 E}{\partial t^2} = \varepsilon_0 \mu_0 [\varepsilon(\omega, k) - 1] \frac{\partial^2 E}{\partial t^2} \tag{2.11}$$

$$\Delta E - \frac{\varepsilon(\omega, k)}{c^2} \frac{\partial^2 E}{\partial t^2} = 0 \tag{2.12}$$

ここで，光の電場を平面波 $\boldsymbol{E}=\boldsymbol{E}_0\exp[i(\boldsymbol{k}\cdot\boldsymbol{r}-\omega t)]$ とすると，式 (2.12) は下記の見かけ上は単純な代数方程式に変換できる．

$$\frac{c^2\boldsymbol{k}^2}{\omega^2}=\varepsilon(\omega,\boldsymbol{k}) \tag{2.13}$$

この式 (2.13) が「ポラリトン方程式」であり，ポラリトン分散を決定し，光物性の電磁波論の中核を成すものである．ポラリトンの詳細については，2.1.3項で述べる．

ポラリトン方程式に基づいて，まず，物質内での光の伝播について考えてみる．波動の伝播は，物理学の一般概念として，波数ベクトルによって定義される．式 (2.13) から，以下のように「一般化された光の波数ベクトル」が定義される．

$$|\boldsymbol{k}|=\frac{\omega}{c}\sqrt{\varepsilon(\omega,\boldsymbol{k})}\equiv\frac{\omega}{c}\tilde{n}(\omega,\boldsymbol{k})$$

$$\equiv\frac{\omega}{c}[n(\omega,\boldsymbol{k})+i\kappa(\omega,\boldsymbol{k})]$$

$$=\frac{2\pi}{\lambda_\mathrm{v}}[n(\omega,\boldsymbol{k})+i\kappa(\omega,\boldsymbol{k})] \tag{2.14}$$

ここで，$\sqrt{\varepsilon(\omega,\boldsymbol{k})}\equiv\tilde{n}(\omega,\boldsymbol{k})$ が複素屈折率 (complex refractive index)，複素屈折率の実部 $n(\omega,\boldsymbol{k})$ が屈折率 (refractive index)，虚部 $\kappa(\omega,\boldsymbol{k})$ が消衰係数 (extinction coefficient)，$\lambda_\mathrm{v}$ が真空中の光の波長を意味する．式 (2.14) の一般化した波数ベクトルを平面波の式に代入すると，物質中の光波動の電場項は以下のように表現できる．

$$\boldsymbol{E}_0\exp[i(\boldsymbol{k}\cdot\boldsymbol{r}-\omega t)]=\boldsymbol{E}_0\exp\left\{i\left[\frac{2\pi}{\lambda_\mathrm{v}}n(\omega,\boldsymbol{k})\hat{\boldsymbol{k}}\cdot\boldsymbol{r}-\omega t\right]\right\}\exp\left[-\frac{2\pi}{\lambda_\mathrm{v}}\kappa(\omega,\boldsymbol{k})\hat{\boldsymbol{k}}\cdot\boldsymbol{r}\right] \tag{2.15}$$

ここで，$\hat{\boldsymbol{k}}$ は波数ベクトル $\boldsymbol{k}$ の方向単位ベクトルである．式 (2.15) の右辺の第1指数関数項が光の時間・空間振動と屈折という現象を表し，第2指数関数項が光の減衰（吸収）を意味している．第1指数関数項を見ると，物質中での光の波長が真空中での波長とは異なり，$\lambda_\mathrm{v}/n(\omega,\boldsymbol{k})$ となることがわかる．一般

に，物質の屈折率は真空の屈折率1よりも大きいので，物質中では光の波長が真空中よりも短くなる．光速度に言い換えると，振動数（エネルギー）は不変であるので，光速度が物質中において遅くなる．これが，光の屈折の原因である．つぎに，第2指数関数項について述べる．光の強度は電場の2乗であるので，$z$ 方向に光が伝播する場合，物質中での強度の空間依存性は以下の式で与えられる．

$$I(z)=|E(z)|^2=I(0)\exp(-\alpha z),\ \alpha=\frac{4\pi\kappa(\omega,\boldsymbol{k})}{\lambda_v} \quad (2.16)$$

式 (2.16) が物質中での吸収による光強度の減衰を表しており，$\alpha$ が吸収係数で，吸収分光法で測定される物理量に対応する．

　本項の最後に，物質における縦波モードの存在について述べる．光が横波であることは，電磁波の普遍的特性として周知のことであるが，ここで，物質の誘電関数を繰り込んで，マクスウェル方程式の式 (2.1a) を考察する．

$$\nabla\cdot\boldsymbol{D}=\nabla\varepsilon_0\varepsilon(\omega,\boldsymbol{k})\boldsymbol{E}=i\varepsilon_0\varepsilon(\omega,\boldsymbol{k})\boldsymbol{E}_0\cdot\boldsymbol{k}\exp[i(\boldsymbol{k}\cdot\boldsymbol{r}-\omega t)]=0 \quad (2.17)$$

真空中では，$\varepsilon(\omega,\boldsymbol{k})=1$ であるので，式 (2.17) が満足されるためには，$\boldsymbol{E}_0\perp\boldsymbol{k}$ でなければならない．これは，電場ベクトルと波数ベクトル（波動の進行方向ベクトル）の直交条件を意味しており，光が横波モードであることの証明である．一方，物質中では，$\varepsilon(\omega,\boldsymbol{k})=0$ が成立する状況が存在する．この場合，上記の直交条件を満足する必要がなく，縦波モードが定義される．すなわち，1章で述べた LO フォノンや縦型励起子が，電磁波論的には $\varepsilon(\omega,\boldsymbol{k})=0$ のモードに相当する．縦波モードでは，$\nabla\cdot\boldsymbol{D}=0$ なので，式 (2.2a) より，$\varepsilon_0\boldsymbol{E}=-\boldsymbol{P}$ の関係が得られる．このことは，縦波モードは，電場に逆向きの純粋な分極モードであることを意味している．

## 2.1.2　誘　電　関　数

　以上の電磁波論から，光と物質の相互作用は，式 (2.13) のポラリトン方程式の因子である誘電関数 $\varepsilon(\omega,\boldsymbol{k})$ によって決定されることが理解できる．したがって，誘電関数の物理的意味を理解することは必須である．ここでは，簡単

化のために，誘電関数の空間分散（spatial dispersion），すなわち，波数ベクトル依存性を無視して，光の電場による振動子の強制振動に関する運動方程式から誘電関数を導出する．

図2.1に示すように，独立な調和振動子（振動方向が$x$方向）が等間隔（$a$）で$z$方向に並んでいるとする．調和振動子は，先端に質量$m$を持ち，電磁波は$z$方向に伝播するとする．また，振動子は，先端に$+e$の電荷を，平衡位置に$-e$の電荷が固定されているとして，双極子モーメントとして取り扱う．振動子の固有振動数（$\omega_0'$），質量，ばね定数（$\beta$）は，古典力学から，$\omega_0'^2 = \beta/m$の関係となる．光の電場ベクトルを以下の式で定義する．

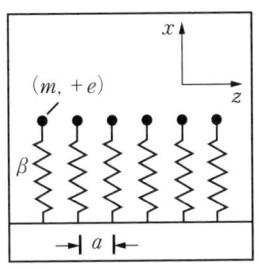

**図2.1** 空間分散のない調和振動子の空間配列の模式図

$$E = (E_0, 0, 0)\exp[i(k_z z - \omega t)] \tag{2.18}$$

ここで，光の波長（$\lambda$）が振動子の間隔よりも十分に長いと仮定すると（$\lambda \gg a$：長波長近似），振動の空間的パターンが無視できるので，以下のように波数ベクトルを無視できる．

$$E = (E_0, 0, 0)\exp(-i\omega t) \tag{2.19}$$

上で述べた系での光の電場による強制振動の運動方程式は，以下の式で与えられる．

$$m\frac{d^2 x}{dt^2} + \Gamma m \frac{dx}{dt} + \beta x = eE_0 \exp(-i\omega t) \tag{2.20}$$

式（2.20）の一般解は，次式となる．

$$x(t) = x_0 \exp\left[-i\left(\omega_0'^2 - \frac{\Gamma^2}{4}\right)^{1/2} t\right]\exp\left(-\frac{\Gamma}{2}t\right) + x_p \exp(-i\omega t) \tag{2.21}$$

ここで，右辺第1項は，系の過渡的緩和（transient relaxation）を意味している．過渡的緩和が終了した$t \gg \Gamma^{-1}$の時間領域では，定常状態近似として，右辺第2項のみを考慮すればよい．過渡的緩和を無視した式（2.21）を式（2.20）に代入すると，振動子の変位に関する次式が得られる．

$$x_\mathrm{p}(\omega) = \frac{eE_0}{m} \frac{1}{\omega_0'^2 - \omega^2 - i\omega\Gamma} \tag{2.22}$$

式 (2.22) は，振動子の変位が $\omega_0'$ で共鳴的に増大することを意味している。この振動子の変位は，双極子モーメントを生成し，1個の振動子当り

$$p_x(\omega) = ex_\mathrm{p}(\omega) \tag{2.23}$$

となる。分極率（polarizability）$\alpha(\omega)$ は，一般に $p(\omega) = \alpha(\omega)E$ として定義されるので，以下のように与えられる。

$$\alpha(\omega) = \frac{ex_\mathrm{p}(\omega)}{E_0} = \frac{e^2}{m} \frac{1}{\omega_0'^2 - \omega^2 - i\omega\Gamma} \tag{2.24}$$

ここで，振動子の密度を $N$ とすると，単位体積当りの双極子モーメントに相当する分極密度 **P** は

$$\boldsymbol{P} = N\alpha(\omega)\boldsymbol{E} = \frac{Ne^2}{m} \frac{1}{\omega_0'^2 - \omega^2 - i\omega\Gamma} \boldsymbol{E} \tag{2.25}$$

となる。式 (2.25) を式 (2.2a) の電束密度に関する式に代入すると，以下の式が得られる。

$$\boldsymbol{D} = \varepsilon_0 \boldsymbol{E} + \boldsymbol{P} = \varepsilon_0 \left[ 1 + \frac{Ne^2}{\varepsilon_0 m} \frac{1}{\omega_0'^2 - \omega^2 - i\omega\Gamma} \right] \boldsymbol{E} \tag{2.26}$$

$$\varepsilon(\omega) = 1 + \frac{Ne^2}{\varepsilon_0 m} \frac{1}{\omega_0'^2 - \omega^2 - i\omega\Gamma} \equiv 1 + \frac{f}{\omega_0'^2 - \omega^2 - i\omega\Gamma} \tag{2.27}$$

以上が，力学的モデルに基づく誘電関数の導出である。式 (2.27) の $Ne^2/(\varepsilon_0 m)$ は，電磁場と振動子（双極子モーメント）との結合強度に相当する。これを $f$ と記して，振動子強度と呼ぶ。

これまでは振動子の密度の効果についてはまったく考慮していなかったが，物質中では振動子は密に存在する。その補正について，以下で述べる。振動子が高密度な場合，局所電場（local electric field）が生じる。この効果を表現するのが，下記の Clausius-Mossotti の式である[4]。

$$\frac{\varepsilon(\omega) - 1}{\varepsilon(\omega) + 2} = \frac{N\alpha(\omega)}{3\varepsilon_0} = \frac{(1/3)Ne^2/(m\varepsilon_0)}{\omega_0'^2 - \omega^2 - i\omega\Gamma} \tag{2.28}$$

## 2.1 光物性の電磁波論

式 (2.28) の変形から，以下の式が得られる。

$$\varepsilon(\omega) = 1 + \frac{f}{\omega_0'^2 - Ne^2/(3m\varepsilon_0) - \omega^2 - i\omega\Gamma} \tag{2.29}$$

すなわち，単一振動子の共鳴振動数（$\omega_0'^2$）が，誘電関数の共鳴振動数（$\omega_0$）に以下のように補正される。

$$\omega_0^2 = \omega_0'^2 - \frac{Ne^2}{3m\varepsilon_0} = \omega_0'^2 - \frac{f}{3} \tag{2.30}$$

最終的に，誘電関数は以下の式で与えられる。

$$\varepsilon(\omega) = 1 + \frac{f}{\omega_0^2 - \omega^2 - i\omega\Gamma} \tag{2.31}$$

一般に，物質中には光学応答を示す多様な励起子やフォノンが存在する。したがって，物質としての誘電関数は，それらの和として与えられる。

$$\varepsilon(\omega) = 1 + \sum_j \frac{f_j}{\omega_{0j}^2 - \omega^2 - i\omega\Gamma_j} \tag{2.32}$$

ここで，ある着目している光学応答に対して，他の多様な誘電関数は背景誘電率 $\varepsilon_b$ として寄与すると仮定する。この仮定は，それぞれの共鳴振動数が十分に離れている場合は良い近似であり，ほとんどの場合に成立する。したがって，一つの光学応答に関する誘電関数は以下の式で与えられる。

$$\varepsilon_j(\omega) = \varepsilon_b + \frac{f_j}{\omega_{0j}^2 - \omega^2 - i\omega\Gamma_j} \tag{2.33}$$

式 (2.33) を実部と虚部に分解すると，以下のようになる。

$$\varepsilon(\omega) = \varepsilon_b + \frac{f(\omega_0^2 - \omega^2)}{(\omega_0^2 - \omega^2)^2 + \omega^2\Gamma^2} + i\frac{\omega\Gamma f}{(\omega_0^2 - \omega^2)^2 + \omega^2\Gamma^2} \tag{2.34}$$

$$= \varepsilon_1(\omega) + i\varepsilon_2(\omega)$$

誘電関数の実部 $\varepsilon_1$ と虚部 $\varepsilon_2$ は，下記のクラマース-クローニッヒ関係（Kramers-Kronig relation）によって相互に関連付けられる。

$$\varepsilon_1(\omega) - 1 = \frac{2}{\pi} P \int_0^\infty \frac{\omega' \varepsilon_2(\omega')}{\omega'^2 - \omega^2} d\omega' \tag{2.35 a}$$

$$\varepsilon_2(\omega) = -\frac{2\omega}{\pi} P \int_0^\infty \frac{\varepsilon_1(\omega')-1}{\omega'^2-\omega^2} d\omega' \qquad (2.35\,\mathrm{b})$$

ここで，$P$ は主値積分を意味している。

**図 2.2** は，ブロードニング因子（broadening parameter）が $\Gamma=0$ と有限の場合の誘電関数の（a）実部 $\varepsilon_1$ と（b）虚部 $\varepsilon_2$ の振動数依存性を示している。ここでは，共鳴振動数 $\omega_0$ を $\omega_\mathrm{T}$ と表現している。その意味は，図 2.2 から明らかなように，誘電関数には二つの特異点がある。図 2.2 において，$\varepsilon_1$ が発散的になり $\varepsilon_2$ がピークとなる特異点振動数が，励起子の場合には横型励起子振動数，フォノンの場合には TO フォノン振動数と定義される。この横型モードの振動数（$\omega_\mathrm{T}$）が誘電関数の共鳴振動数（$\omega_0$）に対応する。以下では，この物理的意味を明確にするために，$\omega_0$ の代わりに $\omega_\mathrm{T}$ を用いる。一方，2.1.1 項で述べたように，$\varepsilon(\omega)=0$ となる特異点振動数が縦型モード振動数（$\omega_\mathrm{L}$）であり（$\omega_\mathrm{T}<\omega_\mathrm{L}$），縦型励起子振動数や LO フォノン振動数に相当する。$\omega_\mathrm{T}$ と $\omega_\mathrm{L}$ の差（$\Delta_\mathrm{LT}=\omega_\mathrm{L}-\omega_\mathrm{T}$）を縦横分裂振動数（longitudinal-transverse splitting frequency）と呼ぶ。

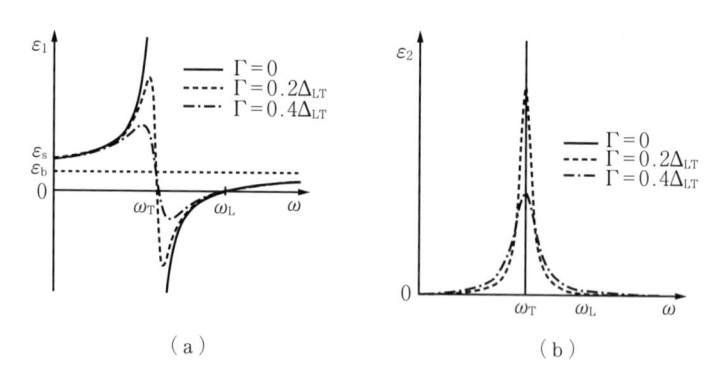

**図 2.2** ブロードニング因子 $\Gamma=0$ と有限の場合の誘電関数の（a）実部 $\varepsilon_1$ と（b）虚部 $\varepsilon_2$ の振動数依存性の概略図

横型モード振動数と縦型モード振動数は，振動子強度 $f$ と密接に関連している。式 (2.33) において $\Gamma=0$ とすると，以下の関係式が得られる。

$$f = \varepsilon_\mathrm{b}(\omega_\mathrm{L}^2 - \omega_\mathrm{T}^2) \qquad (2.36)$$

また，一般に $\omega_T \gg \Delta_{LT}$ なので，式 (2.36) はつぎのように書くことができる．

$$f = 2\varepsilon_b \omega_T \Delta_{LT} \tag{2.37}$$

すなわち，$\Delta_{LT}$ が大きいほど振動子強度，すなわち，光との結合の強さが大きい．ここで，表 1.4 を見ると，GaAs の励起子では $\hbar\Delta_{LT} = 0.08$ meV，GaN の励起子では $\hbar\Delta_{LT} = 1.0$ meV であり，このことは，GaN の方が GaAs に比べて，励起子と光との相互作用が約 10 倍大きいことを意味している．

図 2.2 に示されている静的誘電率 $\varepsilon_s$ と背景誘電率 $\varepsilon_b$ の関係について考察する．式 (2.33) において $\Gamma = 0$ とし，振動数が $\omega_T$ よりも十分に低いと仮定する．この場合の誘電率を静的誘電率と呼び，式 (2.33) から次式が得られる．

$$\varepsilon_s = \varepsilon_b + \frac{f}{\omega_T^2} \tag{2.38}$$

式 (2.38) の $f$ に式 (2.36) を代入すると，下記の関係式が得られる．

$$\frac{\varepsilon_s}{\varepsilon_b} = \frac{\omega_L^2}{\omega_T^2} \tag{2.39}$$

これを，Lyddane-Sachs-Teller 関係式（Lyddane-Sachs-Teller relation）と呼び，縦型モードと横型モードの振動数の比を与える重要な式である．なお，ここで用いている背景屈折率 $\varepsilon_b$ は光学的誘電率とも呼ばれ，$\varepsilon(\infty)$ と表記される．また，$\varepsilon_s$ は $\varepsilon(0)$ とも表記される．

ここでは，屈折率，消衰係数（吸収係数），反射率（reflectance）という光学定数と誘電関数との関係について述べる．複素屈折率，屈折率，消衰係数は，式 (2.14) からもわかるように以下の式で与えられる．

$$\sqrt{\varepsilon(\omega)} = \tilde{n}(\omega) = n(\omega) + i\kappa(\omega) \tag{2.40}$$

屈折率と消衰係数を誘電関数の虚部と実部で表すと以下のようになる．

$$\left.\begin{array}{l} n(\omega) = \left(\dfrac{1}{2}\left\{\varepsilon_1(\omega) + \left[\varepsilon_1(\omega)^2 + \varepsilon_2(\omega)^2\right]^{1/2}\right\}\right)^{1/2} \\ \kappa(\omega) = \left(\dfrac{1}{2}\left\{-\varepsilon_1(\omega) + \left[\varepsilon_1(\omega)^2 + \varepsilon_2(\omega)^2\right]^{1/2}\right\}\right)^{1/2} \end{array}\right\} \tag{2.41}$$

図 2.3 は，ブロードニング因子 $\Gamma = 0$ と有限の場合の（a）屈折率と（b）消衰

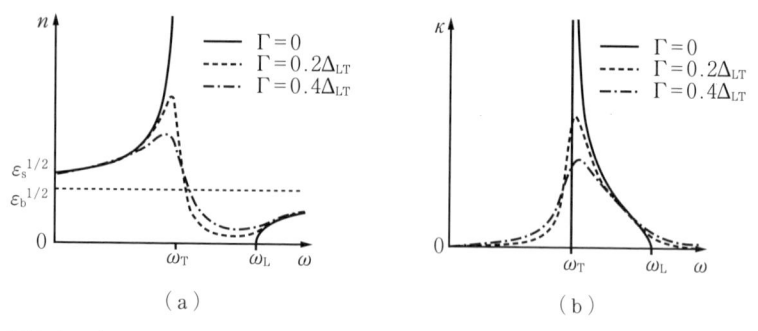

図 2.3 ブロードニング因子 $\Gamma=0$ と有限の場合の (a) 屈折率 $n$ と (b) 消衰係数 $\kappa$ の振動数依存性の概略図

係数の振動数依存性を示している。屈折率に関しては，低振動数側の静的屈折率 $\sqrt{\varepsilon_s}$ から $\omega_T$ 近傍で急激な増大傾向を示し，$\omega_T$ と $\omega_L$ の間の振動数領域では，$\Gamma=0$ の場合は $n=0$ となる。$n=0$ は，光の波動の空間的振動が消失することを意味する。$\omega_L$ から屈折率が増大し，背景屈折率 $\sqrt{\varepsilon_b}$ に近付く。消衰係数に関しては，$\omega_T$ でピークとなり，$\omega_L$ でほぼ消失する。これが，吸収スペクトルに対応する。また，光の反射率は，結晶表面［真空（空気）／物質の界面］での電磁波の連続性（境界条件）を考慮すると，垂直入射の場合は，以下の式で与えられる。

$$R(\omega) = \frac{[n(\omega)-1]^2 + \kappa^2(\omega)}{[n(\omega)+1]^2 + \kappa^2(\omega)} \tag{2.42}$$

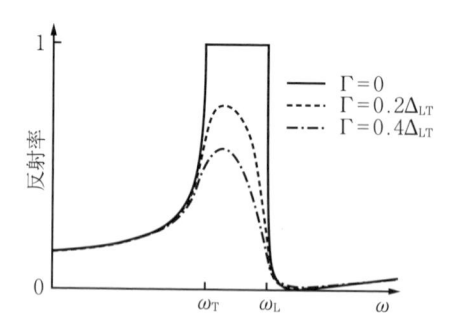

図 2.4 ブロードニング因子 $\Gamma=0$ と有限の場合の反射スペクトルの概略図

なお，薄膜結晶の場合は，薄膜構造特有のファブリー・ペロー干渉 (Fabry-Perot interference) を考慮する必要があるが，ここでは省略し 3.1 節で述べる。図 2.4 は，ブロードニング因子 $\Gamma$ が異なる場合の反射スペクトルを示している。$\omega_T$ と $\omega_L$ の間の振動数領域で，反射構造が観測されることが明らかである。

## 2.1 光物性の電磁波論

特に,$\Gamma=0$の場合,完全反射(反射率=1)となる。

これまで述べてきた誘電関数は,空間分散(波数ベクトル依存性)を無視したものである。図1.6のフォノン分散に着目すると,光と相互作用する$\Gamma$点近傍の光学フォノンの分散は波数ベクトルにほとんど依存しないことがわかる。したがって,光学フォノンに関しては,上記の誘電関数を用いることができる。励起子に関しては,図1.18に示しているように,空間分散を無視することができない。励起子の誘電関数は,一般的に次式によって与えられる。

$$\varepsilon(\omega, \boldsymbol{k}) = \varepsilon_b + \frac{f(\boldsymbol{k})}{\omega(\boldsymbol{k})^2 - \omega^2 - i\omega\Gamma(\boldsymbol{k})} \tag{2.43}$$

通常は,振動子強度$f$とブロードニング因子$\Gamma$の波数ベクトル依存性を無視しても問題はない。また,励起子分散関係を,下記のように放物線的なバンドと仮定する。

$$\omega(\boldsymbol{k})^2 = (\omega_\mathrm{T} + A\boldsymbol{k}^2)^2 \approx \omega_\mathrm{T}^2 + 2\omega_\mathrm{T} A\boldsymbol{k}^2 \tag{2.44}$$

以上の仮定に基づくと,励起子の誘電関数は以下のようになる。

$$\varepsilon(\omega, \boldsymbol{k}) = \varepsilon_b + \frac{f}{\omega_\mathrm{T}^2 + 2\omega_\mathrm{T} A\boldsymbol{k}^2 - \omega^2 - i\omega\Gamma} \tag{2.45}$$

励起子の分散関係を$E_\mathrm{X}(\boldsymbol{k}) = E_\mathrm{T} + \hbar^2 \boldsymbol{k}^2/(2M_\mathrm{X})$とすると($M_\mathrm{X}$は励起子有効質量),$A = \hbar/(2M_\mathrm{X})$となる。

本項の最後に,電子・正孔の集団運動,すなわちプラズモンの誘電関数について述べる。高濃度にドーピングされた半導体では(ここでは,n型半導体として電子を対象にする),電子ガスの集団運動が正に帯電したイオン化ドナー(ionized donor)を背景として生じる。なお,この集団振動は,縦振動である。ここでは,立方体を前提として,式の導出を行う。密度$n_\mathrm{c}$の電子ガスが$x$方向に$\Delta x$だけ変位したとすると,以下の表面電荷密度が生じる。

$$\rho_\mathrm{s} = n_\mathrm{c} e \Delta x \tag{2.46}$$

式(2.1a)のガウスの法則から,$x$方向の電場強度はつぎのように与えられる。

$$E_x = \frac{n_\mathrm{c} e \Delta x}{\varepsilon_0 \varepsilon_b} \tag{2.47}$$

この電場による電子ガスの運動方程式は，電子の有効質量を $m_e^*$ とすると次式となる．

$$m_e^* \frac{d^2 \Delta x}{dt^2} = -eE_x = -\frac{n_c e^2}{\varepsilon_0 \varepsilon_b} \Delta x \tag{2.48}$$

ここで，電子は自由キャリアなので，式 (2.20) のような復元力は働かない．すなわち，共鳴振動数は存在せず，$\omega_0 = \omega_T = 0$ である．式 (2.48) に $\Delta x = x_0 \exp(i\omega t)$ を代入すると，下記の特性振動数が得られる．

$$\omega_P = \sqrt{\frac{n_c e^2}{\varepsilon_0 \varepsilon_b m_e^*}} \tag{2.49}$$

$\omega_P$ が，プラズマ振動数 (plasma frequency) であり，縦モード振動数 $\omega_L$ に相当する．$\varepsilon_b$ は，$\varepsilon(\infty)$ と表現される場合が多い．電子密度が $1.0 \times 10^{18}$ cm$^{-3}$ の GaAs を例にすると，$m_e^* = 0.0665 m_0$，$\varepsilon(\infty) = 10.9$ なので，$\omega_P = 66.3$ THz（$\nu_P = 10.6$ THz）となる．

プラズモンの誘電関数は，式 (2.33) において，$\omega_0 = \omega_T = 0$，$\omega_L = \omega_P$ とし，かつ，式 (2.36) に基づいて振動子強度を求めると，$f = n_c e^2 / (\varepsilon_0 m_e^*)$ となり，下記の式で与えられる．

$$\varepsilon(\omega) = \varepsilon_b - \frac{n_c e^2 / (\varepsilon_0 m_e^*)}{\omega^2 + i\omega\Gamma} \tag{2.50}$$

上記のプラズモンの取扱いを Drude モデルと呼ぶ．図 2.5 は，$f$ を規格化して $\Gamma/\omega_P = 0.02$ の場合のプラズモンによる反射スペクトルの計算結果を示している．$\omega_P$ よりも低振動数側では，反射率は1に近い．この現象は，光の振動数が $\omega_P$ 以下であれば，半導体内で自由に動き回れる電子の変位によって，光の電場が打ち消されて内部に進入できないためである．その結果とし

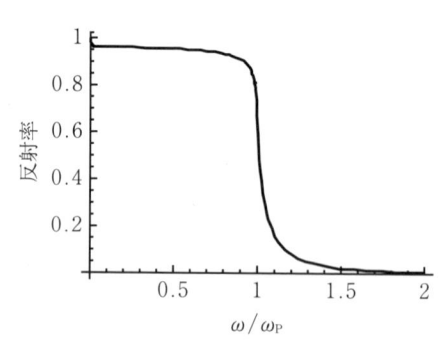

図 2.5　$\Gamma/\omega_P = 0.02$ の場合のプラズモンによる反射スペクトルの計算結果

て，ほぼ完全な反射が生じる．

### 2.1.3 ポラリトン

式 (2.8) から明らかなように，物質中の電場は分極波を伴う．電磁波（光）と分極波は混成状態を形成し，それをポラリトンと呼ぶ．ポラリトンの概念は，1958 年に Hopfield によって明確に提案された[5]．式 (2.13) のポラリトン方程式から，光学フォノンと励起子のポラリトンは，それぞれ以下の式で与えられる．

$$\frac{c^2 k^2}{\omega^2} = \varepsilon_b + \frac{f}{\omega_T^2 - \omega^2 - i\omega\Gamma} \quad (\text{光学フォノンポラリトン}) \quad (2.51)$$

$$\frac{c^2 k^2}{\omega^2} = \varepsilon_b + \frac{f}{\omega_T^2 + 2\omega_T A k^2 - \omega^2 - i\omega\Gamma} \quad (\text{励起子ポラリトン}) \quad (2.52)$$

なお，近接して複数のモードが存在する場合は，右辺第 2 項に共鳴項を線形結合として加える．図 2.6 は，（a）光学フォノンポラリトンと（b）励起子ポラリトンの分散関係の概略図を示している．破線は，ポラリトンを形成しない場合の光学フォノン，励起子，光の分散関係である．光は横波であるので，分極

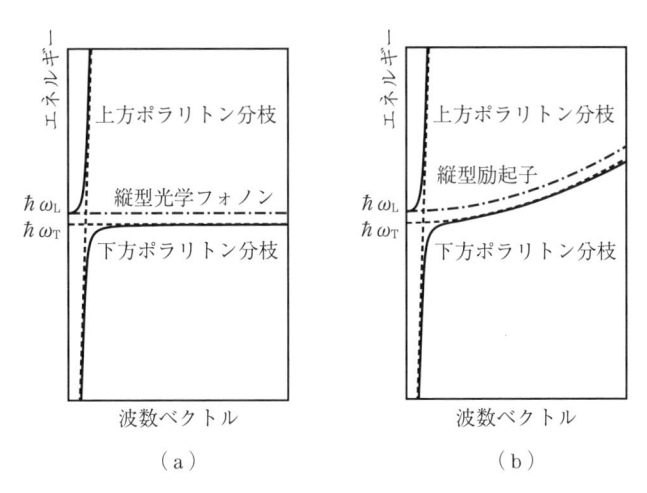

図 2.6 （a）光学フォノンポラリトンと（b）励起子ポラリトンの分散関係の概略図

結合によりTOフォノンおよび横型励起子とポラリトンを形成する。光と横型モードの共鳴振動数付近では，反交差（anti-crossing）が生じる。特に，図2.6（b）の励起子ポラリトンの場合，反交差領域でエネルギー緩和が抑制されるので，この領域をボトルネック領域（bottleneck region）と呼び，励起子ポラリトンの光学応答に最も大きく寄与する。ポラリトンには二つの分枝があり，$\omega=0$から始まるものを下方ポラリトン分枝（lower polariton branch），$\omega=\omega_L$から始まるものを上方ポラリトン分枝（upper polariton branch）と呼ぶ。上方ポラリトン分枝は，$\omega_L$から始まるが，LOフォノンや縦型励起子とはまったく関係がない。縦型モードは，図2.6の一点鎖線で示すようにポラリトンを形成しない。

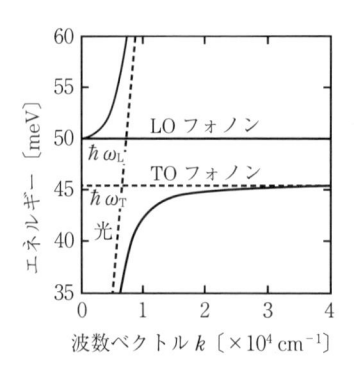

図2.7は，$\Gamma=0$の条件におけるGaP結晶の光学フォノンポラリトンの分散関係の計算結果を示している。実験的には，1965年に，ラマン散乱分光法によりGaPの光学フォノンポラリトン分散が明らかになっている[6]。

図2.8は，$\Gamma=0$の条件における（a）GaAs結晶と（b）ZnO結晶の励起子ポラリトンの分散関係の計算結果を示している。GaAs結晶の場合，励起子の縦横分裂エネルギーが表1.4に示しているように，0.08 meVと非常に小さい。したがって，ボトルネック領域の反交差幅は0.3 meV程度ときわめて小さく，ポラリトン効果の観測は容易ではない。反交差幅は，縦横分裂エネルギーが大きくなるほど増大し，ポラリトン効果が明確に現れてくる。その典型例が，図2.8（b）のZnO結晶の場合である。さらに，A励起子とB励起子が近接しているために，ポラリトン分散は複雑なものとなり，中間ポラリトン分枝（middle polariton branch）が形成される。ブロードニング因子$\Gamma$が大きい場合，ポラリトン効果は消失する。Tredicucciらは，ポラリトン効果が明確に観測されるための臨

図2.7 $\Gamma=0$の条件におけるGaP結晶の光学フォノンポラリトンの分散関係の計算結果

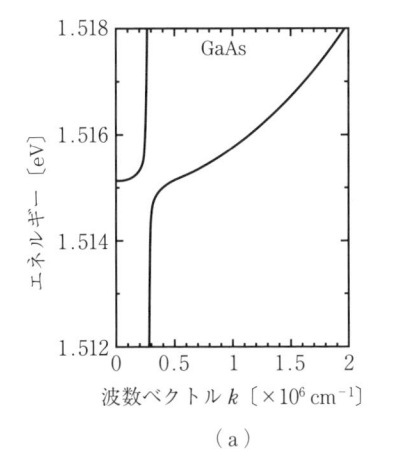

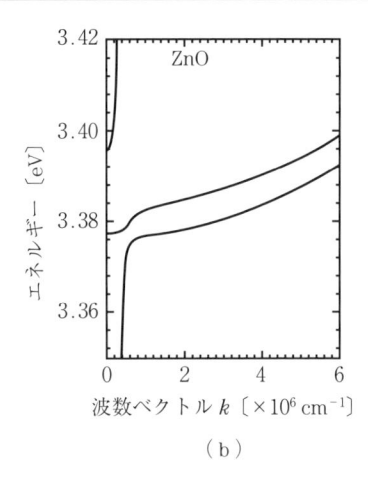

**図 2.8** Γ = 0 の条件における（a）GaAs 結晶と（b）ZnO 結晶の励起子ポラリトンの分散関係の計算結果

界ブロードニング因子（critical broadening parameter）$\Gamma_c$ を以下のように提案している[7]。

$$\Gamma_c = \left(\frac{8\Delta E_{LT} E_X^2 \varepsilon_b}{M_X c^2}\right)^{1/2} \tag{2.53}$$

ここで，$\Delta E_{LT}$ が励起子の縦横分裂エネルギー，$E_X$ が横型励起子エネルギーを意味している。**表 2.1** に，いくつかの半導体における $\Gamma_c$ の概算値をまとめている。

**表 2.1** いくつかの半導体における式 (2.53) に基づく $\Gamma_c$ の概算値

| 半導体 | GaAs | GaN | ZnO | CdS |
|---|---|---|---|---|
| $\Gamma_c$ [meV] | 0.3 | 1.0 | 1.2 | 1.0 |

励起子ポラリトンには，その空間分散性のために特徴的な現象がある。空間分散性のない光学フォノンポラリトンの場合には，図 2.4 の反射スペクトルから明らかなように，横モードと縦モードの振動数（$\omega_T$ と $\omega_L$）の間の領域に，光のストップバンドが生じる（Γ = 0 の条件で反射率が 1）。これは，図 2.6 (a) と図 2.7 に示しているように，$\omega_T$ と $\omega_L$ の間の振動数領域にギャップ（一種の禁制帯）が存在するためである。このギャップ領域で，$\varepsilon(\omega) < 0$ となるた

めに,波数ベクトルが純虚数となり物質内で伝播モードが存在しなくなる。一方,励起子ポラリトンの場合は,図2.6(b)と図2.8に示しているように,空間分散性のために上記のギャップは存在しない。したがって,光のストップバンドという概念は成立しない。すなわち,$\Gamma=0$の条件でも反射率は1にならない。ただし,$\omega_T$と$\omega_L$の間の振動数領域で特異的な反射構造が生じるのは同様である。

励起子ポラリトンにおける最大の問題点は,付加的境界条件(additional boundary condition:ABCと略されることが多い)の必要性である。図2.6(b)と図2.8の励起子ポラリトン分散を見ると,一つの振動数に対して二つのモード(具体的には波数ベクトルが異なる下方と上方ポラリトン分枝)が存在することがわかる。したがって,通常の境界条件では,入射光が下方と上方ポラリトン分枝に分岐する比率を決定することができない。HopfieldとThomasは,CdS結晶の励起子反射スペクトル(図2.9参照)に現れる特異的な構造(縦型励起子エネルギー近傍のスパイク構造)を解釈するために,付加的境界条件を用いて解析を行った[8]。なお,付加的境界条件に関しては,1957年にPekarが最初に提案している[9]。具体的には,表面($z=0$)において励起子による分極が存在しないと設定する(Pekarの付加的境界条件)。

$$P(z=0)=0 \tag{2.54}$$

この付加的境界条件によって,上記の入射光が下方と上方ポラリトン分枝に分岐する比率の問題が解決される。HopfieldとThomasは,実験結果を理論的に再現するために,さらに,励起子が表面付近に存在しない領域,表面不活性層(surface dead layer)を導入している。図2.10は,表面不活性層厚($L$)を変化させて計算されたCdS結晶の反射スペクトルであり,縦破線は,縦型励起

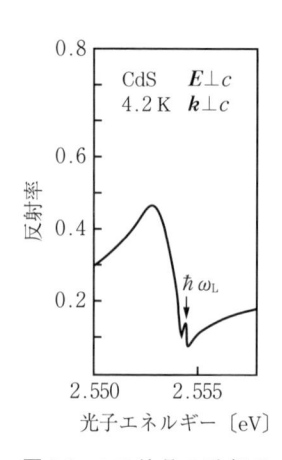

図2.9 CdS結晶の励起子反射スペクトル[8] (Reprinted with permission. Copyright (1963) by the American Physical Society.)

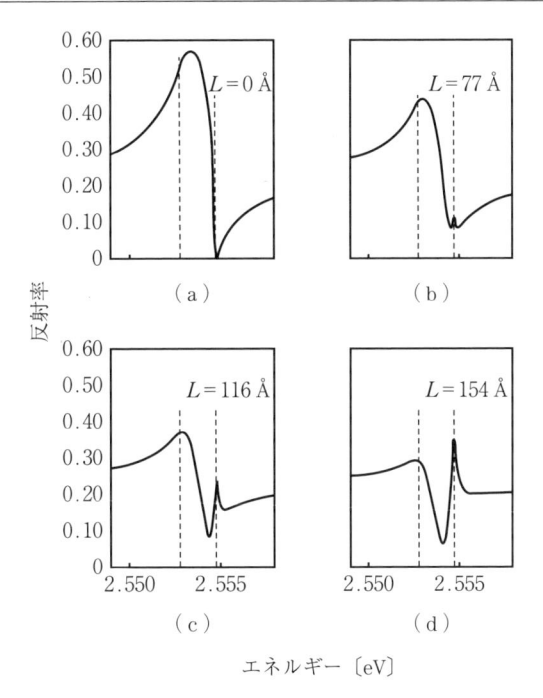

図 2.10 異なる表面不活性層厚 ($L$) を用いた CdS 結晶の反射スペクトルの計算結果[8] (Reprinted with permission. Copyright (1963) by the American Physical Society.)

子と横型励起子のエネルギーを示している[8]。なお，この計算では $\Gamma = 1.0$ meV であり，上記の臨界ブロードニング因子の範疇に入っている。$L = 0$ の場合は，縦型励起子エネルギー近傍のスパイク構造はまったく生じないが，$L$ を有限にするとその構造が現れてくる。図 2.9 と図 2.10 の反射スペクトルの実験結果と計算結果を比較すると，$L = 77$ Å の場合によく一致している。表 1.4 から，CdS の励起子ボーア半径は約 3.1 nm なので，表面不活性層の厚さはボーア直径程度であることがわかる。この研究以降，付加的境界条件の問題は，長年にわたって議論されてきた。式 (2.54) 以外に，下記の付加的境界条件が提案されている。

$$\left.\frac{d\boldsymbol{P}}{dz}\right|_{z=0}=0 \tag{2.55}$$

$$\boldsymbol{P}|_{z=0}+\beta\left.\frac{d\boldsymbol{P}}{dz}\right|_{z=0}=0,\ -1\leq\beta\leq1 \tag{2.56}$$

上記のような任意性が高い付加的境界条件が必要であるということは,古典的な誘電関数と電磁波論の枠組みでは,励起子ポラリトンを現象論的には取り扱えるが,厳密に扱うことができないことを意味している。Cho は,励起子ポラリトンを付加的境界条件なしで取り扱う理論を提案し[10], Ishihara と Cho は,薄膜に対してそれを厳密に適用して,現実的なものであることを明らかにした[11]。この理論は,分極率に対する線形応答の一般論を基礎とすることにより,付加的境界条件を使わない定式化が可能であることを示している。さらに理論を発展させて,微視的非局所応答理論（microscopic nonlocal response theory）が構築され,多様な物質系,特にナノ構造物質を対象として理論が展開されている[12]。

これまで述べてきたポラリトンは,結晶全体に広がっているバルクポラリトンである。物質には必ず表面が存在する。その表面に局在したポラリトン,すなわち,表面と垂直方向に電場振幅がわずかにしみ出し,表面方向に伝播する波数ベクトルを有するポラリトンが存在する。これを,表面ポラリトンと呼ぶ[13]。

ここでは,単純化のために,空間分散のない光学フォノンを前提とし,**図 2.11** に示すように,媒質Ⅰと媒質Ⅱがあり（界面：$z=0$),媒質Ⅱが光学活性層で誘電関数 $\varepsilon_{\mathrm{II}}(\omega)$ を持ち,媒質Ⅰは定数の誘電率 $\varepsilon_{\mathrm{I}}$ を持つとする。また,表面ポラリトンは,$x$ 方向に伝播し,$z$ 方向には単純減衰する波動とする。媒質Ⅰと媒質Ⅱの電場は,以下の式で定義される。

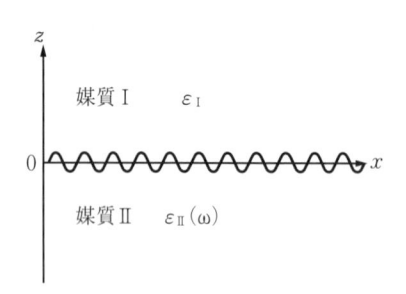

**図 2.11** 媒質Ⅰと媒質Ⅱ（光学活性層）の2層構造（界面：$z=0$)における表面ポラリトンの模式図

## 2.1 光物性の電磁波論

$$E_1(x,z) = E_1\exp(ik_x x - k_{1,z}z)\exp(-i\omega t) \quad z>0$$
$$E_2(x,z) = E_2\exp(ik_x x + k_{2,z}z)\exp(-i\omega t) \quad z<0$$
(2.57)

式 (2.57) を式 (2.12) に代入すると，以下の波数ベクトルに関する関係式が得られる。

$$k_{1,z}^2 = k_x^2 - \left(\frac{\omega^2}{c^2}\right)\varepsilon_\mathrm{I}$$
$$k_{2,z}^2 = k_x^2 - \left(\frac{\omega^2}{c^2}\right)\varepsilon_\mathrm{II}(\omega)$$
(2.58)

界面 ($z=0$) での $z$ 方向の電束密度の連続性と $x$ 方向の電場の連続性に関する境界条件から，以下の式が得られる。

$$\frac{\varepsilon_\mathrm{II}(\omega)}{k_{2,z}} = -\frac{\varepsilon_\mathrm{I}}{k_{1,z}} \tag{2.59}$$

式 (2.59) を式 (2.58) に代入して式を整理すると，つぎの表面フォノンポラリトン (surface phonon polariton) の分散関係が求まる[13]。

$$\frac{c^2 k_x^2}{\omega^2} = \frac{\varepsilon_\mathrm{I}\varepsilon_\mathrm{II}(\omega)}{\varepsilon_\mathrm{I}+\varepsilon_\mathrm{II}(\omega)} \tag{2.60}$$

なお，$\varepsilon_\mathrm{II}(\omega)$ は，式 (2.33) の誘電関数に対応する。図 2.12 は，真空 / GaAs 結晶系の表面フォノンポラリトンの $\Gamma = 0$ における分散関係の計算結果を示している。表面フォノンポラリトンは，TO フォノンと LO フォノンの中間の振動数領域（ギャップ領域）に存在する。最低振動数は，TO フォノン振動数であり，波数ベクトルが $k_x = (\omega_\mathrm{TO}/c)\sqrt{\varepsilon_\mathrm{I}}$ から物理的に有意な分散が始まる。最高振動数は，$\omega_\mathrm{max} = \sqrt{(\varepsilon_\mathrm{II,s}+\varepsilon_\mathrm{I})/(\varepsilon_\mathrm{II,b}+\varepsilon_\mathrm{I})}\,\omega_\mathrm{TO}$ で与えられる。真空 / GaAs 系では，

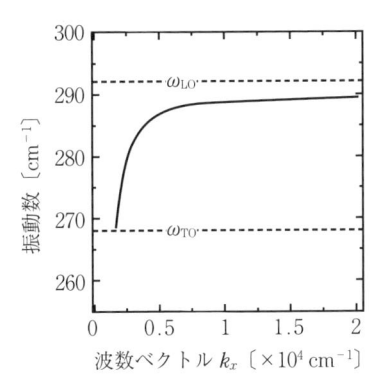

図 2.12 真空 / GaAs 結晶系の表面光学フォノンポラリトンの $\Gamma=0$ における分散関係の計算結果

$\omega_{max} = 289 \text{ cm}^{-1}$ となる。

空間分散性がある表面励起子ポラリトン (surface exciton polariton) の場合，光学フォノンのようにギャップ領域がないので，$k_x$ が小さい領域では，分散関係は表面フォノンポラリトンと類似して横型励起子と縦型励起子の間の振動数領域に存在するが，$k_x$ が大きい領域（ZnO の場合でおおむね $k_x > 1 \times 10^6 \text{ cm}^{-1}$）では，縦型励起子分散を越えるという特徴を示す[14]。ただし，縦型励起子分散を越える領域では，分散関係の実数部と虚数部の両方を考慮してその物理描像を捉える必要がある。

## 2.2 バンド間遷移の量子論

本節では，光学遷移の量子論の立場から，直接遷移確率（direct transition probability），波数ベクトル保存則（wave-vector conservation rule），結合状態密度（joint density of states）と直接遷移の吸収係数のエネルギー依存性，および，間接遷移確率（indirect transition probability）と吸収係数のエネルギー依存性について述べる。

### 2.2.1 直接遷移確率

ここでは，直接型バンド間光学遷移について，量子論の立場から光と物質の相互作用を取り扱う[2]。光との相互作用がない結晶の電子状態の基本ハミルトニアンを，結晶ポテンシャル（結晶格子の周期配列ポテンシャル）を $V(r)$ として，以下のように定義する。

$$H_0 = \frac{p^2}{2m_0} + V(r), \quad p = \left(\frac{\hbar}{i}\right)\nabla \tag{2.61}$$

上式が，結晶のバンド構造を決定する。光と物質の相互作用については，光のベクトルポテンシャル（vector potential）$A$ を運動量演算子（momentum operator）$p$ に対して以下のように繰り込む。

$$p \rightarrow p - eA \tag{2.62}$$

## 2.2 バンド間遷移の量子論

クーロンゲージ (Coulomb gauge) を前提とすると，ベクトルポテンシャルは以下の特性を持つ．

$$\nabla \cdot \boldsymbol{A} = 0 \tag{2.63}$$

平面波を仮定して，ベクトルポテンシャルを

$$\boldsymbol{A} = \frac{A_0}{2}\hat{\boldsymbol{e}}\left\{\exp\left[i(\boldsymbol{k}_\mathrm{p}\cdot\boldsymbol{r} - \omega t)\right] + \exp\left[i(-\boldsymbol{k}_\mathrm{p}\cdot\boldsymbol{r} + \omega t)\right]\right\} \tag{2.64}$$

と置く．$\hat{\boldsymbol{e}}$ が偏光ベクトル (polarization vector)，$\boldsymbol{k}_\mathrm{p}$ が光の波数ベクトルである．光と物質の相互作用を繰り込んだ全ハミルトニアンは，次式で与えられる．

$$\begin{aligned}
H &= \frac{1}{2m_0}(\boldsymbol{p} - e\boldsymbol{A})^2 + V(\boldsymbol{r}) \\
&= \frac{1}{2m_0}\boldsymbol{p}^2 + V(\boldsymbol{r}) - \frac{e}{2m_0}\boldsymbol{A}\cdot\boldsymbol{p} - \frac{e}{2m_0}\boldsymbol{p}\cdot\boldsymbol{A} + \frac{e^2\boldsymbol{A}^2}{2m_0}
\end{aligned} \tag{2.65}$$

運動量演算子のオペレーションを任意の関数 $f(\boldsymbol{r})$ に対して吟味すると，以下のようになる．

$$(\boldsymbol{p}\cdot\boldsymbol{A})f(\boldsymbol{r}) = \left(\frac{\hbar}{i}\nabla\cdot\boldsymbol{A}\right)f(\boldsymbol{r}) + \boldsymbol{A}\left(\frac{\hbar}{i}\nabla f(\boldsymbol{r})\right) = (\boldsymbol{A}\cdot\boldsymbol{p})f(\boldsymbol{r}) \tag{2.66}$$

$\nabla\cdot\boldsymbol{A}=0$ なので，$\boldsymbol{p}\cdot\boldsymbol{A} = \boldsymbol{A}\cdot\boldsymbol{p}$ が証明される．式 (2.65) から，2次の項を無視すると (線形応答のみを考慮すると)，全ハミルトニアンは，下記の式で与えられる．

$$H = H_0 - \frac{e}{m_0}\boldsymbol{A}\cdot\boldsymbol{p} \tag{2.67}$$

すなわち，電子と光の相互作用ハミルトニアンは

$$H_\mathrm{eR} = -\frac{e}{m_0}\boldsymbol{A}\cdot\boldsymbol{p} \tag{2.68}$$

となる．また，式 (2.68) は，光の波数ベクトルが小さい極限において，下記の式と等価となる．

$$H_\mathrm{eR} = -e\boldsymbol{r}\cdot\boldsymbol{E} \tag{2.69}$$

$e\boldsymbol{r}$ は，電気双極子モーメントなので，このような取扱いを電気双極子近似 (electric dipole approximation) と呼ぶ．また，光学遷移を双極子遷移と呼ぶ．

一般に，始状態 $|\mathrm{i}\rangle$ から終状態 $|\mathrm{f}\rangle$ への光学遷移確率は，次式のフェルミの

黄金律 (Fermi's golden rule) によって定義される。

$$W(\omega) = \frac{2\pi}{\hbar} \left| \langle f | H_{eR} | i \rangle \right|^2 \delta(E_f - E_i - \hbar\omega) \qquad (2.70)$$

ここで，始状態と終状態をそれぞれ，価電子帯 $|v\rangle$ と伝導帯 $|c\rangle$ とする。すなわち，価電子帯から伝導帯への光の吸収過程を考える。

$$|v\rangle = u_{v,k_v}(r)\exp(ik_v r), \quad |c\rangle = u_{c,k_c}(r)\exp(ik_c r) \qquad (2.71)$$

式 (2.71) において，$u_{v,k_v}(r)$ と $u_{c,k_c}(r)$ はそれぞれ価電子帯の正孔と伝導帯の電子の基底関数であり，$k_v$ と $k_c$ は波数ベクトルを意味している。式 (2.71) と式 (2.68) を式 (2.70) に適用すると，バンド間遷移確率は次式によって与えられる。

$$W(\omega) = \sum_{k_c k_v} \frac{2\pi}{\hbar} \left| \langle c | -\frac{e}{m_0} \boldsymbol{A} \cdot \boldsymbol{p} | v \rangle \right|^2 \delta\left(E_c(\boldsymbol{k}_c) - E_v(\boldsymbol{k}_v) - \hbar\omega\right) \qquad (2.72)$$

$\hbar\omega$ が光のエネルギー，$E_c(\boldsymbol{k}_c)$ と $E_v(\boldsymbol{k}_v)$ は，それぞれ伝導帯と価電子帯のエネルギー分散関係である。式 (2.72) のデルタ関数項がエネルギー保存則 (energy conservation rule) を意味している。また，波数ベクトルの総和は，状態密度を反映しており，これについては吸収係数との関連において次項で詳細に述べる。ここで注目すべきことは，$\boldsymbol{k}_v$ と $\boldsymbol{k}_c$ が独立であること，すなわち，波数ベクトル保存則（運動量保存則）が定義されていないことである。式 (2.72) の電子と光の相互作用項，すなわち，遷移行列要素 (transition matrix element) は，具体的には以下のように記述できる。

$$M_{cv} = \frac{e}{m_0} \left| \langle c | -\boldsymbol{A} \cdot \boldsymbol{p} | v \rangle \right|$$

$$= \frac{eA_0}{2m_0} \int u^*_{c,k_c}(r)\exp(-i\boldsymbol{k}_c \cdot \boldsymbol{r}) \widehat{\boldsymbol{e}} \exp(i\boldsymbol{k}_p \cdot \boldsymbol{r}) \boldsymbol{p} u_{v,k_v}(r) \exp(i\boldsymbol{k}_v \cdot \boldsymbol{r}) d^3 r$$

$$(2.73)$$

式 (2.73) において，$A_0 \widehat{\boldsymbol{e}} \exp(i\boldsymbol{k}_p \cdot \boldsymbol{r})$ が光のベクトルポテンシャルに対応している。なお，ここでは，式 (2.64) で定義したベクトルポテンシャルの第 1 項のみを考慮しており，第 2 項の意味は後で述べる。式 (2.73) の運動量演算は，

## 2.2 バンド間遷移の量子論

以下のようになる。

$$p u_{v,k_v}(r)\exp(ik_v r)$$
$$\propto \nabla u_{v,k_v}(r)\exp(ik_v r) = \exp(ik_v r)\nabla u_{v,k_v}(r) + u_{v,k_v}(r)\nabla \exp(ik_v r) \quad (2.74)$$

式 (2.74) の右辺第2項は，式 (2.73) に代入した際に，電子と正孔の基底関数の直交関係から消失する。その結果，遷移行列要素はつぎのように表される。

$$M_{cv} = \frac{eA_0}{2m_0}\int u_{c,k_c}^*(r)\exp\left[i(k_v - k_c + k_p)r\right]\widehat{e}\cdot p u_{v,k_v}(r)d^3r \quad (2.75)$$

ここで，位置ベクトルを結晶の格子ベクトル $R_j$ と単位胞内の位置ベクトル $r'$ に分解し，$r = R_j + r'$ とする。また，$u(r+R_j) = u(r)$ というブロッホ関数の特性を用いる。これによって，式 (2.75) の空間積分はつぎのように変形できる。

$$\left(\sum_j \exp\left[i(k_v - k_c + k_p)R_j\right]\right)$$
$$\times \int_{\text{unit cell}} u_{c,k_c}^*(r')\exp\left[(i(k_v - k_c + k_p)r'\right]\left(\widehat{e}\cdot p\right)u_{v,k_v}(r')d^3r' \quad (2.76)$$

格子ベクトル項は，$j\to\infty$ の条件で次式に帰結する。

$$\sum_j \exp\left[i(k_v - k_c + k_p)R_j\right] = \delta(k_v - k_c + k_p) \to k_c = k_v + k_p \quad (2.77)$$

式 (2.77) の波数ベクトルに関するデルタ関数項が，波数ベクトル保存則（運動量保存則）を定義するものである。具体的には，波数ベクトル $k_v$ の価電子帯の電子が波数ベクトル $k_p$ の光子（photon）を吸収して，波数ベクトル $k_c$ の伝導帯に遷移することを意味している。なお，光の波数ベクトル $k_p$ は結晶の波数ベクトル（$k_v$ と $k_c$）に対して無視できるほど小さいので，近似的に，$\delta(k_v - k_c) \to k_v = k_c$ となり，いわゆる，「光学遷移は波数空間（運動量空間）において垂直遷移」（図 2.13 参照）であるということが成立する。ここで，上記の取扱いにおいて無視したベ

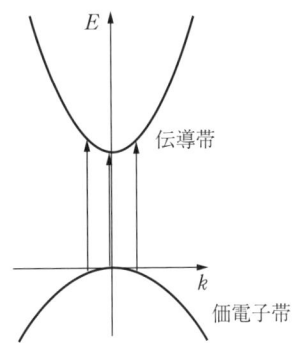

**図 2.13** バンド間直接遷移の模式図

クトルポテンシャルの式 (2.64) の第2項について述べる.この第2項を用いると,式 (2.77) は

$$\delta(\boldsymbol{k}_\mathrm{v} - \boldsymbol{k}_\mathrm{c} - \boldsymbol{k}_\mathrm{p}) \to \boldsymbol{k}_\mathrm{v} = \boldsymbol{k}_\mathrm{c} + \boldsymbol{k}_\mathrm{p} \tag{2.78}$$

となり,これまで述べてきた吸収過程の逆過程,すなわち,発光過程,厳密には誘導放出(stimulated emission)に対応する[2]。

以上の光学遷移の量子論を,評価の観点から考えてみる.式 (2.77) の波数ベクトル保存則のデルタ関数が成立するためには,格子ベクトルにまったく乱れのない完全結晶であることを前提としている(数学的にいえば,位置座標と波数ベクトルのフーリエ変換関係)。ここで,一般に完全結晶は存在し得ないので,欠陥,転位,不純物などの結晶構造を乱す要因が存在していると考える.結晶構造が乱れるということは,式 (2.77) の格子ベクトル和が有限の空間に限られることに対応し,デルタ関数が成立しなくなり,波数ベクトル保存則が破綻する.そのために,光学遷移はある程度広がった波数空間の中で生じることになり,光学スペクトルの幅が広がるという現象が生じる.結晶構造の乱れが大きいほど,言い換えれば,結晶性が悪いほど,波数ベクトル保存則の破綻の度合いが大きくなる.このことが,「スペクトル幅が広い場合は結晶性が悪い」と一般的にいわれることの量子論的な解釈である.

式 (2.76) の単位胞内の空間積分は,上記の波数ベクトル保存則(デルタ関数項)を考慮すると次式となる.

$$\int_{\substack{\text{unit}\\\text{cell}}} u_{\mathrm{c},\boldsymbol{k}}^*(\boldsymbol{r}')(\widehat{\boldsymbol{e}}\cdot\boldsymbol{p})u_{\mathrm{v},\boldsymbol{k}}(\boldsymbol{r}')d^3r' \equiv \langle u_{\mathrm{c},\boldsymbol{k}}|\widehat{\boldsymbol{e}}\cdot\boldsymbol{p}|u_{\mathrm{v},\boldsymbol{k}}\rangle \equiv P_{\mathrm{cv}} \tag{2.79}$$

$|P_{\mathrm{cv}}|^2$ が,光学遷移確率,振動子強度に比例する.

式 (2.79) に基づいて,基底関数と光の偏光ベクトル $\widehat{\boldsymbol{e}}$ との関係から,光学遷移確率や偏光選択則(polarization selection rule)を導出することができる.ここでは,閃亜鉛鉱構造の半導体の Γ 点($\boldsymbol{k}=0$)の光学遷移について具体的に述べる.なお,ウルツ鉱構造に関しては,実験結果を参照して 3.1 節で述べる.Γ 点の電子,重い正孔,軽い正孔の基底関数は,$\boldsymbol{k}\cdot\boldsymbol{p}$ 摂動論($\boldsymbol{k}\cdot\boldsymbol{p}$

perturbation theory)[15] から以下のように与えられる。

電子：$|s\uparrow\rangle, |s\downarrow\rangle$ (2.80 a)

重い正孔：$|J, m_J\rangle = |3/2, +3/2\rangle = 1/\sqrt{2}\,|(X+iY)\uparrow\rangle$ (2.80 b)

$$|3/2, -3/2\rangle = 1/\sqrt{2}\,|-(X-iY)\downarrow\rangle \quad (2.80\,\mathrm{c})$$

軽い正孔：$|J, m_J\rangle = |3/2, +1/2\rangle = 1/\sqrt{6}\,|-2Z\uparrow + (X+iY)\downarrow\rangle$

(2.80 d)

$$|3/2, -1/2\rangle = 1/\sqrt{6}\,|-2Z\downarrow - (X-iY)\uparrow\rangle$$

(2.80 e)

ここで，$|s\rangle$ は s 型波動関数を，↑ と ↓ はスピンのアップとダウンを，$X$，$Y$，$Z$ は p 型波動関数を表している。$\hat{\boldsymbol{e}} = (e_x, e_y, e_z)$，$\boldsymbol{p} = (p_x, p_y, p_z)$ として，つぎのように基本演算を定義すると

$$\left.\begin{array}{l}\langle s|p_x|X\rangle = \langle s|p_y|Y\rangle = \langle s|p_z|Z\rangle = P \\ \langle s|p_x|Y\rangle = \langle s|p_x|Z\rangle = \langle s|p_y|X\rangle = \langle s|p_y|Z\rangle = \langle s|p_z|X\rangle = \langle s|p_z|Y\rangle = 0\end{array}\right\}$$

(2.81)

重い正孔と電子間の $|P_{\mathrm{cv}}|^2$ は，以下のように計算できる。

$$|P_{\mathrm{cv}}|^2 = \left|\left\langle s\uparrow\downarrow\left|\hat{\boldsymbol{e}}\cdot\boldsymbol{p}\right|\frac{3}{2}, \pm\frac{3}{2}\right\rangle\right|^2 \quad (2.82\,\mathrm{a})$$

$$\left|\sqrt{1/2}\langle s\uparrow|\hat{\boldsymbol{e}}\cdot\boldsymbol{p}|(X+iY)\uparrow\rangle\right|^2 = \frac{(e_x^2 + e_y^2)P^2}{2} \quad (2.82\,\mathrm{b})$$

$$\left|\sqrt{1/2}\langle s\downarrow|\hat{\boldsymbol{e}}\cdot\boldsymbol{p}|-(X-iY)\downarrow\rangle\right|^2 = \frac{(e_x^2 + e_y^2)P^2}{2} \quad (2.82\,\mathrm{c})$$

$$\left|\sqrt{1/2}\langle s\downarrow|\hat{\boldsymbol{e}}\cdot\boldsymbol{p}|(X+iY)\uparrow\rangle\right|^2 = \left|\sqrt{1/2}\langle s\uparrow|\hat{\boldsymbol{e}}\cdot\boldsymbol{p}|-(X-iY)\downarrow\rangle\right|^2 = 0$$

(2.82 d)

ここで，スピン演算に関しては，$\langle\uparrow|\downarrow\rangle = \langle\downarrow|\uparrow\rangle = 0$，$\langle\uparrow|\uparrow\rangle = \langle\downarrow|\downarrow\rangle = 1$ としている。また，軽い正孔と電子間の $|P_{\mathrm{cv}}|^2$ は，以下のように計算できる。

$$|P_{cv}|^2 = \left|\left\langle s\uparrow\downarrow \left|\widehat{\boldsymbol{e}}\cdot\boldsymbol{p}\right|\frac{3}{2},\pm\frac{1}{2}\right\rangle\right|^2 \tag{2.83 a}$$

$$\left|\sqrt{1/6}\left\langle s\uparrow\left|\widehat{\boldsymbol{e}}\cdot\boldsymbol{p}\right|-2Z\uparrow+(X+iY)\downarrow\right\rangle\right|^2 = \left(\frac{2}{3}\right)e_z^2 P^2 \tag{2.83 b}$$

$$\left|\sqrt{1/6}\left\langle s\downarrow\left|\widehat{\boldsymbol{e}}\cdot\boldsymbol{p}\right|-2Z\uparrow+(X+iY)\downarrow\right\rangle\right|^2 = \frac{(e_x^2+e_y^2)P^2}{6} \tag{2.83 c}$$

$$\left|\sqrt{1/6}\left\langle s\uparrow\left|\widehat{\boldsymbol{e}}\cdot\boldsymbol{p}\right|-2Z\downarrow-(X-iY)\uparrow\right\rangle\right|^2 = \frac{(e_x^2+e_y^2)P^2}{6} \tag{2.83 d}$$

$$\left|\sqrt{1/6}\left\langle s\downarrow\left|\widehat{\boldsymbol{e}}\cdot\boldsymbol{p}\right|-2Z\downarrow-(X-iY)\uparrow\right\rangle\right|^2 = \left(\frac{2}{3}\right)e_z^2 P^2 \tag{2.83 e}$$

以上の計算から、$X$, $Y$, $Z$を主軸方向の [100], [010], [001] に定義すると、(001)面において、重い正孔-電子間光学遷移と軽い正孔-電子間光学遷移の遷移確率、もしくは、振動子強度の比が3:1となる。また、重い正孔-電子間光学遷移は、(001)面において無偏光（等方的）遷移であることがわかる。一方、軽い正孔-電子間光学遷移は、(001)面において重い正孔-電子間光学遷移と同様に無偏光遷移であるが、[001]方向で偏光遷移が生じることがわかる。このように、光学遷移の確率や偏光特性が量子論から解析できる。1.5節で述べたように、閃亜鉛鉱型半導体の量子井戸、超格子では、量子閉じ込め効果のために重い正孔と軽い正孔の縮退が解けるので、上記の遷移確率や偏光特性は光物性に大きな影響を与える。

### 2.2.2 結合状態密度と直接遷移の吸収係数

つぎに、直接遷移の吸収係数$\alpha$について述べる。$I$をある波長$\lambda$における光のエネルギー流密度とすると、$\alpha$は

$$I\alpha = -\frac{dI}{dz} \rightarrow \alpha = -\frac{dI}{dz}\frac{1}{I} \tag{2.84}$$

と定義できる。実際、式 (2.84) の解は、式 (2.16) の吸収係数の式と一致する。$dz = (dz/dt)dt = c^*dt$と変数変換すると（$c^*$は光の物質中の速度）、$-dI/dz = -dI/(c^*dt)$は単位時間当りの光のエネルギーの減少分に相当し、（遷移

## 2.2 バンド間遷移の量子論

確率：$W$）×（光のエネルギー：$\hbar\omega$）に等しい。したがって

$$\alpha = \frac{\hbar\omega W}{I} \tag{2.85}$$

となる。$I$は，$z$方向に伝播する光を仮定すると，下記のようにポインティングベクトル（Poynting vector）$\bm{S}=\bm{E}\times\bm{H}$の$z$方向成分（$S_z$）で与えられる。

$$I = \frac{1}{\lambda^*}\int_0^{\lambda^*} S_z(z,t=0)dz = \frac{1}{2}n\varepsilon_0\omega^2 c A_0^2 \tag{2.86}$$

ここで，$\lambda^* = \lambda/n$（$n$は屈折率）は半導体中の有効波長である。なお，式(2.86)を求めるには，ベクトルポテンシャルを，$\bm{A}=A_0\hat{\bm{e}}\cos(\bm{k}\cdot\bm{r}-\omega t)$とし，$\bm{E}=-\partial\bm{A}/\partial t$と$\bm{H}=(1/\mu_0)\nabla\times\bm{A}$（非磁性条件）を用いて計算する。式(2.85)の遷移確率 $W$ に，これまで述べてきた価電子帯から伝導帯への遷移確率を用いると，つぎの$\alpha$の表式が得られる。

$$\alpha = \frac{\pi e^2}{n\varepsilon_0\omega c m_0^2}\sum_{\bm{k}}|P_{cv}|^2\delta\big[E_c(\bm{k})-E_v(\bm{k})-\hbar\omega\big] \tag{2.87}$$

$|P_{cv}|^2$の波数ベクトル依存性を無視できると仮定し，$E_{cv}(\bm{k})=E_c(\bm{k})-E_v(\bm{k})$とすると

$$\alpha = \frac{\pi e^2}{n\varepsilon_0\omega c m_0^2}|P_{cv}|^2\sum_{\bm{k}}\delta\big[E_{cv}(\bm{k})-\hbar\omega\big] \tag{2.88}$$

となる。

式(2.88)の波数ベクトル和の項は，エネルギー保存則を満足する波数ベクトル $\bm{k}$ の価電子帯と伝導帯の状態のペアについての状態密度に相当し，結合状態密度と呼ばれる。結合状態密度は，次式で定義される。

$$J_{cv}(\hbar\omega) = \sum_{\bm{k}}\delta\big[E_{cv}(\bm{k})-\hbar\omega\big] = \frac{2}{(2\pi)^3}\int_S \frac{dS}{\left|\nabla_{\bm{k}}E_{cv}(\bm{k})\right|_{\hbar\omega=E_{cv}}} \tag{2.89}$$

$S$は，$E_{cv}$が一定な波数空間での等エネルギー面を意味している。ここで，式(2.89)を証明する。波数ベクトル和を，以下のように積分形式に変換する。

$$\sum_{\bm{k}}\delta\big[E_{cv}(\bm{k})-\hbar\omega\big] = \frac{2}{(2\pi)^3}\int\delta\big[E_{cv}(\bm{k})-\hbar\omega\big]d\bm{k}^3 \tag{2.90}$$

右辺の分子項の 2 は，スピン自由度に相当している。図 2.14 に示すように，

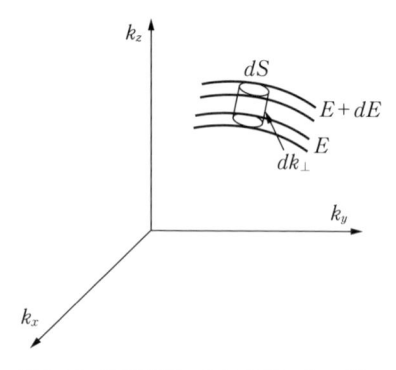

**図 2.14** 波数空間における等エネルギー面（$E$ と $E+dE$）の模式図

波数空間での積分をエネルギーが $E$ と $E+dE$ の等エネルギー面間の線素片（$dk_\perp$）と等エネルギー面上の面積素片 $dS$ についての積分に書き直す。

$$dS dk_\perp = \frac{dS}{dE/dk_\perp} dE = \frac{dS}{|\nabla_k E|} dE$$

(2.91)

$\delta$ 関数のために，エネルギーは $\hbar\omega = E_{cv}(\boldsymbol{k})$ に限定され，式 (2.89) が得られる。式 (2.89) の分母項が 0 となる以下の条件において

$$\nabla_k E_c(\boldsymbol{k}) = \nabla_k E_v(\boldsymbol{k}) = 0$$

(2.92 a)

$$\nabla_k E_c(\boldsymbol{k}) = \nabla_k E_v(\boldsymbol{k}) \neq 0$$

(2.92 b)

結合状態密度は臨界点（critical point）となる。臨界点において，光学スペクトルに大きな変化が現れる。これを，ファン・ホーブ特異性（van Hove singularity）と呼ぶ[16]。**図 2.15** に，3 次元と 2 次元における状態密度臨界点（critical point of density of states）の概略図を示している。ここで，(a)，(b)，(c)，(d) が 3 次元，(e)，(f) が 2 次元の場合に対応する。

状態密度臨界点についてさらに

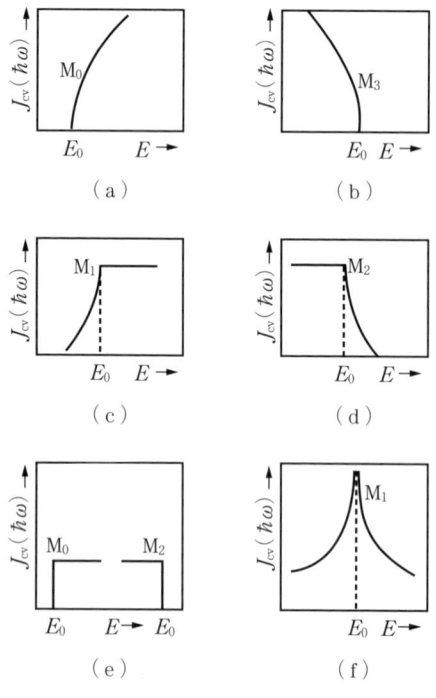

**図 2.15** 3 次元 [(a), (b), (c), (d)] と 2 次元 [(e), (f)] における状態密度臨界点の概略図

考察する[17]。ある特異点 $E_0(\boldsymbol{k}_0)$ の周囲で，以下の展開を行う。

$$E_\mathrm{c}(\boldsymbol{k})-E_\mathrm{v}(\boldsymbol{k})=E_0+\sum_{i=1}^{3}\left(\frac{d^2[E_\mathrm{c}(\boldsymbol{k})-E_\mathrm{v}(\boldsymbol{k})]}{dk_i^2}\right)_{\boldsymbol{k}=\boldsymbol{k}_0}(k_i-k_{0i})^2 \quad (2.93\,\mathrm{a})$$

$$a_i=\left(\frac{d^2[E_\mathrm{c}(\boldsymbol{k})-E_\mathrm{v}(\boldsymbol{k})]}{dk_i^2}\right)_{\boldsymbol{k}=\boldsymbol{k}_0} \quad (2.93\,\mathrm{b})$$

図 2.15 に示した 3 次元の四つの臨界点は，$a_i$ の符号によって以下のように分類できる。

$\mathrm{M}_0 : a_1>0,\ a_2>0,\ a_3>0$

$\mathrm{M}_1 : a_1>0,\ a_2>0,\ a_3<0$ （鞍部点：saddle point）

$\mathrm{M}_2 : a_1>0,\ a_2<0,\ a_3<0$ （鞍部点）

$\mathrm{M}_3 : a_1<0,\ a_2<0,\ a_3<0$

直接遷移型半導体の $\Gamma$ 点は，$\mathrm{M}_0$ 臨界点に分類される。ここで，$\mathrm{M}_0$ 臨界点における結合状態密度を求める。なお，単純化のためにバンド構造は等方的と仮定するが，本質は変わらない。エネルギー保存則を考慮すると，$E_\mathrm{c}(\boldsymbol{k})-E_\mathrm{v}(\boldsymbol{k})$ は以下の式で与えられる。

$$E_\mathrm{c}(\boldsymbol{k})-E_\mathrm{v}(\boldsymbol{k})=\hbar\omega=E_\mathrm{g}+\frac{\hbar^2 k^2}{2m_\mathrm{e}^*}+\frac{\hbar^2 k^2}{2m_\mathrm{h}^*}=E_\mathrm{g}+\frac{\hbar^2 k^2}{2\mu} \quad (2.94)$$

ここで，$\mu$ は電子と正孔の換算有効質量である。結合状態密度を定義する式 (2.89) の分母項は，等方的なバンド構造を仮定しているので

$$\frac{\partial}{\partial k}\left(E_\mathrm{g}+\frac{\hbar^2 k^2}{2\mu}\right)=\frac{\hbar^2}{\mu}k \quad (2.95)$$

となり，等エネルギー面積分は

$$\int_S dS=4\pi k^2 \quad (2.96)$$

となる。式 (2.94) から以下の関係が得られ

$$k^2=\frac{2\mu}{\hbar^2}(\hbar\omega-E_\mathrm{g}) \quad (2.97)$$

$\hbar\omega\geq E_\mathrm{g}$ における $\Gamma$ 点での結合状態密度は，最終的に以下の式で与えられる。

$$J_{cv}(\hbar\omega) = \frac{2}{(2\pi)^3}\frac{4\pi\mu}{\hbar^2}k$$

$$= \frac{2}{(2\pi)^2}\left(\frac{2\mu}{\hbar^2}\right)^{3/2}(\hbar\omega - E_g)^{1/2} \tag{2.98}$$

なお，$\hbar\omega < E_g$ では，$J_{cv}(\hbar\omega) = 0$ である。

したがって，直接遷移型半導体のΓ点近傍における吸収係数 $\alpha$ は，$E_g$ より高いエネルギーにおいて

$$\alpha(\hbar\omega) \propto |P_{cv}|^2 (\hbar\omega - E_g)^{1/2} \tag{2.99}$$

となる。図2.16は，PbS結晶薄膜の室温でのバンドギャップエネルギー近傍における吸収係数の2乗の光子エネルギー依存性を示している[18]。$\alpha^2$ と $\hbar\omega$ とは明確な線形関係を示しており，式 (2.99) によって理論的によく説明できることが明らかである。なお，PbSの場合は，室温において励起子効果が無視できるために，このように理論とよく一致しているが，励起子効果が顕著になると，バンドギャップエネルギー周辺で理論と一致しなくなる。さらに，励起子－フォノン相互作用によって，バンド端の低エネルギー側にアーバックテイル（Urbach tail）と呼ばれる吸収の裾が生じる[19]。このような励起子効果については，2.3節で述べる。

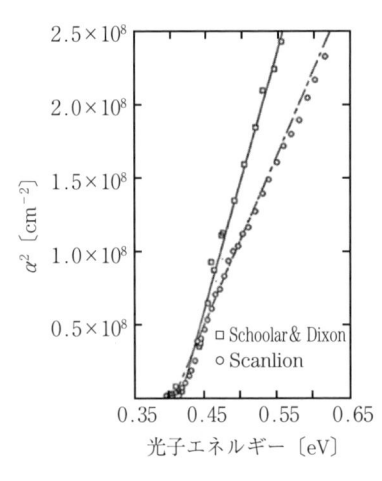

図2.16 PbS結晶薄膜の室温でのバンドギャップエネルギー近傍における吸収スペクトル。縦軸は，式 (2.99) に基づいて $\alpha^2$ である[18]。(Reprinted with permission. Copyright (1965) by the American Physical Society.)

### 2.2.3 間接遷移確率と吸収係数

価電子帯の頂上と伝導帯の底の波数ベクトルが異なる場合，すなわち，間接遷移の場合，始状態と終状態の間の波数ベクトル保存則を満足するために，光

学遷移過程に中間状態（intermediate state）を仮定し，電子-フォノン散乱過程（electron-phonon scattering process）を考慮しなければならない。

**図2.17**は，間接遷移吸収過程の模式図を示している。ここでは，単純化のために，1種類のフォノンのみを考慮する。価電子帯$|A\rangle$から伝導帯$|B\rangle$への遷移には，中間状態$|I_1\rangle$と$|I_2\rangle$を経由する二つの過程がある。一つは，

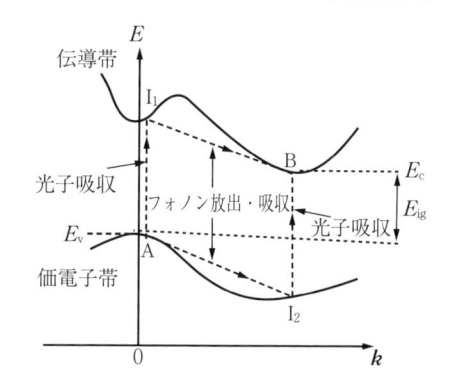

**図2.17** 間接遷移吸収過程の模式図。A が始状態，$I_1$と$I_2$が中間状態，B が終状態。

$|A\rangle \to |I_1\rangle \to |B\rangle$という過程で，他方は，$|A\rangle \to |I_2\rangle \to |B\rangle$という過程である。間接遷移を考える上で重要なことは，中間状態への遷移に関しては，極短時間で生じるために，不確定性原理（uncertainty law）によりエネルギーの不確定性が大きくなり，エネルギー保存則を考慮する必要がないことである。ただし，始状態と終状態間のエネルギー保存則は成立する。また，結晶の対称性から，波数ベクトル保存則は，中間状態においても考慮する必要がある。

間接遷移における相互作用ハミルトニアンは，電子と光の相互作用（$H_{eR}$）と電子とフォノンの相互作用（$H_{ep}$）に関する二つである。$H_{eR}$は，式(2.68)に対応する。始状態$|A\rangle$は，価電子帯の頂上近傍で，波数ベクトルを$\boldsymbol{k}_i$，フォノン密度を$n_{ph}$とする。

$$|A\rangle = |v(\boldsymbol{k}_i), n_{ph}\rangle \tag{2.100}$$

終状態$|B\rangle$は，伝導帯の下端近傍で，波数ベクトルを$\boldsymbol{k}_f$，フォノン密度を$n_{ph} \pm 1$（＋：フォノン放出過程，－：フォノン吸収過程）とする。

$$|B\rangle = |c(\boldsymbol{k}_f), n_{ph} \pm 1\rangle \tag{2.101}$$

間接遷移過程の遷移確率は，フェルミの黄金律に2次の摂動を繰り込んで，以下の式で与えられる[3),20)]。

$$W_{\text{ind}} = \frac{2\pi}{\hbar} \left| \frac{\left\langle c(\boldsymbol{k}_{\text{f}}), n_{\text{ph}} \mp 1 \middle| H_{\text{ep}} \middle| I_1(\boldsymbol{k}_{\text{i}}), n_{\text{ph}} \right\rangle \left\langle I_1(\boldsymbol{k}_{\text{i}}) \middle| H_{\text{eR}} \middle| v(\boldsymbol{k}_{\text{i}}) \right\rangle}{E_{\text{A}} - E_{I_1}} \right.$$
$$\left. + \frac{\left\langle c(\boldsymbol{k}_{\text{f}}) \middle| H_{\text{eR}} \middle| I_2(\boldsymbol{k}_{\text{f}}) \right\rangle \left\langle I_2(\boldsymbol{k}_{\text{f}}), n_{\text{ph}} \mp 1 \middle| H_{\text{ep}} \middle| v(\boldsymbol{k}_{\text{i}}), n_{\text{ph}} \right\rangle}{E_{\text{A}} - E_{I_2}} \right|^2 \quad (2.102)$$
$$\times \delta\left( E_{\text{c}}(\boldsymbol{k}_{\text{i}}) - E_{\text{v}}(\boldsymbol{k}_{\text{f}}) - \hbar\omega \mp E_{\text{ph}} \right)$$

ここで

$\boldsymbol{k}_{\text{f}} = \boldsymbol{k}_{\text{i}} \pm \boldsymbol{q}$ （波数ベクトル保存則） (2.103 a)

$E_{\text{A}} - E_{I_1} = E_{\text{v}}(\boldsymbol{k}_{\text{i}}) - E_{I_1}(\boldsymbol{k}_{\text{i}}) + \hbar\omega$ (2.103 b)

$E_{\text{A}} - E_{I_2} = E_{\text{v}}(\boldsymbol{k}_{\text{i}}) \mp E_{\text{ph}} - E_{I_2}(\boldsymbol{k}_{\text{f}})$ (2.103 c)

と表すことができ，$\boldsymbol{q}$ はフォノンの波数ベクトル，$E_{\text{ph}}$ はフォノンのエネルギーを意味している。エネルギー保存則を表す $\delta$ 関数において，フォノン吸収 ($n_{\text{ph}} - 1$) の場合，相対的に $-E_{\text{ph}}$ だけ低エネルギーから光学遷移が生じ（$E_{\text{ph}}$ を受け取る遷移過程であるため），フォノン放出 ($n_{\text{ph}} + 1$) の場合，その逆で，$+E_{\text{ph}}$ だけ高エネルギーから光学遷移が生じることが含まれている。式 (2.102) を説明すると，右辺第1項は，$|A\rangle \to |I_1\rangle \to |B\rangle$ 過程を表現しており，電子と光の相互作用によって，光子の吸収により価電子帯の始状態 $|A\rangle$ から伝導帯の中間状態 $|I_1\rangle$ に仮想遷移し（フォノン密度は変化しない），引き続き，電子とフォノンの相互作用によって，伝導帯の中でフォノン吸収とフォノン放出により中間状態 $|I_1\rangle$ から終状態 $|B\rangle$ に遷移することを意味している。右辺第2項は，$|A\rangle \to |I_2\rangle \to |B\rangle$ 過程を表現している。

電子と光の相互作用における遷移行列要素が波数ベクトル $\boldsymbol{k}$ にほとんど依存しないと仮定すると，遷移確率 $W_{\text{ind}}$ は，$\delta$ 関数の $\boldsymbol{k}(=\boldsymbol{k}_{\text{i}})$ と $\boldsymbol{k}'(=\boldsymbol{k}_{\text{f}})$ の和に比例する。なお，間接遷移の場合は，中間状態が存在するために結合状態密度にはならない。

$$W_{\text{ind}} \propto \sum_{\boldsymbol{k}, \boldsymbol{k}'} \delta\left( E_{\text{c}}(\boldsymbol{k}') - E_{\text{v}}(\boldsymbol{k}) - \hbar\omega \mp E_{\text{ph}} \right) \quad (2.104)$$

電子と正孔の有効質量の異方性を考慮して $m_{\text{e},i}^*$ と $m_{\text{h},i}^*$ で表すと（$i = x, y, z$）

## 2.2 バンド間遷移の量子論

$$\sum_{k,k'} \delta \left[ E_{c0} - E_{v0} + \frac{\hbar^2}{2} \left( \frac{k_x'^2}{m_{e,x}^*} + \frac{k_y'^2}{m_{e,y}^*} + \frac{k_z'^2}{m_{e,z}^*} + \frac{k_x^2}{m_{h,x}^*} + \frac{k_y^2}{m_{h,y}^*} + \frac{k_z^2}{m_{h,z}^*} \right) \right.$$

$$\left. - \hbar\omega \mp E_{ph} \right] \tag{2.105}$$

と書ける。以下の置換を行う。

$$\sum_k \rightarrow \frac{2}{(2\pi)^3} \int dk_x dk_y dk_z, \quad \sum_{k'} \rightarrow \frac{1}{(2\pi)^3} \int dk_x' dk_y' dk_z' \tag{2.106a}$$

$$x = \frac{\hbar k_x}{(2m_{h,x}^*)^{1/2}}, \quad x' = \frac{\hbar k_x'}{(2m_{e,x}^*)^{1/2}} \quad (k_y, k_z, k_y', k_z' \text{も同様}) \tag{2.106b}$$

ここで，遷移の際にスピンの向きが変化しないと仮定して，$\boldsymbol{k}$ の和の一つのみにスピン因子 2 を付けている[20]。式 (2.105) は，$E_{c0} - E_{v0} = E_{ig}$（間接バンドギャップエネルギー）とすると，つぎのように式変形できる。

$$\frac{2K}{(2\pi)^6} \int dx dy dz dx' dy' dz' \delta \left( x^2 + y^2 + z^2 + x'^2 + y'^2 + z'^2 + E_{ig} - \hbar\omega \mp E_{ph} \right)$$

$$K = (8/\hbar^6) \left( m_{h,x}^* m_{h,y}^* m_{h,z}^* m_{e,x}^* m_{e,y}^* m_{e,z}^* \right)^{1/2} \tag{2.107}$$

座標を球座標に変換する。

$$\frac{2K}{(2\pi)^6} \int r^2 \sin\theta dr d\theta d\phi r'^2 \sin\theta' dr' d\theta' d\phi' \delta \left( r^2 + r'^2 + E_{ig} - \hbar\omega \mp E_{ph} \right)$$

$$= \frac{2K}{(2\pi)^6} \int (4\pi)^2 dr dr' r^2 r'^2 \delta \left( r^2 + r'^2 + E_{ig} - \hbar\omega \mp E_{ph} \right) \tag{2.108}$$

$s = r^2$, $s' = r'^2$ と置くと，$dr = ds/(2s^{1/2})$, $dr' = ds'/(2s'^{1/2})$ から

$$\frac{2K}{(2\pi)^6} \int (4\pi)^2 \frac{dsds'}{4} (ss')^{1/2} \delta \left( s + s' + E_{ig} - \hbar\omega \mp E_{ph} \right) \tag{2.109}$$

と式変形できる。δ 関数から以下の関係式が得られ，$ds'$ 積分が省略できる。

$$s' = \hbar\omega - E_{ig} \pm E_{ph} - s \tag{2.110}$$

したがって，式 (2.109) は，式 (2.111) のように計算される。

$$\frac{4\pi^2 2K}{(2\pi)^6} \int_0^{\hbar\omega - E_{ig} \pm E_{ph}} s^{1/2} (\hbar\omega - E_{ig} \pm E_{ph} - s)^{1/2} ds$$

$$= \frac{K}{64\pi^3} (\hbar\omega - E_{ig} \pm E_{ph})^2 \tag{2.111}$$

式 (2.102) の電子とフォノンの相互作用は,電子状態に作用しないと仮定すると

$$\left|\left\langle c(k_f), n_{ph} \mp 1 \left| H_{ep} \right| I_1(k_i), n_{ph} \right\rangle\right|^2 = \left|\left\langle n_{ph} \mp 1 \left| H_{ep} \right| n_{ph} \right\rangle\right|^2 \left|\left\langle c(k_f) \left| I_1(k_i) \right\rangle\right|^2$$

$$\propto \left|\left\langle n_{ph} \mp 1 \left| H_{ep} \right| n_{ph} \right\rangle\right|^2 \tag{2.112}$$

と簡略化できる。ここで,フォノン密度 $n_{ph}$ は,1.2.1 項で記した式 (1.7a) のボース分布関数に相当する。$H_{ep}$ は,フォノンの生成消滅演算子に置き換えることができ,式 (1.8) から以下の式が得られる。

フォノン放出(生成): $\left|\left\langle n_{ph} + 1 \left| a^+ \right| n_{ph} \right\rangle\right|^2 = n_{ph} + 1$ \qquad (2.113 a)

フォノン吸収(消滅): $\left|\left\langle n_{ph} - 1 \left| a \right| n_{ph} \right\rangle\right|^2 = n_{ph}$ \qquad (2.113 b)

最終的に,間接遷移の吸収係数は,つぎのように求められる。

フォノン放出過程:$\alpha_{ind}(\hbar\omega) \propto (n_{ph} + 1)(\hbar\omega - E_{ig} - E_{ph})^2$ \qquad (2.114 a)

$$\hbar\omega \geqq E_{ig} + E_{ph}$$

フォノン吸収過程:$\alpha_{ind}(\hbar\omega) \propto n_{ph}(\hbar\omega - E_{ig} + E_{ph})^2$ \qquad (2.114 b)

$$\hbar\omega \geqq E_{ig} - E_{ph}$$

**図 2.18** は,GaP 結晶の 1.6 K,77 K,120 K における間接遷移吸収端近傍の吸収スペクトルを示している[21]。フォノンの表記の添字の A と E は,それぞれフォノン吸収とフォノン放出を意味している。縦軸は,式 (2.114) に基づいて $\sqrt{\alpha}$ であり,理論的には光子エネルギーに対して直線関係になるが,多数のフォノンの寄与によって,スペクトルに折れ曲がりが生じている。図 2.16 の直接遷移型吸収スペクトルと図 2.18 の間接遷移型吸収スペクトルの吸収係数の値を比較すると,間接遷移型の方が 3 桁程度低いことがわかる。これは,間接遷移確率が低いことを反映している。吸収スペクトルの温度依存性に着目すると,1.6 K では,フォノン放出のみが観測され,温度上昇に伴いフォノン

## 2.3 励起子遷移の量子論

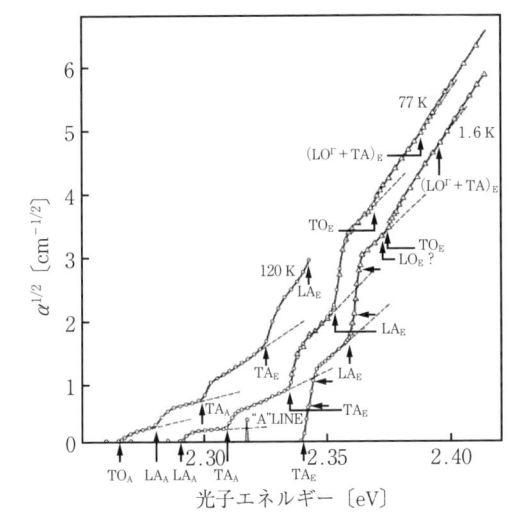

**図 2.18** GaP 結晶の 1.6 K, 77 K, 120 K における間接遷移吸収端近傍の吸収スペクトル。縦軸は, 式 (2.114) に基づいて $\alpha^{1/2}$ である。フォノンの表記の下付きの A と E は, それぞれフォノン吸収とフォノン放出を意味している[21]。(Reprinted with permission. Copyright (1966) by the American Physical Society.)

吸収が顕著になっている。これは, フォノン放出に関しては, 式 (2.114 a) から $(n_{ph}+1)$ の因子が放出過程に寄与するために, ボース分布関数 (フォノン密度) $n_{ph}$ が極低温で小さい値であっても, +1 の項が寄与するためである。一方, フォノン吸収の場合は, 式 (2.114 b) から $n_{ph}$ のみが吸収過程に寄与するために, $n_{ph}$ が温度上昇に伴って大きくなる, すなわち, フォノン密度が大きくなることによって, 吸収過程が活性化される。

## 2.3 励起子遷移の量子論

励起子遷移に関しては, 図 1.18 から, 基底状態は励起子が存在しない状態なので $|0\rangle$ と置き, 終状態が励起子状態であり $|f\rangle$ と置く。励起子遷移のフェルミの黄金律は, 以下の式で与えられる。

$$W_{\mathrm{EX}} = \frac{2\pi}{\hbar} \sum_{\mathrm{f}} \left| \langle \mathrm{f} | H_{\mathrm{eR}} | 0 \rangle \right|^2 \delta\left( E_{\mathrm{f}}(\boldsymbol{K}) - \hbar\omega \right) \tag{2.115}$$

ここで，$\boldsymbol{K}$ は励起子重心運動の波数ベクトル，$E_{\mathrm{f}}(\boldsymbol{K})$ は励起子分散関係，$\delta$ 関数項はエネルギー保存則を意味している．励起子と光の相互作用ハミルトニアン $H_{\mathrm{eR}}$ は，式 (2.68) で与えられる．光の波数ベクトルを小さいとして無視すると，波数ベクトル保存則は

$$\boldsymbol{K} = \boldsymbol{k}_{\mathrm{c}} + \boldsymbol{k}_{\mathrm{v}} = 0 \to \boldsymbol{k}_{\mathrm{c}} = -\boldsymbol{k}_{\mathrm{v}} = \boldsymbol{k} \tag{2.116}$$

となる．Elliott の励起子遷移に関する理論に基づくと[22]，励起子状態 $|\mathrm{f}\rangle$ は，以下のように表される．

$$|\mathrm{f}\rangle = \sum_{\boldsymbol{r},\boldsymbol{k}} \left(\frac{1}{\sqrt{N}}\right) \exp(i\boldsymbol{k}\cdot\boldsymbol{r}) \varphi_{nlm}(\boldsymbol{r}) \left| u_{\mathrm{c},\boldsymbol{k}}(\boldsymbol{r}_{\mathrm{e}}) u_{\mathrm{v},-\boldsymbol{k}}(\boldsymbol{r}_{\mathrm{h}}) \right\rangle \tag{2.117}$$

ここで，$\varphi_{nlm}(\boldsymbol{r})$ は式 (1.34) の励起子包絡関数，$u_{\mathrm{c},\boldsymbol{k}}(\boldsymbol{r}_{\mathrm{e}})$ は伝導帯の基底関数，$u_{\mathrm{v},-\boldsymbol{k}}(\boldsymbol{r}_{\mathrm{h}})$ は価電子帯の基底関数を意味している．式 (2.117) から

$$\langle \mathrm{f} | H_{\mathrm{eR}} | 0 \rangle = \sum_{\boldsymbol{r},\boldsymbol{k}} \left(\frac{1}{\sqrt{N}}\right) \exp(i\boldsymbol{k}\cdot\boldsymbol{r}) \varphi_{nlm}(\boldsymbol{r}) \langle u_{\mathrm{c},\boldsymbol{k}}(\boldsymbol{r}_{\mathrm{e}}) u_{\mathrm{v},-\boldsymbol{k}}(\boldsymbol{r}_{\mathrm{h}}) | H_{\mathrm{eR}} | 0 \rangle$$

$$= \sum_{\boldsymbol{r},\boldsymbol{k}} \left(\frac{1}{\sqrt{N}}\right) \exp(i\boldsymbol{k}\cdot\boldsymbol{r}) \varphi_{nlm}(\boldsymbol{r}) \langle u_{\mathrm{c},\boldsymbol{k}}(\boldsymbol{r}_{\mathrm{e}}) | H_{\mathrm{eR}} | u_{\mathrm{v},\boldsymbol{k}}(\boldsymbol{r}_{\mathrm{h}}) \rangle \tag{2.118}$$

が得られる．$\langle u_{\mathrm{c},\boldsymbol{k}}(\boldsymbol{r}_{\mathrm{e}}) | H_{\mathrm{eR}} | u_{\mathrm{v},\boldsymbol{k}}(\boldsymbol{r}_{\mathrm{h}}) \rangle$ が波数ベクトルに依存しないと仮定すると，$\exp(i\boldsymbol{k}\cdot\boldsymbol{r})$ の $\boldsymbol{k}$ の総和は $\delta(\boldsymbol{r})$ となる．したがって，式 (2.118) における $\boldsymbol{r}$ の総和は，$\boldsymbol{r}=0$ に限定される．以上のことから

$$\left| \langle \mathrm{f} | H_{\mathrm{eR}} | 0 \rangle \right|^2 = \left(\frac{1}{N}\right) \left| \varphi_{nlm}(0) \right|^2 \left| \langle u_{\mathrm{c},\boldsymbol{k}} | H_{\mathrm{eR}} | u_{\mathrm{v},\boldsymbol{k}} \rangle \right|^2$$

$$= \left(\frac{1}{N}\right) \left| \varphi_{nlm}(0) \right|^2 \left| P_{\mathrm{cv}} \right|^2 \tag{2.119}$$

となる．$l \neq 0$ の場合，$\boldsymbol{r}=0$ において包絡関数の存在確率がゼロとなるので，$|\varphi_{nlm}(0)|^2$ は $l=0$ の s 型励起子の場合にのみ値を持つ．このために，1 光子過程では，s 型励起子のみが許容である．$|\varphi_n(0)|^2$ は，以下のように計算される[22]．

$$\left| \varphi_n(0) \right|^2 = \frac{1}{\pi \left( a_{\mathrm{B}}^* n \right)^3} \tag{2.120}$$

したがって，量子論に基づく励起子振動子強度は

$$f_{\text{EX}} \propto \frac{1}{(a_{\text{B}}^{*} n)^{3}} |P_{\text{cv}}|^{2} \tag{2.121}$$

となる．

連続状態を考慮した励起子の吸収係数は，以下の式で表される[23]．

$$\alpha(\omega) \propto \frac{1}{a_{\text{B}}^{*3}} |P_{\text{cv}}|^{2} \left[ \sum_{n=1}^{\infty} \frac{1}{n^{3}} \delta\left(E_{\text{g}} - \frac{1}{n^{2}} E_{\text{b}} - \hbar\omega\right) + \theta(\Delta) \frac{\pi \exp(\pi/\sqrt{\Delta})}{\sinh(\pi/\sqrt{\Delta})} \right]$$

$$\Delta = \frac{\hbar\omega - E_{\text{g}}}{E_{\text{b}}} \tag{2.122}$$

この式において，右辺括弧内第2項の $\theta(\Delta)$ はユニットステップ関数であり，連続状態（$n = \infty$：$\hbar\omega \geq E_{\text{g}}$）での吸収を表している．単純に考えれば，連続状態での吸収は式(2.99)（バンド間遷移の吸収係数）となるが，連続状態においても励起子を形成している電子と正孔のクーロン相関が残留しているために，遷移確率が増強されることを考慮しなければならない．これを，ゾンマーフェルト因子（Sommerfeld factor）と呼ぶ．図 2.19 は，式(2.122)に基づく励起子吸収スペクトルの概略図を示している．励起子の吸収係数は，$1/n^{3}$ で低下する．連続状態が始まる $E_{\text{g}}$ 近傍で，吸収スペクトル

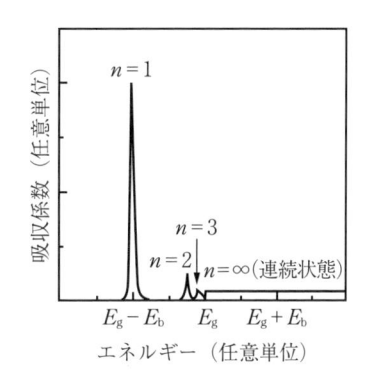

図 2.19 式(2.122)に基づく励起子吸収スペクトルの概略図

がステップ状になっているのがゾンマーフェルト因子の効果で，これを Elliott ステップと呼ぶ．

図 2.20 は，GaAs 結晶薄膜の 1.2 K における吸収スペクトルを示している[24]．主量子数 $n = 1$，$n = 2$，$n = 3$ の励起子ピークが明確に観測され，さらに，上の理論で述べたように，バンドギャップエネルギー近傍で，連続状態の吸収がステップ状になっていることがわかる．図 2.21 は，GaAs 結晶薄膜の吸収スペクトルの温度依存性を示している[25]．GaAs の励起子束縛エネルギーは，

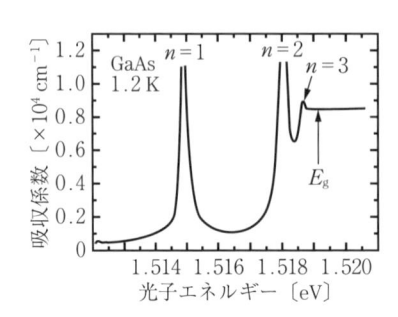

**図 2.20** GaAs 結晶薄膜の 1.2 K における吸収スペクトル[24] (Copyright (1985), with permission from Elsevier.)

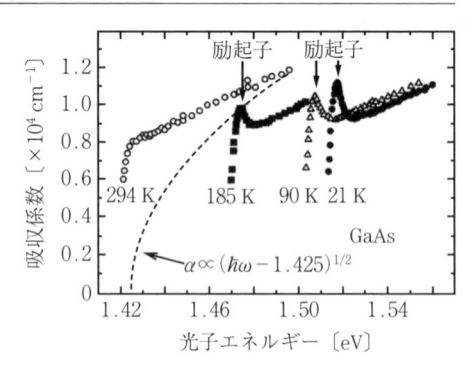

**図 2.21** GaAs 結晶薄膜の吸収スペクトルの温度依存性。破線は，式 (2.99) に基づく 294 K での直接遷移吸収スペクトルの計算結果（比例係数はフィッティングパラメータ）を示している[25]。(Reprinted with permission. Copyright (1962) by the American Physical Society.)。

表 1.4 から 4.2 meV であり，294 K では熱的不安定性のために励起子ピークが観測されない。図中の破線は，式 (2.99) に基づく 294 K での直接遷移吸収スペクトルの計算結果（比例係数はフィッティングパラメータ）を示している。バンドギャップ近傍において，計算結果と吸収スペクトルの差がかなり大きい。これは，上で述べた励起子連続状態におけるゾンマーフェルト因子の影響のためである。

本項の最後に，アーバックテイルについて述べる。絶対零度においては，結晶の乱れが無視できる場合，励起子吸収端は無限に鋭く立ち上がり，吸収端以下のエネルギーでは光吸収は生じない。しかし，有限温度では，励起子-フォノン相互作用により，吸収端よりも低エネルギー領域において光吸収が裾を引く現象が生じる。この現象は，1953 年に，銀ハライド結晶において Urbach によって見い出された[19]。その後，Martienssen によって，詳細に現象が調べられ[26]，下記の式で表される Urbach-Martienssen 則が確立された。

$$\alpha_{UB}(\omega) = \alpha_0 \exp\left[-\frac{\sigma(T)(E_0 - \hbar\omega)}{k_B T}\right], \quad \hbar\omega < E_0 \quad (2.123)$$

現象論的には，バンド端以下のエネルギーにおいて，指数関数的な吸収の裾を

引く。$\alpha_0$ と $E_0$ は定数であり，勾配係数 $\sigma(T)$ は次式で表される[27]。

$$\sigma(T) = \sigma_0 \frac{2k_\mathrm{B}T}{\hbar\omega_\mathrm{ph}} \tanh\left(\frac{\hbar\omega_\mathrm{ph}}{2k_\mathrm{B}T}\right) \tag{2.124}$$

ここで，$\sigma_0$ は，励起子–フォノン相互作用の強さの逆数に比例する因子であり，$\hbar\omega_\mathrm{ph}$ は励起子と相互作用している特性的なフォノンエネルギーである。アーバックテイルは，アルカリハライド結晶や銀ハライド結晶などの励起子–フォノン相互作用が大きい物質で特に顕著に現れる。図 2.22 は，厚さ 2.8 μm の MOVPE 成長 GaN 結晶薄膜におけるアーバックテイルの温度依存性を示している[28]。異なる温度のアーバックテイルが一点に収束していることがわかる。この収束点のエネルギーと吸収係数が，$E_0$ と $\alpha_0$ に相当する。$\sigma(T)$ の解析から，$\sigma_0$ が求まり，励起子–フォノン相互作用の強さを評価することができる。さらに，$\sigma_0$ を尺度として，自己束縛励起子（self-trapped exciton）という光物性において重要な概念が生まれる[29],[30]。自己束縛励起子を概略的に説明すると，励起子を形成する正孔が結晶格子をひずませて局在化し（自己束縛正孔：self-trapped hole），自己束縛正孔に電子が捉えられた深い局在励起子状態である。半導体では自己束縛励起子は形成されないので，その詳細は省略する。

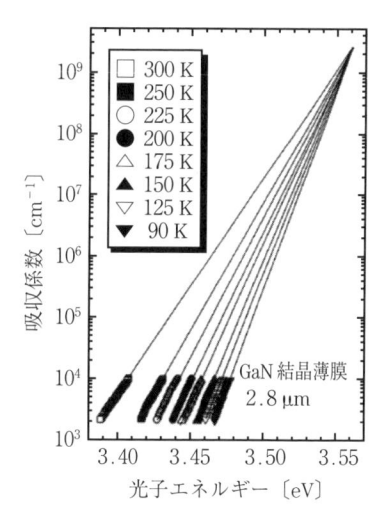

図 2.22 GaN 結晶薄膜（厚さ 2.8 μm）におけるアーバックテイルの温度依存性[28] (Reprinted with permission. Copyright (1997), American Institute of Physics.)

## 2.4 不純物が関与する光学遷移の量子論

半導体には必ず不純物が含まれるために，不純物が関与するバンドギャップ

エネルギー近傍の光学遷移も光物性の重要な現象の一つである。ここでは，バンド-不純物間遷移，浅い不純物であるドナーとアクセプターが関与するドナー-アクセプター対発光，および，等電子トラップによる発光過程について述べる。

### 2.4.1 バンド-不純物間遷移

ここでは，発光スペクトルにおいてよく観測される伝導帯の電子から中性アクセプターへの遷移を例として述べる[3),31)]。

伝導帯の電子から中性アクセプターへ（A）の遷移行列要素は，式 (2.73) に基づくと

$$M_{cA} = \frac{e}{m_0} \left| \langle c | \boldsymbol{A} \cdot \boldsymbol{p} | A \rangle \right|$$

$$= \frac{eA_0}{2m_0} \int u_{c,k_c}^*(\boldsymbol{r}) \exp(-i\boldsymbol{k}_c \cdot \boldsymbol{r}) \widehat{\boldsymbol{e}} \exp(i\boldsymbol{k}_p \cdot \boldsymbol{r}) \boldsymbol{p} \Psi_A(\boldsymbol{r}) d^3r \quad (2.125)$$

と記述できる。ここで，$\Psi_A(\boldsymbol{r})$ はアクセプター状態の固有関数であり，有効質量近似において以下の式で与えられる。

$$\Psi_A(\boldsymbol{r}) = u_{v,0}(\boldsymbol{r}) F_A(\boldsymbol{r}) \quad (2.126)$$

$F_A(\boldsymbol{r})$ は，アクセプター状態の包絡関数［式 (1.26) の固有関数］である。光の波数ベクトルをゼロと近似し（$\boldsymbol{k}_p = 0$），式 (2.126) を式 (2.125) に代入すると，式 (2.125) の積分は

$$\int \exp(-i\boldsymbol{k}_c \cdot \boldsymbol{r}) F_A(\boldsymbol{r}) \left[ u_{c,k_c}^*(\boldsymbol{r}) \widehat{\boldsymbol{e}} \cdot \boldsymbol{p} u_{v,0}(\boldsymbol{r}) \right] d^3r$$

$$+ \int \exp(-i\boldsymbol{k}_c \cdot \boldsymbol{r}) \left[ \widehat{\boldsymbol{e}} \cdot \boldsymbol{p} F_A(\boldsymbol{r}) \right] \left[ u_{c,k_c}^*(\boldsymbol{r}) u_{v,0}(\boldsymbol{r}) \right] d^3r \quad (2.127)$$

となる。式 (2.127) の第2項は，基底関数の直交条件から消滅する。式 (2.127) の第1項は，$F_A(\boldsymbol{r})$ と $\exp(i\boldsymbol{k}_c\boldsymbol{r})$ が格子定数と比較してはるかにゆっくりと変化していると仮定すると，基底関数項と包絡関数項の空間積分が分離でき，以下の式に近似できる。

## 2.4 不純物が関与する光学遷移の量子論

$$\int \exp(-i\bm{k}_c \cdot \bm{r}) F_A(\bm{r}) d^3 r P_{cv} = a(\bm{k}_c) P_{cv} \equiv P_{cv,A}(\bm{k}_c) \quad (2.128)$$

$P_{cv}$ は，式 (2.79) で定義される。包絡関数 $F_A(\bm{r})$ は，1s 状態の場合，アクセプター状態の有効ボーア半径を $a_{B,A}$ とすると

$$F_A(\bm{r}) = \frac{1}{(\pi a_{B,A}^3)^{1/2}} \exp\left(-\frac{r}{a_{B,A}}\right) \quad (2.129)$$

と表される。したがって，式 (2.128) の積分を球面座標系で実行すると

$$P_{cv,A}(\bm{k}_c) = \frac{P_{cv}}{(\pi a_{B,A}^3)^{1/2}} \int \exp(-ik_c r \cos\theta) \exp(-r/a_{B,A}) r^2 \sin\theta d\theta d\varphi dr$$

$$= P_{cv} \frac{8\pi^{1/2} a_{B,A}^{3/2}}{\left[1 + (k_c a_{B,A})^2\right]^2} \quad (2.130)$$

となる。式 (2.130) から，伝導帯の電子から中性アクセプターへの遷移確率（$|P_{cv,A}(\bm{k}_c)|^2$ に比例）は，電子の波数ベクトルが大きくなるに従って低下し，$k_c \approx \pi/a_{B,A}$ では $k_c = 0$ よりも遷移確率が 1/10 000 程度小さくなる。したがって，バンド端近傍の電子がアクセプターへの遷移（不純物発光）に寄与する。上記の理論は，ドナーから価電子帯への遷移確率においても同様である。

### 2.4.2 ドナー−アクセプター対発光

中性ドナー（$D^0$）と中性アクセプター（$A^0$）は，それぞれ電子と正孔を束縛しているので，その束縛された電子と正孔の再結合によって発光が生じ（図 2.23 参照），イオン化ドナー（$D^+$）とイオン化アクセプター（$A^+$）が残留する。これを反応論的に示せば

$$D^0 + A^0 \rightarrow D^+ + A^- + \hbar\omega$$

となる。ドナー−アクセプター対発光は，1963 年に文献 32) により初めて明ら

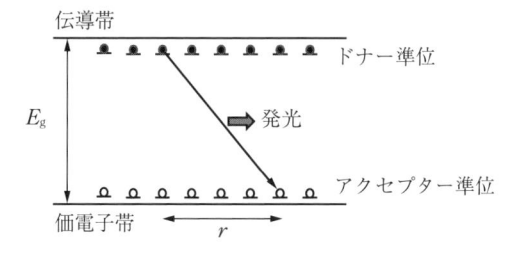

**図 2.23** ドナー−アクセプター対発光過程の模式図

かにされた。ドナー-アクセプター対発光では，発光に関与する電子と正孔が束縛されているために，次式で表されるドナー-アクセプター間距離 ($r$) に依存したエネルギーとなる[32]。

$$\hbar\omega(r) = E_g - E_D - E_A + \frac{e^2}{4\pi\varepsilon_0\varepsilon r} \tag{2.131}$$

ここで，$E_D$ と $E_A$ はドナーとアクセプターの束縛エネルギー（イオン化エネルギー）である。右辺第 4 項は，ドナーとアクセプター間のクーロン相互作用エネルギーに相当する。これらに加えて，ドナーとアクセプター間の van der Waals 相互作用エネルギーがあるが，きわめて近接したドナー-アクセプター間で作用するので，通常は無視して取り扱う。ドナー-アクセプター間距離 $r$ が，格子定数の十倍以下程度に近接している場合，ドナー-アクセプター対発光は不連続な鋭い発光バンドとして観測され，$r$ が大きくなると，クーロン相互作用が小さくなるために，発光バンドが重なり合ってブロードなスペクトルとなる[33]。**図 2.24** は，以上のことを模式的に示した発光スペクトルである。

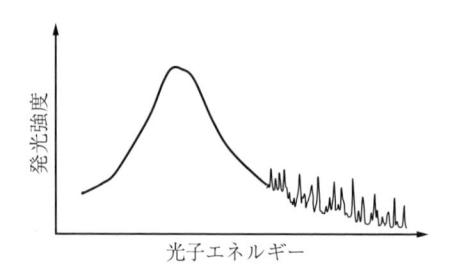

**図 2.24** ドナー-アクセプター対発光スペクトルの模式図

この状況は，間接遷移型半導体である GaP において明確に観測されている[33]。一方，GaAs[34]，InP[35]，GaN[36] などの多くの直接遷移型半導体では，GaP のような不連続な鋭い発光バンドは観測されない。これは，ドナーの束縛エネルギーが小さいために，不連続な鋭い発光バンドに寄与するドナー状態がクーロン相互作用によって伝導帯の中に入るためであると解釈されている[35]。

ドナー-アクセプター対遷移の遷移行列要素は，厳密に導出するのはかなり困難である。文献 37) では，単純化のために，電子と正孔の波動関数のどちらかが不純物に強く束縛されており（ここでは正孔とする），他方（ここでは電子）の波動関数はアクセプターによる摂動を受けないという仮定を行って解

析している。遷移行列要素は，以下の式で与えられる[37]。

$$M(r)_{\mathrm{DA}} \propto \int \Psi_{\mathrm{e}}(r_{\mathrm{e}})^{*}\left[\boldsymbol{p}\Psi_{\mathrm{h}}(r_{\mathrm{h}})\right]\delta(r_{\mathrm{e}}-r_{\mathrm{h}})d^{3}r_{\mathrm{h}} \qquad (2.132)$$

ここで，$\Psi_{\mathrm{e}}(r_{\mathrm{e}})$ はドナーに束縛された電子の波動関数，$\Psi_{\mathrm{h}}(r_{\mathrm{h}})$ はアクセプターに束縛された正孔の波動関数である。正孔の波動関数がアクセプターに強く束縛されていると仮定しているので，運動量演算子の作用は正孔波動関数が占有するきわめて小さな体積においてのみ有意なものとなる。したがって，式 (2.132) は

$$M(r)_{\mathrm{DA}} \propto \Psi_{\mathrm{e}}(r) \qquad (2.133)$$

と簡略化できる。ドナー電子の波動関数を 1s 状態の包絡関数で近似すると，遷移確率は以下の式で与えられる。

$$W(r)_{\mathrm{DA}} \propto |M(r)_{\mathrm{DA}}|^{2} \propto W(0)\exp(-2r/a_{\mathrm{B,D}}) \qquad (2.134)$$

ここで，$a_{\mathrm{B,D}}$ はドナー状態の有効ボーア半径である。上記とは逆に，電子が強く束縛されている場合は，アクセプターの有効ボーア半径を採用する。ドナーーアクセプター対遷移確率の重要な概念は，ドナーーアクセプター間距離の指数関数で減衰するということである。上記の理論はかなり粗いものであるが，実験結果をよく説明している[37]。

以上の理論を基に，ドナーーアクセプター対発光の特徴を以下にまとめる。

（1） 不純物濃度が高くなると，平均的なドナーーアクセプター間距離が小さくなるために平均的なクーロン相互作用が大きくなり，ブロードバンドの発光ピークは高エネルギー側にシフトする。

（2） 励起光強度が強くなるに従って，ブロードバンドの発光ピークは高エネルギー側にシフトし，バンド幅が狭くなる。これは，距離が離れている低エネルギー側の発光の遷移確率が低い（寿命が長い）ために，それらの状態が容易に飽和するためである。

（3） 発光の時間減衰プロファイルは，ドナーとアクセプターが結晶中でランダムに存在しているために非指数関数的となる。

（4） ブロードバンドの時間分解発光スペクトルのピークエネルギーは，時

間の経過とともに低エネルギー側にシフトする。これは，距離が近い高エネルギー側の発光の遷移確率が大きい（寿命が短い）ために相対的に短時間で消失し，遷移確率が低い低エネルギー側の発光が時間的に残留するためである。

### 2.4.3 等電子トラップによる発光過程

等電子トラップとは，半導体結晶を形成する原子と等価の価電子（最外殻電子）を持った他の原子によって置き換えられた不純物状態のことである。ここでは，最も典型的で，かつ，発光デバイスとして実用化されているGaP結晶にN原子をドーピングした場合（GaP：N）を例として述べる。等電子トラップによる光学遷移は，1965年に文献38）により初めて明らかにされた。

GaP：Nの場合，P原子とN原子の価電子数（5個）が同じであるために，ドナーやアクセプターのような静電ポテンシャルは発生しない。ただし，N原子はP原子よりも総電子数が8個少ないために，置換されたN原子位置では電子が相対的に欠乏し，電子をトラップして束縛状態を作る。言い換えれば，等電子不純物の電子親和力（electron affinity）が母体結晶と比較して相対的に大きいために，電子の束縛状態が形成される。電子がN原子に強く束縛されるために[39]，位置と運動量との不確定性関係から，束縛電子の波動関数は，波数空間の広い領域にわたって存在確率を持つ。図2.25は，GaP結晶のバンド構造とN原子に束縛された電子波動関数の存在確率（$|\psi_N(k)|^2$）の概略図である[40]。なお，N準位は，伝導帯のX点から約10 meV低いエネルギー位置に形成される。$|\psi_N(k)|^2$は，$k=0$のΓ点においても存在確率がある。したがって，GaPは間接遷移型半導体で

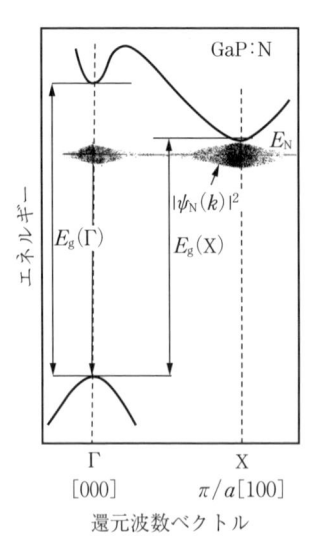

図2.25 GaP結晶のバンド構造とN原子に束縛された電子波動関数の存在確率の概略図

あるが，N原子に束縛された電子は，Γ点に存在確率を持つために，フォノン散乱を必要としない準直接型遷移（pseudo-direct type transition）となり，遷移確率が高くなる。歴史的には，GaN系の緑色発光ダイオードが出現するまでは，長年にわたってGaP：Nの等電子トラップによる準直接型遷移が利用されていた。文献41）では，一つのバンドと一つのサイトを対象としたSlater-Koster近似に基づいて，波数空間と実空間におけるN原子に束縛された電子波動関数（等電子トラップ状態）を以下のように導出している。

$$\psi_N(k) \propto \frac{1}{E_N + E_c(k)} \qquad \text{（波数空間）} \qquad (2.135\,\text{a})$$

$$\psi_N(r) \propto \frac{\exp(-\kappa r)}{r} \qquad \text{（実空間）} \qquad (2.135\,\text{b})$$

ここで，$E_N$は等電子トラップ状態束縛エネルギー，$E_c(k)$は伝導帯の分散関係，$\kappa = (2m_e^* E_N)^{1/2}/\hbar$である。式(2.135)の波動関数の場合，GaP：Nでは，N原子に束縛された電子波動関数のΓ点における存在確率は，X点の1/1 000程度と見積もられる[41]。GaAs$_{1-x}$P$_x$混晶の場合，混晶比が$x=1$よりも小さくなると，伝導帯のX点とΓ点のエネルギー差が小さくなる。このバンド構造の変化によって，電子波動関数のΓ点における存在確率が顕著に大きくなる[42]。文献42）の計算結果では，$x=1$の存在確率と比較して，$x=0.8$で約5倍，$x=0.6$で約30倍，$x=0.5$で約100倍増強される。これをバンド構造増強（band structure enhancement）と呼ぶ。この存在確率の増強によって，遷移確率が大きくなり，発光の量子効率が増大する。

## 2.5　再結合発光速度と吸収係数の関係

　吸収係数（$\alpha$）と自然放出（spontaneous emission）における再結合速度（recombination rare：$R_{sp}$）との関係は，Roosbroeck-Shockley関係として知られている[43]。これについて，文献3）に基づいて，文献43）よりも厳密に以下において説明する。

フェルミの黄金律に基づくと，エネルギーが高い状態（$u$ 状態と呼ぶ）から低い状態（$l$ 状態）への自然放出の再結合速度は，状態の占有，非占有を考慮すると以下の式で与えられる．

$$R_{\rm sp}(\omega) = (2\pi/\hbar) \sum_{E_u, E_l} \left\langle |H_{ul}|^2 \right\rangle_{\rm av} G(\omega) n_u(E_u) n_l'(E_l) \delta(E_{ul} - \hbar\omega) \quad (2.136)$$

ここで，$\left\langle |H_{ul}|^2 \right\rangle_{\rm av}$ は光と電子との相互作用の平均値，$G(\omega)$ は輻射場の光学状態密度，$n_u$ は $u$ 状態の占有状態数，$n_l'$ は $l$ 状態の非占有状態数，$E_{ul} = E_u - E_l$ である．吸収係数は

$$\alpha(\omega) = (2\pi/\hbar) \sum_{E_u, E_l} \left\langle |H_{ul}|^2 \right\rangle_{\rm av}$$
$$\times \left[ n_l(E_l) n_u'(E_u) - n_u(E_u) n_l'(E_l) \right] V_{\rm en}^{-1} \delta(E_{ul} - \hbar\omega) \quad (2.137)$$

と与えられる．ここで，$n_l$ は $l$ 状態の占有状態数，$n_u'$ は $u$ 状態の非占有状態数，$V_{\rm en}$ は光エネルギー伝達速度である．式 (2.136) と式 (2.137) から，再結合速度と吸収係数に関して以下の関係式が得られる．

$$R_{\rm sp}(\omega) = V_{\rm en} G(\omega) \alpha(\omega) \left[ \frac{n_u n_l'}{n_l n_u' - n_u n_l'} \right] \quad (2.138)$$

式 (2.138) について，バンド間遷移を対象として具体的に展開する．1.3.1 項で取り扱ったように，バンド構造を単純な 2 バンドモデルで考える．そうすると，$u$ 状態は伝導帯に，$l$ 状態は価電子帯に対応する．式 (1.16) から，$n_u$ と $n_u'$ は，伝導帯における任意のエネルギーを $E_{\rm c}$ とすると

$$\left. \begin{array}{l} n_u = n(E_{\rm c}) = D_{\rm c}(E_{\rm c}) f_{\rm e}(E_{\rm c}) \\ n_u' = n'(E_{\rm c}) = D_{\rm c}(E_{\rm c}) \left[ 1 - f_{\rm e}(E_{\rm c}) \right] \end{array} \right\} \quad (2.139)$$

と表現できる．ここで，電子のフェルミ分布関数 $f_{\rm e}(E_{\rm c})$ において，非平衡状態を前提として電子の擬フェルミ準位（quasi-Fermi level：$E_{\rm F,e}$）を導入する．

$$f_{\rm e}(E_{\rm c}) = \left[ 1 + \exp\left( \frac{E_{\rm c} - E_{\rm F,e}}{k_{\rm B} T} \right) \right]^{-1} \quad (2.140)$$

$n_l$ と $n_l'$ は，価電子帯における任意のエネルギーを $E_{\rm v}$ とすると，以下の式で表される．

$$n_l = n(E_v) = D_v(E_v)\left[1 - f_h(E_v)\right]$$
$$n_l' = n'(E_v) = D_v(E_v)f_h(E_v) \qquad (2.141)$$

ここで，価電子帯の占有状態とは電子が存在する状態，すなわち，正孔が存在しない状態であり，非占有状態とは正孔が存在する状態であることに注意が必要である．電子のフェルミ分布関数と同様に，正孔のフェルミ分布関数 $f_h(E_v)$ において，正孔の擬フェルミ準位 ($E_{F,h}$) を考慮する．

$$f_h(E_v) = \left[1 + \exp\left(\frac{E_{F,h} - E_v}{k_B T}\right)\right]^{-1} \qquad (2.142)$$

なお，分布関数の特性から，$f_e(E) + f_h(E) = 1$ である．以上のことから，式 (2.138) の括弧項は，以下のように計算できる．

$$\left[\frac{n_u n_l'}{n_l n_u' - n_u n_l'}\right] = \frac{f_e(E_c)f_h(E_v)}{\left[1 - f_h(E_v)\right]\left[1 - f_e(E_c)\right] - f_e(E_c)f_h(E_v)}$$
$$= \left[\exp\left(\frac{\hbar\omega - \Delta E_F}{k_B T}\right) - 1\right]^{-1} \qquad (2.143)$$

ここで，$\hbar\omega = E_c - E_v$，$\Delta E_F = E_{F,e} - E_{F,h}$ である．したがって，バンド間遷移に関する Roosbroeck-Shockley 関係は

$$R_{sp}(\omega) = V_{en}G(\omega)\alpha(\omega)\left[\exp\left(\frac{\hbar\omega - \Delta E_F}{k_B T}\right) - 1\right]^{-1}$$
$$\approx V_{en}G(\omega)\alpha(\omega)\exp\left(-\frac{\hbar\omega}{k_B T}\right)\exp\left(\frac{\Delta E_F}{k_B T}\right) \qquad (2.144)$$

となる．熱平衡状態として近似できる場合は，$\Delta E_F = 0$ とする．また，$G(\omega) \propto \omega^2$ であり，発光強度は $R_{sp}(\omega)$ に比例する．

## 2.6 オージェ再結合

バンド間非発光過程であるオージェ再結合では，電子と正孔の再結合によって生じる余剰エネルギーが他の電子もしくは正孔に与えられる．図 2.26 ( a )

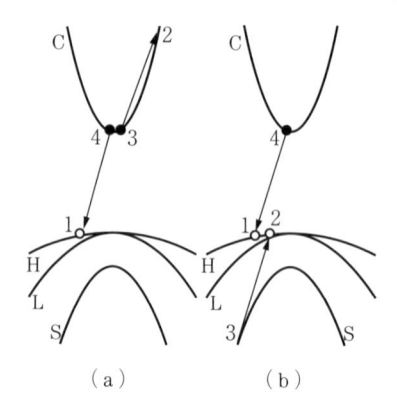

**図 2.26** オージェ再結合過程の概略図。(a) が eeh 過程，(b) が ehh 過程を示している。ここで，C は伝導帯，H, L, S は価電子帯の重い正孔バンド，軽い正孔バンド，スプリットオフ正孔バンドを示している。

は，伝導帯（C）の電子 4 と価電子帯（重い正孔バンド：H）の正孔 1 が再結合し，その際に生じる余剰エネルギーで電子 3 を伝導帯内の高いエネルギー状態 2 へ励起する過程を，図 2.26（b）は，H バンドの正孔 2 をスプリットオフ正孔バンド（S）の状態 3 へ励起する過程を示している。前者を eeh 過程，後者を ehh 過程と呼ぶ。この現象は，発光ダイオードや半導体レーザーの効率低下を生じさせる要因の一つである。オージェ再結合速度は 3 体の反応過程であるので，電子と正孔の密度を $n$ と $p$ とすると，現象論的に以下の式で与えられる。

$$R_A = C_n n^2 p + C_p n p^2 \tag{2.145}$$

ここで，右辺第 1 項が eeh 過程，第 2 項が ehh 過程に対応し，$C_n$ と $C_p$ がオージェ再結合係数（Auger recombination coefficient）である。

速度論的には，キャリア注入レベルが低い場合（光励起もしくは電流注入による過剰キャリア密度が主キャリア密度よりも低い場合），n 型半導体のオージェ再結合寿命は

$$\tau_{A,L} = \frac{p - p_0}{C_n n^2 p + C_p n p^2} \approx \frac{p}{C_n n^2 p} \approx \frac{1}{C_n N_D^2} \tag{2.146}$$

で与えられる[44]。ここで，$p_0$ は熱平衡状態の正孔密度であり，ドナー（密度：$N_D$）はすべてイオン化していると仮定している（高温近似）。同様に，p 型半導体の場合は（アクセプター密度：$N_A$）

$$\tau_{A,L} \approx \frac{1}{C_p N_A^2} \tag{2.147}$$

となる。オージェ再結合係数は，Si の場合，300 K で $C_n = (1.7 \sim 2.8) \times 10^{-31}$

## 2.6 オージェ再結合

$cm^6/s^{44)}$, $C_p = (0.99 \sim 1.2) \times 10^{-31}$ $cm^6/s^{44)}$, GaAs の場合, 77 K で $C_p \approx 10^{-(31\pm1)}$ $cm^6/s^{45)}$, GaSb の場合, 77 K で $C_p \approx 10^{-(25\pm1)}$ $cm^6/s^{45)}$ という値が報告されている。キャリア注入レベルが高い条件では，過剰キャリア密度（$\Delta n$ と $\Delta p$）は主キャリア密度よりも大きくなり，光励起の場合，$\Delta n = \Delta p$ と近似できる。したがって，オージェ再結合寿命は

$$\tau_{A,H} \approx \frac{1}{(C_n + C_p)\Delta n^2} \tag{2.148}$$

となる。$C_a = C_n + C_p$ を両極性オージェ再結合係数（ambipolar Auger recombination coefficient）と呼ぶ。

量子論に基づくオージェ再結合の理論的研究は古く，1950年代にPincherle[46]とBess[47]によって始められ，BeattieとLandsberg[48]が理論を発展させた。図2.26に示した過程は，純粋衝突オージェ再結合（pure collision Auger recombination：PCAR）と呼ばれる。実際は，PCAR過程だけでは現象が説明できず，フォノン支援オージェ再結合（phonon assisted Auger recombination）[49]や不純物支援オージェ再結合（impurity assisted Auger recombination）[50]を考慮しなければならない。ここでは，文献51）に基づいて，PCAR過程を対象にその理論の概略的な説明を行う。

PCAR過程は，下記の遮蔽された電子−電子相互作用ポテンシャルを仮定し，それのみによる散乱過程を考える[47]。

$$H_{e-e} = \frac{e^2}{4\pi\varepsilon_0\varepsilon|\boldsymbol{r}_1 - \boldsymbol{r}_2|}\exp\left(-\frac{|\boldsymbol{r}_1 - \boldsymbol{r}_2|}{L_D}\right) \tag{2.149}$$

ここで，$\boldsymbol{r}_1$ と $\boldsymbol{r}_2$ は相互作用する電子の位置ベクトル，$L_D$ は自由キャリア遮蔽長（デバイ長：Debye length）である。遷移の始状態|I⟩と終状態|F⟩は2電子波動関数から作られる。遷移行列要素は，$M_{IF} = \langle F|H_{e-e}|I\rangle$ で表される。電子の統計分布を考慮してフェルミの黄金律に基づくと，PCAR速度は，以下の式で与えられる。

$$R_{PCAR} = \frac{2\pi}{\hbar}\sum_{1,2,3,4}|M_{IF}|^2\delta(E_{IF})\theta_{IF} \tag{2.150}$$

ここで，$E_{IF}$ は，始状態の2電子エネルギーから終状態の値を引いたものである。$\theta_{IF}$ は統計因子で，$i$ 番目の電子のフェルミ分布関数によって，以下のように表される。なお，以後の式中の下付き数字は，図2.26に示したオージェ再結合過程の数字に対応している。

$$\theta_{IF} = [1-f_e(E_1)][1-f_e(E_2)]f_e(E_3)f_e(E_4)$$
$$-f_e(E_1)f_e(E_2)[1-f_e(E_3)][1-f_e(E_4)] \tag{2.151}$$

式 (2.151) の右辺第1項はオージェ過程，第2項はその逆過程に対応する。$M_{IF}$ が2電子波動関数の積によって与えられることから，クーロン項 $f$ と交換項 $g$ が現れる。

$$f = \frac{e^2}{4\pi\varepsilon_0\varepsilon V} \frac{1}{|\boldsymbol{k}_1-\boldsymbol{k}_4|^2+1/L_D^2} \langle b_1, \boldsymbol{k}_1 | b_4, \boldsymbol{k}_4 \rangle \langle b_2, \boldsymbol{k}_2 | b_3, \boldsymbol{k}_3 \rangle \delta(\boldsymbol{k}_1+\boldsymbol{k}_2-\boldsymbol{k}_3-\boldsymbol{k}_4)$$
$$\tag{2.152}$$

$$g = \frac{e^2}{4\pi\varepsilon_0\varepsilon V} \frac{1}{|\boldsymbol{k}_1-\boldsymbol{k}_3|^2+1/L_D^2} \langle b_1, \boldsymbol{k}_1 | b_3, \boldsymbol{k}_3 \rangle \langle b_2, \boldsymbol{k}_2 | b_4, \boldsymbol{k}_4 \rangle \delta(\boldsymbol{k}_1+\boldsymbol{k}_2-\boldsymbol{k}_3-\boldsymbol{k}_4)$$
$$\tag{2.153}$$

ここで，$V$ は結晶の体積，$b_i$ は $i$ 番目の電子または正孔が属しているバンドを表し，$\langle b_i, \boldsymbol{k}_i | b_j, \boldsymbol{k}_j \rangle$ はブロッホ関数の包絡部分の重なり積分に対応する。以上を考慮してスピンについての和をとると，式 (2.150) は

$$R_{PCAR} = \frac{4\pi}{\hbar} \sum_{\boldsymbol{k}_1, \boldsymbol{k}_2, \boldsymbol{k}_3, \boldsymbol{k}_4} (|f|^2+|g|^2+|f-g|^2)\delta(E_{IF})\theta_{IF} \tag{2.154}$$

と書き換えられる。これがPCAR速度の一般式である。

非縮退条件（フェルミ準位がバンドの中に入っていない条件）での直接遷移型半導体を対象として，伝導帯（C）と価電子帯（H, L, S）のそれぞれで独立して熱平衡分布が実現していると仮定すると，$\theta_{IF}$ は

$$\theta_{IF} = A\exp\left(-\frac{E^*}{k_B T}\right) \tag{2.155}$$

に簡略化できる。伝導帯有効状態密度を $N_c$，価電子帯有効状態密度を $N_v$，過剰電子密度＝過剰正孔密度とすると，係数 $A$ は，eeh過程とehh過程に対し

て以下の式で与えられる．

$$A = \frac{n^2 \Delta n}{N_c^2 N_v} \quad (\text{eeh 過程}) = \frac{p^2 \Delta n}{N_c N_v^2} \quad (\text{ehh 過程}) \qquad (2.156)$$

特性エネルギー $E^*$ に関して，価電子帯においては頂上を基準に下向きにエネルギーを測ると，図 2.26（a）の過程の場合（HCCC 機構），$E^* = E_2 - E_g$，図 2.26（b）の過程の場合（HHSC 機構），$E^* = E_3 - (E_g - \Delta_{so})$ となる．ここで，$\Delta_{so}$ はスピン-軌道相互作用エネルギーである．これら二つの過程以外に，HHHC 機構（H バンド内での正孔遷移）と HHLC 機構（L バンドから H バンドへの正孔遷移）があり，$E^* = E_3 - E_g$ となる．

式（2.154）の波数ベクトルについての和は，エネルギー積分に変換される．エネルギー積分の下限値を $E_T$ と記し，オージェ再結合の閾値エネルギーと呼ぶ．上記の四つの過程の $E_T$ 値は，$\Gamma$ 点における C バンド，H バンド，L バンド，S バンドの有効質量を $m_C$，$m_H$，$m_L$，$m_S$ とし，閾値エネルギーでの有効質量を H バンド以外のバンドの非放物線性を考慮して $m_{C^*}$，$m_H$，$m_{L^*}$，$m_{S^*}$ とすると，以下の式で与えられる[51]．

$$E_T = \frac{m_{C^*}}{m_H + 2m_C - m_{C^*}} E_g \quad (\text{HCCC 機構})$$

$$= \frac{m_{S^*}}{2m_H + m_C - m_{S^*}} (E_g - \Delta_{so}) \quad (\text{HHSC 機構})$$

$$= \frac{m_H}{m_H + m_C} E_g \quad (\text{HHHC 機構})$$

$$= \frac{m_{L^*}}{2m_H + m_C - m_{L^*}} E_g \quad (\text{HHLC 機構}) \qquad (2.157)$$

半導体の一般的な有効質量を考慮すると，HHHC 機構の $E_T$ は，他と比較するとかなり大きく，重要ではない．一方，縮退統計下（フェルミ準位がバンドの中に存在する条件）での閾状態は，フェルミ準位とバンド端の間に存在するために，$E_T$ にほとんど依存せず，PCAR 速度は上記の四つの機構すべてにおいて大きなものとなる．PCAR 過程に関する理論の進展としては，電子-正孔相関を繰り込むことが提案されている[52]．

# 3 励起子の光学応答

　本章では，バルク結晶と薄膜を対象として，多様な励起子光学応答 (optical responses of excitons) について述べる。なお，量子井戸構造と超格子における励起子光学応答に関しては，別に6章で解説する。ここで取り扱う励起子光学応答としては，反射，吸収，発光に関する励起子ポラリトンの概念を含む基礎的な現象と，弱局在励起子 (weakly-localized exciton) の発光特性，励起子分子 (excitonic molecule, biexciton) 光学応答，励起子-励起子散乱 (exciton-exciton scattering) や励起子-電子散乱 (exciton-electron scattering) などの励起子非弾性散乱過程 (inelastic scattering processes of excitons) による発光と誘導放出，および，薄膜における励起子重心運動の量子化 (center-of-mass quantization of excitons) と光学応答である。これらは，励起子光学応答の根幹ともいえる現象である。さらに，薄膜の評価において重要な励起子状態に対する格子ひずみ効果 (lattice-strain effect) についても，理論と実験の両面から解説する。

## 3.1 励起子による吸収と反射

　2章の2.1.2項の誘電関数に関する理論で述べたように，横型励起子と縦型励起子のエネルギー領域において，反射と吸収のスペクトル構造が出現する。励起子吸収に関しては，すでに図2.20でGaAsバルク結晶の例を示している。図3.1に，rfマグネトロンスパッタリング法により(0001)$Al_2O_3$基板上に結晶成長したZnO結晶薄膜 (100 nm) の10 Kにおける反射と吸収スペクトルを示している[1]。吸収スペクトルに着目すると，A励起子とB励起子の1s状態 [$X_A(1s)$, $X_B(1s)$] と2s状態 [$X_{A,B}(2s)$]，および，A励起子 (1s) から $A_1$ 対称LOフォノンのエネルギー (71 meV) だけ高エネルギー側にA励起子のLOフォノン放出バンド ($X_A(1s)$-1LO) が観測される。反射スペクトルには，吸

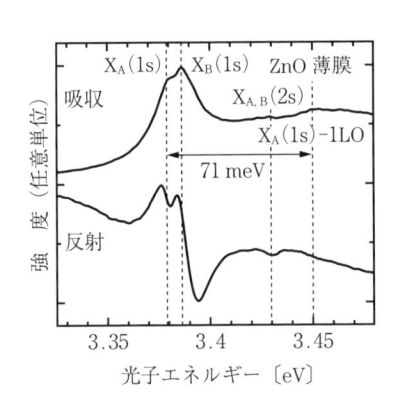

**図3.1** rfマグネトロンスパッタリング法により(0001)Al$_2$O$_3$基板上に結晶成長したZnO結晶薄膜(100 nm)の10 Kにおける反射と吸収スペクトル

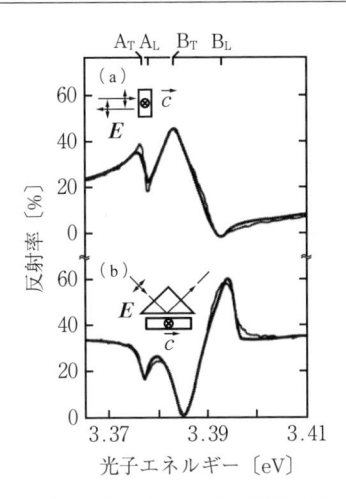

**図3.2** (a) $c$軸に対して光の電場($E$)が垂直になる条件($E \perp c$)で測定されたZnOバルク結晶の4.2 Kにおける反射スペクトル。細実線が実験結果を，太実線が励起子ポラリトン解析のフィッティング結果を表している。(b) ATR法によって測定された表面励起子ポラリトンの反射スペクトル。細実線が実験結果を，太実線が励起子ポラリトン解析のフィッティング結果を表している。挿入図は，測定に用いられたATR法の概略図を示している[2]。(Reprinted with permission. Copyright (1981) by the American Physical Society.)

収スペクトルの励起子遷移に相当するエネルギー位置に，特異的な構造が現れている。これが，吸収スペクトルと反射スペクトルの相関の典型的な例である。図3.1の場合，ブロードニング因子が大きいために励起子ポラリトンの解析は意味がない。2.1.3項で述べたポラリトン効果が明確に観測される臨界ブロードニング因子は，ZnOの場合は1.2 meV程度である。

高品位ZnOバルク結晶の反射スペクトルを対象に，励起子ポラリトンに基づく解析が報告されている[2]。図3.2(a)は，$c$軸に対して光の電場（$E$）が垂直になる条件（$E \perp c$）で測定されたZnOバルク結晶の4.2 Kにおける反射スペクトルである[2]。細実線が実験結果を，太実線が励起子ポラリトン解析に

基づくフィッティング結果を示している.ここで,ウルツ鉱型半導体の励起子遷移の偏光選択則を基底関数に基づいて整理しておく.1章の図1.13に示したように,ウルツ鉱型半導体の$\Gamma$点の場合,伝導帯の底が$\Gamma_7$,価電子帯の三つのバンドが$\Gamma_9$, $\Gamma_7$, $\Gamma_7$の対称性を有している.なお,1.3.3項で述べたように,ZnOに関しては,価電子帯の序列が$\Gamma_7$-$\Gamma_9$-$\Gamma_7$と$\Gamma_9$-$\Gamma_7$-$\Gamma_7$の二つの説がある.基底関数は,以下のように与えられる[3]。

$\Gamma_7$(伝導帯) $|s\rangle\uparrow$, $i|s\rangle\downarrow$ (3.1 a)

$\Gamma_9$(価電子帯) $|1,1\rangle\uparrow$, $i|1,-1\rangle\downarrow$ (3.1 b)

$\Gamma_7$(価電子帯) $ia|1,1\rangle\downarrow - ib|1,0\rangle\uparrow$, $a|1,-1\rangle\uparrow + b|1,0\rangle\downarrow$ (3.1 c)

$\Gamma_7$(価電子帯) $ib|1,1\rangle\downarrow + ia|1,0\rangle\uparrow$, $b|1,-1\rangle\uparrow - a|1,0\rangle\downarrow$ (3.1 d)

$|1,\pm 1\rangle = \dfrac{|X\rangle \pm i|Y\rangle}{\sqrt{2}}$, $|1,0\rangle = |Z\rangle$ (3.1 e)

$a = \dfrac{1}{\sqrt{x^2+1}}$, $b = \dfrac{x}{\sqrt{x^2+1}}$ (3.1 f)

$x = \dfrac{-(3\Delta_{\mathrm{cr}}-\Delta_{\mathrm{so}}^{/\!/}) + \sqrt{(3\Delta_{\mathrm{cr}}-\Delta_{\mathrm{so}}^{/\!/})^2 + 8\Delta_{\mathrm{so}}^{\perp\,2}}}{2\sqrt{2}\,\Delta_{\mathrm{so}}^{\perp}}$ (3.1 g)

ここで,式(3.1 g)の$\Delta_{\mathrm{cr}}$は結晶場分裂エネルギー,$\Delta_{\mathrm{so}}$はスピン-軌道相互作用エネルギーであり,$/\!/$と$\perp$は$c$軸方向に平行と垂直を意味している.上記の基底関数に基づくと,式(2.82)および式(2.83)と同様な演算によって,$\Gamma_9$-$\Gamma_7$遷移の場合,$E \perp c /\!/ [0001]$の条件のみが双極子遷移許容であり,$\Gamma_7$-$\Gamma_7$遷移の場合,$E \perp c$と$E /\!/ c$の両方の条件で許容となることが明らかである.励起子遷移に関しては,群論に基づいて1.4.2項で述べたように,$\Gamma_9$-$\Gamma_7$遷移では$\Gamma_5$励起子が許容であり,$\Gamma_7$-$\Gamma_7$遷移では$\Gamma_1$と$\Gamma_5$励起子が許容である.励起子遷移の偏光選択則は,$\Gamma_1$励起子が$E /\!/ c$,$\Gamma_5$励起子が$E \perp c$となる.この励起子の偏光特性は,表1.3に示した点群$C_{6v}$(6 mm)の既約表現と対応する基底関数[$\Gamma_1$の基底関数は$z$,$\Gamma_5$の基底関数は$(x, y)$]から容易に理解できる.したがって,図3.2(a)の反射スペクトルは,A($\Gamma_5$)とB($\Gamma_5$)励起子の光学遷移に起因することがわかる.また,遷移振動子強度に関しては,式(3.1

c）と式（3.1d）の係数 $a$ と $b$ が支配要因であり，同じ $\Gamma_7$ 対称性のバンドであっても $a$ と $b$ の作用が逆であるので振動子強度は大きく異なる．ZnO 結晶の場合，価電子帯序列が $\Gamma_7$-$\Gamma_9$-$\Gamma_7$ と $\Gamma_9$-$\Gamma_7$-$\Gamma_7$ のどちらを前提としても，A と B 励起子に関しては $\Gamma_1$ 励起子の振動子強度は $\Gamma_5$ 励起子よりも非常に小さく，C 励起子に関してはその逆になる．したがって，A と B 励起子は $\boldsymbol{E} \perp \boldsymbol{c}$ の条件で，C 励起子は $\boldsymbol{E} /\!/ \boldsymbol{c}$ の条件で明確に観測される．

図3.2（a）の解析では，Pekar の付加的境界条件が用いられ，励起子の表面不活性層は 4 nm に設定されている．解析におけるブロードニング因子は 0.7 meV で，上記の臨界ブロードニング因子よりも小さい．解析から得られた横型励起子と縦型励起子のエネルギーは，$E_\mathrm{T}(\mathrm{A}) = 3.3758$ eV，$E_\mathrm{L}(\mathrm{A}) = 3.3776$ eV，$E_\mathrm{T}(\mathrm{B}) = 3.3810$ eV，$E_\mathrm{L}(\mathrm{B}) = 3.3912$ eV であり，B 励起子の縦横分裂エネルギー（10.2 meV）が A 励起子のもの（1.8 meV）よりも 6 倍程度大きいという結果が得られている．これに関しては，ポラリトン状態における近接した A 励起子と B 励起子の連成結合により，A 励起子の縦横分裂エネルギーが減少し，B 励起子の縦横分裂エネルギーが増大するためであると解釈されている．なお，C 励起子に関しては，$E_\mathrm{T}(\mathrm{C}) = 3.4198$ eV，$E_\mathrm{L}(\mathrm{C}) = 3.4317$ eV，縦横分裂エネルギーが 11.9 meV という結果が得られている[2]．GaN の場合は，各励起子の縦横分裂エネルギーにはそれほど大きな違いはない（A 励起子で $0.90 \pm 0.10$ meV，B 励起子で $1.04 \pm 0.10$ meV）[4]．

図3.2（b）は，ZnO バルク結晶における表面励起子ポラリトンの反射スペクトルに関する実験結果（細実線）とフィッティング結果（太実線）を示している[2]．表面励起子ポラリトンの場合，表面に局在しているために，通常の反射分光法では測定できないので，挿入図に示しているように減衰全反射（attenuated total reflection：ATR）法が用いられる．ATR法では，試料をプリズムに密着させ，試料とプリズム間で全反射が起きるように設定する．全反射が生じる場合，界面で光は試料側にわずかに浸透し［エバネッセント光（evanescent light）と呼ぶ］，反射されてくる．この反射光を測定することにより，表面特有のスペクトルが得られる．観測される表面励起子ポラリトンの波

数ベクトルは次式で与えられる[2]。

$$k_\| = n_\mathrm{p}\sin(\theta)k_\mathrm{vac} \tag{3.2}$$

ここで，$n_\mathrm{p}$ がプリズムの屈折率，$\theta$ がプリズム底面への入射角，$k_\mathrm{vac}$ が真空における光の波数ベクトルである．図 3.2（b）の反射スペクトルでは，$k_\| = 1.13k_\mathrm{vac}$ の条件となっている．縦横分裂エネルギーが大きい B 励起子のエネルギー領域に着目すると，図 3.2（a）のバルク励起子ポラリトンの場合とは異なり，横型励起子（$B_T$）と縦型励起子（$B_L$）の間のエネルギー領域において反射率がバルク励起子ポラリトンとは逆に変化しており，表面励起子ポラリトン特有のスペクトルが現れている．これは，2.1.3 項で述べた表面ポラリトンの分散領域が横型励起子と縦型励起子の間に存在することを明確に反映している．

図 3.3 は，MOVPE 法により（0001）$Al_2O_3$ 基板上に結晶成長した GaN 結晶薄膜（4 μm）の反射スペクトルの温度依存性を示している．10 K では，A 励起子と B 励起子の 1s 状態に加えて 2s 状態の反射が明確に観測されている．温度の上昇に伴って，励起子エネルギーが低エネルギー側にシフトしている．励起子束縛エネルギーは原理的に温度に依存しないので，この励起子エネルギーの

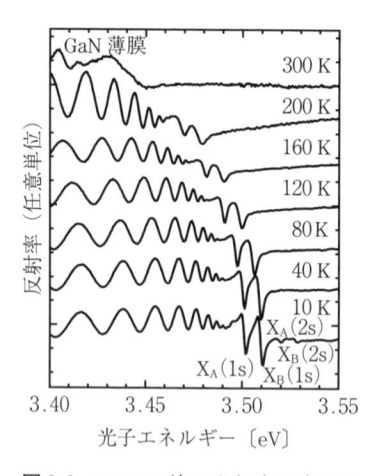

図 3.3 MOVPE 法により（0001）$Al_2O_3$ 基板上に結晶成長した GaN 結晶薄膜（4 μm）の反射スペクトルの温度依存性

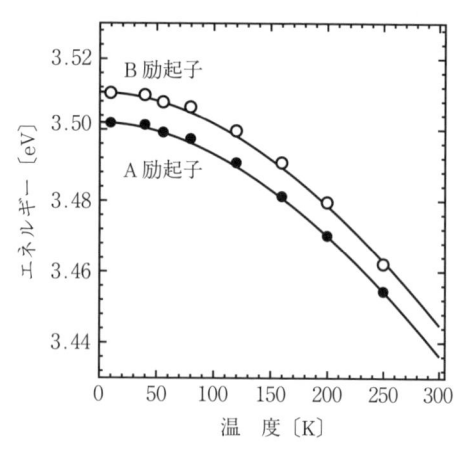

図 3.4 図 3.3 の反射スペクトルで観測される A 励起子と B 励起子の反射のディップエネルギーの温度依存性．実線は，式（1.29）の Varshni 則に基づくフィッティング結果を示している．

温度依存性は,バンドギャップエネルギーの温度依存性を反映したものである。バンドギャップエネルギーの温度依存性は,経験論的に式 (1.29) の Varshni 則に従う。図 3.4 の黒丸と白丸は,A 励起子と B 励起子の反射のディップエネルギーを温度に対してプロットしたものである。実線は,式 (1.29) に基づくフィッティング結果を示している。パラメータ値は,$\alpha = 0.832$ meV/K,$\beta = 835$ K であり,文献 5) の値と一致している。図 3.4 から明らかなように,Varshni 則は,励起子エネルギーの温度依存性を解析するのに簡便で優れている。表 3.1 に,代表的な半導体における Varshni 則のパラメータ値をまとめている。

**表 3.1** 代表的な半導体における Varshni 則のパラメータ値

| 半導体 | $\alpha$ 〔meV/K〕 | $\beta$〔K〕 | 半導体 | $\alpha$ 〔meV/K〕 | $\beta$〔K〕 |
|---|---|---|---|---|---|
| AlP[a] | 0.318 | 588 | InP[a] | 0.363 | 162 |
| AlAs[a] | 0.60 | 408 | InAs[a] | 0.250 | 75 |
| AlSb[a] | 0.497 | 213 | CdS[c] | 0.47 | 230 |
| GaP[a] | 0.577 | 372 | ZnO[d] | 0.65 | 660 |
| GaAs[a] | 0.540 | 204 | ZnS[e] | 0.632 | 254 |
| GaN[b] | 0.832 | 835 | ZnSe[e] | 0.558 | 187 |
| GaSb[a] | 0.378 | 94 | ZnTe[e] | 0.549 | 159 |

〔注〕 a) 文献 6),b) 文献 5),c) 文献 7),d) 文献 8),e) 文献 9)

また,バンドギャップエネルギーの温度依存性に関しては,上記の経験論的 Varshni 則以外に,Pässler が,バンドギャップ収縮に対する電子-フォノン相互作用を考慮した以下の式を提案している[10]。

$$E_g(T) = E_g(0) - \frac{\alpha_p \theta_p}{2}\left[\sqrt[s]{1 + \left(\frac{2T}{\theta_p}\right)^s} - 1\right] \quad (3.3)$$

ここで,$\theta_p$ は平均的なフォノン温度に相当する。理論的な観点では,式 (3.3) の方が Varshni 則よりも妥当性があるが,フィッティングの結果には大きな差はない[8]。なお,文献 8) では,$\alpha_p = 0.30$ meV/K,$\theta_p = 215$ K,$s = 2.8$ として,ZnO バルク結晶の励起子エネルギーの温度依存性の解析が行われている。

図 3.3 において,励起子エネルギーの低エネルギー側に観測される振動構造

は，薄膜特有のファブリー・ペロー干渉によるものである。励起子反射のスペクトル形状は，このファブリー・ペロー干渉によって大きく影響される[11]。励起子反射のエネルギー位置が，ファブリー・ペロー干渉の振動パターンのどの位相に重畳するかによって，励起子反射のスペクトル形状は変化する。理論的には，ポラリトン効果を無視すると，真空（1）/励起子活性薄膜（2）/基板（3）の薄膜構造の反射スペクトルは以下の式で与えられる[11),12)]。

$$R = \frac{r_{12}^2 + r_{23}^2 \exp(-2\alpha_2 d') + 2r_{12}r_{23}\exp(-\alpha_2 d')\cos(2\delta)}{1 + r_{12}^2 r_{23}^2 \exp(-2\alpha_2 d') + 2r_{12}r_{23}\exp(-\alpha_2 d')\cos(2\delta)} \quad (3.4\text{a})$$

$$r_{ij} = \frac{(n_i + i\kappa_i)\cos(\theta_i) - (n_j + i\kappa_j)\cos(\theta_j)}{(n_i + i\kappa_i)\cos(\theta_i) + (n_j + i\kappa_j)\cos(\theta_j)} \quad (s\,\text{偏光}) \quad (3.4\text{b})$$

$$r_{ij} = \frac{(n_j + i\kappa_j)\cos(\theta_i) - (n_i + i\kappa_i)\cos(\theta_j)}{(n_j + i\kappa_j)\cos(\theta_i) + (n_i + i\kappa_i)\cos(\theta_j)} \quad (p\,\text{偏光}) \quad (3.4\text{c})$$

ここで，$n$ が屈折率，$\kappa$ が消衰係数，$\theta$ が入射角，$\alpha$ が吸収係数（$\alpha_2 = 4\pi\kappa_2/\lambda$），$d'$ が有効膜厚（$d' = d/\cos(\theta_2)$：$d$ が膜厚），$\delta = 2\pi n_2 d\cos(\theta_2)/\lambda$ である。励起子活性薄膜の $n_2$ と $\kappa_2$ は，励起子誘電関数から求める。なお，この取扱いでは，付加的境界条件を避けるために，誘電関数の波数ベクトル依存性（空間分散性）は無視する。図 3.5 は，式 (3.4) から予測される薄膜での励起子反射スペクトル形状のファブリー・ペロー干渉位相依存性の概略図である。位相は，ファブリー・ペロー干渉の振動パターンのピークを 0，ディップを $\pi$ としている。振動パターンの位相によって，励起子反射のスペクトル形状は，ディップ型，分散型，ピーク型のように変化する。この物理的な意味は，つぎの通りである。位相が 0，すなわち，ファブリー・

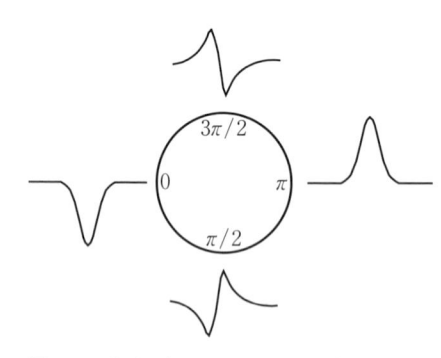

図 3.5 式 (3.4) から予測される薄膜での励起子反射スペクトル形状のファブリー・ペロー干渉位相依存性の概略図。位相は，ファブリー・ペロー干渉の振動パターンのピークを 0，ディップを $\pi$ としている。

## 3.1 励起子による吸収と反射

ペロー干渉の振動パターンのピークの位置に励起子光学応答がある場合，励起子の吸収効果によりファブリー・ペロー干渉が阻害され，その結果として，励起子反射のスペクトル形状は干渉パターンと逆のディップ型となる。位相が $\pi$ の場合は，上記の逆でピーク型となる。中間の位相では，ファブリー・ペロー干渉の振動パターンの腹の部分に相当し，分散型となる。図3.1と図3.3の励起子反射スペクトルは上記の典型的な例であり，図3.1ではピーク型，図3.3はディップ型を示している。

反射スペクトルのブロードニング因子の温度依存性に関しては，一般に次式によって表現される[13]。

$$\Gamma(T) = \Gamma_0 + \gamma T + \frac{\Gamma_{\mathrm{LO}}}{\exp\left(\dfrac{\hbar\omega_{\mathrm{LO}}}{k_{\mathrm{B}}T}\right) - 1} = \Gamma_0 + \gamma T + n_{\mathrm{LO}}\Gamma_{\mathrm{LO}} \tag{3.5}$$

$\Gamma_0$ が $T = 0\,\mathrm{K}$ での固有幅で，第2項の温度の線形項は，音響フォノン散乱に起因するものである。第3項はLOフォノン散乱に起因するものであり，ボース分布関数によって決定されるLOフォノン密度 ($n_{\mathrm{LO}}$) に比例する。低温領域では音響フォノン散乱が，高温領域ではLOフォノン散乱がブロードニング因子の温度依存性に寄与する。**図3.6**は，図3.3に示したGaN結晶薄膜 ($4\,\mu\mathrm{m}$) の反射スペクトルのブロードニング因子 ($\Gamma$) の温度依存性の実験結果と，式 (3.5) に基づくフィッティング結果（実線）を示している。このフィッティングでは，$\gamma = 10\,\mu\mathrm{eV/K}$，$\Gamma_{\mathrm{LO}} = 390\,\mathrm{meV}$，LOフォノンエネルギーは $91\,\mathrm{meV}$（$\mathrm{A_1}$対称性LOフォノン）であり，文献14）の結果（$\gamma = 14\,\mu\mathrm{eV/K}$，$\Gamma_{\mathrm{LO}} = 395\,\mathrm{meV}$）とほぼ一致している。200 K以上の温度領域で，励起子反射スペクトルの顕著なブ

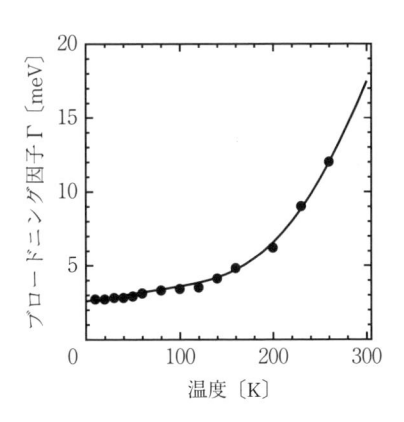

**図3.6** 図3.3に示したGaN結晶薄膜 ($4\,\mu\mathrm{m}$) の反射スペクトルのブロードニング因子 ($\Gamma$) の温度依存性の実験結果と，式 (3.5) に基づくフィッティング結果（実線）

ロードニングが見られる。これは，GaN の LO フォノンエネルギーが，91 meV と高いために，比較的高温領域でその散乱効果が現れてくるためである。$\Gamma_{LO}$ は，物性的には，励起子-フォノン相互作用の強さを反映する物理量である。GaAs の場合，$\Gamma_{LO} = 20$ meV と報告されている[15]。

1.4.2項で，励起子には，3重項状態と1重項状態があると述べたが，反射・吸収スペクトルでは，3重項励起子は一般には観測されない。純粋な3重項励起子は光学遷移が完全に禁制であるが，通常は1重項状態の波動関数が3重項状態に混成し，部分的許容遷移（partially allowed transition）となる。しかしながら，その振動子強度は，1重項励起子の $10^{-4}$ から $10^{-6}$ 程度であるために，光学遷移が微弱すぎて検出できない。ただし，強磁場印加条件では，相互作用ハミルトニアンの波数ベクトル線形項（$k$-linear term）により1重項状態と3重項状態の混成が大きくなり，3重項励起子遷移が観測されるようになる[16]。

## 3.2 励起子発光

発光は，励起状態から基底状態（準安定状態の場合もある）に遷移する際に光子を放出する現象であり，光物性と光機能性の中核である。発光は，励起方法によって，つぎのように分類される。（1）光励起によるフォトルミネッセンス（photoluminescence），（2）電圧励起や電流注入によるエレクトロルミネッセンス（electroluminescence），（3）電子線照射によるカソードルミネッセンス（cathode luminescence），（4）音響エネルギーによるソノルミネッセンス（sonoluminescence），（5）摩擦力などの物理的な力によるトリボルミネッセンス（triboluminescence），（6）化学反応によるケミルミネッセンス（chemiluminescence）。本節では，励起子によるフォトルミネッセンスについて解説し，以下では，フォトルミネッセンスを発光という言葉で統一して表現する。具体的な内容としては，速度論的発光効率，自由励起子発光と束縛励起子発光，励起子発光ダイナミクス，弱局在励起子発光，および，励起子ポラリトン発光について述べる。

## 3.2.1 発光効率

ここでは，発光効率（luminescence efficiency）について，速度論の立場から述べる。発光過程の速度方程式（rate equation）は，励起子生成と励起子消滅を前提とした場合，一般に以下の式で与えられる．

$$\frac{dN(t)}{dt} = -\left(\frac{1}{\tau_{\mathrm{r}}}\right)N(t) - \sum_i \left(\frac{1}{\tau_{\mathrm{nr},i}(T)}\right)N(t) + G(t) \tag{3.6}$$

ここで，$N(t)$ は励起子密度，$\tau_{\mathrm{r}}$ は物質固有の発光寿命（radiative lifetime），$\tau_{\mathrm{nr}}(T)$ は不純物，欠陥，転位等に起因するエネルギー散逸による非発光寿命（nonradiative lifetime），$G(t)$ は励起子生成率（exciton-generation rate：フォトルミネッセンスの場合は励起光強度に相当する）を意味している．なお，$1/\tau_{\mathrm{r}}$ は，式 (2.121) で定義した励起子振動子強度に比例する量である．非発光寿命は，一般的に，次式で表されるように温度に依存する熱励起型（活性化エネルギー：$\Delta E_i$）である．

$$\frac{1}{\tau_{\mathrm{nr},i}(T)} = \left(\frac{1}{\tau_{\mathrm{nr},i}(0)}\right)\exp\left(-\frac{\Delta E_i}{k_{\mathrm{B}}T}\right) \tag{3.7}$$

式 (3.6) の解は，$G(t)$ をデルタ関数と仮定すると

$$N(t) = N(0)\exp\left(-\left[\frac{1}{\tau_{\mathrm{r}}} + \sum_i \frac{1}{\tau_{\mathrm{nr},i}(T)}\right]t\right) \tag{3.8}$$

となる．式 (3.8) は，発光ダイナミクスを測定する際に，観測される発光寿命は，以下の式で与えられ

$$\tau_{\mathrm{obs}} = \frac{1}{\frac{1}{\tau_{\mathrm{r}}} + \sum_i \frac{1}{\tau_{\mathrm{nr},i}(T)}} \tag{3.9}$$

非発光寿命の影響を受けたものとなることを意味している．

定常状態を仮定して，発光効率の定義式を導出する．定常状態での励起子密度は次式で与えられる．

$$N_{\mathrm{s}}(T) = \frac{1}{1/\tau_{\mathrm{r}} + \sum_i 1/\tau_{\mathrm{nr},i}(T)}G \tag{3.10}$$

したがって，発光強度は次式で定義される．

$$I_{\mathrm{PL}}(T) = N_{\mathrm{s}}(T)\left(\frac{1}{\tau_{\mathrm{r}}}\right) = \frac{1/\tau_{\mathrm{r}}}{1/\tau_{\mathrm{r}} + \sum_{i} 1/\tau_{\mathrm{nr},i}(T)} G \equiv \eta(T) G \quad (3.11)$$

式 (3.11) の $G$ の係数 $\eta$ が,いわゆる発光効率,厳密には内部量子効率 (internal quantum efficiency) である。$\eta = 1$ という理想状態は,完全結晶で非発光過程の寄与がまったくないことを意味する。しかしながら,実際の結晶では,不純物,欠陥,転位が存在するために非発光過程の寄与が温度上昇に伴って大きくなり,発光効率が低下する。図3.7に,一つの非発光過程を仮定した発光効率の温度依存性の計算例を示している。計算条件は,$\tau_{\mathrm{r}} = 1.0$ ns,$\tau_{\mathrm{nr}}(0) = 50$ ps,$\Delta E = 20$ meV である。図3.7が熱的消光 (thermal quenching) を表現して

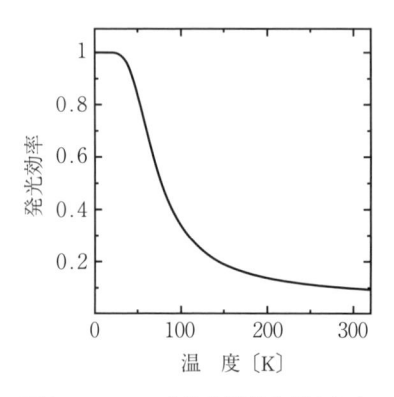

**図3.7** 一つの非発光過程を仮定した発光効率の温度依存性の計算例

おり,結晶性が悪い場合は,いくつもの非発光過程が関与し,ある程度温度が高い条件では,きわめて微弱な発光しか観測されないことになる。したがって,一般的に,結晶性が悪い場合,発光効率が低いということに帰結する。ただし,この発光効率は,非発光寿命の要因である $\tau_{\mathrm{nr}}(0)$ と $\Delta E$ によって大きく変化する。例えば,欠陥が多く結晶性がそれほど良くなくても,非発光過程の $\tau_{\mathrm{nr}}(0)$ が発光寿命に近い場合や,活性化エネルギーが大きい場合は,発光効率の低下は顕著にならない。

### 3.2.2 自由励起子発光と束縛励起子発光

図3.8は,MOVPE 成長 GaN 結晶薄膜 (4 μm) の励起子エネルギー領域における 10 K での反射スペクトルと弱励起条件での発光スペクトルを示している。図から,反射スペクトルのA励起子 (1s) と同じエネルギー位置に,明確な発光スペクトルが観測される。これがA自由励起子 ($\mathrm{X_A}$) 発光であり,

拡大するとB励起子 (1s) とA励起子 (2s) からの発光も観測される。A励起子 (1s) 発光の低エネルギー側の二つの発光バンドは，浅い不純物に励起子が束縛された束縛励起子発光に対応する。なお，この場合の不純物は，高エネルギー側の束縛励起子が中性ドナー ($D^0$)，低エネルギー側が中性アクセプター ($A^0$) である[17]。中性ドナーと中性アクセプター束縛励起子は，一般的に$D^0X$と$A^0X$と表記される。束縛エネルギーは，自由励起子発光と束縛励起子発光のエネルギー差に相当する。$D^0X$と

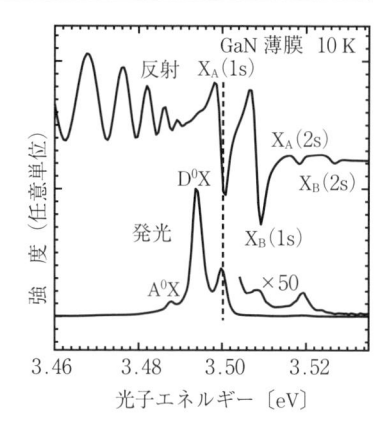

図3.8 MOVPE成長GaN結晶薄膜 (4 μm) の励起子エネルギー領域における10 Kでの反射スペクトルと弱励起条件での発光スペクトル

$A^0X$の束縛エネルギーは，図3.8の発光スペクトルでは，6.2 meVと12.3 meVであり，文献17) の値 ($D^0X$が6.2 meV, $A^0X$が11.6 meV) と一致している。不純物が多い場合は，ほとんどの自由励起子が不純物に束縛されて，自由励起発光が消失する。さらに，格子欠陥が多く結晶性がかなり悪い場合は，このような励起子エネルギー近傍の発光は観測されず，励起子エネルギーよりも数百meVから1 eV程度低いエネルギー領域にブロードな欠陥発光が観測される。また，束縛励起子は局在状態なので運動量分散がないために，一般的に鋭い発光スペクトルとなる。このことを利用して，結晶性の評価において，束縛励起子の発光スペクトル幅を結晶性の良さの尺度とすることができる。束縛励起子の発光強度は，一般的に，励起光強度が高くなるに従って飽和傾向を示す（励起光強度に対する線形的依存性から低下する）。これは，束縛励起子の原因である浅い不純物の状態密度が小さいので，励起光強度が高くなると状態飽和が生じるためである。束縛励起子の状態飽和が生じる条件では，見かけ上は自由励起子発光が強く観測される。したがって，結晶性を評価する場合は，できる限り弱励起条件で行う必要がある。

ここで，束縛励起子についてさらに説明を加える。上では，中性ドナーと中

性アクセプターが寄与する束縛励起子について述べたが，その他に，イオン化ドナー（$D^+$）とイオン化アクセプター（$A^-$）による束縛励起子（$D^+X$ と $A^-X$）がある．イオン化不純物束縛励起子は，中性不純物束縛励起子と大きく異なる特徴を有している．それは，束縛励起子状態の不安定性の問題である．この問題に関して，電子と正孔の質量比（$\sigma = m_e^*/m_h^*$）をパラメータとして理論的な研究が行われており[18),19)]，文献 19)の計算では，$\sigma > 1.33$ の条件で $D^+X$ が不安定となり，$1/\sigma > 1.33$ の条件で $A^-X$ が不安定となることが示されている．半導体の場合，$m_h^*$ が $m_e^*$ よりも数倍以上大きいのが通常であるので，イオン化ドナー束縛励起子（$D^+X$）は一般的に安定であるが，イオン化アクセプター束縛励起子（$A^-X$）は一般的に不安定であり観測されない．このことは，多くの半導体において確認されている．また，Haynes は，Si における束縛励起子の束縛エネルギーの不純物依存性を系統的に測定し，束縛エネルギーと不純物のイオン化エネルギーの間に線形関係が成立するという経験則，Haynes 則（Haynes' law）を提案した[20)]．例えば，中性ドナーを例にとると，$D^0X$ の束縛エネルギーを $E_b(D^0X)$，中性ドナーのイオン化エネルギーを $E_D$ とすると，下記の式で表される．

$$\frac{E_b(D^0X)}{E_D} = f_H \quad (3.12)$$

ここで，$f_H$ が Haynes 因子と呼ばれる定数である．理論的には，摂動論と変分法を用いた束縛励起子状態の計算から，Haynes 則が一般則であることが証明されている[21)]．式 (3.12) の Haynes 因子の値は，経験論的に 0.05 から 0.3 程度である．

励起子発光スペクトルは，一般に顕著な温度依存性を示す．図 3.9 は，MOVPE 成長 GaN 結晶薄膜（4 µm）の励起子エネル

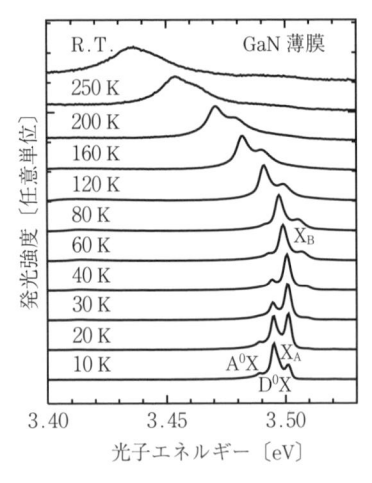

図 3.9 MOVPE 成長 GaN 結晶薄膜（4 µm）の励起子エネルギー領域における発光スペクトルの温度依存性．各スペクトルの強度は，最大強度で規格化している．

ギー領域における発光スペクトルの温度依存性である．各スペクトルの強度は，最大強度で規格化している．図から，束縛励起子（$D^0X$ と $A^0X$）発光が，温度上昇に従って相対的に低下し，60 K でほぼ消失していることがわかる．これは，束縛励起子状態が熱解離（thermal dissociation）するためである．GaN の $D^0X$ の束縛エネルギーは，上で述べたように約 6 meV であり，60 K で $D^0X$ 発光が消失することは妥当な結果である．また，温度が上がるに従って，A 励起子発光の高エネルギー側にサイドバンド（$X_B$）が明確に現れている．この原因は，自由励起子が高エネルギー側の B 励起子状態に熱分布することに起因している．励起子発光スペクトル幅に着目すると，温度上昇に伴ってブロードになっている．その主要因は，3.1 節の励起子反射の説明の際に述べた励起子-フォノン相互作用［式 (3.5) 参照］によるものである[14),22)~24)]．

自由励起子は LO フォノンと相互作用し，結果として LO フォノンを放出して低エネルギー側に発光が生じる．これをLO フォノンサイドバンド（LO-phonon side band），もしくは，LO フォノンレプリカ（LO-phonon replica）と呼ぶ．**図 3.10** は，MOVPE 成長 GaN 結晶薄膜（4 μm）の 40 K における自由励起子発光と，その LO フォノンサイドバンドのスペクトルを示している．自由励起子（$X_A$）発光の低エネルギー側に，$A_1$ 対称 LO フォノンによる 1LO と 2LO フォノンサイドバンドが現れている．LO フォノンサイドバンドを特徴付ける因子は，ピークエネルギー間隔とスペクトル幅である．単純には，ピークエネルギー間隔は LO フォノンエネルギー（$E_{LO}$）と一致する（この場合は 91 meV）と考えてしまうが，実験結果では，$X_A$-1LO 間隔が 86 meV，$X_A$-2LO 間隔が 180 meV であり，単純な予測とは異なってい

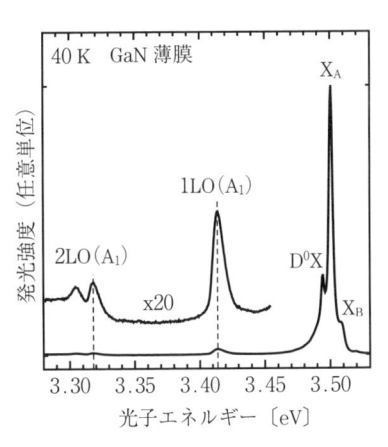

**図 3.10** MOVPE 成長 GaN 結晶薄膜（4 μm）の 40 K における自由励起子発光とその LO フォノンサイドバンドのスペクトル

る。このことは，LOフォノンサイドバンドの発光スペクトル形状(luminescence spectral profile)が，自由励起子の熱分布（thermal distribution）を反映していることに由来する。自由励起子の熱分布が，ボルツマン分布関数に従うと仮定する。

$$N_X(E) = E^{1/2}\exp\left(-\frac{E}{k_B T}\right) \tag{3.13}$$

ここで，$E$は励起子分散の$\bm{K}=0$におけるエネルギーを基準としており，励起子の運動エネルギーに相当し（$E = \hbar^2 \bm{K}^2/2M_X$），$E^{1/2}$は状態密度である。式(3.13)の励起子熱分布を前提とすると，$m$番目のLOフォノンサイドバンドの発光スペクトル形状は

$$I_m(\hbar\omega) \propto E^{1/2}\exp\left(-\frac{E}{k_B T}\right)W_m(E)$$
$$\hbar\omega = E(\bm{K}=0) - mE_{LO} + E \tag{3.14}$$

で与えられる[25),26)]。ここで，$W_m(E)$は遷移確率であり，SegallとMahanの理論[25)]に基づくと，1LOと2LOフォノンサイドバンドでは以下の冪乗則で与えられる。

$$W_m(E) \propto E^{l_m} \tag{3.15}$$

1LOフォノンサイドバンドの場合，$l_1=1$，2LOフォノンサイドバンドの場合，$l_2=0$となる。したがって，2LOフォノンサイドバンドの発光スペクトル形状は，自由励起子の熱分布を反映している。図3.10を見ると，LOフォノンサイドバンドのスペクトル形状は，高エネルギー側に裾を引いている。これは，上記の自由励起子の熱分布を反映しているためである。以上のことを考慮すると，1LOと2LOフォノンサイドバンドと自由励起子発光のピークエネルギー間隔は，熱分布のために温度に依存し

$$\Delta E_m = mE_{LO} - \left(\frac{5}{2}-m\right)k_B T \tag{3.16}$$

で与えられる[26)]。式(3.16)を用いて計算すると，40 KにおけるGaNの場合，$\Delta E_1 = 86$ meV，$\Delta E_2 = 180$ meVとなり，上記の実験結果と一致する。文献27)

では，GaNにおけるLOフォノンサイドバンドのエネルギーとスペクトル幅の温度依存性が詳細に報告されている．なお，束縛励起子にもLOフォノンサイドバンドが観測されるが，束縛励起子は運動量分散を持たないために上記の熱分布効果は現れない．

ここで，3重項励起子による発光について述べる．図1.19に示したように，3重項励起子は1重項励起子よりもエネルギーが低く，励起子系の最低エネルギー状態である．しかしながら，通常の測定では，3重項励起子による発光は観測されない．その最大の理由は，1重項励起子と3重項励起子のエネルギー差（$\Delta E_{st}$）がきわめて小さいためである．発光過程の場合，吸収過程とは異なり，エネルギー緩和した励起子の熱分布状態が大きく寄与する．表3.2に，主要な半導体であるGaAs, GaN, ZnOの$\Delta E_{st}$をまとめている．$\Delta E_{st}$がきわ

表3.2 GaAs, GaN, ZnOにおける1重項励起子と3重項励起子のエネルギー差（$\Delta E_{st}$）

| 半導体 | GaAs | GaN | ZnO |
| --- | --- | --- | --- |
| $\Delta E_{st}$〔meV〕 | 0.02[a] | 0.52[b] | 0.3[c] |

〔注〕 a) 文献28), b) 文献29), c) 文献30)

めて小さいために，極低温においてさえ，3重項励起子と1重項励起子は準熱平衡状態にあり，そのため，遷移振動子強度が大きく発光確率が高い（発光寿命が短い）1重項励起子から発光が生じる．強磁場条件では，3重項励起子のゼーマン分裂（Zeeman splitting）により1重項励起子からのエネルギー差が大きくなり，かつ，波数ベクトル線形項による振動子強度の増強によって，3重項励起子の発光が観測される[31]．なお，有機半導体では，フレンケル型励起子であるために電子と正孔が同一分子内に存在し，電子・正孔交換相互作用がきわめて大きく，$\Delta E_{st}$は数百 meV～1 eVとなり，3重項励起子は1重項励起子と熱的に分離されてその発光が観測される．

本項の最後に，発光励起（photoluminescence excitation : PLE）スペクトルについて述べる．発光励起分光法とは，ある発光バンドで受光エネルギーを固定し，励起光のエネルギーを変化させてスペクトル測定を行う分光法である．発光励起スペクトルは，吸収測定ができない試料の場合に，吸収スペクトルの代用として用いられることが多いが，得られる情報はかなり異なる．発光励起

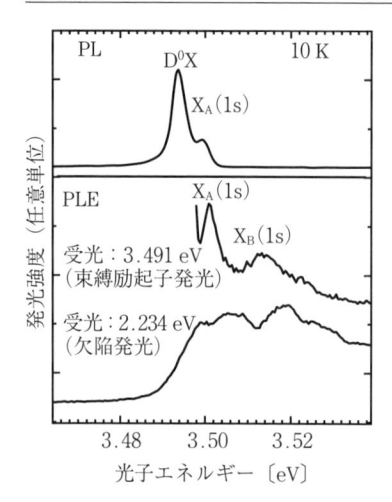

**図 3.11** MOVPE 成長 GaN 結晶薄膜 (4 μm) の 10 K における発光スペクトルと発光励起スペクトル。受光エネルギーを束縛励起子発光と欠陥発光に設定した 2 種類の発光励起スペクトルを示している。

スペクトルでは，吸収過程に加えて，キャリアと励起子のエネルギー緩和過程 (energy relaxation process) がスペクトル形状を支配する。図 3.11 は，MOVPE 成長 GaN 結晶薄膜 (4 μm) の 10 K での発光スペクトルと発光励起スペクトルであり，受光エネルギーを束縛励起子発光と欠陥発光に設定した 2 種類の発光励起スペクトルを示している。束縛励起子発光 (3.491 eV) で受光した励起スペクトルでは，A 励起子と B 励起子の吸収ピーク構造が明確に現れている。吸収スペクトルの場合，励起子の高エネルギー側では状態密度の増大を反映して吸収強度が強くなるが，発光励起スペクトルでは，強度が顕著に低下している。このことは，バンド間励起（励起子連続状態）になると，キャリアのエネルギー散逸が生じて発光励起効率が低下していることを示している。一方，欠陥発光 (2.234 eV) で受光した励起スペクトルでは，A 励起子と B 励起子のエネルギー領域がディップ構造となっている。この現象は，励起子共鳴励起条件では，欠陥状態へのエネルギー緩和が抑制されている，言い換えると，励起子に効率的に励起エネルギーが移動していることを意味している。文献 32) では，GaN 系の高電子移動度トランジスター (high electron mobility transistor: HEMT) として用いられている GaN/$Al_xGa_{1-x}$N ヘテロ構造を対象として，表面処理の状況によって発光励起スペクトルに顕著な違いが生じることを明らかにし，その原因が $Al_xGa_{1-x}$N 層から GaN 層へのキャリア注入効率の変化によるものであると結論されている。

### 3.2.3 励起子発光ダイナミクス

図 3.12 は，MOVPE 成長 GaN 結晶薄膜（4 μm）の 10 K における自由励起子 [$X_A$(1s)] 発光と束縛励起子（$D^0X$）発光のエネルギーで受光した発光減衰プロファイルと，システム応答プロファイルを示している．励起エネルギーは 3.513 eV であり，$X_A$(1s) より 12 meV 高く，励起強度は 60 nJ/cm² と弱励起条件である．発光ダイナミクスの物理を述べる前に，実験的に重要な発光減衰プロファイルの解析方法について説明する．

実験上の測定システム時間分解能は，特殊な手法を用いない限り，一般に 10～20 ps 程度であり，時間分解能程度の領域の立上り時間や減衰時間を正確に評価するためには，システムの時間応答を考慮しなければならない．システムの時間応答関数 $I_{sys}(t)$ は，次式のようにガウス型関数で近似できる．

$$I_{sys}(t) = I_0 \exp\left[-\frac{(t-t_{peak})^2}{2\sigma^2}\right] \tag{3.17}$$

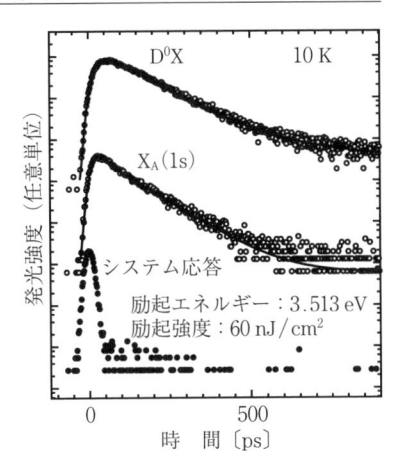

図 3.12 MOVPE 成長 GaN 結晶薄膜（4 μm）の 10 K における自由励起子 [$X_A$(1s)] 発光と束縛励起子（$D^0X$）発光のエネルギーで受光した発光減衰プロファイル．丸印は実験結果を，実線はコンボリューション法に基づくフィッティング結果を示している．

ここで，$t_{peak}$ は入射レーザーパルスの強度が最大になる時間，$\sigma$ はシステム応答の時間幅に対応し，半値全幅は $2\sigma\sqrt{2\ln 2}$ となる．また，発光強度の時間変化 $I_{PL}(t)$ は，指数関数的な立上りと，複数の指数関数的な減衰成分を仮定すると，次式で表される．

$$I_{PL}(t) = -I_r \exp\left(-\frac{t}{\tau_r}\right) + \sum_i I_{d,i}\exp\left(-\frac{t}{\tau_{d,i}}\right), \quad I_r = \sum_i I_{d,i} \tag{3.18}$$

ここで，$\tau_r$ が立上り時間，$\tau_d$ は減衰時間である．観測される発光減衰プロファイル $I_{obs}(t)$ は，式 (3.18) に式 (3.17) を畳み込むことでつぎのように表される．

$$I_{\mathrm{obs}}(t) = \int_0^\infty I_{\mathrm{sys}}(\tau) I_{\mathrm{PL}}(t-\tau) d\tau \qquad (3.19)$$

これをコンボリューション法（convolution method）と呼ぶ．単一の状態における励起子の速度方程式より求まる発光の減衰関数は，式 (3.8) で示したように，理想的には励起子の消滅のパスの数にかかわらず，単一指数関数となる．しかし，一般的な半導体の発光減衰プロファイルにおいて，完全な単一指数関数的振舞いを示すことはまれである．複数の減衰成分が出現する要因は，おもに，同じ検出波長において複数の発光起源や空間的なエネルギー移動が存在することであるが，その機構は多岐にわたる．

図 3.12 の実線は，上で述べたコンボリューション法において，二つの減衰成分を仮定して行ったフィッティング曲線である．得られた立上り時間は，$X_A(1s)$ 発光で 13 ps，$D^0X$ 発光で 33 ps である．一般に，自由励起子発光の立上り時間は，励起子形成時間（exciton formation time）と，生成された非平衡励起子がフォノン放出を介してエネルギー緩和する時間を反映していると考えられている[33]．この励起エネルギー条件では，自由励起子を直接生成していることから，立上り時間はエネルギー緩和時間により決定されている．$D^0X$ 発光の立上り時間は，$X_A(1s)$ 発光よりも 20 ps だけ長い．これは，自由励起子が束縛状態に捕獲される時間が 20 ps 程度であることを意味している．つぎに，減衰時間に着目する．$X_A(1s)$ 発光の速い成分の寿命が 20 ps，遅い成分が 91 ps である．GaN の励起子発光において，これまでの研究では二つの減衰成分が観測されるのが一般的である[34]〜[36]．速い成分が不純物や欠陥状態への励起子の捕獲過程を反映し，遅い成分が励起子の寿命を反映していると解釈されている．図 3.12 の実験結果では，$X_A(1s)$ 発光の速い成分の寿命（20 ps）が，上記の $D^0X$ への束縛時間に対応している．$D^0X$ 発光に関しては，速い成分の寿命が 97 ps，遅い成分が 580 ps である．束縛励起子発光が二つの減衰成分を示すのは，自由励起子–束縛励起子間の相互作用（速い成分に相当する）に起因すると解釈されている[37]．GaN の $D^0X$ 発光寿命は，Rashba の束縛励起子の振動子強度に関する理論[38]に基づくと，4 K で 250 ps と計算される[36]．

つぎに，自由励起子発光寿命の温度依存性について述べる。図3.13は，MOVPE成長GaN結晶薄膜（4 μm）の自由励起子［$X_A(1s)$］発光の（a）立上り時間と（b）減衰寿命の温度依存性を示している。発光の立上り時間は，温度の上昇に伴って顕著に短くなっている。これは，非熱平衡励起子の運動量緩和におけるフォノン散乱の効果が強くなるためである。一方，発光減衰寿命は，40 Kまでは温度に比例して増大し，50 K以上では飽和傾向を示している。この自由励起子発光寿命の温度依存性について，以下で説明する。

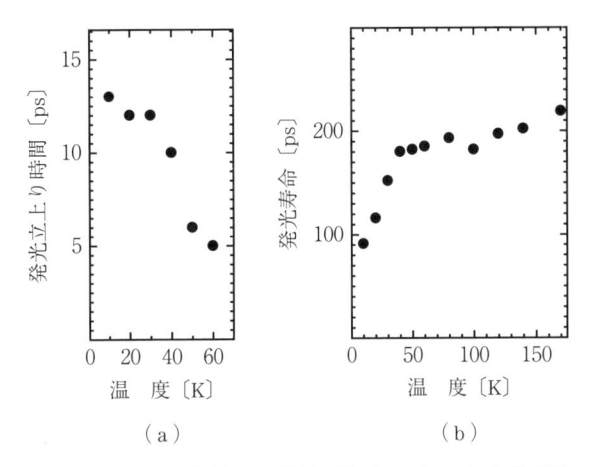

**図3.13** MOVPE成長GaN結晶薄膜（4 μm）の自由励起子［$X_A(1s)$］発光の（a）立上り時間と（b）減衰寿命の温度依存性

Feldmannら[39)]は，量子井戸における励起子を対象として，自由励起子発光寿命がスペクトル幅に由来するコヒーレント領域によって決定されるということを理論と実験の両面において示した。この概念は，バルク結晶にも適用することができる。式（2.121）で定義した励起子振動子強度$f_{EX}$は，励起子波数ベクトル$K=0$におけるものである。なお，ここでは，光の波数ベクトルとポラリトン効果は無視する。$K=0$では，結晶を構成するすべての単位胞が同一の励起子遷移に寄与し，デルタ関数的なスペクトルとなる。しかし，実際の自由励起発光では，おもにフォノン散乱のために温度に依存する有限のスペクトル

幅 $\Delta(T)$ が生じる。したがって，スペクトル幅に相当する運動量空間に分布する励起子が発光に寄与し，このことは，$K=0$ の励起子振動子強度が上記の運動量空間に分配されることを意味する。言い換えれば，実空間におけるコヒーレント領域が小さくなる。そのために，励起子有効振動子強度 $F_{EX}$ が温度の上昇とともに低下し，励起子発光寿命が長くなる。これが，励起子寿命の温度依存性に関する定性的な説明である。

上記のことを理論的に解析する。スペクトル幅 $\Delta(T)$ のエネルギー領域に存在する励起子数の全励起子数に対する比率は

$$r(T) \propto \frac{\int_0^{\Delta(T)} D_X(E) f_X(E) dE}{\int_0^\infty D_X(E) f_X(E) dE} \propto \frac{\int_0^{\Delta(T)} \sqrt{E} \exp\left(-\frac{E}{k_B T}\right) dE}{\int_0^\infty \sqrt{E} \exp\left(-\frac{E}{k_B T}\right) dE} \quad (3.20)$$

である。ここで，$K=0$ の励起子エネルギーをゼロとし，$D_X(E)$ が励起子状態密度，$f_X(E)$ が励起子分布関数でここではボルツマン分布に近似する。励起子の有効振動子強度と発光寿命は，以下の式で与えられる。

$$F_{EX}(T) \propto f_{EX} \frac{r(T)}{\Delta(T)}, \quad \tau_{EX}(T) \propto \frac{1}{F_{EX}(T)} \quad (3.21)$$

低温領域では，$r(T)$ の寄与が小さく，$\Delta(T)$ がおもに温度依存性を支配すると仮定する。式 (3.5) のブロードニング因子の温度依存性に基づくと，$\Delta(T) \propto T$ であり（音響フォノン散乱による），$\tau_{EX}(T) \propto T$ となる。以上のことから，図 3.13（b）の励起子寿命の温度依存性の実験結果，すなわち，40 K までは発光寿命が温度に比例して増大するということが解釈できる。励起子発光寿命の温度依存性に関する理論は，Andreani[40] と Lefebvre ら[41] によっても報告されており，上記と類似の結果が得られている。50 K 以上で発光寿命が飽和傾向を示すのは，3.2.1 項で述べた非発光機構が熱活性化するために，上記の励起子固有の発光寿命の温度依存性が非発光機構による短寿命化によって相殺されることを反映している。

### 3.2.4 弱局在励起子発光

半導体の光物性において，混晶半導体が対象となる場合が多い．結晶構造が同じである AC と BC という半導体の混晶（$A_{1-x}B_xC$）の場合，A 原子と B 原子は等価な格子サイトをランダムに占有し，その結果，結晶ポテンシャルのランダムな揺らぎ（ランダムポテンシャル）が生じ，バンドテイル状態（band tail states）が形成される[42]．結晶中の電子，正孔，励起子は，そのバンドテイル状態に弱く局在化する．バンドテイル状態は，図 3.14 に概略的に示しているように，下記の式で表される指数関数的テイルを示すのが一般的である[42]．

$$D_{\mathrm{tail}}(E) = \frac{N_0}{E_0} \exp\left(-\frac{E}{E_0}\right) \tag{3.22}$$

ここで，$N_0$ がテイル状態の総状態数，$E_0$ がテイル因子である．$N_0$ と $E_0$ は，混晶半導体の種類や混晶比に大きく依存する．ランダムポテンシャルにおける波動関数の局在化は，Anderson が最初に提唱したので[43]，Anderson 局在（Anderson localization）と呼ばれる．

図 3.15 は，MOVPE 成長 $In_{0.02}Ga_{0.98}N$ 結晶薄膜（200 nm）の 10 K における

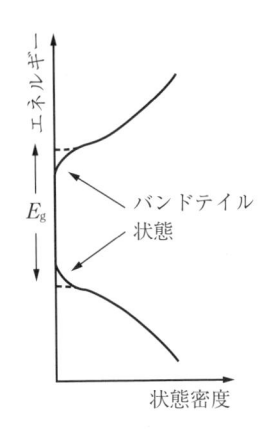

図 3.14 バンドテイル状態の概略図

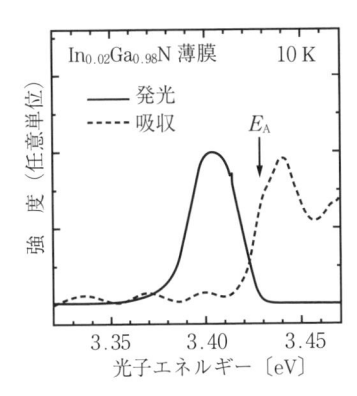

図 3.15 MOVPE 成長 $In_{0.02}Ga_{0.98}N$ 結晶薄膜（200 nm）の 10 K における吸収スペクトル（破線）と弱励起条件での発光スペクトル（実線）

吸収スペクトル（破線）と弱励起条件での発光スペクトル（実線）を示している[44]．ここで，$E_A$ は A 励起子エネルギーである．混晶化による結晶ポテンシャルの乱れによって，吸収スペクトルがブロードになるとともに，励起子は低温においてランダムポテンシャルによって形成されたバンドテイル状態に局在化する．図 3.15 では，A 励起子吸収から 25 meV ほど低エネルギー側に励起子発光ピークが観測される．このエネルギー差をストークスシフト（Stokes shift）と呼び，励起子局在化の尺度として一般的に用いられている．図 3.16 は，MOVPE 成長 $In_{0.02}Ga_{0.98}N$ 結晶薄膜（200 nm）の 10 K における発光ピークエネルギーのパルス励起後の時間依存性を示している．パルス励起直後では，自由励起子に近いエネルギーで発光し，時間の経過とともに発光ピークエネルギーが低エネルギー側にシフトしている挙動が明らかである．これは，バンドテイル状態における励起子エネルギーの局在化のダイナミクスを反映したものであり，ランダムポテンシャル系において一般的な現象である．この実験結果では，約 400 ps で図 3.15 に示した発光ピークエネルギーと一致しており，これが局在化時間に相当する．なお，局在化時間は，バンドテイル状態の $N_0$ や

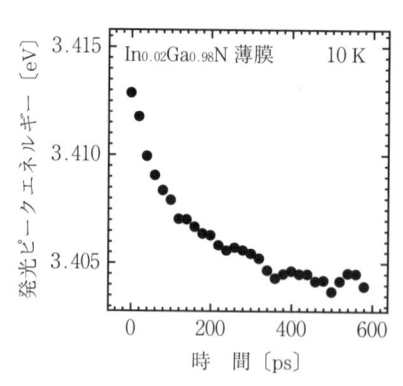

**図 3.16** MOVPE 成長 $In_{0.02}Ga_{0.98}N$ 結晶薄膜（200 nm）の 10 K における発光ピークエネルギーのパルス励起後の時間依存性

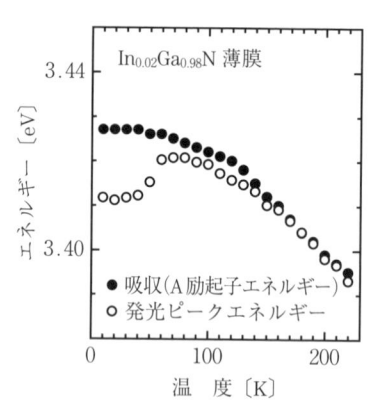

**図 3.17** MOVPE 成長 $In_{0.02}Ga_{0.98}N$ 結晶薄膜（200 nm）の吸収スペクトルから得られた A 励起子エネルギー（黒丸）と弱励起条件での発光スペクトルのピークエネルギー（白丸）の温度依存性

## 3.2 励起子発光

$E_0$ に依存するものである。

弱局在励起子発光は，発光ピークエネルギーの温度依存性において顕著な特徴を現す。図 3.17 は，MOVPE 成長 $In_{0.02}Ga_{0.98}N$ 結晶薄膜（200 nm）の吸収スペクトルから得られた A 励起子エネルギー（黒丸）と弱励起条件での発光スペクトルのピークエネルギー（白丸）の温度依存性を示している。低温側から見ると，温度上昇に伴って発光のストークスシフトが小さくなり，140 K 以上で発光スペクトルのピークエネルギーは A 励起子エネルギーと一致する。これは，弱局在状態から熱活性化されて自由励起子状態に移行することを意味している。この発光エネルギーの温度依存性は，弱局在励起子の普遍的な現象である。上記のことは，評価の観点において，発光ピークエネルギーを安易に自由励起子エネルギーとして考えてはいけないことを意味している。

本項の最後に，ランダムポテンシャル系における発光減衰プロファイルについて述べる。図 3.18 は，MOVPE 成長 $GaAs_{0.995}As_{0.005}$ エピタキシャル薄膜（500 nm）の（a）時間積分発光スペクトルと（b）異なる発光エネルギー［（a）の矢印で示したエネルギー］で受光した発光減衰プロファイルを示している。ここで，$E_g$ は光変調反射分光法（photoreflectance spectroscopy）で評価したバンド端エネルギーを意味している。なお，光変調反射分光法については，3.6.2 項で詳細に説明する。$E_g$ より低エネルギー側の弱局在励起子の

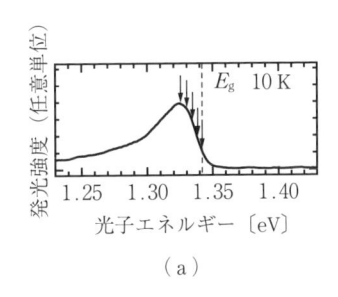

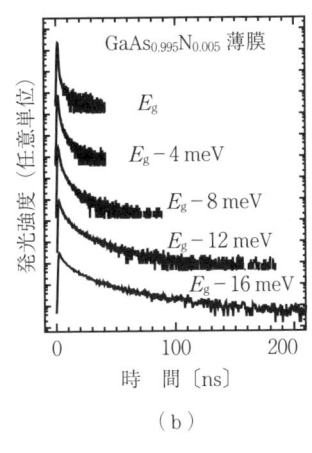

図 3.18 MOVPE 成長 $GaAs_{0.995}As_{0.005}$ エピタキシャル薄膜（500 nm）の（a）時間積分発光スペクトルと（b）異なる発光エネルギー［（a）の矢印で示したエネルギー］で受光した発光減衰プロファイル。$E_g$ は光変調反射分光法で評価したバンド端エネルギーを意味している。

発光減衰プロファイルは,明らかに非指数関数的な挙動を示している。このようなランダムポテンシャル系の発光減衰プロファイルは,経験論的に下記の拡張型指数関数（stretched exponential）でフィッティングできる[45)~48)]。

$$I(t) = I(0)\exp\left[-\left(\frac{t}{\tau}\right)^\beta\right], \quad 0 < \beta \leq 1 \tag{3.23}$$

ここで,$\tau$ は平均発光寿命,$\beta$ は発光寿命の分布の度合いを表すパラメータである。歴史的には,拡張型指数関数は,Kohlrausch が1854年にキャパシター（ライデン瓶）からの放電現象の時間変化を説明するために導入したものである[49)]。$\beta = 1$ の場合が単一指数関数なので,$\beta$ が小さいほどランダムポテンシャルの効果が大きいと解釈できる。図3.18（b）の発光減衰プロファイルでは,式（3.23）によるフィッティングの結果,$E_g - 4$ meV のエネルギーで $\tau = 0.57$ ns,$\beta = 0.80$,$E_g - 16$ meV のエネルギーで $\tau = 4.6$ ns,$\beta = 0.72$ という値となる。現象論的な関数である拡張型指数関数の物理的な意味の解釈はかなり困難であるが,文献50)にその理論的解釈の一例が報告されている。

### 3.2.5 励起子ポラリトン発光

図3.19は,（a）励起子ポラリトン分散関係における緩和過程の概略図と（b）励起子ポラリトン発光の概略図を示している。ここで,$E_{LO}$ が LO フォノンエネルギー,$E_A$ が音響フォノンエネルギー,LPB が下方ポラリトン分枝,UPB が上方ポラリトン分枝を意味している。励起子ポラリトンが $E_g$ よりも高いエネルギーで光励起された場合,まず,LO フォノン散乱によって超高速（sub-ps オーダー）にエネルギー緩和する。ボトルネック領域近傍に到達すると,LO フォノン散乱は生じなくなり（散乱過程のエネルギー保存則による),エネルギーが低い Γ 点近傍の音響フォノンによる散乱によって緩やかな緩和が生じ,励起子ポラリトンがボトルネック領域に熱分布する[51)]。励起子ポラリトン発光の特徴は,図3.19（b）に示しているように,ボトルネック領域における LPB と UPB からの2種類の発光が生じることである。UPB からの発光の起源は,UPB におけるポラリトンのエネルギー緩和と,ボトルネック領域に

## 3.2 励起子発光

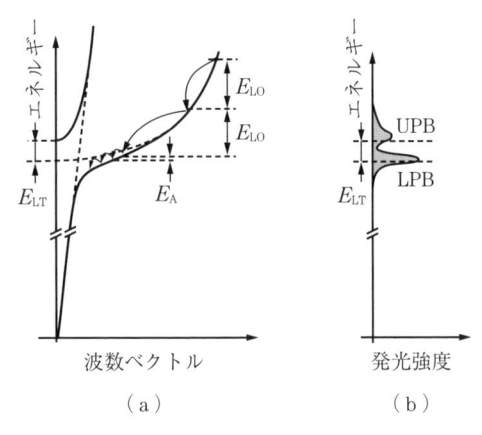

**図3.19** (a) 励起子ポラリトン分散における緩和過程と (b) 励起子ポラリトン発光の概略図。$E_{LO}$ が LO フォノンエネルギー，$E_A$ が音響フォノンエネルギー，LPB が下方ポラリトン分枝，UPB が上方ポラリトン分枝を意味している。

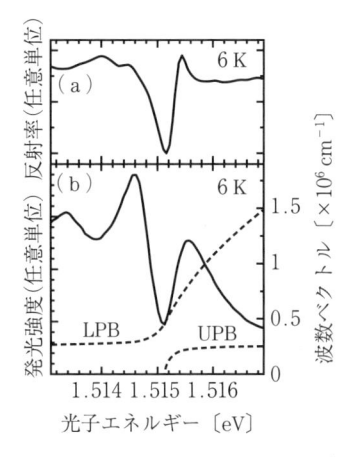

**図3.20** MOVPE 成長 GaAs エピタキシャル薄膜（3 μm）の 6 K における (a) 反射スペクトルと (b) 弱励起条件での発光スペクトル。(b) の破線は，GaAs の励起子ポラリトン分散関係の計算結果を示している。

における UPB と LPB の間の熱分布の二つの要因がある。**図3.20** は，MOVPE 成長 GaAs エピタキシャル薄膜（3 μm）の 6 K における (a) 反射スペクトルと (b) 弱励起条件での発光スペクトルを示している。また，破線は，GaAs の励起子ポラリトン分散関係の計算結果を示している。反射スペクトルでは，縦型励起子のエネルギー近傍に特異的なスパイク構造が現れており，このことは，図2.9に示した CdS 結晶の励起子ポラリトン反射の特徴と類似している。発光スペクトルと励起子ポラリトン分散関係を比較すると，ボトルネック領域での LPB と UPB からの発光が生じていることがわかる。GaAs に関しては，文献52)，53) に詳細が報告されている。また，GaN と ZnO に関しては，それぞれ文献54) と文献55) に報告されている。

励起子ポラリトン発光の概念の最も重要な点は，これまで述べてきた励起子発光機構とはまったく異なり，結晶内部では発光が存在しないということである。ポラリトン描像の立場では，結晶内では純粋な光と励起子は存在せず，特

に発光に寄与するボトルネック領域近傍では光と励起子は強く混成している。したがって，励起子ポラリトンの発光機構は，励起子ポラリトンが結晶表面（薄膜であれば界面を含む）に波束として衝突し，それによって光に変換されるという過程である（結晶表面におけるポラリトンから光への変換）[53]。この考えに基づくと，励起子ポラリトンの発光効率は，それが生成された位置（結晶表面からの距離）に依存する。具体的には，結晶表面からの距離を $z$，ポラリトン群速度を $v_g(E)$ とすると，エネルギー $E$ のポラリトンの脱出時間（escape time）は

$$t_{\text{escape}}(E) = \frac{z}{v_g(E)} \tag{3.24}$$

と定義される。さらに，脱出の際に吸収効果を受けるので，この効果を下記の減衰時間（damping time）で表す。

$$t_{\text{damp}}(E) = \frac{1}{[v_g(E)\alpha(E)]} \tag{3.25}$$

ここで，$\alpha(E)$ は吸収係数である。これら $t_{\text{escape}}$ と $t_{\text{damp}}$ のバランスによって，励起子ポラリトンの発光効率が決定される[53]。

励起子ポラリトン発光のダイナミクスに関しては，CuCl 結晶（厚さ：2～20 μm）を対象として詳細な研究が行われている[56),57]。なお，CuCl の結晶構造は，GaAs と同じ閃亜鉛鉱型である。これらの研究では，結晶表面に励起子ポラリトンをパルス励起し，その結晶内伝播を飛行時間（time of flight）として測定している。その結果，結晶の厚さを $d$ とすると，結晶裏面で受光する場合の飛行時間は，$t_{\text{flight}}(E) = d/v_g(E)$ によって決定されるという結論が得られている。したがって，励起子ポラリトンの発光寿命は，ポラリトン群速度に反比例する。

$$\tau_{\text{polariton}}(E) = \frac{C\langle z \rangle}{v_g(E)} \tag{3.26}$$

ここで，$\langle z \rangle$ はポラリトンの平均伝播距離（通常は結晶の厚さ程度），$C$ はポラリトンから光への変換効率である。

## 3.3 励起子分子光学応答

光励起強度がある程度強くなると,励起子間の相互作用が無視できなくなる。その典型的な現象の一つが,励起子2量体の結合状態である励起子分子の形成である。本節では,励起子分子の基礎理論,励起子分子発光,および,2光子共鳴励起(resonant two photon excitation)による励起子分子光学応答,ならびに,励起子分子コヒーレントダイナミクスについて述べる。

### 3.3.1 励起子分子の基礎理論

まず,励起子分子の安定性(束縛エネルギー)について述べる。Akimotoと Hanamura は,励起子分子束縛エネルギーに関して,電子2個と正孔2個の4体間クーロン相互作用を考慮した下記のハミルトニアンに基づく変分計算を行った[58]。

$$\left.\begin{aligned} H &= -\frac{\hbar^2}{2m_\mathrm{e}^*}\left(\nabla_{r1}^2 + \nabla_{r2}^2\right) - \frac{\hbar^2}{2m_\mathrm{h}^*}\left(\nabla_{ra}^2 + \nabla_{rb}^2\right) + V \\ V &= \frac{e^2}{4\pi\varepsilon_0\varepsilon}\left(\frac{1}{r_{1,2}} + \frac{1}{r_{a,b}} - \frac{1}{r_{1,a}} - \frac{1}{r_{1,b}} - \frac{1}{r_{2,a}} - \frac{1}{r_{2,b}}\right) \end{aligned}\right\} \quad (3.27)$$

ここで,添字の 1, 2 は電子を,a, b は正孔を意味し,$r_{i,j}$ は電子-電子,正孔-正孔,電子-正孔間距離を表している。**図 3.21** は,励起子束縛エネルギー ($E_\mathrm{b}$) に対する励起子分子束縛エネルギー ($E_\mathrm{b,M}$) の比 ($E_\mathrm{b,M}/E_\mathrm{b}$) の電子と正孔の有効質量比 ($m_\mathrm{e}^*/m_\mathrm{h}^*$) 依存性の計算結果を示している[58]。この計算結果は,励起子分子はどのような半導体においても安定に存在することを意味している。励起子分子の場合,励起子とは異なり,電子-電子間と正孔-正孔間にクーロン斥力が働くので,束縛エネルギーは励起子と比べて小さいものとなる。励起子分子束縛エネルギーは,$m_\mathrm{e}^*/m_\mathrm{h}^*$ が小さくなるほど大きくなる傾向を有している。励起子分子における平均的な正孔間距離は,励起子の有効ボーア半径 $a_\mathrm{B}^*$ を基準にすると,$m_\mathrm{e}^*/m_\mathrm{h}^*=1$ で $3.47a_\mathrm{B}^*$,$m_\mathrm{e}^*/m_\mathrm{h}^*=0$ で $1.44a_\mathrm{B}^*$ とな

**表 3.3** 代表的な半導体の励起子分子束縛エネルギー ($E_{b,M}$)

| 半導体 | $E_{b,M}$ [meV] | 半導体 | $E_{b,M}$ [meV] |
|---|---|---|---|
| Si | 1.5[a] | CdS | 4.4[e] |
| Ge | 0.3[b] | CdSe | 1.2[e] |
| GaAs | 0.4[b] | ZnS | 2.8[e] |
| GaN | 5.8[c] | ZnO | 14.7[f] |
| InP | 1.1[d] | CuCl | 32[g] |

〔注〕 a) 文献 59), b) 文献 60), c) 文献 61), d) 文献 62), e) 文献 63), f) 文献 64), g) 文献 65)

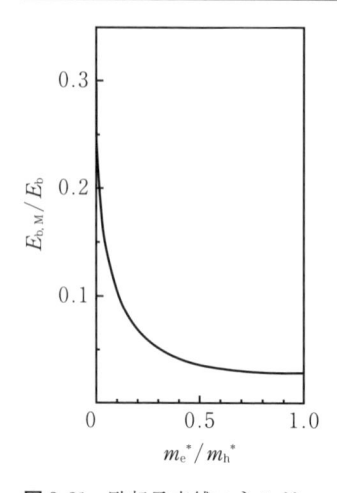

**図 3.21** 励起子束縛エネルギー ($E_b$) に対する励起子分子束縛エネルギー ($E_{b,M}$) の比 ($E_{b,M}/E_b$) の電子と正孔の質量比 ($m_e^*/m_h^*$) 依存性の計算結果[58] (Copyright (1972) 日本物理学会)

ることが計算されている[58]。表 3.3 に，代表的な半導体の励起子分子束縛エネルギーをまとめている。

図 3.22 は，励起子と励起子分子のエネルギー分散関係を概略的に示している。励起子と励起子分子の分散関係 [$E_X(K)$ と $E_M(K)$] は，それぞれ式 (3.28) と式 (3.29) で表される。

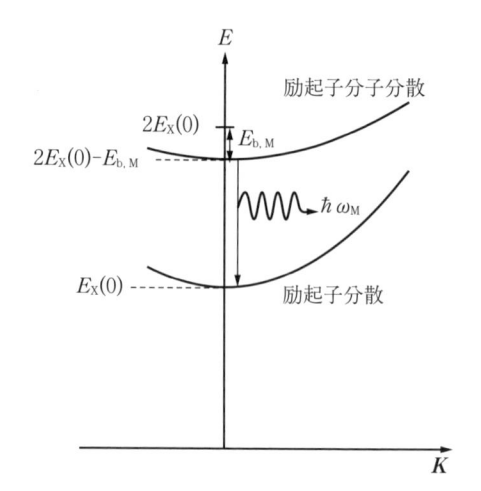

**図 3.22** 励起子と励起子分子のエネルギー分散関係の概略図

$$E_X(K) = E_X(0) + \frac{\hbar^2 K^2}{2M_X} \tag{3.28}$$

$$E_M(K) = 2E_X(0) - E_{b,M} + \frac{\hbar^2 K^2}{2(2M_X)} \tag{3.29}$$

ここで，$M_X$ は励起子の重心運動有効質量 $(M_X = m_e^* + m_h^*)$，$E_X(0)$ は $K=0$ での励起子エネルギーを表している。励起子分子の場合，励起子 2 量体であるので，その重心運動有効質量は $2M_X$ となる。励起子分子発光は，励起子分子分散から励起子分散への遷移過程であり，式 (3.28) と式 (3.29) から，その発光エネルギー ($\hbar\omega_M$) は，エネルギーと波数ベクトルの保存則により次式のように表される。

$$\hbar\omega_M = E_X(0) - E_{b,M} - \frac{\hbar^2 K^2}{4 M_X} \tag{3.30}$$

式 (3.30) から，励起子分子発光は，励起子エネルギーよりも励起子分子束縛エネルギーだけ低エネルギー側となり，負の運動エネルギー項によって，低エネルギー側に裾を引くスペクトル形状になることがわかる。このスペクトル形状を，逆ボルツマン分布形状 (inverse-Boltzmann distribution shape) と呼ぶ。**図 3.23** に，その概略図を示している。励起子-励起子分子系が準熱平衡状態である場合，その分布はボルツマン分布に従うと考えることができる。よって，励起子分子の発光形状は，熱分布した励起子分子の密度に比例するので

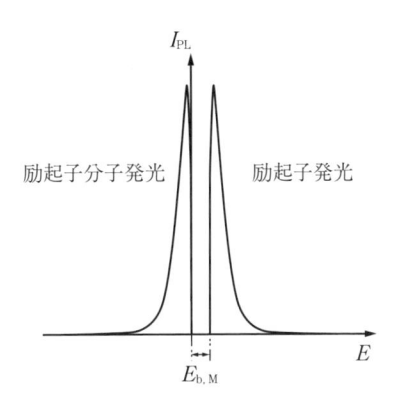

**図 3.23** 励起子分子発光と励起子発光の概略図

$$I_M(\hbar\omega) \propto \sqrt{E_X(0) - E_{b,M} - \hbar\omega} \exp\left(-\frac{E_X(0) - E_{b,M} - \hbar\omega}{k_B T_{eff}}\right) \tag{3.31}$$

と表される。ここで，$T_{eff}$ は励起子系の有効温度を意味している。式 (3.31) から励起子分子発光のピークエネルギーを求めると ($\partial I_M/\partial\omega = 0$)，次式となる。

$$\hbar\omega_{M,peak} = E_X(0) - E_{b,M} - \frac{1}{2} k_B T_{eff} \tag{3.32}$$

一般に励起光強度を上げて高密度励起状態になれば，有効温度 $T_{eff}$ は高くなるので励起子分子の発光ピークエネルギーは低エネルギー側にシフトする。

以下では，文献 59) に基づいて，励起子-励起子分子系の熱統計と速度論的

解析について述べる. 励起子と励起子分子の1粒子分配関数は, 以下の式によって与えられる.

$$\xi_i = \frac{g_i}{(2\pi)^3} \int_0^\infty \exp\left(-\frac{E_i(0) + \hbar^2 K^2/(2M_i)}{k_B T}\right) d^3K$$

$$= g_i \left(\frac{M_i k_B T}{2\pi \hbar^2}\right)^{3/2} \exp\left(-\frac{E_i(0)}{k_B T}\right) \tag{3.33}$$

ここで, 添字 $i$ は励起子もしくは励起子分子を意味し, $g_i$ は縮退因子, $E_i(0)$ は $K=0$ でのエネルギー, $M_i$ は重心運動有効質量である. 励起子-励起子分子系が熱平衡状態にあると仮定すると, 平衡定数 $N^*(T)$ は, 励起子と励起子分子の総数をそれぞれ $N_X$ と $N_M$ とすれば

$$\frac{\xi_X^2}{\xi_M} = \frac{N_X^2}{N_M} \equiv N^*(T) \tag{3.34}$$

と定義され, 励起子分子束縛エネルギーの定義式である $E_{b,M} = 2E_X(0) - E_M(0)$ を用いると

$$N^*(T) = \frac{g_X^2}{g_M} \left(\frac{1}{2\pi \hbar^2} \frac{M_X^2}{M_M}\right)^{3/2} (k_B T)^{3/2} \exp\left(-\frac{E_{b,M}}{k_B T}\right) \tag{3.35}$$

となる.

つぎに, 励起子分子-励起子系の速度方程式に基づいて述べる. 反応論的スキームは, つぎのように表される.

$$X + X \underset{b^*}{\overset{b}{\rightleftarrows}} M \tag{3.36}$$

$$M \overset{\tau_M}{\to} X + \hbar\omega_M \tag{3.37}$$

$$X \overset{\tau_X}{\to} \hbar\omega_X \tag{3.38}$$

式 (3.36) は, 励起子と励起子が衝突して励起子分子を形成する過程と, 励起子分子が二つの励起子に熱解離する過程が準熱平衡状態にあることを示しており, $b$ が衝突速度で, $b^*$ は解離速度である. なお, $b = \sigma v_{th}$ と定義され, $\sigma$ が衝突断面積 (collision cross section), $v_{th}$ が励起子の熱速度 (thermal velocity) である. また, $b^* = bn^*$ である. $n^*$ は, 粒子密度に換算した平衡定数に相当す

る。式 (3.37) は，励起子分子が励起子状態に遷移して一つの励起子を生成し光子を放出する過程を，式 (3.38) は励起子の発光過程を示している。$\tau_X$ と $\tau_M$ は，励起子と励起子分子の発光寿命を意味している。以上の三つの反応式から，以下の速度方程式が導出される。

$$\frac{dn_X}{dt} = G - \frac{n_X}{\tau_X} + \frac{n_M}{\tau_M} - 2bn_X^2 + 2b^*n_M \tag{3.39}$$

$$\frac{dn_M}{dt} = -\frac{n_M}{\tau_M} + bn_X^2 - b^*n_M \tag{3.40}$$

ここで，$n_X$ と $n_M$ はそれぞれ励起子と励起子分子の密度を，$G$ は励起子の生成速度（励起光強度に相当する）を表している。式 (3.39) と式 (3.40) を定常状態について解くと，励起子分子と励起子の密度に関する以下の式が得られる。

$$n_M^0 = \frac{b(n_X^0)^2}{1/\tau_M + bn^*} \tag{3.41}$$

$$n_X^0 = \frac{\tau_M n^*}{2\tau_X}\left(1 + \frac{1}{bn^*\tau_M}\right)\left[-1 + \left(1 + \frac{G}{G_0}\right)^{1/2}\right] \tag{3.42}$$

$$G_0 = \frac{\tau_M n^*}{4\tau_X^2}\left(1 + \frac{1}{bn^*\tau_M}\right) \tag{3.43}$$

式 (3.41) は，発光寿命や衝突速度に関係なく $n_M^0 \propto (n_X^0)^2$ が成立することを意味している。すなわち，励起子分子発光強度は，どのような条件でも励起子発光強度の 2 乗に比例する。式 (3.42) は，励起子密度が低い場合は，励起子密度は生成速度 $G$（励起光強度）に比例するが，励起子密度が高い場合は，$G^{1/2}$ に比例することを示している。これを励起子分子について言い換えると，励起子密度が低い場合は，励起子分子密度は $G^2$（励起光強度の 2 乗）に比例するが，励起子密度が高い場合は，$G$ に比例するということである。すなわち，励起子分子発光強度が励起光強度の 2 乗に比例すると一般的にいわれていることは，励起光強度が比較的低い条件で成立するものであり，このことに留意しなければならない。

本項の最後に，励起子分子の動的過程について述べる。式 (3.39) と式

(3.40) を解析的に解くことは不可能なために，励起子密度が以下のように単一指数関数的に減衰すると仮定する．

$$n_{\mathrm{X}}(t) = n_{\mathrm{X}}^0 \exp\left(-\frac{t}{\tau_{\mathrm{X}}}\right) \tag{3.44}$$

この場合，励起子分子密度の減衰は，次式で表される．

$$\left.\begin{array}{c} n_{\mathrm{M}}(t) = n_{\mathrm{M}}^0 \dfrac{\exp(-t/\tau_1) - (\tau_2/\tau_1)\exp(-t/\tau_2)}{1 - \tau_2/\tau_1} \\[6pt] \dfrac{1}{\tau_1} = \dfrac{2}{\tau_{\mathrm{X}}}, \quad \dfrac{1}{\tau_2} = \dfrac{1}{\tau_{\mathrm{M}}} + b^* \end{array}\right\} \tag{3.45}$$

一般的に，励起子と励起子分子の発光寿命よりも励起子と励起子分子間の熱平衡速度が速いために，$\tau_2 \ll \tau_1$ となるので，式 (3.45) の分子項の第2指数関数項と分母項の $\tau_2/\tau_1$ を無視することができる．よって，励起子分子発光の見かけの寿命は

$$n_{\mathrm{M}}(t) = n_{\mathrm{M}}^0 \exp\left(-\frac{t}{\tau_{\mathrm{X}}/2}\right) \tag{3.46}$$

となる．すなわち，励起子と励起子分子が準熱平衡状態にある場合，一般的に観測される励起子分子の見かけの発光寿命（$\tau_{\mathrm{M, obs}}$）は，$\tau_{\mathrm{M}}$ ではなく，励起子の発光寿命の $1/2$ となる（$\tau_{\mathrm{M, obs}} = \tau_{\mathrm{X}}/2$）．

### 3.3.2 励起子分子発光

図 3.24 は，MOVPE 成長 GaN 結晶薄膜（4 μm）の 10 K における高密度励起条件での発光スペクトルである（最高励起光強度：$I_0 = 25\,\mu\mathrm{J/cm^2}$）．また，励起子エネルギーの参考のために，破線で反射スペクトルを示している．励起には，パルスレーザー（パルス幅：5 ns，エネルギー：3.516 eV）を用いている．GaN の励起子分子束縛エネルギーは，表 3.3 に示したように 5.8 meV である．M 発光バンドは，励起光強度が高くなるとブロードニングによってスペクトルの立上りが明確でなくなるが，$0.05 I_0$（$1.25\,\mu\mathrm{J/cm^2}$）のスペクトルでは，A 励起子エネルギー（$E_{\mathrm{A}}$）から約 5 meV 低エネルギー側での立上りが明確である．さらに，スペクトル形状は，低エネルギー側に裾を引く形状（逆

ボルツマン分布形状）を示している。すなわち，M発光バンドは，典型的な励起子分子発光のスペクトル形状であるといえる。ピークエネルギーに関しては，最低励起光強度を基準とすると，最高励起光強度で 1.1 meV の低エネルギーシフトが生じている。このエネルギーシフト量は，式 (3.32) に基づくと，25 K の有効温度の上昇に相当する。1 光子励起の場合，励起子-励起子衝突が励起子分子形成の原因であるために，励起光強度の上昇に伴う有効温度の上昇は避けられない。励起子の縦横分裂エネルギーが大きい場合，例えば CuCl では $(\Delta E_{LT} = 5.4\,\mathrm{meV})$，励起子分子から縦型励起子に遷移する発光（$M_L$ バンド）と横型励起子に遷移する発光（$M_T$ バンド）の 2 種類の励起子分子発光バンドが観測される[65]。

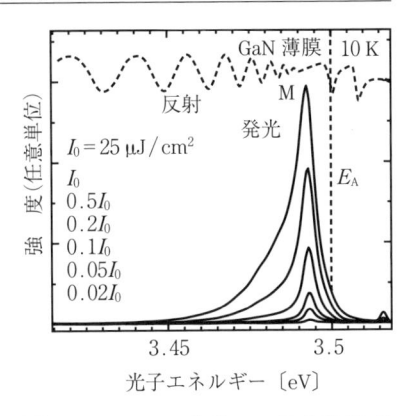

**図 3.24** MOVPE 成長 GaN 結晶薄膜（4 μm）の 10 K における高密度励起条件での発光スペクトル（最高励起光強度：$I_0 = 25\,\mathrm{\mu J/cm^2}$）。励起子エネルギーの参考のために，破線で反射スペクトルを示している。

図 3.25 は，MOVPE 成長 GaN 結晶薄膜（4 μm）の 10 K における励起子分子発光（M 発光）バンドの積分強度の励起光強度依存性（両対数プロット）を示している。実線は，フィッティング結果を示しており，M 発光強度が励起光強度に対して 1.6 乗の超線形性を示している。式 (3.41) から式 (3.43) に関する説明で述べたように，励起子分子発光強度は，励起子密度が低い場合は励起光強度の 2 乗に比例し，励起子密度が高い場合は線形となる。この実験結果の 1.6 乗の依存性は，その中間領域における現象論的なものである。ZnO 薄膜では，1.5 乗の依存性が報告されている[66]。励起子発光と励起子分子発光がどちらも明確に観測できる場合は，励起子発光積分強度に対して励起子分子発光積分強度をプロットすべきであり，式 (3.41) が示すように，励起条件に関係なく原則として 2 乗関係となる。実験的には，Si バルク結晶においてこのことが明確に確認されている[59]。

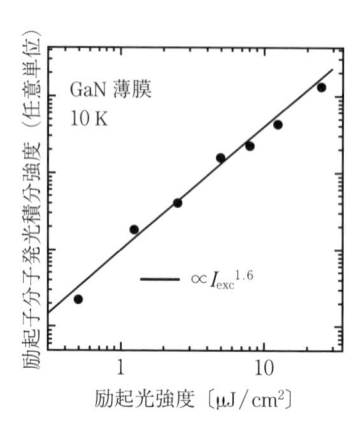

**図 3.25** MOVPE 成長 GaN 結晶薄膜（4 μm）の 10 K における励起子分子発光（M 発光）の積分強度の励起光強度依存性。実線は，フィッティング結果を示している。

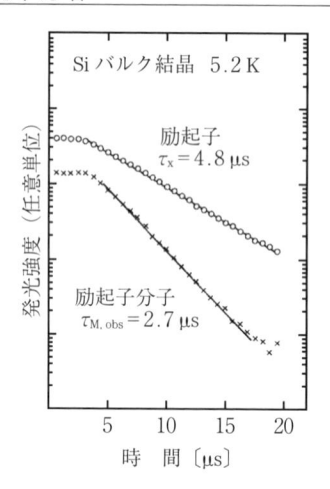

**図 3.26** Si バルク結晶の 5.2 K における励起子と励起子分子の発光減衰プロファイル[59]（Reprinted with permission. Copyright (1979) by the American Physical Society.）

つぎに，励起子-励起子分子系の発光ダイナミクスに関する実験結果について述べる。図 3.26 は，Si バルク結晶の 5.2 K における励起子と励起子分子の発光減衰プロファイルを示している[59]。励起子発光寿命は $\tau_X = 4.8$ μs，励起子分子の見かけの発光寿命は $\tau_{M,obs} = 2.7$ μs である。$\tau_{M,obs}/\tau_X = 0.56$ であり，上で述べた励起子-励起子分子系の速度方程式の理論から予測される $\tau_{M,obs}/\tau_X = 0.5$ とほぼ一致している。GaN 結晶薄膜では，$\tau_X = 457$ ps，$\tau_{M,obs} = 225$ ps という報告例がある[34]。このように発光寿命がサブナノ秒の場合でも，$\tau_{M,obs}/\tau_X = 0.49$ であり理論的期待値と一致している。したがって，励起子-励起子分子系の準熱平衡状態近似は，一般的に十分に成り立っている。

式 (3.32) から，励起子分子発光のピークエネルギーは，励起子系の有効温度に依存することを述べたが，発光ダイナミクスの観点から，これに関する実験結果を例示する。図 3.27 は，MOVPE 成長 GaN 結晶薄膜（4 μm）の 10 K における励起子分子発光の（a）ピークエネルギーと（b）式 (3.32) に基づいてピークエネルギーから求めた励起子系有効温度のパルス励起後の時間依存

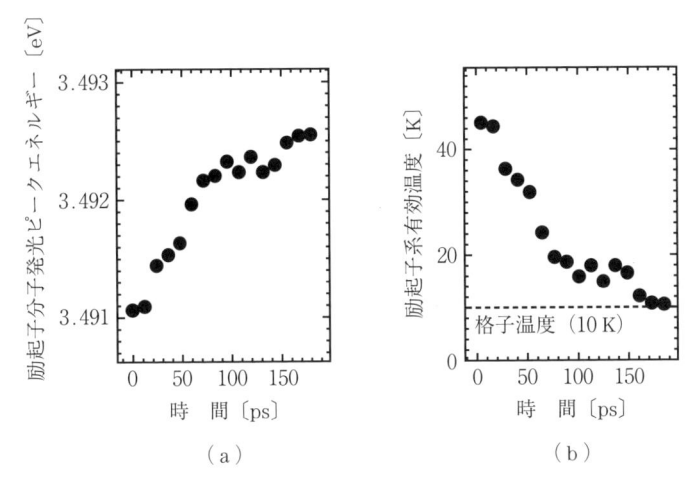

図 3.27 MOVPE 成長 GaN 結晶薄膜（4 μm）の 10 K における励起子分子発光の（a）ピークエネルギーと（b）式（3.32）に基づいてピークエネルギーから求めた励起子系有効温度のパルス励起後の時間依存性

性を示している。ピークエネルギーは，時間の経過とともに高エネルギー側にシフトしている。これは，励起子系有効温度の低下，すなわち，冷却過程を反映している。図 3.26（b）から，約 150 ps で，励起子系有効温度が格子温度（10 K）と一致しており，励起子系が熱平衡状態に達しているといえる。

励起子分子は，励起子と同様に浅い不純物に束縛されて束縛励起子分子（bound biexciton）を形成する。図 3.28 は，励起子-励起子分子系と束縛励起子-束縛励起子分子系のエネルギーダイアグラムの概略図である[67]。ここでは，束縛対象を中性アクセプター（$A^0$）としている。束縛励起子分子は，励起子分子よりも束縛エネルギーだけ低エネルギー側に位置し，発光過程は，束縛励起子分

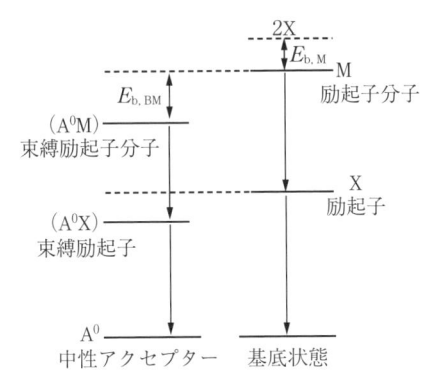

図 3.28 励起子-励起子分子系と束縛励起子-束縛励起子分子系のエネルギーダイアグラムの概略図。ここでは，束縛対象を中性アクセプター（$A^0$）としている。

子から束縛励起子への遷移（$A^0M \rightarrow A^0X + \hbar\omega$）に対応する。束縛励起子分子発光は，励起子分子束縛エネルギーが 32 meV ときわめて大きい CuCl においてその詳細が明確に観測された[67]。図 3.29 は，真空蒸着 CuCl 結晶薄膜（100 nm）の 10 K における発光スペクトルの励起強度依存性を示している[67]。弱励起条件では，$Z_3$, $I_1$ とラベルされた二つの発光バンドが観測される。CuCl の場合，Cu の d 電子と Cl の p 電子との相互作用によって，通常の半導体とは異なりスプリットオフ正孔バンドが価電子帯の頂上に位置する。$Z_3$ バンドは，スプリットオフ正孔自由励起子発光に対応する。$I_1$ バンドは，$A^0X$ 発光である。強励起条件では，励起光強度の増大に伴って，まず $A^0M$ 発光が出現し，次いで M 発光が観測され，最終的には M 発光が主発光となる。図 3.30 は，M 発光と $A^0M$ 発光の積分強度の励起光強度依存性を示している[67]。M 発光の積分強度は，励起光強度に対して 1.6 乗の超線形性を示している。一方，$A^0M$ 発光の積分強度は，M 発光が出現するまでは，M 発光と同様に 1.6 乗の超線形性を示すが，高い励起光強度条件では飽和傾向が生じる。これは，3.2.2 項で

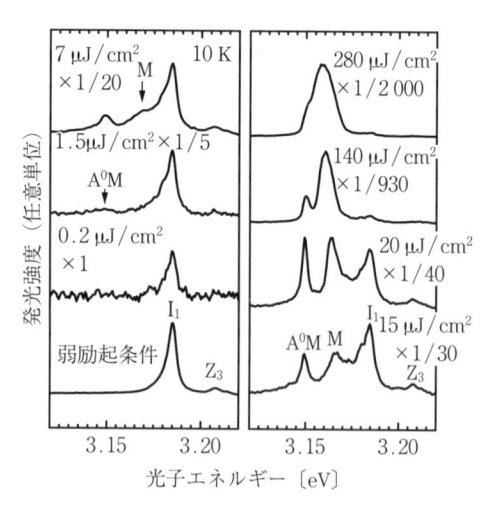

図 3.29 真空蒸着 CuCl 結晶薄膜（100 nm）の 10 K における発光スペクトルの励起強度依存性。$I_1$ バンドは $A^0X$ 発光であり，$A^0M$ が束縛励起分子発光を示している。

述べた状態数の少ない束縛励起子系特有の現象であり，励起光強度が高くなることによって状態飽和が生じるためである。この励起光強度依存性の飽和特性が，束縛励起子分子発光の明確な証拠である。束縛励起子分子は，CdSe[68]，CdS[68]，ZnO[69] においても報告されている。

### 3.3.3　2光子共鳴励起光学応答

励起子分子は，1光子励起では直接励起することができないが，2光子共鳴励起では可能となる。励起子分子2光子共鳴励起とは，単純にいえば，エネルギーが励起子分子の1/2の光子（$\hbar\omega = [2E_X(0) - E_{b,M}]/2$）を入射して2光子吸収を生じさせるプロセスである。Hanamura は，1973年に，励起子分子による巨大2光子吸収（giant two-photon absorption）を理論的に提案した[70]。その理論に基づくと，励起子分子2光子遷移確率は，以下の式で与えられる。

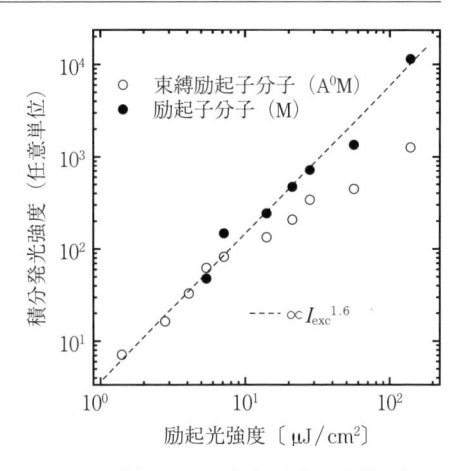

**図 3.30** 励起子分子 (M) 発光と束縛励起子 ($A^0M$) 発光の積分強度の励起光強度依存性

$$W_M^{(2)}(\hbar\omega) = \frac{2\pi}{\hbar}\left(\frac{e}{m_0}\right)^4 \left(\frac{2\pi\hbar N}{\varepsilon\omega V}\right)^2 \frac{(\boldsymbol{p}_{cv}\cdot\hat{\boldsymbol{e}})^4}{(E_X(0)-\hbar\omega)^2}$$
$$\times |\phi_{1s}(0)|^4 g(0)^2 V\delta(2E_X(0) - E_{b,M} - 2\hbar\omega) \quad (3.47)$$

ここで，$N$ は振動数 $\omega$ の光子数，$V$ は結晶の体積，$\boldsymbol{p}_{cv}$ はバンド間遷移に関する遷移行列要素，$\hat{\boldsymbol{e}}$ は偏光ベクトル，$\phi_{1s}(0)$ は $r=0$ における1s励起子の包絡関数振幅，$g(0)$ は励起子分子を構成する2個の励起子の相対運動に関する波動関数の $K=0$ フーリエ成分である。励起子の1光子遷移確率に対する励起子分子の2光子遷移確率の比 $W_M^{(2)}/W_X^{(1)}$ は，CuCl もしくは CdS の物質条件でおおまかに計算され

$$\frac{W_{\mathrm{M}}^{(2)}}{W_{\mathrm{X}}^{(1)}} = 3 \times 10^{-15} \left(\frac{N}{V}\right) \tag{3.48}$$

という結果が得られている[70]。2光子遷移確率は，$N/V=1$の条件では，1光子遷移確率の$10^{-15}$のオーダーときわめて小さい。しかし，$W_{\mathrm{M}}^{(2)}/W_{\mathrm{X}}^{(1)}$は光子密度に比例するために，$N/V=10^{15}\,\mathrm{cm}^{-3}$オーダーの光子密度では，$W_{\mathrm{M}}^{(2)} \approx W_{\mathrm{X}}^{(1)}$となる。この程度の強励起条件は，パルスレーザーを用いることによって容易に実現できる。CuClバルク結晶を対象に励起子分子2光子共鳴励起の実験が行われ，励起子-励起子衝突を伴う1光子励起による励起子分子発光と比較して，きわめて鋭い発光バンドが観測されることが報告されている[71]。励起子分子発光バンドが鋭いということは，2光子励起により波数ベクトルが選択的に励起されて（光子の波数ベクトルを$k_{\mathrm{p}}$とすると2光子同方向入射では$K=2k_{\mathrm{p}}$），有効温度が低い状態になっていることを意味する。また，CdSバルク結晶を対象として，波長可変色素パルスレーザーを用いて励起子分子発光の励起スペクトルを$1\,\mathrm{kW/cm^2}$程度の励起光強度で測定する実験が行われ，励起子分子の2光子共鳴吸収バンドが明確に検出されている[72]。この手法は，励起子分子のエネルギーを実験的に決定するのに適している。

紫外領域光機能性材料として注目されている$\mathrm{Al}_x\mathrm{Ga}_{1-x}\mathrm{N}$混晶半導体では，励起子分子束縛エネルギーが混晶ポテンシャルによる励起子分子の局在化のために不明確であった。図3.31は，MOVPE成長$\mathrm{Al}_{0.61}\mathrm{Ga}_{0.39}\mathrm{N}$結晶薄膜における局在励起子発光と局在励起子分子発光の4Kにおける発光励起スペクトル（励起強度：$440\,\mathrm{kW/cm^2}$）を示している[73]。局在励起子分子の発光励起スペクトルにおいて，

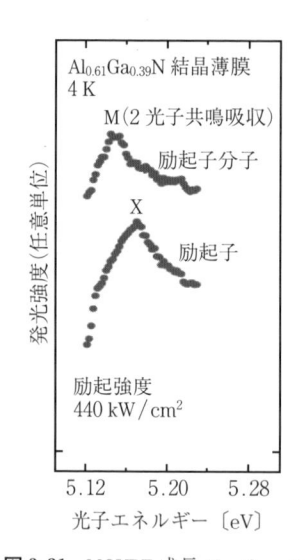

図3.31 MOVPE成長$\mathrm{Al}_{0.61}\mathrm{Ga}_{0.39}\mathrm{N}$結晶薄膜における局在励起子発光と局在励起子分子発光の4Kにおける発光励起スペクトル[73]（Copyright（2012）応用物理学会）

## 3.3 励起子分子光学応答

5.145 eV に励起子分子による 2 光子共鳴吸収バンドのピークが明確に観測されている。励起子吸収バンドのピークエネルギーが，5.173 eV であるので，励起子分子の 2 光子共鳴吸収バンドとのエネルギー差（28 meV）が，励起子分子束縛エネルギーの 1/2 の値に相当する（$E_{b,M}/2 = 28$ meV）。したがって，励起子分子束縛エネルギーが 56 meV という結果が得られる。このように，巨大 2 光子吸収を利用した手法は，励起子分子の分光において大きな意義がある。

つぎに，励起子分子共鳴ハイパーパラメトリック散乱（biexciton resonant hyper parametric scattering：BRHPS）について述べる。2 光子共鳴励起によって生成された励起子分子は，エネルギーと波数ベクトルがそろい，コヒーレンスが保たれた状態になる。このようなコヒーレント状態の励起子分子から，二つの励起子ポラリトン状態に散乱する遷移が起こると，始状態と終状態のポラリトンに対して以下に示すようなエネルギーと波数ベクトルの保存則が成り立つ。

$$\hbar\omega_i + \hbar\omega_{i'} = \hbar\omega_s + \hbar\omega_{s'} \tag{3.49}$$

$$\boldsymbol{k}_i + \boldsymbol{k}_{i'} = \boldsymbol{k}_s + \boldsymbol{k}_{s'} \tag{3.50}$$

ここで，添え字の i と i' は始状態の二つのポラリトンを，s と s' は終状態の二つのポラリトンをそれぞれ示している。この過程は，励起子分子状態から 2 光子が発生するパラメトリック変換と考えることができる。また，2 光子励起を利用したラマン散乱のことをハイパーラマン散乱と呼ぶので，この過程を共鳴ハイパーパラメトリック散乱と呼ぶ。図 3.32 は，BRHPS の概略図を示している。BRHPS は，二つのポラリトンが中間状態として励起子分子を経由し，最終的に別の二つのポラリトンに散乱される過程に相当するので，励起子ポラリトン-ポ

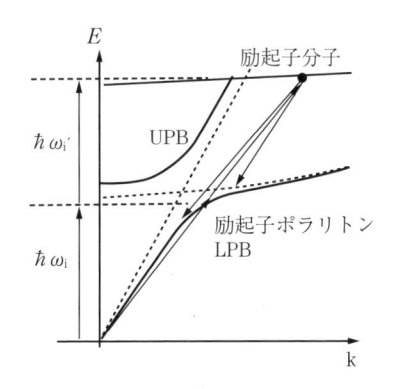

図 3.32 励起子分子共鳴ハイパーパラメトリック散乱（BRHPS）の概略図

ラリトン散乱とも呼ばれる。また，広義な意味では，励起子ポラリトンによる2光子共鳴ラマン散乱ともいえる。

BRHPSは，CuClバルク結晶を対象として，ItohとSuzukiによって詳細な研究が行われた[74]。始状態である二つのポラリトンを同じ方向から入射させて励起子分子を形成する場合，BRHPRでは以下に示す2通りの散乱過程が生じる。

$$XX \rightarrow HEP + LEP$$
$$XX \rightarrow HEP' + M_T^R$$

ここで，HEP（high energy polariton）とLEP（low energy polariton）は，それぞれ高エネルギー側と低エネルギー側に散乱されるポラリトンを表す（図3.32参照）。HEPとLEPのエネルギーは，大きな散乱角度依存性を示す。一方，HEP'と$M_T^R$のエネルギーは，散乱角度依存性をほとんど示さない。なお，HEP'と$M_T^R$という名称は，HEP'はHEPの高エネルギー側で観測され，$M_T^R$は励起子分子発光の$M_T$バンド近傍に観測されてラマン散乱的特徴を有することに由来する。Edamatsuらは，BRHPSがコヒーレント過程であることに着目し，それによって発生する二つの散乱光子が量子もつれ状態（quantum entangled state）であることを明らかにした[75]。量子情報通信や量子情報処理において，量子もつれ光子対生成は重要な基盤技術の一つである。

BRHPSの応用において，薄膜構造を利用することがデバイスの観点から重要であり，$SiO_2$/CuCl薄膜構造においてBRHPSの観測に成功している[76]。なお，$SiO_2$は光物性には関係なく，CuClに潮解性があるために，その保護膜の役割を果たしている。**図3.33**は，$SiO_2$（500 nm）/CuCl（3.5 μm）薄膜構造の4Kにおける外部散乱角$\theta$が35°と50°での励起子分子共鳴2光子励起条件における発光とBRHPSスペクトルを示している[76]。図中に，励起レーザーエネルギー（矢印）と測定配置（前方散乱配置）を示している。まず，発光成分について説明すると，$I_1$バンドが中性アクセプター束縛励起子発光，$M_T$バンドが横型励起子への励起子分子発光，$M_L$が縦型励起子への励起子分子発光，$N_1$が束縛励起子分子発光（$A^0M$）である。CuClの場合，上で述べたように励起

## 3.3 励起子分子光学応答

子の縦横分裂エネルギーが 5.4 meV と大きいので，2 種類の励起子分子発光（$M_T$ と $M_L$）が明確に観測される。励起子分子発光スペクトルは，2 光子共鳴励起を反映して，きわめてシャープな形状を示している。BRHPS シグナルに関しては，上記の散乱過程で示した HEP，LEP，HEP′，および，$M_T^R$ がすべて観測されている。図 3.33 の挿入図は，HEP シグナルの拡大図であり，散乱角度によってエネルギーがシフトしていることが明確である。図 3.34 は，BRHPS シグナル（HEP，LEP，HEP′，および，$M_T^R$）の励起エネルギーからのシフトエネルギーの外部

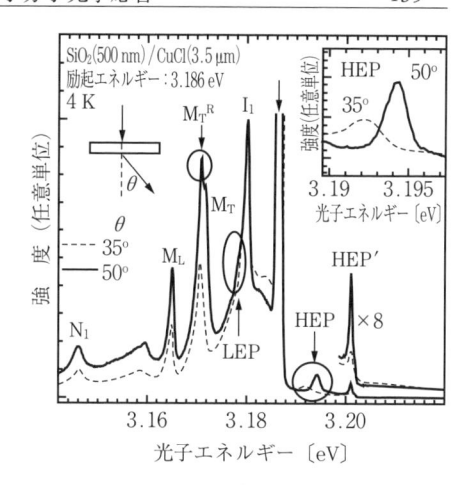

**図 3.33** $SiO_2$(500 nm) / CuCl(3.5 μm) 薄膜構造の 4 K における外部散乱角 $\theta$ が 35° と 50° での励起子分子共鳴 2 光子励起条件における発光と BRHPS スペクトル。挿入図は，HEP シグナルの拡大図を示している。

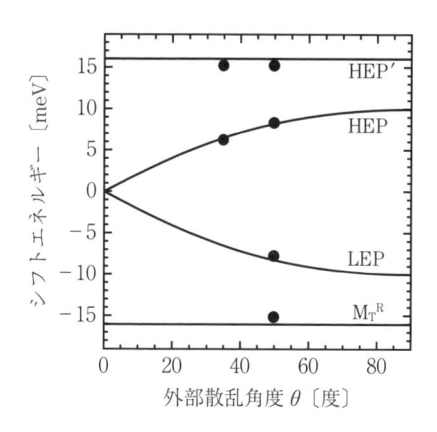

**図 3.34** BRHPS シグナル（HEP，LEP，HEP′，および，$M_T^R$）の励起エネルギーからのシフトエネルギーの外部散乱角度（$\theta$）依存性の計算結果（実線）と図 3.33 の実験結果

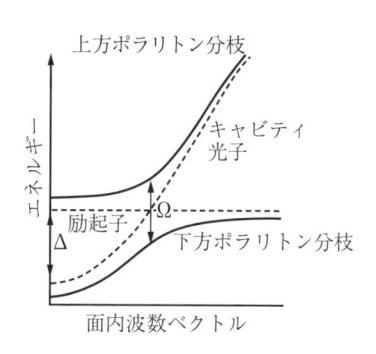

**図 3.35** キャビティポラリトン分散（実線）の概略図。破線は，相互作用の前の励起子とキャビティ光子の分散関係を示している。

散乱角度（$\theta$）依存性の計算結果（実線）と図3.33の実験結果を示している[76]。計算は，励起子ポラリトン分散関係とスネルの法則を考慮した位相整合条件を連立して行っている。計算結果と実験結果は良い一致を示しており，BRHPSが薄膜構造においても観測されることが明らかである。

理論の観点から，半導体マイクロキャビティ（semiconductor microcavity）を利用することによって，量子電磁気学現象（quantum electrodynamics phenomena）によりBRHPSによる量子もつれ光子対の生成効率が格段に増強されることが提案されている[77,78]。半導体マイクロキャビティとは，分布ブラッグ反射鏡（distributed Bragg reflector：励起子に共鳴する光を選択的に反射する一種の誘電体多層膜）で半導体活性層を挟んだ構造であり，キャビティにおいて光子と励起子の強結合が生じ，キャビティポラリトン（cavity polariton）が形成される。**図3.35**は，キャビティポラリトン分散（実線）の概略図を示している。破線は，相互作用の前の励起子とキャビティに閉じ込められた光（キャビティ光子：cavity photon）の分散関係を示している。なお，励起子の分散は，光の波数領域が小さいために直線に近似している。活性層の励起子とキャビティ光子との相互作用によって，分散関係の反交差現象が生じ，下方ポラリトン分枝と上方ポラリトン分枝が形成され，反交差のギャップエネルギーが真空ラビ分裂エネルギー（vacuum Rabi splitting energy）である。図3.35では，ラビ分裂エネルギーを$\Omega$として表している。また，$\Delta$は，面内波数ベクトルがゼロにおける励起子とキャビティ光子のエネルギー差であり，離調度（detuning）と呼ばれる。キャビティポラリトン特有の真空ラビ分裂に関しては，1992年に，Weisbuchらによって GaAs 量子井戸マイクロキャビティを試料として初めて確認された[79]。実験的には，高効率量子もつれ光子対生成の実現を目指して，CuClマイクロキャビティにおいてキャビティポラリトンを系統的に制御する研究が報告されている[80]。また，半導体マイクロキャビティに関して付記すると，キャビティポラリトンのボース粒子性と光との混成によってポラリトン有効質量がきわめて軽くなることに着目して，ボース・アインシュタイン凝縮（Bose-Einstein condensation）[81~84]とポラリトンレーザー

発振（polariton lasing：通常の電子・正孔反転分布ではなくポラリトン凝縮状態のコヒーレンスに起因する）[85)~88)]の研究が盛んに行われている。

### 3.3.4 励起子分子量子ビート

近年のフェムト秒パルスレーザーの進歩によって，励起子分子2光子共鳴励起による励起子分子のコヒーレントダイナミクスが観測できるようになった[89)]。ここでは，まず，その基本事項として，ウルツ鉱型半導体を例に励起子分子生成における光学遷移選択則について述べる。図3.36（a）は，ウルツ鉱型半導体のバンド間遷移の光学選択則を示している。なお，価電子帯では，CバンドはAとBバンドからエネルギーが十分に離れているので無視している。電子は，s型波動関数であり，$\pm 1/2$のスピンを持つことから，$J=1/2$, $m_J = \pm 1/2$ となる。正孔は，p型波動関数でありスピンを考慮すると$J=3/2$, AバンドとBバンドの正孔の$m_J$は，それぞれ$\pm 3/2$と$\pm 1/2$となる。図中の実線は右回り円偏光$\sigma_+$を，破線は左回り円偏光$\sigma_-$を示している。$\sigma_+$と$\sigma_-$は，それぞれ$\Delta m_J = +1$と$\Delta m_J = -1$の遷移に対応するために，図3.35（a）に示した円偏光選択則となる。なお，直線偏光特性に関しては，3.1節で述べたように，価電子帯序列を$\Gamma_9$-$\Gamma_7$-$\Gamma_7$とすると，Aバンド-電子間遷移（A励起子遷移）は$E \perp c$であり，Bバンド-電子間遷移（B励起子遷移）は$E \perp c$と$E /\!/ c$の選択則となる。図3.35（b）は，励起子-励起子分子系の光学選択則を示し

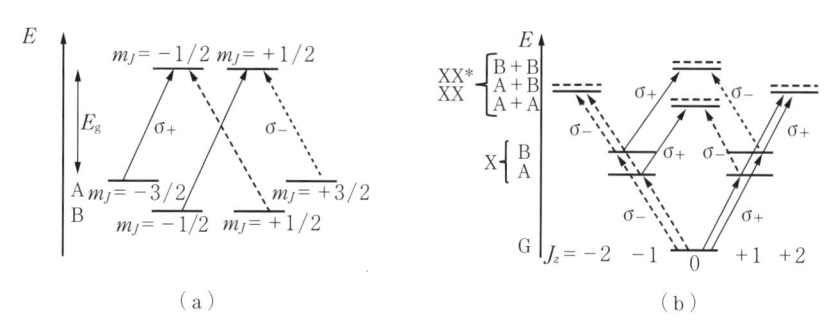

**図3.36**　（a）ウルツ鉱型半導体のバンド間遷移の光学選択則。（b）励起子-励起子分子系の光学選択則。XX*は，2励起子状態，すなわち，束縛していない二つの励起子状態を意味し，励起子分子を横実線で，2励起子状態を横破線で示している。

ている。$J=0$ の基底状態から，光励起により $J_z=\pm 1$ の A 励起子と B 励起子が生成される。ここで，$J_z$ は厳密には $J_z=m_J\hbar$ であるが，$m_J$ と等価な励起子系の量子数として取り扱っている。励起子を構成する電子と正孔は，フェルミ粒子であるため，パウリの排他律（Pauli exclusion principle）により，同じスピンの電子（正孔）を持つ励起子同士は励起子分子とはならず，異なるスピンの電子（正孔）を持つ励起子同士が励起子分子を形成する。したがって，AA 励起子分子（$XX_{AA}$）と BB 励起子分子（$XX_{BB}$）では $J_z=0$ であり，AB ヘテロ励起子分子（$XX_{AB}$）では $J_z=\pm 2$ となる。ここで，図 3.36（b）の $XX^*$ は，2 励起子状態，すなわち，束縛していない 2 個の励起子状態を意味し，エネルギー的には，励起子分子 XX よりも励起子分子束縛エネルギーだけ高エネルギー側に存在する。図 3.36（b）では，励起子分子を横実線で，2 励起子状態を横破線で示している。励起子分子の 2 光子共鳴励起における円偏光選択則は，図 3.36（b）から，$(\sigma_+,\sigma_+)$ と $(\sigma_-,\sigma_-)$ では，$XX_{AA}$ と $XX_{BB}$ は禁制であり $XX_{AB}$ のみが許容である。一方，$(\sigma_+,\sigma_-)$ では，$XX_{AA}$ と $XX_{BB}$ が許容で，$XX_{AB}$ が禁制となる。直線偏光に関しては，$c$ 面の場合，すべての励起子分子が許容である。

フェムト秒パルスレーザーは，パルス時間幅が短いために，時間とエネルギーの不確定性関係によって比較的広いエネルギー幅（数十〜数百 meV）を持つ。したがって，エネルギー差のある二つの状態をコヒーレントに同時励起することができる。このような場合，量子ビート（quantum beat）が観測される。一般に量子ビートを考える場合，**図 3.37** に示すような 3 準位系を基本とする。パルスレーザーにより状態 $|1\rangle$ と状態 $|2\rangle$ を同時に励起すると，式（3.51）に示すように，これら 2 状態のコヒーレントな重ね合わせ状態が形成される。

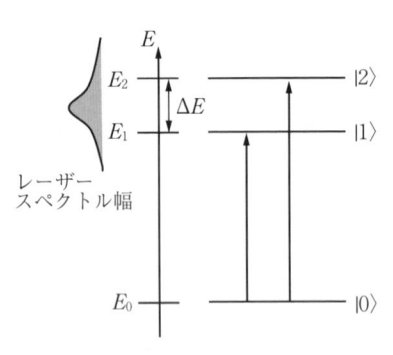

**図 3.37** 量子ビートが生じる 3 準位系の概略図

## 3.3 励起子分子光学応答

$$\psi(t) = \psi_1 \exp\left(-\frac{iE_1 t}{\hbar}\right) + \psi_2 \exp\left(-\frac{iE_2 t}{\hbar}\right) \quad (3.51)$$

状態$|1\rangle$と状態$|2\rangle$は，それぞれ$E_1$と$E_2$の固有エネルギーを有するので，その重ね合わせ状態の波動関数の時間発展には，式 (3.52) で表現されるように，$\Delta E = E_2 - E_1$ に対応する振動数の量子ビートが出現する．なお，下記の式 (3.52) には，コヒーレント状態の位相緩和速度$\gamma$による減衰を現象論的に繰り込んでいる．

$$|\psi(t)|^2 = |\psi_1|^2 + |\psi_2|^2 + 2\psi_1 \psi_2 \cos\left(\frac{\Delta E}{\hbar} t\right) \exp(-\gamma t) \quad (3.52)$$

以上のことを励起子分子の2光子励起で考えると，例えば，$X_A$励起子を共通状態として$XX_{AA}$と$XX_{AA}^*$がコヒーレントに同時励起された場合，$XX_{AA}^*$と$XX_{AA}$のエネルギー差，すなわち，AA励起子分子束縛エネルギーに相当する振動数の量子ビートが観測される．

このような量子ビートを観測する手段としては，縮退4光波混合 (degenerate four wave mixing : DFWM) が広く用いられている．図3.38は，縮退4光波混合の測定の概略図を示している．縮退という言葉は，すべての光の波長が同じということを意味している．4光波混合には，正と負の時間領域があり，以下では正の時間領域について説明する．波数ベクトル$k_1$のパルス（ポンプ光）を入射し，時間遅延$\tau$を付けて波数ベクトル$k_2$のパルス（プローブ光）を入射する．まず，$k_1$のパルスによって分極$P_1$（この場合は励起子）が生じ，横緩和時間（位相緩和時間）$T_2$でコヒーレンシーの低下が生じる．時間遅延$\tau$で$k_2$のパルスが入射すると，分極$P_2$が生じ，それが$P_1$の残留しているコヒーレント部分と干渉し，分極の回折格子を形成し，$k_2$のパルスを回折する．すなわち，$k_2$のパルスは，分極の回折格子の形成とそれ自体が回折される二つの光波の役割をする．最終的に，縮退4光波混合信号は，下記の波数ベクトル（位相整合条件）を持つ光として観測される．

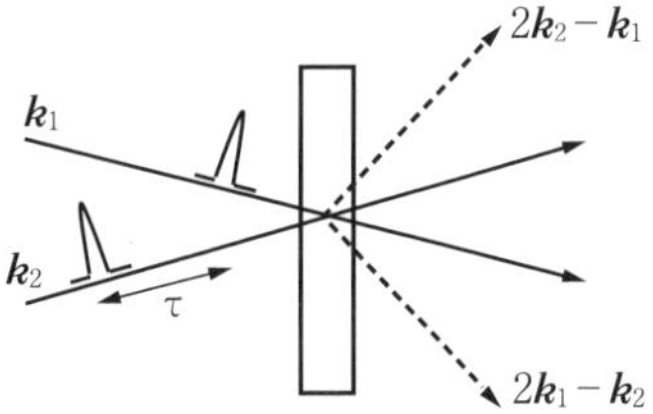

**図3.38** 縮退4光波混合の概略図

$$k_{\mathrm{DFWM}} = 2\bm{k}_2 - \bm{k}_1 \qquad (3.53)$$

ここで，式 (3.52) の $\gamma$ は，$\gamma = 2/T_2$ と定義される．この現象は，3次の非線形光学現象に相当し，信号の強さは 3次の非線形感受率 $\chi^{(3)}$ に依存する．負の時間領域では，$k_{\mathrm{DFWM}} = 2\bm{k}_1 - \bm{k}_2$ の位相整合条件の信号が観測される．

図 3.39（a）は，MOVPE 成長 GaN 結晶薄膜における 15 K での縮退 4 光波混合信号の遅延時間依存性を示している[61]．なお，この実験では，$k_{\mathrm{DFWM}} = 2\bm{k}_1 - \bm{k}_2$ の信号（負の時間領域）が観測されている．2光子励起のエネルギーは $XX_{AA}$ 励起子分子にチューニングされており，円偏光 ($\sigma_+, \sigma_+$) と直線偏光 ($X, Y$) の 2 種類の偏光組合せで観測されている．どちらの場合でも量子ビートが観測されているが，($\sigma_+, \sigma_+$) の場合は，上で述べたように $XX_{AA}$ への遷移は禁制である．この場合の量子ビートは，振動周期（579 fs：7.1 meV）から，$D^0X$ 束縛励起子-A 励起子の量子ビートに相当すると解釈されている．($X, Y$) の場合は，$XX_{AA}$ 励起子分子への遷移は許容であり，($\sigma_+, \sigma_+$) の場合と比較して，振動周期が変調されている．図 3.39（b）は，図 3.39（a）の ($X, Y$) 信号の振動成分を抽出した波形（白丸）である．実線は，$f(\tau) = A\sin^2[\pi(\tau+\delta)/T^*] + B$ の関数で ($X, Y$) 条件特有の振動をフィッティングした結果を示している．ここで，$T^*$ は，$XX_{AA}$ 励起子分子束縛エネルギーに対応する振動周期（709 fs：5.8 meV）である．フィッティングから，第 1 振動が $XX_{AA}$-$XX_{AA}^*$ 量子ビート（$XX_{AA}$-$X_A$ 量子ビートとも見なせる）に対応し，第 2 振動が $D^0X$-$X_A$ 量子ビートに対応していると解釈されている．文献 90) では，MOVPE 成長 GaN 結晶薄膜を対象として，

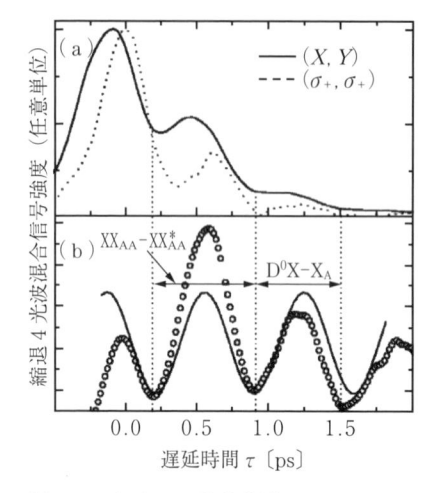

図 3.39 （a）GaN 結晶薄膜での 15 K における縮退 4 光波混合信号の遅延時間依存性．（b）（a）の ($X, Y$) 信号の振動成分を抽出した波形（白丸）．実線は，sin 関数によるフィッティング結果[61] (Reprinted with permission. Copyright (2002) by the American Physical Society.)

縮退4光波混合分光法による実験が行われ，$XX_{AA}$ に加えてヘテロ励起子分子である $XX_{AB}$ の量子ビートが観測されており，$XX_{AA}$ と $XX_{AB}$ 励起子分子の束縛エネルギーが，それぞれ 5.3 と 1.4 meV と見積もられている。このような励起子分子量子ビートは，ZnO バルク結晶においても明確に観測されている[91]。文献 91) では，$(X, Y)$ 偏光条件の場合，負の時間領域において励起子分子量子ビートが明確に観測され，正の時間領域では観測されないことが示されている。これは，正の時間領域と負の時間領域で，励起子分子の生成過程が異なるためである。また，上で述べた量子ビートの原理から当然のことであるが，1光子励起では，A 励起子と B 励起子の量子ビートが観測される[92,93]。

## 3.4 励起子非弾性散乱過程による発光

励起子束縛エネルギーが大きいワイドギャップ半導体では，励起子の安定性に起因して，ある程度の高密度励起条件において励起子非弾性散乱過程（励起子-励起子散乱，励起子-キャリア散乱）による発光と光学利得（optical gain）の発生に伴う誘導放出が生じる[94]。歴史的には，1970 年代に，ワイドギャップ II-VI 族化合物半導体の ZnO[26] と CdS[95] を対象として励起子-励起子散乱が，ZnO[26]，銅ハライド系（CuCl，CuBr，CuI）[96] と CdS[97] を対象として励起子-電子散乱の研究が報告された。3.3 節で述べた励起子分子の場合，励起子と励起子が衝突して結合する過程であるが，励起子-励起子散乱の場合，励起子の衝突後に別のエネルギー状態に励起子が散乱される過程であり，この二つの過程は競合する。ZnO 微結晶薄膜において，1998 年に室温で光励起レーザー発振が観測されたが[98]，その原理は励起子-励起子散乱と解釈できる。本節では，励起子非弾性散乱過程の基礎理論を述べた後，励起子-励起子散乱発光と励起子-電子散乱発光，光学利得の発生，および，発光ダイナミクスについて，GaN 系薄膜[44,99〜101] と ZnO 薄膜[102] に関する研究結果を中心に述べる。

### 3.4.1 励起子非弾性散乱過程による発光の基礎理論

励起子-励起子散乱による発光過程の概略図を図 3.40 に示している。励起子-励起子散乱発光とは，主量子数 $n=1$ の励起子分散の 2 個の励起子が衝突し，一つが $n \geq 2$ の高次の量子状態（$n=\infty$ の連続状態を含む）に，他方が光分枝に散乱されて発光が生じる現象である。この励起子-励起子散乱による発光を P 発光と呼ぶ。なお，厳密には，散乱先の量子数を付記して，$P_n$ 発光と記す。始状態にある二つの励起子の波数ベクトルを $K_1$ と $K_2$ とし，散乱後の励起子の波数ベクトルを $K^*$ とすると，波数ベクトル保存則により，次式が成り立つ。なお，光の波数ベクトルは無視できるものと仮定する。

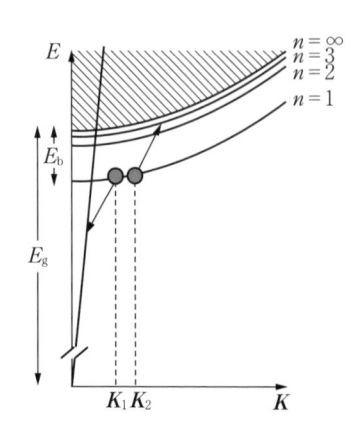

**図 3.40** 励起子-励起子散乱による発光過程の概略図

$$K_1 + K_2 = K^* \tag{3.54}$$

また，エネルギー保存則により，次式が成り立つ。

$$E_1 + \frac{\hbar^2 K_1^2}{2M_X} + E_1 + \frac{\hbar^2 K_2^2}{2M_X} = E_n + \frac{\hbar^2 K^{*2}}{2M_X} + \hbar\omega \tag{3.55}$$

ここで，$M_X$ は励起子の重心有効質量，$E_n$ は主量子数 $n$ の $K=0$ における励起子エネルギーを表している。式 (3.54) と式 (3.55) により，発光エネルギー（$\hbar\omega$）は

$$\hbar\omega = E_1 - (E_n - E_1) - \frac{\hbar^2 K_1 \cdot K_2}{M_X} \tag{3.56}$$

と定義される。右辺第 3 項は励起子の運動エネルギーの変化量（余剰運動エネルギー：excess kinetic energy）に対応し，励起子の運動エネルギーの熱統計平均値を $(3/2)k_B T_{\text{eff}}$ で表すと，発光エネルギーの平均値はつぎのように表される[26]。

## 3.4 励起子非弾性散乱過程による発光

$$\langle \hbar \omega \rangle = E_1 - (E_n - E_1) - 3\sigma k_B T_{\text{eff}}$$

$$= E_1 - \left(1 - \frac{1}{n^2}\right) E_b - 3\sigma k_B T_{\text{eff}} \quad (3.57)$$

ここで，$\sigma$ は1以下の正の定数である．式 (3.57) から，励起子-励起子散乱発光の特徴は，（1）散乱先である励起状態（$n \geq 2$）と基底状態（$n = 1$）のエネルギー差分だけ励起子エネルギーよりも低エネルギー側で発光すること，（2）励起光強度の増大に伴う励起子系の有効温度の上昇により発光ピークが低エネルギー側にシフトすることが挙げられる．また，励起子-励起子散乱発光は励起子2体の衝突に起因することから，原則的には，発光強度は励起光強度の2乗に比例して増大する．また，CuI 薄膜では，熱ひずみ効果によって縮退が解けた重い正孔励起子と軽い正孔励起子において，上で述べた高次の励起子への散乱ではなく，重い正孔励起子から軽い正孔励起子への散乱によって P 発光とその誘導放出が生じることが報告されている[103]．

図 3.41 は，励起子-電子散乱による発光過程の概略図を示している．励起子-電子散乱発光とは，$n = 1$ の励起子と伝導帯電子が非弾性衝突し，電子は散乱によって運動エネルギーが増大されてホットな電子となり，励起子は光分枝に散乱されて発光が生じる現象である．この励起子-電子散乱による発光を H 発光と呼ぶ．始状態にある一つの励起子と電子の波数ベクトルをそれぞれ $\boldsymbol{K}_1$ と $\boldsymbol{k}_1$ とし，散乱後の電子（ホットエレクトロン）の波数ベクトルを $\boldsymbol{k}^*$ とする

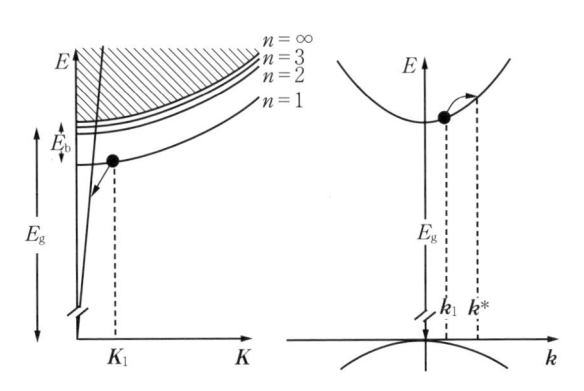

図 3.41 励起子-電子散乱による発光過程の概略図

と，波数ベクトル保存則により，次式が成り立つ。なお，光の波数ベクトルは無視できるものと仮定する。

$$K_1 + k_1 = k^* \tag{3.58}$$

また，エネルギー保存則により，次式が成り立つ。

$$\left(E_1 + \frac{\hbar^2 K_1^2}{2M_X}\right) + \left(E_1 + E_b + \frac{\hbar^2 k_1^2}{2m_e^*}\right) = \left(E_1 + E_b + \frac{\hbar^2 k^{*2}}{2m_e^*}\right) + \hbar\omega \tag{3.59}$$

$m_e^*$は正孔の有効質量（$m_h^*$）より十分に小さいので，$M_X$が$m_e^*$に比べて十分に大きいと仮定すると，式(3.59)の励起子運動エネルギーが相対的に無視できる。さらに，熱平衡状態では，励起子と電子の平均運動エネルギーが等しいために，$K_1 \gg k_1$となり，式(3.58)の波数ベクトル保存則を$K_1 = k^*$と近似すると（$k_1 \to 0$），下記の発光エネルギーの式が得られる。

$$\hbar\omega = E_1 - \frac{\hbar^2 k^{*2}}{2m_e^*} = E_1 - \frac{M_X}{m_e^*}\frac{\hbar^2 K_1^2}{2M_X} \tag{3.60}$$

励起子-電子散乱発光の発光形状（$I_H$）は，統計力学的にボルツマン分布に従い，熱分布は励起子運動エネルギー（$E_K = \hbar^2 K^2/2M_X$）により決定される。よって，$I_H$は次式のように表すことができる。

$$I_H \propto \sqrt{E_K} \exp\left(-\frac{E_K}{k_B T}\right) \tag{3.61}$$

$I_H$は

$$E_K = \frac{1}{2}k_B T \tag{3.62}$$

において最大となる。したがって，H発光のピークエネルギーは式(3.60)より次式のように導くことができる[96]。

$$\hbar\omega_{peak} = E_1 - \frac{1}{2}\frac{M_X}{m_e^*}k_B T \tag{3.63}$$

式(3.63)から，励起子-電子散乱発光特有の現象は，励起子エネルギーと発光エネルギーの差（$\Delta E$）が温度（$T$）に対して原点を通り線形的に変化することであることがわかる。励起子と衝突する電子としては，結晶に内在するドナー不純物による電子と光励起された励起子から解離した電子の2通りが考え

## 3.4 励起子非弾性散乱過程による発光

られる。ノンドープ試料の高密度励起条件では，励起子から解離した電子が内在する電子よりも圧倒的に多いと考えられるので，原則的には，励起光強度に対して，発光強度は2乗の超線形性を示す。また，励起子が熱解離するためにはある程度の温度が必要であるため，励起子-電子散乱発光は高温領域で出現する。

上記の励起子非弾性散乱過程は，光学利得を生み出し誘導放出が生じる。ここでは，励起子-励起子散乱を例に説明する。一般に，あるエネルギーの一つのモードにおける光子の生成・消滅に関する速度方程式は，次式で表される[104]。

$$\frac{dN_{\rm ph}}{dt} = -2\kappa N_{\rm ph} + \sum \frac{2\pi}{\hbar}\delta(\Delta E)|W|^2 Q \tag{3.64}$$

ここで，$N_{\rm ph}$ が光子密度，$\kappa$ が光損失係数，$W$ が遷移確率，$Q$ が関連する状態の統計分布因子（population factor）である。励起子-励起子散乱による発光過程においては，励起子を理想的なボース粒子と考えた場合には，第2量子化の手法を用いて，$Q$ は次式のように表される[104]。

$$Q = n_{\rm i}(\boldsymbol{K}_1)n_{\rm i}(\boldsymbol{K}_2)[1+n_{\rm f}(\boldsymbol{K}^*)](1+N_{\rm ph})$$
$$-N_{\rm ph}n_{\rm f}(\boldsymbol{K}^*)[1+n_{\rm i}(\boldsymbol{K}_1)][1+n_{\rm i}(\boldsymbol{K}_2)] \tag{3.65}$$

ここで，$n_{\rm i}(\boldsymbol{K}_1)$ と $n_{\rm i}(\boldsymbol{K}_2)$ は励起子散乱の始状態（$n=1$ の励起子状態）の，$n_{\rm f}(\boldsymbol{K}^*)$ は終状態（$n=2, 3, \cdots, \infty$ の高次の励起子状態）の励起子密度を表す。右辺の第1項は，励起子-励起子散乱による自然放出と誘導放出に対応し，第2項は，第1項の逆過程である再吸収過程（reabsorption process）を表している。式 (3.65) において，$N_{\rm ph}$ に比例する項（下記の $Q_{\rm stim}$）が誘導放出に関与する。

$$Q_{\rm stim} = N_{\rm ph}\{n_{\rm i}(\boldsymbol{K}_1)n_{\rm i}(\boldsymbol{K}_2) - n_{\rm f}(\boldsymbol{K}^*)[1+n_{\rm i}(\boldsymbol{K}_1)+n_{\rm i}(\boldsymbol{K}_2)]\} \tag{3.66}$$

右辺のマイナス符号の項は，いわゆる誘導吸収（stimulated absorption）に対応する。$n_{\rm i}(\boldsymbol{K}_1)$ と $n_{\rm i}(\boldsymbol{K}_2)$ は，励起光強度に比例して増大するため，統計分布因子の誘導放出項（$Q_{\rm stim}$）は $n=1$ 励起子密度の2乗に比例して増大する。励起光強度の増大に伴って $Q_{\rm stim}$ が増大し，フォトン生成率が損失率を超えると（閾

値条件),系全体としての光学利得が発生して誘導放出が生じる.誘導吸収については,式 (3.66) からわかるように,励起子の散乱先に無視できない密度の励起子が存在している必要がある.したがって,$n=1$ の励起子が高次 ($n \geq 2$) の励起子状態に熱分布することが必要であり,比較的高温において誘導吸収が寄与する.

### 3.4.2 励起子-励起子散乱による発光と光学利得

図 3.42 は,MOVPE 成長 GaN 結晶薄膜 (4 μm) の 10 K における発光スペクトルの高密度励起条件での励起光強度依存性を示している[100].図中の矢印で示した $E_A$ は,反射スペクトルより見積もった A 励起子エネルギーである.高密度励起条件では,A 励起子エネルギーよりも低エネルギー側に M と P で示した二つの発光バンドが観測される.M 発光は,3.3.2 項で述べたように,励起子分子発光である.一方,P で示す発光は閾値特性を有して出現し,励起光強度の増大とともに発光ピークが低エネルギー側にシフトしている.また,閾値近傍における発光ピークエネルギー ($E_{P-th}$) と A 励起子とのエネルギー差は約 28 meV であり,この値は GaN の励起子束縛エネルギー[105]に一致している.図 3.42 の挿入図は,P 発光バンドの積分強度の励起光強度依存性を示しており,理想値の 2 乗に近い 1.8 乗の超線形

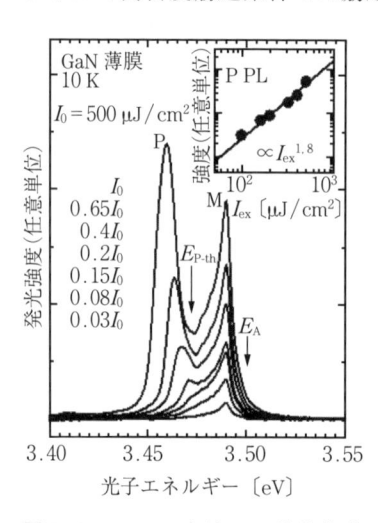

**図 3.42** MOVPE 成長 GaN 結晶薄膜 (4 μm) の 10 K における発光スペクトルの高密度励起条件での励起光強度依存性.図中の矢印で示した $E_A$ は,反射スペクトルより見積もった A 励起子エネルギーを示している.挿入図は,P 発光積分強度の励起強度依存性を示している.

性であることがわかる.以上の特徴は,P 発光が励起子-励起子散乱(この場合は $n=\infty$ への散乱)による発光 ($P_\infty$ 発光) であることを明示している.発光スペクトルの励起光強度依存性に着目すると,励起光強度が相対的に低い条

## 3.4 励起子非弾性散乱過程による発光

件では，M発光が主発光であり，P発光が出現するとM発光が飽和傾向を示している。これは，M発光とP発光の両方の起源が，励起子-励起子衝突であり，競合関係にあることに起因している。上記の励起強度依存性が2乗から低下する理由としては，励起子分子生成との競合により散乱効率が低下することが挙げられる。

P発光は，混晶系においても観測され，興味深い特徴を示す。図3.43は，MOVPE成長 $In_{0.02}Ga_{0.98}N$ 結晶薄膜（200 nm）の10 Kにおける発光スペクトルの高密度励起条件での励起光強度依存性を示している[44),101)]。ここで，破線は，吸収スペクトルを示しており，3.2.4項で述べたように，混晶化によって励起子吸収のブロードニングが生じている。図3.43は，図3.15に示した発光スペクトルの高密度励起条件での振舞いに対応する。A励起子と閾値近傍のP発光のエネルギー差（$\Delta E = E_A - E_{P2}$）は，約21 meVであり，$In_{0.02}Ga_{0.98}N$ の励起

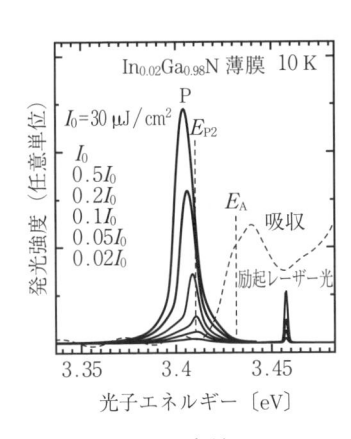

**図3.43** MOVPE成長 $In_{0.02}Ga_{0.98}N$ 結晶薄膜（200 nm）の10 Kにおける発光スペクトルの高密度励起条件での励起光強度依存性。破線は，吸収スペクトルを示している。

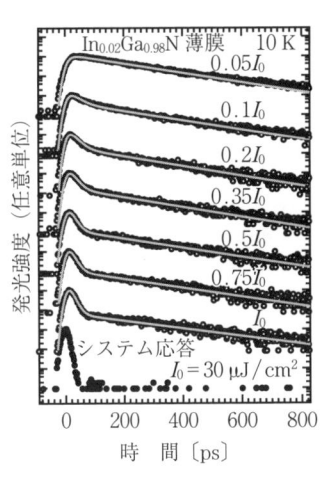

**図3.44** MOVPE成長 $In_{0.02}Ga_{0.98}N$ 結晶薄膜（200 nm）の10 Kにおける高密度励起条件での発光ピークで受光した発光減衰プロファイル（白丸）の励起光強度依存性。黒丸はシステム応答プロファイルを，実線は形状解析結果を示している。

子束縛エネルギーを GaN と同じと仮定すると（In の混晶比がわずか2%のため），$n=2$ 励起子状態への散乱による $P_2$ 発光が観測されていると結論できる。なお，励起光強度が強くなると，$P_\infty$ 発光へ移行している。図 3.42 に示した GaN との大きな違いは，P 発光が生じる励起光強度の閾値である。GaN の場合，図 3.42 から閾値は約 $100\,\mu\mathrm{J/cm^2}$ であるが，$\mathrm{In_{0.02}Ga_{0.98}N}$ の場合，図 3.43 から約 $3\,\mu\mathrm{J/cm^2}$ ときわめて低い。また，これまで報告されているどの半導体の P 発光の閾値よりも1桁以上低い。この低閾値化の原因としては，つぎのことが考えられる。$\mathrm{In_xGa_{1-x}N}$ の場合，混晶化によってポテンシャルドメインが形成されることが知られている[106]。希薄混晶 InGaN では，ポテンシャルドメインが浅く，それが励起子-励起子散乱の衝突中心として作用して散乱を促進し，閾値を低下させる要因となっている。このことは，P 発光を制御する一つの指針を与えている。また，励起子束縛エネルギーが約 4 meV と小さいナローギャップ混晶半導体 $\mathrm{GaAs_{1-x}N_x}$ においても P 発光が明確に観測されている[107]。この事実は，P 発光がワイドギャップ半導体に限定されないことを意味しており，P 発光の物理の展開がさらに興味深いものとなっている。

つぎに，P 発光のダイナミクスについて述べる。**図 3.44** は，MOVPE 成長 $\mathrm{In_{0.02}Ga_{0.98}N}$ 結晶薄膜（200 nm）の 10 K における高密度励起条件での発光ピークで受光した発光減衰プロファイル（白丸）の励起光強度依存性，システム応答プロファイル（黒丸），および，形状解析結果（実線）を示している[101]。形状解析では，3.2.3 項で述べたコンボリューション法に基づいて，式 (3.18) に示した発光の立上りを考慮した二つの減衰指数関数を用いてフィッティングしている。励起光強度が上で述べた閾値に相当する $0.1I_0 = 3\,\mu\mathrm{J/cm^2}$ から高い領域において，きわめて速い減衰成分が観測され，これが P 発光の寿命に対応する。遅い成分は，局在励起子の発光に相当する。P 発光の立上り時間（$\tau_{\mathrm{rise}}$）は，励起光強度の増大とともに短くなる。具体的には，$0.1I_0$ で $\tau_{\mathrm{rise}}=13$ ps，$I_0$ で 6 ps である。P 発光の寿命（$\tau_{\mathrm{fast}}$）も同様であり，$0.1I_0$ で $\tau_{\mathrm{fast}}=22$ ps，$I_0$ で 12 ps である。まず，立上り時間の励起光強度依存性について考察する。励起子-励起子散乱発光における立上り時間は，励起子同士の散乱速度に

## 3.4 励起子非弾性散乱過程による発光

依存し，散乱速度は以下の式によって与えられる[108]。

$$R_{X-X} \propto |M_{X-X}|^2 n_X^2 \tag{3.67}$$

ここで，$M_{X-X}$ は励起子-励起子散乱の行列要素，$n_X$ は励起子密度である。$M_{X-X}$ の波数ベクトル依存性が無視できると仮定すると，散乱速度は励起子密度の2乗，すなわち，励起光強度の2乗に比例する。したがって，励起光強度の増大とともに立上り時間が短くなるのは，励起子-励起子散乱速度の上昇を反映していると定性的に解釈できる。この実験データでは，時間分解能の限界のために，定量的な励起光強度依存性の議論ができない。CuI 結晶薄膜を対象として，フェムト秒パルス光カーゲート法 (optical Kerr gating method) を用いて 0.4 ps の時間分解能で P 発光のダイナミクスに関する精密な実験が行われ，立上り時間の逆数が励起光強度の 1.8 乗に依存するという結果が得られている[109]。ここで，フェムト秒パルス光カーゲート法とは，フェムト秒パルスレーザーをカー媒質に照射して複屈折性を生じさせ，サブピコ秒オーダーの超高速シャッターとして利用する方法である。文献 109) では，カー媒質として SFS1 ガラスが用いられている。

P 発光の寿命に関しては，励起光強度が高くなることによる発光ピークエネルギーの低エネルギーシフト（図 3.43 参照）と同期して短くなっている。P 発光の寿命は，光子分枝に散乱された片方の励起子のポラリトン状態における光子成分に依存する[109]。すなわち，光子成分が多いほど寿命が短くなる。P 発光のエネルギーが低エネルギーシフトするということは，励起子ポラリトンのボトルネック領域から離れることに対応し，それに伴って光子成分が増大する。これが，P 発光寿命の励起光強度依存性の定性的な解釈である。**図 3.45** は，rf マグネトロンスパッタリング成長 ZnO 結晶薄膜（4 μm）における P 発光寿命の逆数と発光エネルギーの関係を示している[102]。測定は，光カーゲート法によって行われた。丸印が実験結果を，破線は，ZnO の下枝励起子ポラリトンの群速度のエネルギー依存性の計算結果をスケーリングしたものである。この結果から，P 発光の寿命は，励起子ポラリトンの群速度に依存していることが明らかである。すなわち，P 発光は励起子ポラリトン発光の特性を持

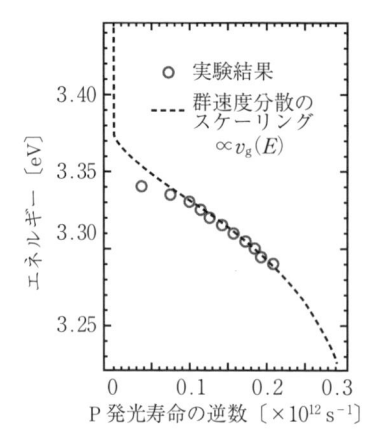

**図 3.45** rf マグネトロンスパッタリング成長 ZnO 結晶薄膜（4 μm）における P 発光寿命の逆数と発光エネルギーの関係。破線は，ZnO の励起子ポラリトン（下枝）の群速度のエネルギー依存性の計算結果をスケーリングしたものである。

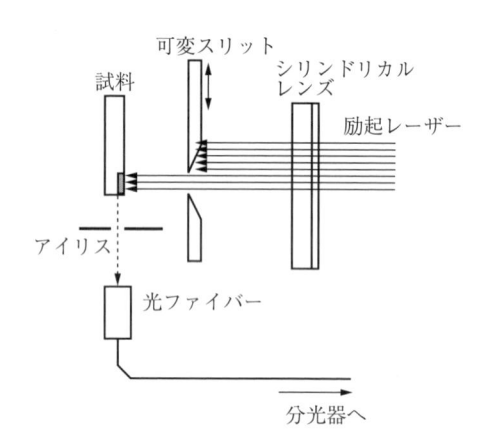

**図 3.46** VSL 法の概略図

つ。

3.4.1 項において，励起子-励起子散乱過程では誘導放出が生じることを理論的に述べた。誘導放出の証明は，光学利得の存在を実験的に明らかにすることである。その実験方法としては，励起光のストライプ長を変化させて薄膜端面からの発光強度のストライプ長依存性を測定する方法（variable stripe length method：VSL 法）が広く用いられている[110]。なお，文献 110) では，VSL 法を用いて CuCl バルク結晶における励起子分子発光の光学利得が測定されている。図 3.46 は，VSL 法の概略図を示している。あるエネルギー（$\hbar\omega$）において光学利得が存在する場合，試料端面から放出される発光強度 $I(\hbar\omega)$ は，次式のように表される[110]。

$$I(\hbar\omega) = \frac{I_s(\hbar\omega)\{\exp[g(\hbar\omega)L]-1\}}{g(\hbar\omega)} \quad (3.68)$$

ここで，$I_s(\hbar\omega)$ が自然放出光強度，$g(\hbar\omega)$ が光学利得，$L$ がストライプ長である。なお，VSL 法で求められる光学利得は，光路の光学損失を含んだものであ

る。図 3.47 は，（a）VSL 法によって測定した MOVPE 成長 GaN 結晶薄膜（4 μm）の 10 K における P 発光スペクトルのストライプ長依存性と（b）積分発光強度のストライプ長依存性を示している。図 3.47（b）の実線は，式 (3.68) に基づくフィッティング結果を示しており，光学利得は 75 cm$^{-1}$ と見積もられる。このように，励起子-励起子散乱による光学利得の発生が実証された。したがって，キャビティ構造を付け加えると，レーザー発振が生じることが期待される。文献 98) で報告された ZnO 微結晶薄膜の室温でのレーザー発振は，微結晶粒界が偶然的に P 発光のキャビティとして作用したものである。

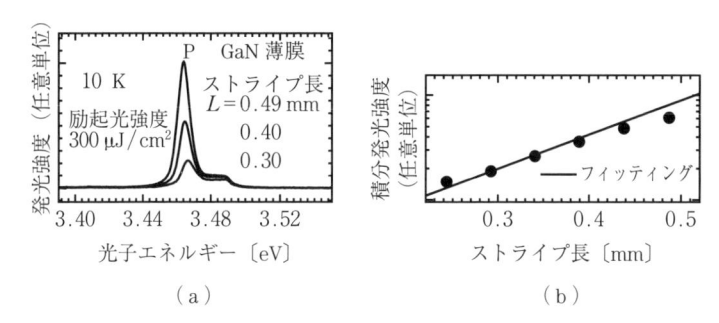

**図 3.47** （a）VSL 法によって測定した MOVPE 成長 GaN 結晶薄膜（4 μm）の 10 K における P 発光スペクトルのストライプ長依存性。（b）積分発光強度のストライプ長依存性。実線は，式 (3.68) に基づくフィッティング結果を示している。

### 3.4.3　励起子 - 電子散乱による発光と光学利得

図 3.48 は，MOVPE 成長 GaN 結晶薄膜（4 μm）の室温における発光スペクトルの高密度励起条件での励起光強度依存性を示している[99]。ここで，図中の矢印 $E_A$ は反射スペクトルおよび弱励起条件での発光スペクトルより見積もった A 励起子エネルギーを示している。室温としてはシャープな H 発光が閾値特性を有して出現し，発光強度が励起光強度の増大に対して超線形的に増大している。H 発光の閾値近傍の発光ピークエネルギー（$E_{H-th}$）と $E_A$ のエネルギー差（$\Delta E = E_A - E_{H-th}$）は約 91 meV で，励起子束縛エネルギー（28 meV）よりもはるかに大きい。この H 発光の特性は，式 (3.63) で示された発光ピー

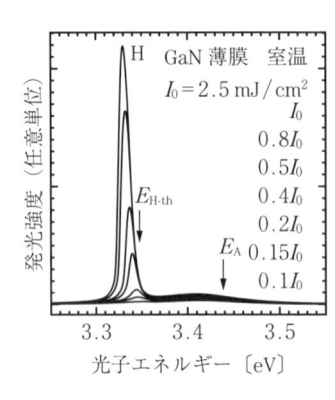

**図 3.48** MOVPE 成長 GaN 結晶薄膜（4 μm）の室温における発光スペクトルの高密度励起条件での励起光強度依存性。図中の矢印 $E_A$ は，反射スペクトルおよび発光スペクトルより見積もった A 励起子エネルギーを示している。

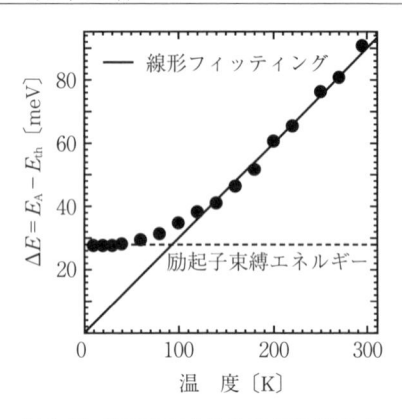

**図 3.49** MOVPE 成長 GaN 結晶薄膜（4 μm）の高密度励起条件特有の発光バンド（P と H）の $\Delta E$ の温度依存性。$\Delta E$ は，閾値近傍の発光ピークエネルギーと $E_A$ のエネルギー差を意味する。

クエネルギーの温度依存性（$\Delta E \propto T$）によって明らかとなる。図 3.49 は，MOVPE 成長 GaN 結晶薄膜（4 μm）の高密度励起条件特有の発光バンド（P と H）の閾値近傍における $\Delta E$ の温度依存性を示している[100]。$\Delta E$ は，低温領域（約 80 K 以下）では励起子束縛エネルギー 28 meV（横破線）とほぼ一致するが，高温領域（約 120 K 以上）では 28 meV を超えて，温度 $T$ に対し原点（絶対零度で $\Delta E = 0$）を通り線形的に変化する。その定量的な線形関係は，$\Delta E = 0.30T$〔meV〕である。以上の結果は，高密度励起条件下において，10 K から 80 K の低温領域では励起子-励起子散乱発光が生じ，それ以上の温度では発光メカニズムが変遷し，120 K から室温の高温領域では励起子-電子散乱発光が生じていることを示している。

さらに，図 3.49 の $\Delta E = 0.30T$〔meV〕の線形関係の傾きから，式 (3.63) に基づくと，電子と励起子の有効質量の比が $M_X/m_e^* = 7.0$ であると評価できる。ここで，GaN の電子の有効質量を $m_e^* = 0.20\,m_0$ と仮定すると[111]，A バンド正孔の有効質量は $m_h^* = 1.2\,m_0$ と見積もることができる。GaN の A バンド

## 3.5 薄膜における励起子重心運動の量子化と光学応答

正孔の有効質量は, $m_\mathrm{h}^* = 1.2\,m_0^{105)}$, $1.0\,m_0^{112)}$ という報告があり, 実験結果より導出した値と一致している。このように, 発光エネルギーの温度依存性から有効質量の評価ができるというのは, 光物性においてはきわめて特殊なことであり, H発光の観測の意義を示すものである。

励起子-励起子散乱のように理論化はされていないが, 励起子-電子散乱においても光学利得が発生する。図3.50は, (a) VSL法によって測定したMOVPE成長GaN結晶薄膜 (4 μm) の室温におけるH発光スペクトルのストライプ長依存性と (b) 式(3.68)に基づいて(a)の二つの発光スペクトルから計算した光学利得スペクトルを示している[99]。H発光のエネルギー領域に, 明確に光学利得が存在し, その値はピーク値で70 cm$^{-1}$であり, 上で述べた励起子-励起子散乱の光学利得とほぼ等しい。このように, 室温において容易に光学利得を得られるということから, 励起子-電子散乱発光の光機能性デバイスへの応用が期待される。

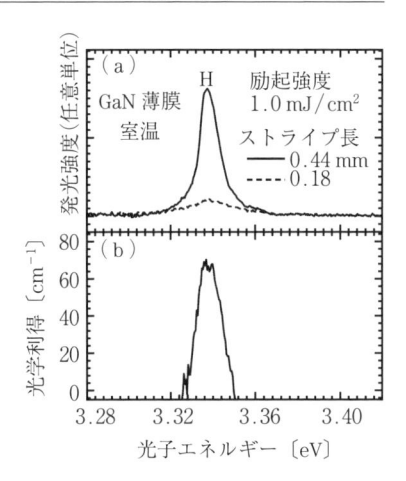

図3.50 (a) VSL法によって測定したMOVPE成長GaN結晶薄膜 (4 μm) の室温におけるH発光スペクトルのストライプ長依存性。(b) 式(3.68)に基づいて, (a) の二つの発光スペクトルから計算した光学利得スペクトル。

## 3.5 薄膜における励起子重心運動の量子化と光学応答

薄膜の膜厚が励起子の有効ボーア直径よりも大きい場合, 表面と界面がきわめて平坦な薄膜では, 励起子重心運動の量子化 (center-of-mass quantization), もしくは, 励起子閉じ込め (exciton confinement), 弱い閉じ込め (weak confinement) と呼ばれる現象が生じる。なお, 量子井戸や超格子の場合は, 電子・正孔個別閉じ込め (individual confinement of electron and hole),

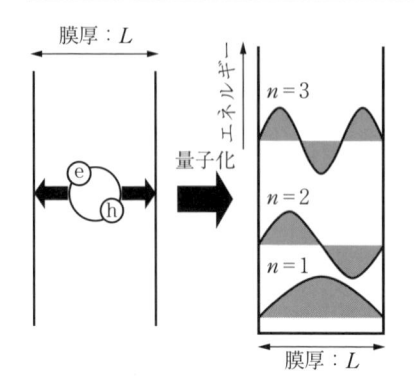

**図 3.51** 励起子重心運動の量子化の概略図

もしくは，強い閉じ込め（strong confinement）と呼ぶ．励起子重心運動の量子化を概略的に示したのが図 3.51 である．励起子重心運動の量子化の場合，無限障壁を仮定すると，膜厚が $L$ の量子化励起子エネルギー（$E_n$）は，以下の式で与えられる．

$$E_n = E_g - E_b + \frac{\hbar^2}{2M_X}\left(\frac{n\pi}{L}\right)^2 \tag{3.69}$$

また，その遷移確率は，励起子重心運動を定在波として取り扱うことができるので，2.3 節の励起子遷移の量子論に基づくと

$$P_n \propto \left|\int_0^L \sin\left(\frac{n}{L}\pi z\right)dz\right|^2 |\varphi_{ls}(0)|^2 |P_{cv}|^2 \tag{3.70}$$

となる．したがって，空間積分項から，光学遷移選択則は

$$n = 1, 3, 5, \cdots (\text{odd}) \tag{3.71}$$

で許容となり，振動子強度は，閉じ込め量子数に対して

$$f_n \propto \frac{1}{n^2} \tag{3.72}$$

となる．

励起子重心運動の量子化に関しては，1984 年に報告された AlGaAs/GaAs（500 nm）/AlGaAs ダブルヘテロ構造における発光スペクトルの微細構造の観測が最初であり[113]，Kusano らによって，同じく GaAs エピタキシャル薄膜を対象としてさらに詳細な発光スペクトルの周期的変調が観測された[114]．しかし，これらの研究では，光学遷移選択則や振動子強度に関しては十分に解釈されなかった．高品位の CuCl 結晶薄膜を対象に，励起子重心運動の量子化の物理が初めて明確になった[115]．図 3.52 は，膜厚が 15.7 nm，12.4 nm，9.7 nm の CuCl 薄膜の 2 K における透過スペクトルを示している[115]．白丸を付してい

## 3.5 薄膜における励起子重心運動の量子化と光学応答

る曲線は，CuCl の励起子ポラリトン分散関係を示しており，白丸の波数ベクトルは量子化を考慮して $n\pi/L$ で定義されている．図3.52 において，明確に上記の光学遷移選択則が成立していることが明らかである．また，スペクトル強度も，ほぼ $1/n^2$ に依存している．層状半導体である $PbI_2$ 結晶薄膜では，上記の CuCl 結晶薄膜よりもさらに明確な励起子重心運動の量子化が観測され[116]，ブリルアンゾーン全体にわたる励起子分散関係が実験的に決定されている[117]．

励起子重心運動の量子化は，上記の線形光学応答だけでなく，非線形光学応答においてきわめて興味深い現象を生み出す．Akiyamaらは，MBE 成長 GaAs エピタキシャル膜を対象として，縮退4光波混合分光法により，ある特定の膜厚（110 nm）において，量子化された励起子状態に由来する3次の非線形感受率が大きく増強されることを観測した[118]．Ishihara らは，非局所応答理論を用いて，上記の現象が，量子化励起子波動関数と輻射場の空間構造との相関が原因であることを明らかにした[119]．これは，従来の光の空間構造を考慮しない長波長近似では説明できない新たな光と物質の相互作用を提言している．また，CuCl 結晶薄膜では，縮退4光波混合分光法により，100 fs 級の超高速

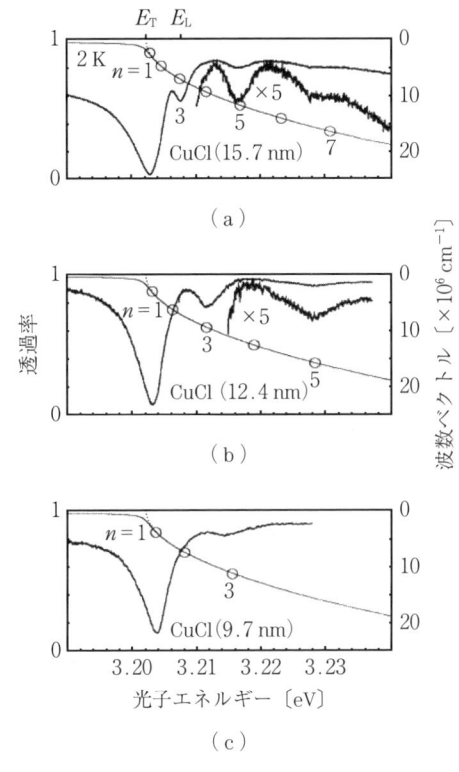

図 3.52　膜厚が（a）15.7 nm，（b）12.4 nm，（c）9.7 nm の CuCl 結晶薄膜の 2 K における透過スペクトル．白丸を付している曲線は，CuCl の励起子ポラリトン分散関係を示しており，白丸の波数ベクトルは量子化を考慮して $n\pi/L$ としている[115]．(Reprinted with permission. Copyright (1993) by the American Physical Society.)

輻射緩和を伴う非線形光学応答が報告されている[120]。

## 3.6 励起子状態に対する格子ひずみ効果

薄膜構造においては，基板との格子不整合（lattice mismatch），ヘテロ接合構造における構成半導体間の格子不整合，熱膨張係数の違いによる熱ひずみなどによって，薄膜の励起子状態（エネルギーや序列）が大きく変化する。このような格子ひずみ効果は，薄膜構造を評価するという観点において，きわめて重要なものである。励起子束縛エネルギーに対する格子ひずみ効果は通常はきわめて小さいので，バンド構造に対する格子ひずみ効果に置き換えることができる。本節では，$\bm{k}\cdot\bm{p}$ 摂動論に基づいて，閃亜鉛鉱型半導体とウルツ鉱型半導体における Γ 点バンド構造と励起子状態に対する格子ひずみ効果の理論と実験結果について解説する。

### 3.6.1 閃亜鉛鉱型半導体における格子ひずみ効果の理論

図 3.53 は，薄膜における格子ひずみの概略図を示している。ここで，$x$, $y$, $z$ 方向は，それぞれ [100]，[010]，[001] 方向を意味している。以下では，式 (3.73) に示すように面内に 2 軸性ひずみ（biaxial strain）が存在し，それが等方的であると仮定する。これは，エピタキシャル薄膜における一般的な仮定である。

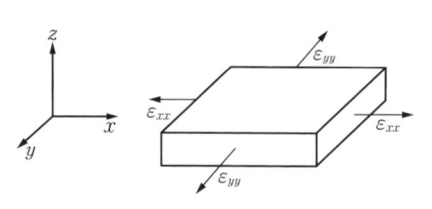

**図 3.53** 薄膜における格子ひずみの概略図

$$\varepsilon_{xx}=\varepsilon_{yy}\equiv\varepsilon_{/\!/},\ \varepsilon_{zz}\equiv\varepsilon_{\perp} \tag{3.73}$$

まず，弾性論について述べる。この条件における点群 $T_d$ の閃亜鉛鉱構造では，応力-ひずみ関係（stress-strain relation）は以下の式で与えられる。

## 3.6 励起子状態に対する格子ひずみ効果

$$\begin{pmatrix} \sigma_{xx}=\sigma_{/\!/} \\ \sigma_{yy}=\sigma_{/\!/} \\ \sigma_{zz}=0 \\ \sigma_{yz}=0 \\ \sigma_{zx}=0 \\ \sigma_{xy}=0 \end{pmatrix} = \begin{pmatrix} C_{11} & C_{12} & C_{12} & 0 & 0 & 0 \\ C_{12} & C_{11} & C_{12} & 0 & 0 & 0 \\ C_{12} & C_{12} & C_{11} & 0 & 0 & 0 \\ 0 & 0 & 0 & C_{44} & 0 & 0 \\ 0 & 0 & 0 & 0 & C_{44} & 0 \\ 0 & 0 & 0 & 0 & 0 & C_{44} \end{pmatrix} \begin{pmatrix} \varepsilon_{xx}=\varepsilon_{/\!/} \\ \varepsilon_{yy}=\varepsilon_{/\!/} \\ \varepsilon_{zz}=\varepsilon_{\perp} \\ \varepsilon_{yz}=0 \\ \varepsilon_{zx}=0 \\ \varepsilon_{xy}=0 \end{pmatrix} \quad (3.74)$$

ここで,$\sigma_{/\!/}$ は面内応力,$C_{ij}$ は弾性スティフネス定数 (elastic stiffness constant) である。式 (3.74) より

$$\varepsilon_{\perp} = -2\frac{C_{12}}{C_{11}}\varepsilon_{/\!/} \quad (3.75)$$

の関係が得られる。

つぎに,$\boldsymbol{k}\cdot\boldsymbol{p}$ 摂動論に基づいて,Γ点バンド構造に対する格子ひずみ効果の理論を述べる。文献 121) に基づくと,価電子帯に対するひずみハミルトニアンは,軌道角運動量に対するひずみハミルトニアン $H_1$ とスピン-軌道相互作用に対するひずみハミルトニアン $H_2$ の和で与えられる。

$$H_{\text{strain}} = H_1 + H_2 \quad (3.76)$$

$$H_1 = -a_1(\varepsilon_{xx}+\varepsilon_{yy}+\varepsilon_{zz})$$

$$-3b_1\left[\left(L_x^2-\frac{L^2}{3}\right)\varepsilon_{xx}+\left(L_y^2-\frac{L^2}{3}\right)\varepsilon_{yy}+\left(L_z^2-\frac{L^2}{3}\right)\varepsilon_{zz}\right]$$

$$-\sqrt{3}\,d_1\left[(L_xL_y+L_yL_x)\varepsilon_{xy}+(L_yL_z+L_zL_y)\varepsilon_{yz}+(L_zL_x+L_xL_z)\varepsilon_{zx}\right]$$

$$(3.77)$$

$$H_2 = -a_2(\varepsilon_{xx}+\varepsilon_{yy}+\varepsilon_{zz})(\boldsymbol{L}\cdot\boldsymbol{\sigma})$$

$$-3b_2\left[\left(L_x\sigma_x-\frac{\boldsymbol{L}\cdot\boldsymbol{\sigma}}{3}\right)\varepsilon_{xx}+\left(L_y\sigma_y-\frac{\boldsymbol{L}\cdot\boldsymbol{\sigma}}{3}\right)\varepsilon_{yy}+\left(L_z\sigma_z-\frac{\boldsymbol{L}\cdot\boldsymbol{\sigma}}{3}\right)\varepsilon_{zz}\right]$$

$$-\sqrt{3}\,d_2\left[(L_x\sigma_y+L_y\sigma_x)\varepsilon_{xy}+(L_y\sigma_z+L_z\sigma_y)\varepsilon_{yz}+(L_z\sigma_x+L_x\sigma_z)\varepsilon_{zx}\right]$$

$$(3.78)$$

ここで,$a_i$,$b_i$,$d_i$ は,それぞれ静水圧変形ポテンシャル (hydrostatic deformation potential），正方晶変形ポテンシャル（tetragonal deformation potential：shear deformation potential とも呼ぶ），斜方晶変形ポテンシャル（trigonal deformation potential）であり，添字の1と2はハミルトニアン $H_1$ と $H_2$ に対応している．変形ポテンシャルは，電子-格子相互作用によるバンド構造の変化の大きさに対応するパラメータである．$L$ は軌道角運動量演算子，$\sigma$ はスピン演算子を表している．本項では，主軸方向の格子ひずみを対象とするので，[111]方向のひずみに作用する斜方晶変形ポテンシャル $d$ は以後考慮しない．

重い正孔，軽い正孔，スプリットオフ正孔の基底関数を考慮すると，主軸方向のひずみに対する価電子帯のハミルトニアンは，以下の式で与えられる[121]．

$$\text{HH}|3/2, \pm 3/2\rangle \quad \text{LH}|3/2, \pm 1/2\rangle \quad \text{SOH}|1/2, \pm 1/2\rangle$$

$$H = \begin{pmatrix} -\delta E_\text{H} - \dfrac{1}{2}\delta E_\text{T} & 0 & 0 \\ 0 & -\delta E_\text{H} + \dfrac{1}{2}\delta E_\text{T} & \dfrac{1}{\sqrt{2}}\delta E_\text{T}' \\ 0 & \dfrac{1}{\sqrt{2}}\delta E_\text{T}' & -\Delta_\text{so} - \delta E_\text{H}' \end{pmatrix} \quad (3.79)$$

ここで，$\Delta_\text{so}$ はスピン-軌道相互作用エネルギーを意味している．式 (3.79) の各項は

$$\left.\begin{aligned} \delta E_\text{H} &= (a_1 + a_2)(\varepsilon_{xx} + \varepsilon_{yy} + \varepsilon_{zz}) \\ \delta E_\text{H}' &= (a_1 - 2a_2)(\varepsilon_{xx} + \varepsilon_{yy} + \varepsilon_{zz}) \\ \delta E_\text{T} &= 2(b_1 + 2b_2)(\varepsilon_{zz} - \varepsilon_{xx}) \\ \delta E_\text{T}' &= 2(b_1 - b_2)(\varepsilon_{zz} - \varepsilon_{xx}) \end{aligned}\right\} \quad (3.80)$$

と与えられる．$\delta E_\text{H}$ と $\delta E_\text{H}'$ は静水圧変形エネルギーシフト，$\delta E_\text{T}$ と $\delta E_\text{T}'$ は正方晶変形エネルギーシフトである．一般に，$H_1$ の作用の方が $H_2$ よりもかなり大きいので，$a_1 \gg a_2$，$b_1 \gg b_2$ の条件が成立する．等方的2軸性格子ひずみを仮定すると，$\delta E_\text{H}$ と $\delta E_\text{T}$ はつぎのように与えられる（$\delta E_\text{H}'$ と $\delta E_\text{T}'$ も同様）．

$$\delta E_\text{H} = a_\text{v}(\varepsilon_{xx} + \varepsilon_{yy} + \varepsilon_{zz}) = 2a_\text{v}\dfrac{C_{11} - C_{12}}{C_{11}}\varepsilon_{/\!/} \quad (3.81)$$

## 3.6 励起子状態に対する格子ひずみ効果

$$\delta E_{\mathrm{T}} = 2b(\varepsilon_{zz} - \varepsilon_{xx}) = -2b\frac{C_{11} + 2C_{12}}{C_{11}}\varepsilon_{//} \tag{3.82}$$

ここで，$a_{\mathrm{v}} = a_1 + a_2$，$b = b_1 + 2b_2$ である。最終的に，各正孔バンドに対する2軸性格子ひずみによるエネルギーシフトは，式 (3.79) の固有値から以下のように与えられる[121),122)]。

$$\Delta E_{\mathrm{HH}} = -\delta E_{\mathrm{H}} - \frac{1}{2}\delta E_{\mathrm{T}} \tag{3.83}$$

$$\Delta E_{\mathrm{LH}} = -\delta E_{\mathrm{H}} + \frac{1}{2}\delta E_{\mathrm{T}} + \frac{(\delta E_{\mathrm{T}}')^2}{2\Delta_{\mathrm{so}}} + \cdots \tag{3.84}$$

$$\Delta E_{\mathrm{SO}} = -\Delta_0 - \delta E_{\mathrm{H}}' - \frac{(\delta E_{\mathrm{T}}')^2}{2\Delta_{\mathrm{so}}} + \cdots \tag{3.85}$$

以上の理論式から，ひずみがある条件での閃亜鉛鉱型半導体の価電子帯は，$\delta E_{\mathrm{H}}$ によって平均エネルギーがシフトし，$\delta E_{\mathrm{T}}$ によって重い正孔バンドと軽い正孔バンドが分裂すること（縮退が解けること）が理解できる。

つぎに，伝導帯の Γ 点に対するひずみ効果について述べる。伝導帯の Γ 点の基底関数は s 型関数で表されて球対称であるために，価電子帯とは異なり，静水圧変形成分のみの影響を受ける。伝導帯の静水圧変形ポテンシャルを $a_{\mathrm{c}}$ とすると，ひずみ効果によるエネルギー変化量は

$$\delta E_{\mathrm{c,H}} = a_{\mathrm{c}}(\varepsilon_{xx} + \varepsilon_{yy} + \varepsilon_{zz}) = 2a_{\mathrm{c}}\frac{C_{11} - C_{12}}{C_{11}}\varepsilon_{//} \tag{3.86}$$

となる。したがって，光学測定で観測される重い正孔バンドギャップエネルギーのひずみシフト量（$\Delta E_{\mathrm{g,HH}}$）と軽い正孔バンドギャップエネルギーのひずみシフト量（$\Delta E_{\mathrm{g,LH}}$）は，以下のように与えられる。

$$\Delta E_{\mathrm{g,HH}} = \delta E_{\mathrm{g,H}} + \frac{1}{2}\delta E_{\mathrm{T}} \tag{3.87}$$

$$\Delta E_{\mathrm{g,LH}} = \delta E_{\mathrm{g,H}} - \frac{1}{2}\delta E_{\mathrm{T}} - \frac{(\delta E_{\mathrm{T}}')^2}{2\Delta_{\mathrm{so}}} \tag{3.88}$$

ここで，$\delta E_{\mathrm{g,H}} = \delta E_{\mathrm{c,H}} + \delta E_{\mathrm{v,H}}$，$\delta E_{\mathrm{v,H}}$ は上記の価電子帯の静水圧変形ポテンシャル項を意味しており，バンドギャップエネルギーに対する静水圧変形ポテン

シャルは $a=a_\mathrm{c}+a_\mathrm{v}$ となる。第1原理計算から, $a_\mathrm{c} \gg a_\mathrm{v}$ であることが示されている[123]。正方晶変形ポテンシャル項に関しては, $\delta E_\mathrm{T} \approx \delta E_\mathrm{T}'$ と近似できる。

表3.4に, 主要な閃亜鉛鉱型半導体のひずみ効果に関するパラメータ値をまとめている。

表3.4 主要な閃亜鉛鉱型半導体のひずみ効果に関するパラメータ値

| 半導体 | $a$ [eV] | $b$ [eV] | $d$ [eV] | $C_{11}$ [GPa] | $C_{12}$ [GPa] | $C_{44}$ [GPa] | $\Delta_\mathrm{so}$ [eV] |
|---|---|---|---|---|---|---|---|
| AlAs | −8.11 | −2.3 | −3.4 | 1 250 | 534 | 542 | 0.28 |
| GaAs | −8.33 | −2.0 | −4.8 | 1 221 | 566 | 600 | 0.341 |
| c-GaN | −7.4 | −2.2 | −3.4 | 293 | 159 | 155 | 0.017 |
| GaP | −9.9 | −1.6 | −4.6 | 1 405 | 620 | 703 | 0.10 |
| GaSb | −8.3 | −2.0 | −4.7 | 884 | 402 | 432 | 0.76 |
| InAs | −6.08 | −1.8 | −3.6 | 833 | 453 | 396 | 0.39 |
| InP | −6.6 | −2.0 | −5.0 | 1 011 | 561 | 456 | 0.108 |

〔注〕 すべての数値は文献124) から引用

GaAsを例にすると, 上記の理論から, $x=[001]$方向と$y=[010]$方向の2軸性等方的格子ひずみの場合, $\delta E_\mathrm{g.H} = -8.94\varepsilon_\parallel$ [eV], $\delta E_\mathrm{T} = 7.71\varepsilon_\parallel$ [eV] となる。なお, 圧縮ひずみ (compressive strain) の場合を $\varepsilon_\parallel < 0$, 引張ひずみ (tensile strain) の場合を $\varepsilon_\parallel > 0$ とする。すなわち, 1%の面内圧縮ひずみに

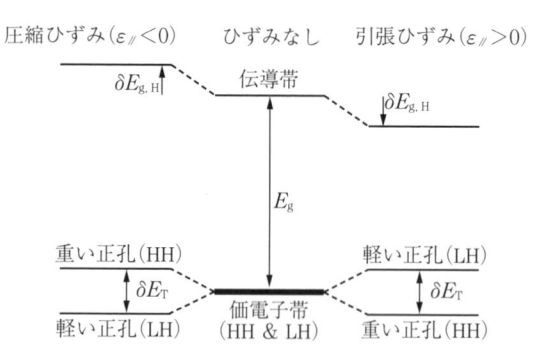

図3.54 閃亜鉛鉱型半導体における格子ひずみ効果による伝導帯と価電子帯のΓ点におけるエネルギーの変化の概略図

よって，バンドギャップエネルギーの重心は 89 meV 大きくなり，重い正孔バンドと軽い正孔バンドは 77 meV 分裂する．図 3.54 は，上記の理論に基づいて，格子ひずみ効果による伝導帯と価電子帯の Γ 点におけるエネルギーの変化を概略的に表したものである．なお，式 (3.88) の右辺第 3 項は相対的に寄与が小さいので図では無視している．結晶中に格子欠陥や不純物が存在すると，その周辺の局所的ひずみによってバンド構造が局所的に変化する．したがって，局所ひずみ効果は，吸収や発光スペクトルのブロードニングを引き起こす．このことは，半導体結晶の評価において重要な事項であり，留意する必要がある．

### 3.6.2 光変調反射分光法

ひずみエピタキシャル構造（strained epitaxial structure）における励起子状態に関する実験結果を述べる前に，きわめて高感度に励起子遷移を検出することができる光変調反射分光法について述べる．吸収スペクトル測定が困難な試料では，3.2.2 項で述べた発光励起分光法によって励起子エネルギーを評価するのが一般的であるが，光変調反射分光法はそれよりも高感度，かつ，簡便な手法である．変調分光法（modulation spectroscopy）とは，試料に周期的な物理的外部摂動（電場，圧力，温度など）を与えてバンド構造を微小に変調し，それに同期した反射光や透過光の変調成分を検出する方法であり，高感度に状態密度特異点の光学遷移を測定することができる[125]．言い換えれば，状態密度特異点以外の光学遷移は，ベースラインとなりスペクトル上にほとんど現れない．光変調反射分光法は，図 3.55 に概略的に示したように，半導体表面近傍での不純物準位や表面準位によるフェルミ準位ピニング（Fermi level pinning）に起因する表面ポテンシャル湾曲を光励起キャリアで変調する分光法であり[11),126)]，光励起による一種の電場変調反射分光法（electroreflectance spectroscopy）とみなすことができる．図 3.56 は，光変調反射分光法の実験系の概略図を示している．変調用のレーザーパワーは 1 mW 程度かそれ以下で十分であり，チョッピング周波数は数百 Hz 程度である．ロックイン増幅器

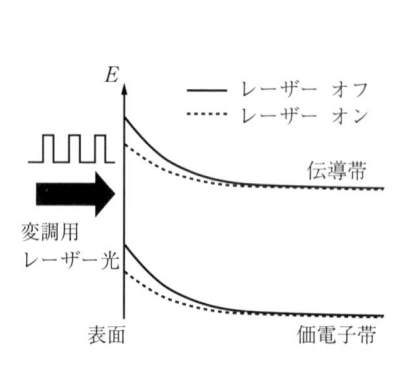

**図 3.55** 光変調反射機構の概略図 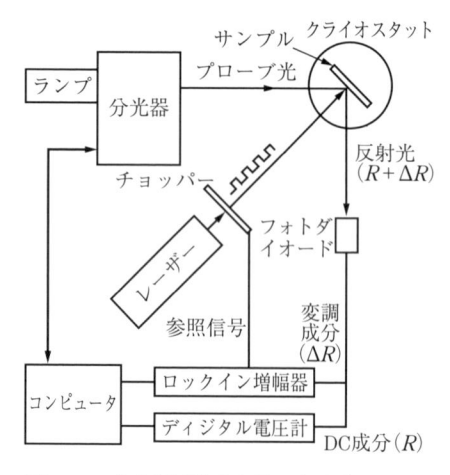　　**図 3.56** 光変調反射分光法の実験系の概略図

(lock-in amplifier) は，変調に同期した反射率変調成分 ($\Delta R$) を選択的に検出するために用いる。$\Delta R/R$ は，一般的に $10^{-3} \sim 10^{-5}$ オーダーである。光変調反射分光法では，測定のための試料の加工は何も必要なく，どのような半導体試料にも適用できる。変調用のレーザーはキャリアを生成するために，対象とする半導体のバンドギャップエネルギー以上の光を出す必要があるが，上で述べたように必要とする出力が小さいので，ランプを分光した光でも代用できる。電場変調反射分光法も同様な実験系で測定するが，異なるところは，変調に光を用いずに，試料に直接に周期的バイアス電圧を印加することである。そのために，試料構造には，pn 接合，もしくは，ショットキー接合が必要となる。

　光変調反射スペクトルから光学遷移エネルギーを決定するためには，変調機構に基づいたスペクトル形状解析を行う必要がある。この形状解析の必要性が，データ処理の煩雑さを生み出し，変調分光法の弱点ともいえる。上で述べたように，光変調反射分光法は一種の電場変調反射分光法として取り扱うことができることから，電場変調反射信号に対する理論に基づいたスペクトル形状解析が一般的に行われている。信号幅が比較的広い場合や励起子性が弱い場合は，以下で述べる 3 階微分関数形状（third derivative functional form）を用いて形状解析を行う[127]。一般に，電場変調反射スペクトル強度 ($\Delta R/R$) は，半

導体の誘電関数の変調成分（$\Delta\varepsilon$）で表される[128]。

$$\frac{\Delta R}{R} = \alpha\Delta\varepsilon_1 + \beta\Delta\varepsilon_2 \tag{3.89}$$

$\alpha$ と $\beta$ はセラフィン係数（Seraphin coefficient），$\Delta\varepsilon_1$（$\Delta\varepsilon_2$）は誘電関数の実部（虚部）の変調成分である．半導体結晶の基礎吸収端周辺のエネルギー領域では，$\alpha \gg \beta$ なので[128]，$\Delta\varepsilon_1$ のみが電場変調反射スペクトルに寄与すると近似できる．状態密度特異点での光学遷移の場合，電場変調による誘電関数の変調成分は次式によって与えられる[127]．

$$\Delta\varepsilon \propto \frac{\partial^3 (E^2\varepsilon)}{\partial E^3} \tag{3.90}$$

ゆえに，式 (3.90) に基づく形状解析は 3 階微分形状解析と呼ばれている．Aspnes は，3 階微分形状解析に関して下記の形状解析式を導出した[127]．

$$\frac{\Delta R}{R} = \mathrm{Re}\left[\sum_{j=1}^{p} C_j \exp(i\phi_j)(E - E_j + i\Gamma_j)^{-m}\right] \tag{3.91}$$

ここで，$p$ は対象とする光学遷移信号の数であり，$j$ はその指数である．$C_j$ が信号の振幅，$\phi_j$ が位相因子，$E_j$ が特異点遷移エネルギー，$\Gamma_j$ がブロードニング因子である．また，$m$ は状態密度の次元性により決まるパラメータで，3 次元では $m = 2.5$，2 次元では 3 となる．したがって，$C_j$，$\phi_j$，$E_j$，$\Gamma_j$ がフィッティングパラメータとなる．なお，励起子性が強い極低温でのシャープな信号の場合，電場変調反射信号の形状解析は，下記の励起子誘電関数の 1 階微分形状解析を適用するのが妥当である[129), 130)]．

$$\Delta\varepsilon(E_j, \Gamma_j, f_j, \Delta F) = \left(\frac{\partial\varepsilon}{\partial E_j}\frac{\partial E_j}{\partial F} + \frac{\partial\varepsilon}{\partial \Gamma_j}\frac{\partial \Gamma_j}{\partial F} + \frac{\partial\varepsilon}{\partial f_j}\frac{\partial f_j}{\partial F}\right)\Delta F \tag{3.92}$$

ここで，$\varepsilon$ は励起子誘電関数，$F$ は電場強度，$f_j$ は励起子振動子強度である．

### 3.6.3 閃亜鉛鉱型ひずみエピタキシャル構造の励起子状態

図 3.57 は，MOVPE 成長 $GaAs_{1-x}N_x$（500 nm）/GaAs ひずみエピタキシャル構造の 10 K における光変調反射スペクトルの窒素混晶比（$x$）依存性を示している[131]．ここで，エピタキシャル構造という言葉を使っているのは，

GaAs$_{1-x}$N$_x$ が GaAs 基板上にコヒーレントに成長していることを意味するためである。具体的には，格子不整合が界面欠陥（interface defect）を作らずに面内の弾性ひずみによってコヒーレントに緩和していることを意味し，結晶成長の分野ではpseudomorphic 成長と呼ばれる。pseudomorphic 成長の場合，面内の格子定数はヘテロ接合において一致する。GaAs$_{1-x}$N$_x$（500 nm）/GaAs ひずみエピタキシャル構造の場合は，GaAs$_{1-x}$N$_x$ エピタキシャル層の格子定数が，GaAs 基板と一致するように格子不整合ひずみが生じる。その面内格子ひずみ量は

$$\varepsilon_{//} = \frac{a_{\text{GaAs}} - a_{\text{GaAsN}}(x)}{a_{\text{GaAsN}}(x)} \quad (3.93)$$

で与えられる。GaAs$_{1-x}$N$_x$ の格子定数 $a_{\text{GaAsN}}(x)$ は，式（1.31）の Vegard の法則から計算する。GaAs の格子定数が 0.565 3 nm，閃亜鉛鉱型 GaN の格子定数が 0.453 1 nm[105] であるので，GaAs$_{1-x}$N$_x$ 層の面内格子ひずみ（引張ひずみ）$\varepsilon_{//}$ は，$x=0.004$ で 0.079%，$x=0.008$ で 0.16%，$x=0.015$ で 0.30% という値が得られる。pseudomorphic 成長では，ある膜厚以上では弾性緩和が破綻して界面欠陥が生じる臨界膜厚（critical layer thickness）が存在する。文献 132）に基づくと，GaAs 系では $\varepsilon_{//}=0.5%$ で臨界膜厚は約 1 000 nm，$\varepsilon_{//}=1.0%$ で約 40 nm，$\varepsilon_{//}=2%$ で約 9 nm である。したがって，この試料系では，十分に pseudomorphic 成長の条件を満たしている。図 3.57 において，白丸は実験結果を，実線は式（3.91）に基づく 3 階微分形状解析によるフィッティング結果を，矢印は 3 階微分形状解析により見積もった励起子エネルギーを表している。励起子遷移であるにもかかわらず 3 階

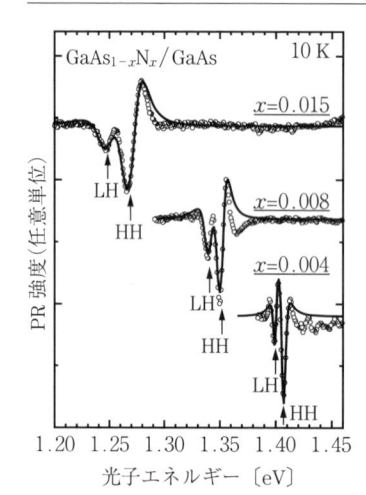

**図 3.57** MOVPE 成長 GaAs$_{1-x}$N$_x$（500 nm）/GaAs ひずみエピタキシャル構造の 10 K における光変調反射スペクトルの窒素混晶比（$x$）依存性。白丸は実験結果を，実線は式（3.91）に基づく 3 階微分形状解析によるフィッティング結果を，矢印は 3 階微分形状解析により見積もった励起子エネルギーを示している。

微分形状解析を適用しているのは，スペクトル幅がブロードであるためである。文献129)において，スペクトル幅が比較的ブロードな場合の励起子遷移に対しては，3階微分形状解析と1階微分形状解析は同等な解析結果を与えることが示されている。各試料の光変調反射スペクトルにおいて，二つの信号が明確に観測されている。2.2.1項のバンド間遷移の量子論において計算した電子-重い正孔遷移と電子-軽い正孔遷移の振動子強度の比が3：1であることから，低エネルギー側の相対強度の弱い信号が軽い正孔励起子遷移に，高エネルギー側の信号が重い正孔励起子遷移に帰属できる。なお，光変調反射スペクトルにおける重い正孔励起子遷移と軽い正孔励起子遷移の信号強度比は，上記の振動子強度比3：1とほぼ一致している。重い正孔励起子と軽い正孔励起子のエネルギー序列は，3.6.1項で述べた格子ひずみ効果の理論において，面内2軸性引張ひずみ効果により分裂した価電子帯のエネルギー序列（図3.54参照）に対応している。図3.57から，混晶比が大きくなる，すなわち，格子ひずみが大きくなるに従って，重い正孔励起子と軽い正孔励起子の分裂が大きくなっていることが明らかである。

$GaAs_{1-x}N_x$ の重い正孔励起子と軽い正孔励起子のエネルギーは，窒素濃度の増加につれ大きく低エネルギーシフトしている。これは，1.3.4項で述べたバンドギャップエネルギーの混晶比依存性を反映している。$GaAs_{1-x}N_x$ の場合（$In_yGa_{1-y}As_{1-x}N_x$ も同様），通常の混晶半導体と異なり，わずか1％の窒素混晶比の変化によって約80 meVものバンドギャップエネルギーが変化する巨大ボウイング特性を示す[133]。この原因としてはさまざまな議論がなされたが，Shanらにより提案されたバンド反交差モデル（band anticrossing model）が，よく実験結果を説明し，かつ，解析的に簡便である[134]。バンド反交差モデルでは，GaAs の伝導帯は窒素準位と相互作用して二つの状態に分裂し，$GaAs_{1-x}N_x$ の伝導帯端に相当する低エネルギー側の結合状態 $E_-$ と，高エネルギー側に反結合状態 $E_+$ が新たな伝導帯状態として形成されると考える。これは，下記の現象論的ハミルトニアンによって表現される[134]。

$$\begin{vmatrix} E-E_{\mathrm{M}} & V_{\mathrm{MN}} \\ V_{\mathrm{MN}} & E-E_{\mathrm{N}} \end{vmatrix} = 0 \tag{3.94}$$

ここで，$E_{\mathrm{M}}$は母体半導体の伝導帯の下端エネルギー，$E_{\mathrm{N}}$は窒素不純物準位であり，$V_{\mathrm{MN}}$はそれらの相互作用パラメータである。

図3.58は，図3.57の光変調反射スペクトルから見積もった重い正孔励起子エネルギー（黒丸）と軽い正孔励起子エネルギー（白丸）の窒素混晶比依存性と，上記の格子ひずみ理論とバンド反交差モデルから計算した励起子エネルギー（実線）を示している[131]。なお，励起子束縛エネルギーは，窒素混晶比が非常に小さいために，GaAsと同じとしてバンド間遷移エネルギーの計算結果から差し引いている。計算結果は，実験結果をよく説明しており，3.6.1項で述べた格子ひずみ効果の理論の妥当性が明らかである。以上が，典型的なひずみエピタキシャル構造における励起子状態の解析例である。

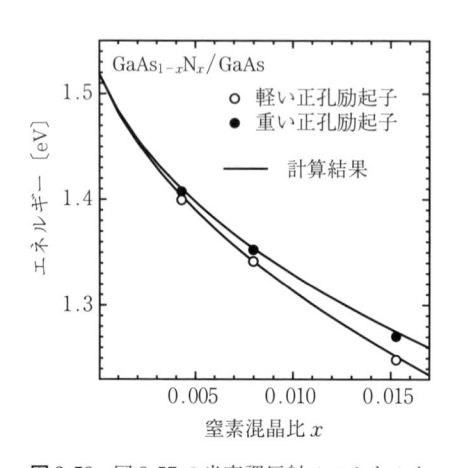

**図3.58** 図3.57の光変調反射スペクトルから見積もった重い正孔励起子エネルギー（黒丸）と軽い正孔励起子エネルギー（白丸）の窒素混晶比依存性。実線は，格子ひずみ理論とバンド反交差モデルから計算した励起子エネルギーの窒素混晶比依存性を示している

### 3.6.4 ウルツ鉱型半導体における格子ひずみ効果の理論と励起子エネルギーシフト

格子ひずみに関しては，3.6.1項の閃亜鉛鉱型半導体で仮定したように，面内に2軸性ひずみ（$\varepsilon_{xx}=\varepsilon_{yy}$）が存在することを前提とする。この条件における点群$C_{6v}$のウルツ鉱構造では，応力-ひずみ関係は以下の式で与えられる。

## 3.6 励起子状態に対する格子ひずみ効果

$$\begin{pmatrix} \sigma_{xx} \\ \sigma_{yy} \\ \sigma_{zz}=0 \\ \sigma_{yz}=0 \\ \sigma_{zx}=0 \\ \sigma_{xy}=0 \end{pmatrix} = \begin{pmatrix} C_{11} & C_{12} & C_{13} & 0 & 0 & 0 \\ C_{12} & C_{11} & C_{13} & 0 & 0 & 0 \\ C_{13} & C_{13} & C_{33} & 0 & 0 & 0 \\ 0 & 0 & 0 & C_{44} & 0 & 0 \\ 0 & 0 & 0 & 0 & C_{44} & 0 \\ 0 & 0 & 0 & 0 & 0 & \dfrac{C_{11}-C_{12}}{2} \end{pmatrix} \begin{pmatrix} \varepsilon_{xx} \\ \varepsilon_{yy}=\varepsilon_{xx} \\ \varepsilon_{zz} \\ \varepsilon_{yz}=0 \\ \varepsilon_{zx}=0 \\ \varepsilon_{xy}=0 \end{pmatrix} \quad (3.95)$$

式 (3.95) より

$$\varepsilon_{zz} = -2\dfrac{C_{13}}{C_{33}}\varepsilon_{xx} \quad (3.96)$$

という関係が得られる。

つぎに，$\boldsymbol{k}\cdot\boldsymbol{p}$ 摂動論に基づいて，Γ点バンド構造に対する格子ひずみ効果の理論を述べる[135]。ウルツ鉱構造の場合，ひずみを考慮すると，伝導帯の分散関係はつぎのように与えられる。

$$E_{\mathrm{c}} = E_{\mathrm{g}}^{0} + \dfrac{\hbar^{2}k_{z}^{2}}{2m_{z}^{\mathrm{c}}} + \dfrac{\hbar^{2}k_{/\!/}^{2}}{2m_{/\!/}^{\mathrm{c}}} - \left(\delta_{\mathrm{c}z}\varepsilon_{zz} + \delta_{\mathrm{c}/\!/}\varepsilon_{/\!/}\right) \quad (3.97)$$

ここで，$E_{\mathrm{g}}^{0}$ はひずみのない状態でのバンドギャップエネルギー，$m_{z}^{\mathrm{c}}$ と $m_{/\!/}^{\mathrm{c}}$ は $z$ 軸方向と面内方向（$z$ 軸に対して垂直方向）の電子有効質量，$\delta_{\mathrm{c}z}$ と $\delta_{\mathrm{c}/\!/}$ は伝導帯に対する変形ポテンシャルを表している。また，面内ひずみ成分は，$\varepsilon_{/\!/}=\varepsilon_{xx}+\varepsilon_{yy}$ と設定する。ここで，$z$ 軸を $c$ 軸 [0001] 方向にとり，波数ベクトルを $\boldsymbol{k}=(\boldsymbol{k}_{/\!/}, k_{z})$ で示す。価電子帯に対するひずみ効果は，Bir-Pikus ハミルトニアンを用いて表される[136]。文献 135) では，理論的簡便性のために，ウルツ鉱構造を擬立方晶近似（quasi-cubic approximation）で取り扱っている。擬立方晶近似では，スピン状態のアップ・ダウンを含めた価電子帯における一連の基底関数 $|v_{i},\pm\rangle$ を用いて元の 6×6 ひずみハミルトニアンは，下記の上方（$\mathrm{H}_{+}$）と下方（$\mathrm{H}_{-}$）の 3×3 ブロックで表される[137]。

$$H_{\pm} = -\begin{pmatrix} P+Q & \sqrt{3}\,R & \pm i\sqrt{\dfrac{3}{2}}\,S \\ \sqrt{3}\,R & P+Q+\dfrac{2}{3}\Delta_{so} & \dfrac{\sqrt{2}}{3}\Delta_{so} \pm i\sqrt{\dfrac{3}{2}}\,S \\ \mp i\sqrt{\dfrac{3}{2}}\,S & \dfrac{\sqrt{2}}{3}\Delta_{so} \mp i\sqrt{\dfrac{3}{2}}\,S & P-2Q+\dfrac{1}{3}\Delta_{so} \end{pmatrix} \begin{matrix} |v_1,\pm\rangle \\ |v_2,\pm\rangle \\ |v_3,\pm\rangle \end{matrix}$$

(3.98)

群論の表記を使うと，$|v_1,\pm\rangle$ が $\Gamma_9$（A バンド），$|v_2,\pm\rangle$ が $\Gamma_7$（B バンド），$|v_3,\pm\rangle$ が $\Gamma_7$（C バンド）となる。式 (3.98) の $P$, $Q$, $R$ および $S$ は，次式のように与えられる。

$$\left. \begin{aligned} P &= \frac{\Delta_{cr}}{3} + \gamma_{1z} k_z^2 + \gamma_{1//} k_{//}^2 + \delta_{1z}\varepsilon_{zz} + \delta_{1//}\varepsilon_{//} \\ Q &= -\frac{\Delta_{cr}}{3} - 2\gamma_{3z} k_z^2 + \gamma_{3//} k_{//}^2 - 2\delta_{3z}\varepsilon_{zz} + \delta_{3//}\varepsilon_{//} \\ R &= \frac{(\gamma_{2//} + 2\gamma_{3//})k_{//}^2}{\sqrt{3}} \\ S &= \frac{2(2\gamma_{2z} + \gamma_{3z})k_z k_{//}}{\sqrt{3}} \end{aligned} \right\}$$

(3.99)

ここで，$\gamma$ は価電子帯の有効質量に関連する Luttinger 型（Luttinger-like）パラメータであり，擬立方晶近似において，GaN の場合，$\gamma_{1z}=2.47$, $\gamma_{1//}=2.85$, $\gamma_{2z}\approx\gamma_{2//}=1.29$, $\gamma_{3z}\approx\gamma_{3//}=0.95$ で与えられる[137]。また，結晶場分裂エネルギーは $\Delta_{cr}=12.5$ meV，スピン-軌道相互作用エネルギーは $\Delta_{so}=17.9$ meV，価電子帯変形ポテンシャルは $\delta_{3z}=\delta_{3//}=0.835$ eV，バンドギャップエネルギーに対する静水圧変形ポテンシャルは $a_g = -\delta_{cz} + \delta_{1z} = -\delta_{c//} + \delta_{1//} = -8.16$ eV である[135]。

上記の理論に基づいて，ウルツ鉱構造 GaN の $\Gamma$ 点の励起子エネルギーに対するひずみ効果の計算を以下で行う。なお，励起子束縛エネルギーは，ひずみによって変化しないとして取り扱う。ここでは，GaN は [0001] 方向を成長軸とし，面内に等方的な 2 軸性ひずみ（$\varepsilon_{xx}=\varepsilon_{yy}$）を仮定する。以下に，式 (3.98) を $\Gamma$ 点に対して適用したひずみハミルトニアンを示す。

## 3.6 励起子状態に対する格子ひずみ効果

$$H_{\pm} = -\begin{pmatrix} P+Q & 0 & 0 \\ 0 & P+Q+\dfrac{2}{3}\Delta_{so} & \dfrac{\sqrt{2}}{3}\Delta_{so} \\ 0 & \dfrac{\sqrt{2}}{3}\Delta_{so} & P-2Q+\dfrac{1}{3}\Delta_{so} \end{pmatrix}\begin{matrix} |v_1,\pm\rangle \\ |v_2,\pm\rangle \\ |v_3,\pm\rangle \end{matrix} \quad (3.100)$$

図3.59は,式(3.97)と式(3.100)を用いて計算したウルツ鉱型GaNにおけるΓ点でのA,B,C励起子のエネルギーシフトの面内ひずみ依存性を示している。原点をひずみがない場合のA励起子のエネルギーに設定しているために,B励起子とC励起子に対してはオフセットエネルギーがある。計算に用いたパラメータ値は,上記のハミルトニアンのパラメータ値であり,弾性スティフネス定数は$C_{13}$ = 106 GPa, $C_{33}$ = 398 GPa としている[135]。式(3.100)から,価電子帯のAバンドは対角化されて他のBバンドとCバンドとは独立し,BバンドとCバンドは非対角項によって相互作用することがわかる。このことは,図3.59の計算結果にも明確に現れており,A励起子の面内ひずみ依存性は線形特性を示し,B励起子とC励起子は相互作用による反交差の振舞いを示している。この計算結果に基づいて,図3.8に示した反射スペクトルと発光スペクトルから得られたGaN結晶薄膜のA励起子エネルギー(3.500 eV)とB励起子エネルギー(3.509 eV)から格子ひずみの定量的評価を行う。GaN結晶薄膜では,格子定数が大きく異なる(0001)$Al_2O_3$基板上に結晶成長しているので残留ひずみが必ず存在する[138]。ここで,ひずみのないGaN結晶のA励起子エネルギーを3.479 eV,B励起子エネルギーを3.485 eVに設定すると[3],格子ひずみによるエネルギーシフトは,A励起子で+21 meV,B励起子で+24 meVとなる。計

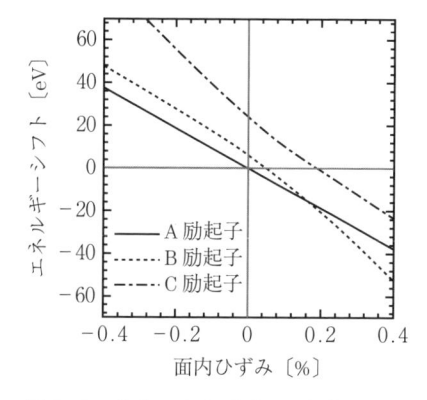

図3.59 式(3.97)と式(3.100)を用いて計算したウルツ鉱型GaNにおけるΓ点でのA, B, C励起子のエネルギーシフトの面内ひずみ依存性。原点は,ひずみがない場合のA励起子のエネルギーに設定している。

算結果から,面内ひずみ量はA励起子とB励起子ともに−0.22%(圧縮ひずみ)と見積もられ,このことは,上記の理論に矛盾がないことを示している。また,この試料と同様に(0001)$Al_2O_3$基板上にMOVPE成長されたGaN結晶薄膜において,面内残留ひずみが4 μm厚の試料で−0.13%(圧縮ひずみ),7 μm厚の試料で−0.18%と報告されており[138],結晶成長条件が異なるにもかかわらず,上記の評価値と近い値である。5章では,同一試料を対象に,ラマン散乱分光法によって測定した光学フォノン振動数のシフト量から,面内ひずみの定量的な評価について述べる。

# 4 電子・正孔プラズマの光学応答

　光励起キャリアや電流注入キャリアがきわめて高密度になると，キャリア間のクーロン遮蔽効果（Coulomb screening effect）によって励起子は解離し，電子・正孔プラズマ（electron-hole plasma）状態に移行する[1), 2)]。この場合，電子と正孔の擬フェルミ準位は，それぞれ伝導帯と価電子帯の中に入り，一種の金属的な縮退半導体となる。このような半導体（励起子ガス絶縁体）-金属転移をモット転移（Mott transition）と呼ぶ。電子・正孔プラズマは，我々の身近の半導体デバイスで広く利用されている。それは，半導体レーザーであり，電子・正孔プラズマによる光学利得を利用してレーザー発振が生じている。電子・正孔プラズマには，気相と液相が存在する。図4.1は，電子・正孔プラズマの相図（phase diagram）の概略図を示している。本書では，気相を電子・正孔プラズマと呼び，液相を電子・正孔液体（electron-hole liquid）もしくは電子・正孔液滴（electron-hole droplet）と呼ぶことにする。電子・正孔液体は，フェルミ粒子で

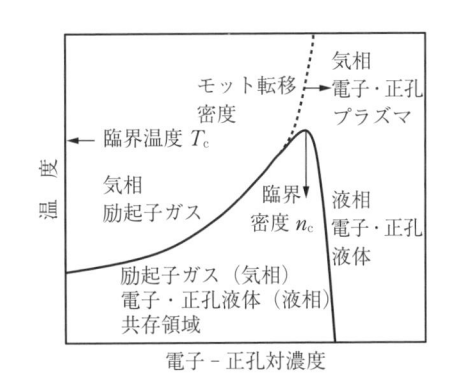

**図 4.1** 電子・正孔プラズマの相図の概略図

ある電子と正孔の凝縮状態（condensation state）といえる。ここで，液滴という言葉が使われるのは，電子・正孔液体は，半導体空間において均一に存在することが不可能であり，サイズが数十 nm～数 μm 程度の小さな液滴として存在するのが通常であることに由来する。電子・正孔液滴は，図4.1の気相（励起子ガス）・液相共存領域において顕著な現象である。電子・正孔プラズマ状態では，物理的にはキャリア間の多体効果（many body effect）が大きな影響を及ぼす。本章では，電子・正孔プラズマ特有の多体効果と光学利得の基礎理論，および，電子・正孔プラズマと電子・正孔液体（液滴）の発光特性について述べる。

## 4.1 多体効果の基礎理論

本節では，電子・正孔プラズマ（液相も含む）における多体効果の基礎理論について述べる。具体的には，モット転移が生じる臨界キャリア密度，すなわちモット転移密度（Mott-transition density）と多体効果によるバンドギャップ再構成（band-gap renormalization）について解説する。

### 4.1.1 モット転移密度

最も単純なモット転移密度に関する定義は，励起子を剛体球的として扱い，密度 $n$ のキャリア間の平均距離が励起子有効ボーア半径（$a_B^*$）と等しくなる下記の条件である。

$$\left(\frac{4}{3}\pi n\right)^{-1/3} = a_B^* \tag{4.1}$$

この場合，表 1.4 に示した有効ボーア半径を用いて，GaAs で $n = \sim 1.1 \times 10^{17}$ cm$^{-3}$，GaN で $\sim 1.1 \times 10^{19}$ cm$^{-3}$，ZnO で $\sim 4.1 \times 10^{19}$ cm$^{-3}$ となる。ここで，有効ボーア半径で規格化した無次元距離（$r_s$）を以下のように定義する。

$$r_s = \left(\frac{3}{4\pi n}\right)^{1/3} \frac{1}{a_B^*} \tag{4.2}$$

式 (4.1) は，$r_s = 1$ に相当する。しかし，実際は，高密度キャリアによるクーロン遮蔽効果を考慮しなければならない。1 個の励起子が，密度 $n$ の自由キャリア（電子・正孔）の海の中に存在していると考える。自由キャリアは，励起子を形成するためのクーロンポテンシャルを遮蔽する。このクーロン遮蔽効果は，湯川型ポテンシャルを考慮すると，以下の式で表現される[3), 4)]。

$$\frac{1}{4\pi\varepsilon_0\varepsilon}\frac{e^2}{|r_e - r_h|}$$

$$\Rightarrow \frac{1}{4\pi\varepsilon_0\varepsilon(n)}\exp\left(-\frac{|r_e - r_h|}{l}\right)\frac{e^2}{|r_e - r_h|} \tag{4.3}$$

ここで，$r_e$ と $r_h$ は電子と正孔の位置ベクトル，$l$ は遮蔽長（screening length）である。遮蔽長がある臨界長 $l_c$ よりも短くなると，湯川型ポテンシャルは束縛状態を形成しなくなる。この場合は，励起子が解離することに相当する。臨界遮蔽長と励起子有効ボーア半径（$a_B{}^*$）は，以下の関係で結び付いている[3), 4)]。

$$a_B{}^* l_c^{-1} = 1.19 \tag{4.4}$$

電子・正孔ガスの状態が古典的なボルツマン統計で定義されると仮定すると，下記のDebye-Hükel遮蔽長[5)]を臨界遮蔽長として取り扱うことができる。

$$l_{DH} = \left( \frac{\varepsilon_0 \varepsilon k_B T}{e^2 n} \right)^{1/2} \tag{4.5}$$

式（4.4）の条件を満たすキャリア密度を $n_{M, DF}$ とし，これがDebye-Hükel近似におけるモット転移密度に対応する。

$$n_{M, DF} = (1.19)^2 \frac{\varepsilon_0 \varepsilon k_B T}{e^2 a_B^{*2}} \tag{4.6}$$

ここで，励起子束縛エネルギー（$E_b$）の定義式の式（1.36）と励起子有効ボーア半径の定義式の式（1.37）を用いると，以下の関係式が得られる。

$$E_b a_B{}^* = \frac{e^2}{8\pi \varepsilon_0 \varepsilon} \tag{4.7}$$

これを式（4.6）に代入すると

$$n_{M, DF} = (1.19)^2 \frac{k_B T}{8\pi a_B^{*3} E_b} \tag{4.8}$$

となる。Debye-Hükel近似は，単純なのでモット転移密度の評価，もしくは，基準に広く用いられている。Debye-Hükel近似に基づくモット転移密度を計算すると，300 Kの場合，GaAsで $n_{M, DF} = 1.6 \times 10^{17}$ cm$^{-3}$，GaNで $n_{M, DF} = 2.6 \times 10^{18}$ cm$^{-3}$，ZnOで $n_{M, DF} = 4.2 \times 10^{18}$ cm$^{-3}$ となる。ただし，Debye-Hükel近似は，温度がゼロ極限で $n_{M, DF} \to 0$ となり，低温領域では成立しない。

低温領域の電子・正孔プラズマに対しては，以下のThomas-Fermi遮蔽長（$l_{TF}$）[6), 7)]を用いるのが一つの対応策である。絶対零度の場合，Thomas-Fermi遮蔽長は以下の式で与えられる[4)]。

$$l_{\mathrm{TF}}^{-1} = \sqrt{\frac{e^2}{\varepsilon_0 \varepsilon} \sum_{i=\mathrm{e,h}} \frac{\partial n_i}{\partial E_{\mathrm{F},i}}} \tag{4.9}$$

ここで,$E_{\mathrm{F},i}$ は,電子もしくは正孔のバンド端を基準とした擬フェルミ準位である。単純化のために,式 (1.11) で示した放物線的 2 バンドモデルを考えると,バンド端を基準とした擬フェルミ準位は,式 (1.13) の状態数の定義から,$V \to 1$ として

$$E_{\mathrm{F},i} = \frac{\hbar^2}{2 m_i^*} \left( 3\pi^2 n_i \right)^{2/3} \tag{4.10}$$

と表される。式 (4.9) の右辺の微分項は,式 (4.10) を用いて電子と正孔に関して計算すると

$$\left. \begin{aligned} \frac{\partial n_\mathrm{e}}{\partial E_{\mathrm{F},\mathrm{e}}} &= \frac{3 m_\mathrm{e}^*}{\hbar^2} \left( \frac{1}{3\pi^2} \right)^{2/3} n_\mathrm{e}^{1/3} \\ \frac{\partial n_\mathrm{h}}{\partial E_{\mathrm{F},\mathrm{h}}} &= \frac{3 m_\mathrm{h}^*}{\hbar^2} \left( \frac{1}{3\pi^2} \right)^{2/3} n_\mathrm{h}^{1/3} \end{aligned} \right\} \tag{4.11}$$

となる。なお,バンド間光励起では,$n_\mathrm{e} = n_\mathrm{h} = n$ である。式 (4.11) を式 (4.9) に代入すると,$l_{\mathrm{TF}}^{-1}$ は次式で与えられる。

$$l_{\mathrm{TF}}^{-1} = \left[ \frac{3 e^2}{\varepsilon_0 \varepsilon \hbar^2} \left( m_\mathrm{e}^* + m_\mathrm{h}^* \right) \left( \frac{1}{3\pi^2} \right)^{2/3} n^{1/3} \right]^{1/2} \tag{4.12}$$

したがって,モット転移密度は,式 (4.4) の関係式から以下のように定義される。

$$n_{\mathrm{M,TF}} = (1.19)^6 \frac{1}{a_\mathrm{B}^{*6}} \left( \frac{\varepsilon_0 \varepsilon \hbar^2}{3 e^2} \frac{1}{m_\mathrm{e}^* + m_\mathrm{h}^*} \right)^3 (3\pi^2)^2 \tag{4.13}$$

上式に対して励起子有効ボーア半径の定義式の式 (1.37) を用いると

$$n_{\mathrm{M,TF}} = (1.19)^6 \frac{\pi}{192 a_\mathrm{B}^{*3}} \left( \frac{m_\mathrm{e}^* m_\mathrm{h}^*}{\left( m_\mathrm{e}^* + m_\mathrm{h}^* \right)^2} \right)^3 \tag{4.14}$$

と簡略化できる。具体的に計算すると,GaAs の場合,$m_\mathrm{e}^* = 0.0665 m_0$,$m_\mathrm{h}^* = 0.34 m_0$ で $n_{\mathrm{M,TF}} = 5.4 \times 10^{13}\,\mathrm{cm}^{-3}$,GaN の場合,$m_\mathrm{e}^* = 0.20 m_0$,$m_\mathrm{h}^* = 1.2 m_0$ で $n_{\mathrm{M,TF}} = 3.9 \times 10^{15}\,\mathrm{cm}^{-3}$,ZnO の場合,$m_\mathrm{e}^* = 0.28 m_0$,$m_\mathrm{h}^* = 0.54 m_0$ で $n_{\mathrm{M,TF}}$

$=9.1\times10^{16}$ cm$^{-3}$ という値が得られる。これらの計算値は，実験値よりも2桁から3桁程度小さな値である。具体的に，低温領域の実験結果では，GaAsの場合，49 K で $n_{\mathrm{M}}=(1.2\sim1.8)\times10^{17}$ cm$^{-3}$ [文献8)]，GaNの場合，30 K で $n_{\mathrm{M}}=(2\sim3)\times10^{18}$ cm$^{-3}$ [文献9)]，ZnOの場合，70～85 K で $n_{\mathrm{M}}=\sim2\times10^{18}$ cm$^{-3}$ [文献10)] と報告されている。ただし，モット転移密度に関する報告値はかなりばらついており，ZnOの場合，$3\times10^{17}\sim3.7\times10^{19}$ cm$^{-3}$ の広い範囲の値が報告されている[11)]。Haug と Schmitt-Rink は，Hartree-Fock 近似に基づいて自己遮蔽補正を考慮した計算を行い，絶対零度でのモット転移の臨界 $r_{\mathrm{s}}$ 値がユニバーサルに 1.7 になると報告している[3)]。GaN の場合は，Debye-Hükel 近似 [式 (4.8) 参照] から計算したモット転移密度が 120～250 K の温度領域の実験結果と一致するという報告がある（温度に対して線形関係を示す）[9)]。ZnO に関しては，クーロン遮蔽効果を厳密に計算し，300 K で $n_{\mathrm{M}}=1.5\times10^{18}$ cm$^{-3}$ という計算結果が報告されている[11)]。200 K から室温近傍のモット転移密度については，これまでの研究成果を総合すると，式 (4.8) の Debye-Hükel 近似が比較的妥当な値を与える。

### 4.1.2 バンドギャップ再構成

電子・正孔プラズマが形成された状態では，キャリア間の多体効果によってバンドギャップが再構成され，バンドギャップ収縮 (band-gap shrinkage) が生じる。バンドギャップ再構成の原因として，電子および正孔の交換相関相互作用 (exchange-correlation interaction) が挙げられる。高密度キャリア状態では，電子（正孔）同士が近付くことによってクーロン反発力が生じ，互いに近付くことを避ける相関相互作用 (correlation interaction) が働く。このために波動関数の重なりが減少し，バンドを形成する電子の波動関数の結合状態と反結合状態のエネルギー差が減少する。また，交換相互作用 (exchange interaction) によって，パウリの排他律から同じスピンを持った二つの電子（正孔）間の距離が広げられ，それに伴い全体のクーロンエネルギーが減少する。以上の相関相互作用と交換相互作用によってバンドギャップエネルギーが

収縮する。図4.2(a)はキャリアが存在しない場合のバンド構造の概略図，(b)は電子・正孔プラズマが形成された状態でのバンドギャップ再構成の概略図を示している。ここで，$E_g'$ が再構成バンドギャップエネルギー (renormalized band-gap energy)，$E_{F,e}$ と $E_{F,h}$ が伝導帯の底と価電子帯の頂上を基準とした電子と正孔の擬フェルミ準位，$\mu_e$ と $\mu_h$ が絶対エネルギー系での電子と正孔の擬フェルミ準位を意味している。バンドギャップ収縮量 ($\Delta E_g$) は，以下の式で定義される。

$$\Delta E_g = E_g' - E_g \tag{4.15}$$

また，電子・正孔プラズマの基底状態のエネルギーは

$$E_0 = E_K + E_{EX} + E_{COR} \tag{4.16}$$

と表される。ここで，$E_K$ は電子・正孔運動エネルギー，$E_{EX}$ は交換相互作用エネルギー，$E_{COR}$ は相関相互作用エネルギーである。

ここでは，まず，最も標準的で簡便な Vashishta-Kalia 理論[12]について述べる。この理論では，バンドギャップ再構成の原因である交換相互作用と相関相

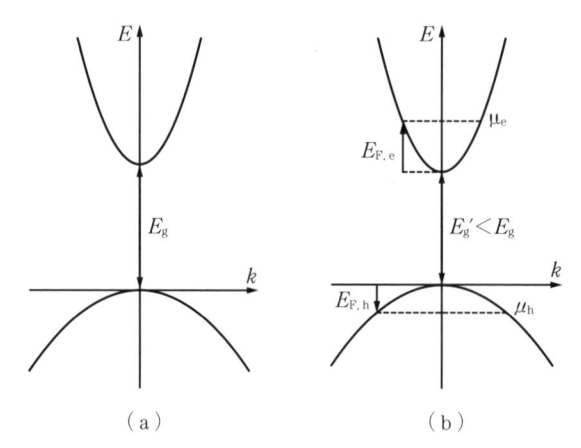

**図4.2** (a)キャリアが存在しない場合のバンド構造の概略図。(b)電子・正孔プラズマが形成された状態でのバンドギャップ再構成の概略図。$E_g'$ が再構成バンドギャップエネルギー，$E_{F,e}$ と $E_{F,h}$ が伝導帯の底と価電子帯の頂上を基準とした電子と正孔の擬フェルミ準位，$\mu_e$ と $\mu_h$ が絶対エネルギー系での電子と正孔の擬フェルミ準位を意味している。

互作用を合わせて交換相関相互作用 ($E_\mathrm{XC}$) として組み込む。バンドギャップ収縮量は，電子・正孔プラズマのキャリア密度 ($n$) の関数として以下のように表すことができる[2), 13)]。

$$\Delta E_\mathrm{g} = \frac{\partial}{\partial n}(nE_\mathrm{XC}) = E_\mathrm{XC} + n\frac{\partial E_\mathrm{XC}}{\partial n} \quad (4.17)$$

自己無撞着平均場近似 (self-consistent mean field theory) において，$E_\mathrm{XC}$ は式 (4.2) で定義した無次元変数 $r_\mathrm{s}$ で記述することができ，以下のユニバーサルな表現で表される[12)]。

$$E_\mathrm{XC} = \frac{a + br_\mathrm{s}}{c + dr_\mathrm{s} + r_\mathrm{s}^2} E_\mathrm{b} \quad (4.18)$$

ここで，$a = -4.8316$，$b = -5.0879$，$c = 0.0152$，$d = 3.0426$ は，半導体の種類に依存しない定数である。Vashishta-Kalia 理論は，Si[1)]，Ge[1)] や $Al_xGa_{1-x}As$[13), 14)] における電子・正孔プラズマや液滴におけるバンドギャップ再構成に関する実験結果をよく説明している。図 4.3 は，Vashishta-Kalia 理論に基づくバンドギャップ収縮量 ($\Delta E_\mathrm{g}$) の $r_\mathrm{s}$ 依存性に関する計算結果を示している。$\Delta E_\mathrm{g}$ は，励起子束縛エネルギーで規格化している。なお，Vashishta-Kalia 理論は，光学フォノン-電子（正孔）相互作用（ポーラロン効果）を考慮していないために，ZnO や CdS などのイオン性の高い化合物半導体に対しては原理的に適さない。

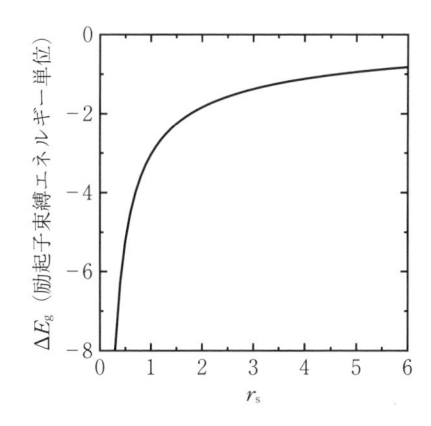

図 4.3 Vashishta-Kalia 理論に基づくバンドギャップ収縮量 ($\Delta E_\mathrm{g}$) の $r_\mathrm{s}$ 依存性に関する計算結果

Beni と Rice は，ランダム位相近似 (random phase approximation) の枠組みにおいて，バンドの異方性，価電子帯におけるバンド間相互作用，光学フォノンとキャリアの相互作用（ポーラロン効果），および，Hubbard 交換補正 (Hubbard exchange correction) を考慮した理論を提案した[15)]。以下では，

Beni-Rice 理論について述べる。

1対の電子・正孔対当りの Hartree-Fock エネルギーは，次式で定義される。

$$E_{\mathrm{HF}} = E_{\mathrm{K}} + E_{\mathrm{EX}} \tag{4.19}$$

伝導帯と価電子帯の縮退度を $\nu_{\mathrm{e}}$ と $\nu_{\mathrm{h}}$，電子・正孔換算有効質量を $\mu$，電子と正孔の状態密度有効質量 (density-of-states mass) を $m_{\mathrm{de}}^{*}$ と $m_{\mathrm{dh}}^{*}$ とすると，$E_{\mathrm{K}}$ と $E_{\mathrm{EX}}$ は，式 (4.2) の $r_{\mathrm{s}}$ パラメータを用いて

$$E_{\mathrm{K}} = \frac{2.2099}{r_{\mathrm{s}}^{2}} \left( \frac{\mu}{\nu_{\mathrm{e}}^{2/3} m_{\mathrm{de}}^{*}} + \frac{\mu}{\nu_{\mathrm{h}}^{2/3} m_{\mathrm{dh}}^{*}} \right) E_{\mathrm{b}} \tag{4.20}$$

$$E_{\mathrm{EX}} = -\frac{0.9163}{r_{\mathrm{s}}} \left[ \nu_{\mathrm{e}}^{-1/3} \phi(\rho_{\mathrm{e}}) + \nu_{\mathrm{h}}^{-1/3} \phi(\rho_{\mathrm{h}}) \right] E_{\mathrm{b}} \tag{4.21}$$

と表される。状態密度有効質量は，以下のように定義される。

$$m_{\mathrm{de}}^{*} = \left( m_{/\!/\mathrm{e}}^{*} m_{\perp \mathrm{e}}^{*2} \right)^{1/3} \tag{4.22 a}$$

$$m_{\mathrm{dh}}^{*} = \left( m_{/\!/\mathrm{h}}^{*} m_{\perp \mathrm{h}}^{*2} \right)^{1/3} \tag{4.22 b}$$

関数 $\phi(\rho)$ は

$$\phi(\rho) = \rho^{1/6} \left\{ \frac{\sin^{-1}\left[(1-\rho)^{1/2}\right]}{(1-\rho)^{1/2}} \theta(1-\rho) + \frac{\sinh^{-1}\left[(\rho-1)^{1/2}\right]}{(\rho-1)^{1/2}} \theta(\rho-1) \right\} \tag{4.23}$$

と与えられる。ここで，$\rho$ は有効質量の異方性パラメータで $\rho = m_{\perp}^{*}/m_{/\!/}^{*}$，$\theta$ はユニットステップ関数であり，$0 \leq \rho \leq 1$ の場合は $\theta(\rho) = 1$，他の場合はゼロである。このように，交換相互作用は，解析的に与えられる。

相関相互作用に関しては，以下の LO フォノンが介在するポーラロン効果による有効相互作用を繰り込んでいる。

$$V_{\mathrm{e\text{-}LO}}(k, \omega) = V(k) \frac{\omega_{\mathrm{TO}}^{2} - \omega_{\mathrm{LO}}^{2}}{\omega_{\mathrm{LO}}^{2} - \omega^{2} - i\Gamma} \tag{4.24}$$

ここで，$V(k)$ は波数空間でのクーロン相互作用であり

$$V(k) = \frac{4\pi e^{2}}{k^{2} \varepsilon_{\infty}} \tag{4.25}$$

で表される。ランダム位相近似の枠組みにおいて，1対の電子・正孔当りの相

関相互作用エネルギーは，最終的には以下の式で与えられる。

$$E_{\mathrm{COR}} = \frac{1}{n}\int \frac{d^3k}{(2\pi)^3}\int_0^\infty \frac{d\omega}{2\pi}\bigl[1 - f(k)(\nu_\mathrm{e} + \nu_\mathrm{h})^{-1}\bigr]^{-1}$$
$$\times \Bigl(\ln\bigl\{1 - [1 - f(k)(\nu_\mathrm{e} + \nu_\mathrm{h})^{-1}] \times \overline{V}(k,\omega)\pi(\boldsymbol{k},\omega)\bigr\}$$
$$+ V(k)\pi(\boldsymbol{k},\omega)\Bigr) \qquad (4.26)$$

ここで，$f(k) = 0.5k^2/(k^2 + k_\mathrm{F}^2)$，$k_\mathrm{F}$ はフェルミ波数，$\overline{V}(k,\omega) = V(k) + V_{\mathrm{e\text{-}LO}}(k,\omega)$，$\pi(\boldsymbol{k},\omega)$ は

$$\pi(\boldsymbol{k},\omega) = \sum_{i=1}^{\nu_\mathrm{e}+\nu_\mathrm{h}} \pi_i(\boldsymbol{k},\omega) \qquad (4.27)$$

と表され，$\pi_i(\boldsymbol{k},\omega)$ はバンド構造の $i$ 番目の谷（バレイ）の分極に相当する。谷の分散関係が等方的な場合，$\pi_i(\boldsymbol{k},\omega)$ は，以下のように与えられる。

$$\pi_i(\boldsymbol{k},\omega) = \frac{p_{\mathrm{F},i} m_i^*}{2\pi^2}\Biggl[-1 + \frac{1}{2\bar{k}}\left(1 + \frac{\bar{\omega}^2}{\bar{k}^2} - \frac{\bar{k}^2}{4}\right)$$
$$\times \ln\left|\frac{(1-\bar{k}/2)^2 + (\bar{\omega}/\bar{k})^2}{(1+\bar{k}/2)^2 + (\bar{\omega}/\bar{k})^2}\right|$$
$$+ \frac{\bar{\omega}}{\bar{k}}\left(\tan^{-1}\frac{\bar{k}(1+\bar{k}/2)}{\bar{\omega}} + \tan^{-1}\frac{\bar{k}(1-\bar{k}/2)}{\bar{\omega}}\right)\Biggr] \qquad (4.28)$$

ここで，各変数は

$$p_{\mathrm{F},i} = (3\pi^2 n_i)^{1/3} \qquad (4.29\,\mathrm{a})$$

$$\bar{k} = \frac{k}{p_{\mathrm{F},i}} \qquad (4.29\,\mathrm{b})$$

$$\bar{\omega} = \frac{\omega}{2p_{\mathrm{F},i}^2/(2m_i^*)} \qquad (4.29\,\mathrm{c})$$

と表され，$n_i$ と $m_i^*$ は $i$ 番目の谷のキャリア密度と有効質量を意味している。バンド分散に異方性がある場合は，上式の有効質量 $m_i^*$ を状態密度有効質量に置き換え，波数ベクトル $k$ の垂直成分と平行成分を有効質量の異方性因子 $\rho$ を用いて以下のように補正する。

$$k_\perp' = k_\perp \rho^{-1/6}, \quad k_{/\!/}' = k_{/\!/}\,\rho^{1/3} \qquad (4.30)$$

以上が，Beni-Rice 理論の概要である。図 4.4 は，Beni-Rice 理論に基づいて計算された ZnO のバンドギャップ再構成による $\Delta E_g$ のキャリア密度依存性を示している。ZnO 結晶薄膜の高密度励起条件での発光スペクトルの解析から求められたバンドギャップ再構成による $\Delta E_g$ が，上記の Beni-Rice 理論によって説明できることが報告されている[16]。

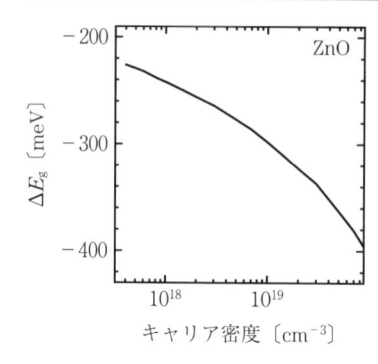

**図 4.4** Beni-Rice 理論に基づいて計算された ZnO のバンドギャップ再構成によるバンドギャップ収縮量のキャリア密度依存性（山本愛士博士より提供）

Inagaki と Aihara は，一般化したランダム位相近似に Bethe-Salpeter 方程式（相対論的な複合系を記述する方程式）を繰り込み，高密度励起状態に関する理論を提案している[17]。この理論では，励起子-励起子散乱，電子・正孔プラズマ，電子・正孔 BCS（Bardeen-Cooper-Schrieffer）状態，励起子ボース・アインシュタイン凝縮という高密度励起状態の諸相を統一的に取り扱っている。ここで，電子・正孔 BCS 状態とは，高密度励起状態における電子と正孔が BCS 理論におけるクーパー対のような相関状態をとることを意味している。電子・正孔プラズマに関しては，ZnO と CuCl のバンドギャップ再構成による $\Delta E_g$ の実験結果をよく説明している（**図 4.5** 参照）。図 4.3 に示した Vashishta-Kalia 理論と図 4.5 の計算結果を比較すると，$r_s < 2$ の領域における $\Delta E_g$ の変化が，Inagaki-Aihara 理論の方がかなり大きいことがわかる。この理由としては，BCS 型ギャップが形成されるためであると解釈されている。

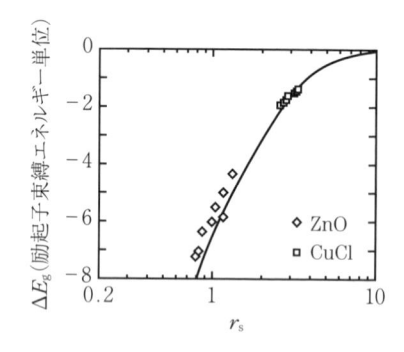

**図 4.5** バンドギャップ収縮量（$\Delta E_g$）の $r_s$ 依存性に関する Inagaki-Aihara 理論の計算結果と ZnO と CuCl の実験結果[17]（Reprinted with permission. Copyright (2002) by the American Physical Society.）

## 4.2 電子・正孔プラズマによる光学利得の理論

　光励起, 電流（電子・正孔）注入という励起方法に関係なく電子・正孔プラズマ状態が形成されれば, 光学利得が発生し誘導放出が生じる。この電子・正孔プラズマによる光学利得によって半導体レーザーが動作しているので, 電子・正孔プラズマが上で述べた物理学的な難解さとは関係なく, 我々の生活に密接に関連している光物性の現象であるといえる。ここでは, 文献18) に基づいて原子系での光学利得に関する理論をベースとして, 半導体における電子・正孔プラズマによる光学利得について理論的に解説する。

　まず, 理解を容易にするために, 原子系から説明をする。図 4.6 に示している 2 準位原子系を前提とし, 状態 $|1>$（エネルギー：$E_1$）を単位体積当り $N_1$ 個の電子が占有し, 状態 $|2>$（エネルギー：$E_2$）を単位体積当り $N_2$ 個の電子が占有しているとする。共鳴エネルギー（$\hbar\omega = E_2 - E_1$）を持つ光子が, スペクトルエネルギー密度 $u(\omega)$ で存在しているとすると, 自然放出, 誘導放出, 光吸収の速度は, 以下の式で与えられる[19]。

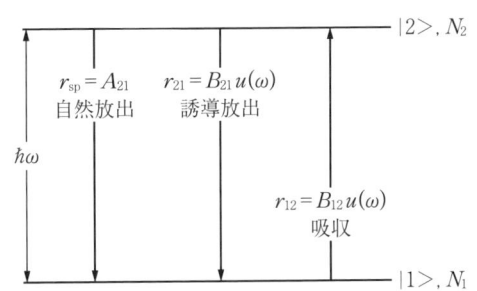

図 4.6 2 準位原子系における自然放出, 誘導放出, 吸収の概略図

$$r_{sp} = A_{21} = \frac{1}{\tau_r} \quad \text{自然放出} \tag{4.31 a}$$

$$r_{21} = B_{21}u(\omega) \quad \text{誘導放出} \tag{4.31 b}$$

$$r_{12} = B_{12}u(\omega) \quad \text{光吸収} \tag{4.31 c}$$

ここで, $A_{21}$, $B_{21}$, $B_{12}$ はアインシュタイン係数（Einstein coefficient）, $\tau_r$ が自然放出寿命, $B_{21} = B_{12} \equiv B$, $A_{21}/B_{21} \equiv A/B = 2\hbar\omega^3/(\pi c^3)$ である。この原子系

での光強度 $I_\omega = cu(\omega)$ の $z$ 方向（光の伝播方向）の変化率は

$$\frac{dI_\omega}{dz} = \hbar\omega\left[AN_2 + Bu(\omega)N_2 - Bu(\omega)N_1\right] \tag{4.32}$$

となる。ここで，自然放出の寄与が誘導放出と比較してきわめて小さいと仮定する。

$$\frac{dI_\omega}{dz} = \hbar\omega\left[Bu(\omega)N_2 - Bu(\omega)N_1\right]$$
$$= \hbar\omega Bu(\omega)(N_2 - N_1) \tag{4.33}$$

上式に，アインシュタインの $B$ 係数を $B = \pi c^3/(2\hbar\omega^3\tau_r)$ とし，$u(\omega) = I_\omega/c$ を代入すると以下の式が得られる。

$$\frac{dI_\omega}{dz} = \frac{\pi c^2}{2\omega^2\tau_r}(N_2 - N_1)I_\omega \tag{4.34}$$

光吸収の定義式 $I_\omega(z) = I_\omega(0)\exp[-\alpha(\omega)z]$ から，つぎの吸収係数 $\alpha(\omega)$ の関係式が得られる。

$$\frac{dI_\omega}{dz} = -I_\omega\alpha(\omega) \tag{4.35}$$

したがって，吸収係数は

$$\alpha(\omega) = \frac{\pi c^2}{2\omega^2\tau_r}(N_1 - N_2) \tag{4.36}$$

となる。光学利得は，$g(\omega) = -\alpha(\omega)$ なので，以下の式によって与えられる。

$$g(\omega) = \frac{\pi c^2}{2\omega^2\tau_r}(N_2 - N_1) \tag{4.37}$$

すなわち，反転分布（population inversion：$N_2 > N_1$）が生じることによって，光学利得が発生する。

つぎに，上記の原子系の理論を半導体を対象にして展開する。図4.2に示した2バンド系で電子・正孔プラズマを考える。ここで，2種類の擬フェルミ準位の定義があることに留意する必要がある。一つは，絶対エネルギー系の $\mu_e$ と $\mu_h$，他方は，伝導帯と価電子帯の端のエネルギーを基準とした相対エネルギー系の $E_{F,e}$ と $E_{F,h}$ である。半導体における誘導放出速度を，原子系の式

## 4.2 電子・正孔プラズマによる光学利得の理論

(4.31 b) との類似性で考えると，誘導放出に関与する単位体積当りの状態数 $N_2$ を統計力学的に求めなくてはならない．伝導帯と価電子帯の電子のフェルミ分布関数は，つぎのように表すことができる．

$$f_c(E_e) = \frac{1}{1+\exp\left(\dfrac{E_e - \mu_e}{k_B T}\right)} \tag{4.38 a}$$

$$f_V(E_h) = \frac{1}{1+\exp\left(\dfrac{E_h - \mu_h}{k_B T}\right)} \tag{4.38 b}$$

ここで，$E_e$ と $E_h$ は伝導帯と価電子帯におけるエネルギーである．電子・正孔プラズマの化学ポテンシャルは

$$\mu_{\text{EHP}} = \mu_e - \mu_h = E_g' + E_{F,e} + E_{F,h} \tag{4.39}$$

と定義される．遷移エネルギーを $\hbar\omega = E_e - E_h$ として，結合状態密度 $J_{cv}(\omega)$ を考慮すると [直接遷移型半導体の場合は，$J_{cv}(\omega) \propto (\hbar\omega - E_g)^{1/2}$]，誘導放出に関与する単位体積当りの状態数は

$$J_{cv}(\omega) f_c(E_e)[1 - f_v(E_h)] = J_{cv}(\omega) f_{\text{emit}}(\omega) \tag{4.40}$$

となる．ここで，$f_{\text{emit}}(\omega)$ は，伝導帯のエネルギー $E_e$ に電子が存在し，価電子帯のエネルギー $E_h$ に正孔が存在する積事象確率を意味している．なお，これは，自然放出においても同じである．したがって，誘導放出速度は

$$r_{\text{stim}}(\omega) = Bu(\omega) J_{cv}(\omega) f_{\text{emit}}(\omega) \tag{4.41}$$

と表される．また，光吸収速度は，価電子帯のエネルギー $E_h$ に電子が存在し，伝導帯のエネルギー $E_e$ に電子が存在しない積事象確率

$$f_{\text{abs}}(\omega) = [1 - f_c(E_e)] f_v(E_h) \tag{4.42}$$

を考慮して

$$r_{\text{abs}}(\omega) = Bu(\omega) J_{cv}(\omega) f_{\text{abs}}(\omega) \tag{4.43}$$

と表される．したがって，吸収効果を補正した正味の誘導放出速度は，以下の式で与えられる．

$$R_{\text{stim}}(\omega) = r_{\text{stim}}(\omega) - r_{\text{abs}}(\omega) = Bu(\omega) J_{cv}(\omega) [f_c(E_e) - f_v(E_h)] \tag{4.44}$$

上記の原子系の場合と同じ取扱いによって，光学利得は以下のように与えられ

る。

$$g(\omega) = -\alpha(\omega) = \frac{\hbar\omega R_{\text{stim}}(\omega)}{I_\omega}$$

$$= \frac{\pi c^2}{2\omega^2 \tau_r} J_{cv}(\omega)\left[f_c(E_e) - f_v(E_h)\right]$$

$$= \frac{\lambda_0^2}{8\pi n^2 \tau_r} J_{cv}(\omega)\left[f_c(E_e) - f_v(E_h)\right] \quad (4.45)$$

ここで，$\lambda_0$ は真空中の波長，$n$ は半導体の屈折率を意味している。$f_c(E_e) - f_v(E_h) \equiv \Gamma(\omega)$ として，これをフェルミ反転因子（Fermi inversion factor）と呼ぶ。すなわち，フェルミ反転因子が正になれば，光学利得が生じる。フェルミ反転因子の分母項はどのような場合でも正であるので，分子項が問題となる。分子項は，以下の式で与えられる。

$$\exp\left(\frac{E_h - \mu_h}{k_B T}\right)\left[1 - \exp\left(\frac{E_e - E_h - (\mu_e - \mu_h)}{k_B T}\right)\right] \quad (4.46)$$

ここで，エネルギー保存則から，$\hbar\omega = E_e - E_h$ とする。増幅される最低の光子エネルギーは，$\hbar\omega = E_g{}'$ なので，光学利得が生じる光子エネルギーの条件は，式 (4.46) が正になる条件に相当し

$$E_g{}' < \hbar\omega < \mu_e - \mu_h = E_g{}' + E_{F,e} + E_{F,h} = \mu_{\text{EHP}} \quad (4.47)$$

となる。これは，半導体における反転分布の条件としてよく知られている Bernard-Duraffourg の条件[20]に相当する。したがって，電子・正孔プラズマが生成された場合，**図 4.7** に模式的に示しているように，再構成バンドギャップエネルギー（$E_g{}'$）から電子・正孔プラズマ化学ポテンシャルのエネルギー（$\mu_{\text{EHP}}$）領域で光学利得が発生する。

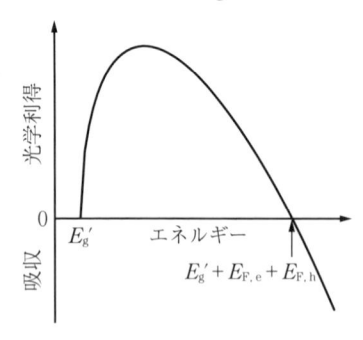

**図 4.7** 電子・正孔プラズマによる光学利得スペクトルの模式図

## 4.3 電子・正孔プラズマの発光スペクトルと光学利得スペクトル

図 4.8 は,高密度励起条件における MOVPE 成長 GaN 結晶薄膜（4 μm）の 10 K における発光スペクトルの励起強度依存性を示している。最大励起強度は,$I_0 = 5$ mJ/cm$^2$ である。ここで,M(P) と記した発光バンドは,励起子分子発光（励起子–励起子散乱発光）に対応する。この励起強度条件では,M 発光と P 発光はブロードニングのために重なっている。励起強度が $0.2I_0$ の条件（太線のスペクトル）で EHP と記した電子・正孔プラズマによる発光バンドが閾値特性を持って出現し,そのスペクトル形状は,励起強度の増大とともにピークエネルギーが低エネルギー側にシフトし,かつ,スペクトル幅が広くなっている。この現象は,励起強度の増大による再構成バンドギャップエネルギー（$E_g'$）の低下（バンドギャップ収縮）と電子と正孔の擬フェルミ準位の増加を反映している。ここで,励起子系が不安定になるモット転移が生じているにもかかわらず励起子関連発光が観測されているのは,励起光のビームプロファイルが空間的に一様でなく（通常はガウシアン形状）,強度が強いビームの中心部分では電子・正孔プラズマが形成され,強度が弱い周辺部分ではモット転移に至っていないためである。このようなビームプロファイルの空間的不均一性は,高密度励起条件の実験では十分に注意する必要がある。ガウシアンビームのレーザーであれば,ビームプロファイルを空間的に一様にする光学機器（ビームシェイパーもしくはビームホモジナイザーと呼ばれる）を用いることによって上記の問題点は回避できる。

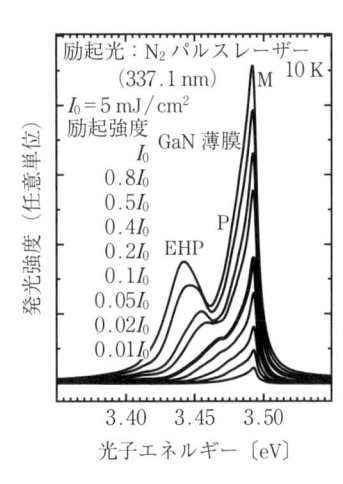

図 4.8 高密度励起条件における MOVPE 成長 GaN 結晶薄膜（4 μm）の 10 K における発光スペクトルの励起強度依存性

ここで，図 4.8 に示した実験結果から，モット転移密度を概算する。そのためには，光励起キャリア密度を求める必要がある。実験に用いた励起光源は，パルス幅 5 ns，波長 337.1 nm（3.677 eV）の窒素パルスレーザーである。直接遷移型半導体の場合，電子・正孔プラズマの発光寿命は一般に 100 ps 以下であるために[21]，パルス幅 5 ns の励起は準定常励起（quasi-steady excitation）として近似でき，パルス強度をパルス幅で割ってピークパワーとして取り扱う。図 4.8 の場合，電子・正孔プラズマ発光の閾値強度の $0.2I_0 = 1.0$ mJ/cm$^2$ は，$2.0 \times 10^5$ W/cm$^2$ に相当する。これを光子数に換算すると，$3.4 \times 10^{23}$ cm$^{-2}$s$^{-1}$ となる。励起波長での吸収係数（$\alpha = 1.0 \times 10^5$ cm$^{-1}$）[22] と屈折率 $(2.56)$[23] から，式 (2.42) を用いて反射率 $R$ を求めて（この場合，$R = 0.20$），反射率補正 $(1-R)$ を行うと，実効光子数は $2.7 \times 10^{23}$ cm$^{-2}$s$^{-1}$ となる。なお，式 (2.42) の消衰係数 $\kappa$ は，式 (2.16) を用いて吸収係数から変換できる。励起光の実効侵入長 $L$ を $L = 1/\alpha = 1.0 \times 10^{-5}$ cm とすると，1 秒当りに光生成されるキャリア密度（キャリア生成率：$G$）は，量子効率が 1 であると仮定して，$G = 2.7 \times 10^{28}$ cm$^{-3}$s$^{-1}$ と算出できる。定常状態のキャリア密度 $n$ は，電子・正孔プラズマの発光寿命を $\tau_{\text{EHP}}$ とすると，式 (3.10) より $n = G/(1/\tau_{\text{EHP}})$ の計算によって求めることができる。$\tau_{\text{EHP}}$ の値は，励起強度や温度によって変遷するので確定値は明らかではないが，平均的な数値として 50 ps と仮定すると，$n = 1.4 \times 10^{18}$ cm$^{-3}$ と概算できる。この値は，文献 9) で報告されている GaN の低温でのモット転移密度 $[n_{\text{M}} = (2 \sim 3) \times 10^{18}$ cm$^{-3}]$ に近い値である。

電子・正孔プラズマ発光の研究において，スペクトル形状解析は重要な位置を占める。なお，以下で述べるスペクトル形状解析は，原理的に電子・正孔液体（液滴）に対しても適用できる。直接遷移型半導体の場合，電子・正孔プラズマの発光スペクトル形状は，一般的に以下の式で与えられる[13],[24]。

$$I_{\text{EHP}}(\omega) \propto J_{\text{cv}}(\omega) f_{\text{e}}(E_{\text{e}}, n, T) f_{\text{h}}(E_{\text{h}}, n, T)$$
$$\propto (\hbar\omega - E_{\text{g}}')^{1/2} f_{\text{e}}(E_{\text{e}}, n, T) f_{\text{h}}(E_{\text{h}}, n, T) \quad (4.48)$$

ここで，$(\hbar\omega - E_{\text{g}}')^{1/2}$ は $\Gamma$ 点の結合状態密度 $J_{\text{cv}}$ に相当する。$f_{\text{e}}$ と $f_{\text{h}}$ は電子と正孔のフェルミ分布関数で，キャリア密度 $n$ が擬フェルミ準位を決定するパ

ラメータであり，温度 $T$ はキャリア系の有効温度として取り扱い，一般的に格子温度よりも高い．以下では，式 (4.48) について展開していく．まず，2 バンドモデルを仮定し，エネルギー保存則と波数ベクトル保存則を考慮すると，電子・正孔プラズマの発光エネルギーは

$$\hbar\omega = E_e - E_h = E_g' + \frac{\hbar^2 k^2}{2m_e^*} + \frac{\hbar^2 k^2}{2m_h^*}$$

$$= E_g' + \frac{\hbar^2 k^2}{2}\left(\frac{M}{m_e^* m_h^*}\right) \tag{4.49}$$

となる．ここで，$M = m_e^* + m_h^*$ である．また，価電子帯の頂上のエネルギーをゼロと設定する．伝導帯電子のフェルミ分布関数は，式 (4.38a) で与えられるが，そのエネルギー変数は式 (4.49) を用いて以下のように変換できる．

$$E_e - \mu_e = E_e - \left(E_g' + E_{F,e}\right)$$

$$= E_g' + \frac{\hbar^2 k^2}{2m_e^*} - \left(E_g' + E_{F,e}\right)$$

$$= \frac{m_h^*}{M}\left(\hbar\omega - E_g'\right) - E_{F,e} \tag{4.50}$$

したがって，電子のフェルミ分布関数は，電子・正孔プラズマの発光エネルギーの関数として以下のように表すことができる．

$$f_e(\omega) = \frac{1}{1 + \exp\left(\dfrac{(m_h^*/M)(\hbar\omega - E_g') - E_{F,e}}{k_B T}\right)} \tag{4.51}$$

同様に，価電子帯における正孔のフェルミ分布関数は，以下の式に変換できる．

$$f_h(\omega) = \frac{1}{1 + \exp\left(\dfrac{(m_e^*/M)(\hbar\omega - E_g') - E_{F,h}}{k_B T}\right)} \tag{4.52}$$

つぎに，擬フェルミ準位である $E_{F,e}$ と $E_{F,h}$ を求める必要がある．擬フェルミ準位は，キャリア密度（光励起の場合，$n_e = n_h = n$）によって決定され，その関係式は以下の式で与えられる[13]．

$$n_{e(h)} = N_{c(v)} F_{1/2}(\eta_{e(h)}) \tag{4.53}$$

ここで，$N_{c(v)}$ は式 (1.20) で定義した伝導帯（価電子帯）有効状態密度，$\eta_{e(h)} = E_{F,e(h)}/(k_B T)$，$F_{1/2}(\eta_{e(h)})$ は Fermi-Dirac 積分である。なお，式 (1.20) のキャリア密度を導出する際は，フェルミ分布関数を古典近似している。Fermi-Dirac 積分については，下記の精度の良い近似式が求められている[13),25)]。

$$\eta_{e(h)} = \ln\left(\frac{n}{N_{c(v)}}\right) + K_1 \ln\left(K_2 \frac{n}{N_{c(v)}} + K_3\right) + K_4 \frac{n}{N_{c(v)}} + K_5 \tag{4.54}$$

$K_1 = 4.896\,685\,1, \quad K_2 = 3.331\,057\,95, \quad K_3 = 73.626\,403\,3$

$K_4 = 0.133\,376\,0, \quad K_5 = -21.050\,864\,4$

以上の電子・正孔プラズマの発光スペクトル形状の理論から，$E_g'$，$n$，$T$ をフィッティングパラメータとして形状解析を行うことができる。

**図 4.9** は，液相エピタキシー成長 $Al_{0.05}Ga_{0.95}As$（〜 0.5 μm）エピタキシャル薄膜の 5 K における電子・正孔プラズマ発光スペクトルを示している[13),14)]。励起光源は，パルス YAG レーザー（パルス幅：150 ns）の第 2 高調波（532 nm）励起の色素レーザー（575 nm）である。黒丸が実験結果，実線が式 (4.48) に基づくフィッティング結果を示している。この解析から，$E_g' = 1.563$ eV，$n = 1.3 \times 10^{17}$ cm$^{-3}$，キャリア有効温度 $T = 42$ K という電子・正孔プラズマのパラメータが得られている。式 (4.53) を用いて計算した擬フェルミエネルギーは，バンド端を基準として，$E_{F,e} = 13.2$ meV，$E_{F,h} = -1.9$ meV となる。図中の矢印は，電子・正孔プラズマの化学

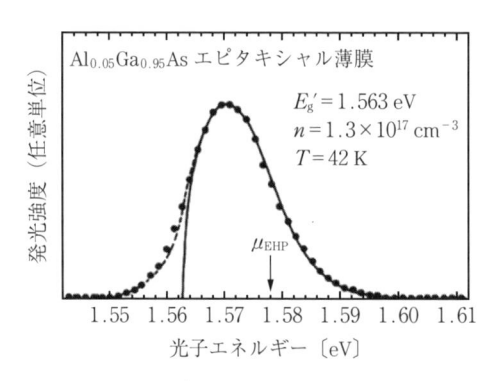

**図 4.9** 液相エピタキシー成長 $Al_{0.05}Ga_{0.95}As$（〜 0.5 μm）エピタキシャル薄膜の 5 K における電子・正孔プラズマ発光スペクトル。実線は，式 (4.48) に基づくフィッティング結果を示している。破線は，Landsberg ブロードニングを文献14）と同じ方法でフィッティングした結果を示している[13)]。(Reprinted with permission. Copyright (1992) by the American Physical Society.)

## 4.3 電子・正孔プラズマの発光スペクトルと光学利得スペクトル

ポテンシャル $\mu_{EPH}$ を示している。式 (4.48) では，ブロードニング効果を考慮していないので，再構成バンドギャップの低エネルギー側ではフィッティング結果が実験結果から外れている。電子・正孔プラズマのブロードニング効果については，Landsberg ブロードニングと呼ばれる現象が知られている[26]。これは，キャリア緩和の終状態，すなわち，バンド端において電子・正孔が縮退しているためにキャリア-キャリア散乱がきわめて強くなることに起因しており，最終状態ダンピング（final-state damping）に相当する。文献 26) では，その原因としてオージェ効果が考えられている。文献 14) では，バンド端のブロードニングをローレンツ関数で取り扱って，電子・正孔プラズマの発光スペクトル形状をよく説明している。図 4.9 の破線は，Landsberg ブロードニングを文献 14) と同じ方法でフィッティングした結果を示しており，実験結果とよく一致している。以上では波数ベクトル保存則を考慮しているが，GaAs の電子・正孔プラズマの発光スペクトルと光学利得スペクトルの形状フィッティングにおいて，現象論的に波数ベクトル保存則を無視できるという報告もある[27),28)]。

電子・正孔プラズマが形成されると，4.2 節で述べたように，$E_g' < E < \mu_{EHP}$ のエネルギー領域において光学利得が生じる。図 4.10 は，rf マグネトロンスパッタリング法により作製した ZnO 結晶薄膜（200 nm）を試料として，10 K での透過型ポンプ-プローブ測定から求めた光学利得スペクトルである。励起光は窒素パルスレーザーで，励起光を分岐して色素に照射してスペクトル的にブロードなパルス光（色素の発光）を作り，それをプローブ光として用いている。励起条件は，上で述べたように準定常励起である。光学利得スペク

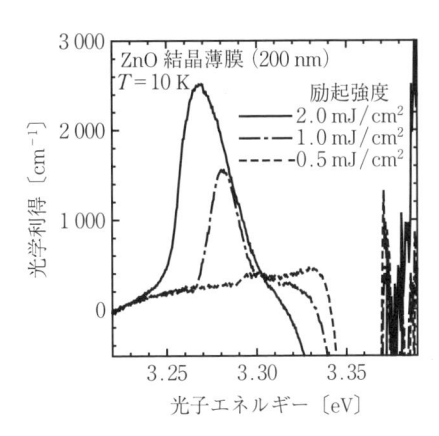

図 4.10 rf マグネトロンスパッタリング法により作製した ZnO 結晶薄膜（200 nm）を試料として，10 K での透過型ポンプ-プローブ測定から求めた光学利得スペクトル

トルは，励起光を照射しない透過スペクトルと励起光を照射した透過スペクトルの差分スペクトルから求めている．図 4.10 において，励起強度が 0.5 mJ/cm² において，光学利得がわずかに観測され，励起強度の増大とともに低エネルギーシフトとブロードニングを伴って光学利得が大きくなっている．光学利得スペクトルの低エネルギー端が再構成バンドギャップエネルギー $E_g'$ に相当し，励起強度の増大によるバンドギャップ再構成効果の増大が明確に現れている．スペクトルブロードニングは，擬フェルミ準位の増加を反映している．なお，光学利得スペクトルの高エネルギー側に関しては，上でも述べたが，励起レーザー強度の空間的不均一性のために，モット転移の状態でも励起子吸収が残留しており，その吸収テイルによって光学利得が見かけ上抑制されている．

電子・正孔プラズマにより光学利得が生じるので，キャビティが形成できれば原理的にレーザー発振が生じる．**図 4.11** は，rf マグネトロンスパッタリング法により作製した ZnO 結晶薄膜（500 nm）を試料として，ストライプ状に整形したレーザー光を試料表面に集光し，薄膜端面から検出した場合の 10 K での発光スペクトルを示している．なお，励起光は窒素パルスレーザーで，励起強度は 2.5 mJ/cm²，ストライプ長は 0.50 mm である．薄膜端面から検出した場合，電子・正孔プラズマ発光のブロードなスペクトルに，挿入図の拡大したスペクトルから明らかなように，スパイク状の微細構造が重畳している．この結果は，電子・正孔プラズマを起源としたレーザー発振（マルチモード発振）が起こっていることを示している．この場合，レーザー発振のための人為的なキャビティは存在しない．しかしながら，光

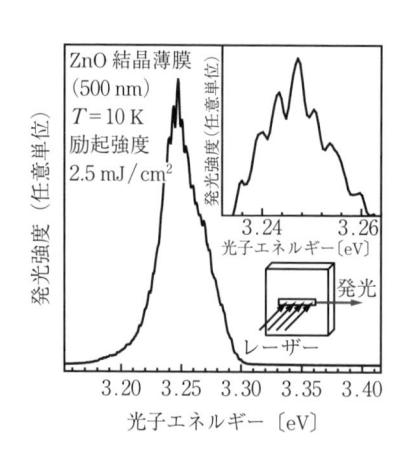

**図 4.11** rf マグネトロンスパッタリング法により作製した ZnO 結晶薄膜（500 nm）を試料として，ストライプ状に整形したレーザー光を試料表面に集光し，薄膜端面から検出した場合の 10 K での発光スペクトル．測定配置の概略図を図中に示している．

励起されている領域は，光励起されていない領域と比べて高いキャリア密度を有する．その結果，二つの領域で屈折率差が生じ，その屈折率差が擬似ミラーとして作用する自己形成キャビティがレーザー発振の起源となっていると考えられる．

間接遷移型半導体の場合，電子・正孔プラズマの発光スペクトル形状は，波数ベクトル保存則を無視し，エネルギー保存則のみを考慮して以下の式で与えられる[29]．

$$I_{\text{EHP}}(\omega) \propto \int_0^{\hbar\omega - E_g'} E^{1/2} (\hbar\omega - E - E_g')^{1/2} f_e f_h dE \qquad (4.55)$$

間接遷移の場合，2.2.3項で述べたように直接遷移とは異なり，結合状態密度ではなく伝導帯と価電子帯の状態密度を独立に取り扱う．なお，フォノンサイドバンドに関しては，フォノンエネルギー（$E_{\text{ph}}$）だけシフトさせればよい（$E \rightarrow E - E_{\text{ph}}$）．発光形状解析の具体例に関しては，次節で電子・正孔液体（液滴）の発光スペクトルを対象にして述べる．

## 4.4　電子・正孔液体（液滴）の発光スペクトル

歴史的には，電子・正孔液滴の発光は，1966年にHaynesによってSi結晶を試料として初めて観測された[30]．ただし，Haynesは，3K以下で観測される新たな発光を励起子分子によるものと間違って解釈したという経緯がある．気相の電子・正孔プラズマと液相（凝縮相）の電子・正孔液体（液滴）では，どちらもフェルミ粒子系であるので，発光スペクトル形状解析は同様に取り扱うことができるが，電子・正孔液体（液滴）の場合，安定化エネルギー（stability energy）というきわめて重要なファクターを考慮しなければならない．安定化エネルギーは，電子・正孔液体から電子・正孔対（励起子）が熱的に放出される仕事関数（work function）に相当する．図4.12は，電子・正孔液滴の発光スペクトルの概略図を示している．電子・正孔液滴の場合，電子・正孔液体ドメインの周囲には励起子もしくは励起子分子が熱平衡的に共存するために，原

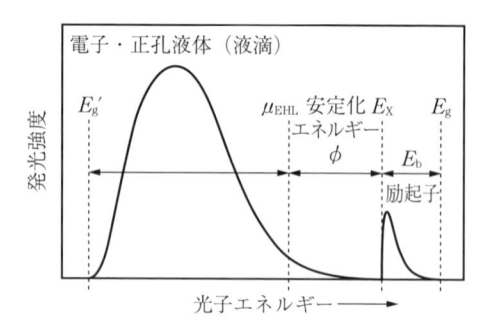

**図 4.12** 電子・正孔液滴の発光スペクトルの概略図

理的に励起子系の発光も共存して観測される。図 4.9 で示した $Al_{0.05}Ga_{0.95}As$ エピタキシャル薄膜の電子・正孔プラズマの発光スペクトルでは,励起子発光が観測されていないことと対比していただきたい。電子・正孔液体が安定に存在するためには,図 4.12 に示しているように,電子・正孔液体の化学ポテンシャル $\mu_{EHL} = E_g' + E_{F,e} + E_{F,h}$ が励起子エネルギー $E_X$ よりも低い必要がある。そのエネルギー差

$$\phi = E_X - \mu_{EHL} \tag{4.56}$$

が安定化エネルギーである。表 4.1 に,いくつかの間接遷移型半導体の電子・正孔液体(液滴)の平衡キャリア密度 $n_{eq}$,安定化エネルギー,臨界温度 $T_c$ をまとめている。安定化エネルギーは,温度に依存し,Si の場合,温度の 2 乗に比例すること(比例係数:$5.9 \times 10^{-3}$ meV/K$^2$)が報告されている[33]。

**表 4.1** いくつかの間接遷移型半導体における電子・正孔液体(液滴)の平衡キャリア密度 $n_{eq}$,安定化エネルギー $\phi$,臨界温度 $T_c$

| 半導体 | $n_{eq}$ [cm$^{-3}$] | $\phi$ [meV] | $T_c$ [K] |
|---|---|---|---|
| Ge | $2.1 \times 10^{17}$ (4 K)[a] | 2.4 (2 K)[b] | 6.5[a] |
| Si | $3.3 \times 10^{18}$ (4.2 K)[c] | 8.3 (4.2 K)[c] | 27[d] |
| GaP | $6 \times 10^{18}$ (2 K)[e] | 14 (2 K)[e] | 45[f] |
| AgBr[g] | $8 \times 10^{18}$ (26 K) | 55 (0 K) | ~100 |
| ダイヤモンド[h] | $1.0 \times 10^{20}$ (15 K) | ~50 (15 K) | 165 |

〔注〕 a) 文献 31), b) 文献 32), c) 文献 33), d) 文献 34), e) 文献 35), f) 文献 36), g) 文献 37), h) 文献 38)

## 4.4 電子・正孔液体（液滴）の発光スペクトル

熱力学的には当然のことであるが，安定化エネルギーが大きいほど臨界温度は高い。電子・正孔液体の熱力学に関する理論的な研究が，文献39) に報告されている。また，励起子分子の存在を考慮すると，安定化エネルギーは

$$\phi = \frac{E_M}{2} - \mu_{EHL} = E_X - \frac{E_{b,M}}{2} - \mu_{EHL} \tag{4.57}$$

となり，励起子分子束縛エネルギー $E_{b,M}$ の1/2のエネルギーをさらに差し引かなければならない。励起子分子と電子・正孔液体の共存が，Si[40] と AgBr[37] で観測されている。

電子・正孔液体（液滴）は，表4.1で示したように，一般に間接遷移型半導体において顕著に観測される。その最大の理由は，バンド間遷移確率が低く発光寿命が長いために，高密度励起条件であってもキャリア有効温度が十分に冷却されて臨界温度以下になるためである。また，間接遷移型 $Al_xGa_{1-x}As$ においても電子・正孔液滴発光が観測されている[29),41)]。図4.13は，液相エピタキシー法で結晶成長された $Al_{0.38}Ga_{0.62}As$ エピタキシャル薄膜（2 μm）の5 Kでの電子・正孔液滴の発光スペクトルを示している[41)]。なお，発光スペクトルは，ピコ秒パルスレーザーによる高密度励起条件での時間分解発光スペクトルであり，液滴形成時間は約200 psと見積もられている。形成時間以降のスペクトル形状は，平衡キャリア密度を反映して変化しない[29)]。このスペクトル形状の不変性は，電子・正孔液体（液滴）発光の重要な特徴の一つである。黒丸

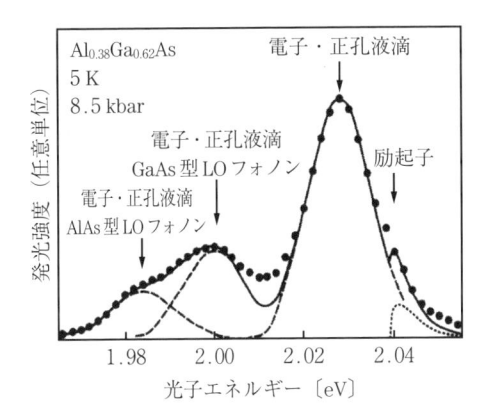

図4.13 液相エピタキシー法成長 $Al_{0.38}Ga_{0.62}As$ エピタキシャル薄膜（2 μm）の5 Kでの電子・正孔液滴の発光スペクトル。黒丸が実験結果，破線が式(4.55)に基づく発光形状解析結果，点線が励起子発光形状，実線が各成分を重ね合わせたスペクトルを示している[41)]。(Reprinted with permission. Copyright (1991) by the American Physical Society.)

が実験結果，破線が式 (4.55) に基づく発光形状解析結果，点線が励起子発光形状，実線が各成分を重ね合わせたスペクトルである。ここで，$Al_{0.38}Ga_{0.62}As$ は常圧では直接遷移型であるが，静水圧（この場合は 8.5 kbar）を加えることによって，伝導帯の Γ 点のエネルギーが上がり，X 点のエネルギーが下がるために Γ-X バレイ交差が生じ間接遷移型になる（圧力誘起バンドギャップ再構成）[42]。電子・正孔液滴の発光スペクトルには，ゼロフォノンバンドに加えて，GaAs 型 LO フォノンサイドバンドと AlAs 型 LO フォノンサイドバンドが観測され，かつ，自由励起子発光バンドが共存している。発光スペクトル形状は，式 (4.55) に基づくフィッティングによってよく説明できている。スペクトル形状フィッティングから，$E_g'$, $n$, $\mu_{EHL}$ を評価し，電子・正孔液体の安定化エネルギーの存在が明らかになる。安定化エネルギーは $6\pm2$ meV，$n=3.4\times10^{18}$ cm$^{-3}$，キャリア有効温度は 32 K と見積もられている。

**図 4.14** は，静水圧が 6.9 kbar での $Al_{0.38}Ga_{0.62}As$ エピタキシャル薄膜の実験から求められた電子・正孔プラズマ系の相図（キャリア密度とキャリア有効温度の関係）を示している[29]。ここで，十字が電子・正孔液滴（液相），黒丸が電子・正孔プラズマ（気相）を表している。相図から，電子・正孔液滴の臨界温度が 34 K，臨界密度が $2\times10^{18}$ cm$^{-3}$ と見積もられる。さらに，電子・正孔液滴とプラズマの根本的な違いは，キャリア密度の温度依存性であり，液滴の

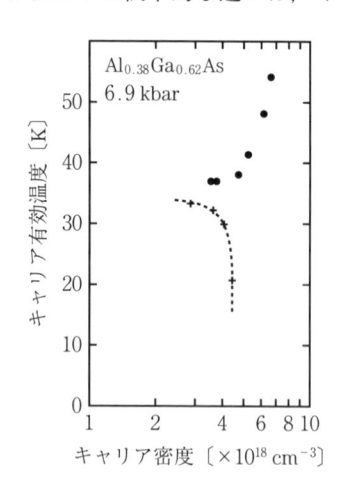

**図 4.14** 静水圧が 6.9 kbar での $Al_{0.38}Ga_{0.62}As$ エピタキシャル薄膜の実験から求められた電子・正孔プラズマ系の相図。ここで，十字が電子・正孔液滴（液相），黒丸が電子・正孔プラズマ（気相）を表している[29]。(Reprinted with permission. Copyright (1990) by the American Physical Society.)

場合は温度が上昇するに従ってキャリア密度が低下し，一方，プラズマの場合はキャリア密度が増大する。この特性は，すべての電子・正孔液滴とプラズマに見られるユニバーサルなものである。また，Ge 結晶の電子・正孔液滴の発光強度の励起強度依存性において，励起強度を上昇させる場合の生成閾値（$I_{th}^+$）と下降させる場合の消失閾値（$I_{th}^-$）が異なる（$I_{th}^+ > I_{th}^-$）ヒステリシス現象（hysteresis phenomenon）が報告されている[43),44)]。このヒステリシス現象は，電子・正孔液滴が形成される際の動的核形成過程と関連している。

電子・正孔液滴の発光寿命（$\tau_{EHD}$）に関しては，自由励起子発光寿命（$\tau_X$）を基準として，現象論的に次式が提案されている[32)]。

$$\frac{\tau_X}{\tau_{EHD}} = \frac{\rho n_c}{|\varphi_X(0)|^2} \tag{4.58}$$

ここで，$n_c$ は臨界密度，$|\varphi_X(0)|^2 = 1/(\pi a_B^{*3})$ で式（2.120）に対応し励起子振動子強度に比例する物理量，$\rho$ は現象論的な電子・正孔液滴の再結合増強因子である。Ge 結晶の電子・正孔液滴の場合，実験から $\tau_X/\tau_{EHD} = 16$ という結果が得られており，$n_c = 2 \times 10^{17}$ cm$^{-3}$ と $a_B^* = 13$ nm という値を用いると，$\rho = 12$ と見積もられる[32)]。このモデルは現象論的パラメータを含んでいるが，電子・正孔液滴の発光寿命を簡便に見積もることにおいて意味のあるものである。

発光スペクトルの観点から，電子・正孔液体（液滴）の存在を証明するための実験的必要条件を以下にまとめる[2)]。

（1） 電子・正孔液体（液滴）の発光スペクトルは，励起強度に対して閾値特性を示して出現する。

（2） 高密度液滴は，励起子系ガスに取り巻かれて存在する。したがって，電子・正孔液滴と励起子系の発光が共存する。

（3） 電子・正孔液体（液滴）の化学ポテンシャルは，安定化エネルギー（結合エネルギー，仕事関数）を反映して，共存する励起子系のエネルギーよりも低くなければならない。

（4） キャリア有効温度が一定の場合（冷却過程が十分な場合），励起強度に関係なく，平衡キャリア密度によって発光スペクトル形状が決定され

る。したがって，発光スペクトル形状は，励起強度によって変化しない。なお，発光強度は，励起強度の増大によって強くなる。これは，液滴のサイズや数の増大によるものである。この発光スペクトル形状の一定性は，図4.8に示した電子・正孔プラズマの発光特性（励起強度が増大するとキャリア密度が増加してバンドギャップ再構成効果が増大するために低エネルギーシフトする）と根本的に異なる特徴である。

# 5 ラマン散乱

　物質に光が入射すると,ほとんどの光は透過,反射,あるいは,吸収されるが,物質内の動的不均一性によって散乱という現象が生じる。光散乱は,大きく分けて,入射光と散乱光のエネルギーが等しい弾性散乱(elastic scattering)と,エネルギー変化が生じる非弾性散乱(inelastic scattering)に分類できる。弾性散乱をレイリー散乱(Rayleigh scattering)と呼び,非弾性散乱をラマン散乱と呼ぶ。歴史的には,1928年にRamanとKrishnanが集光した太陽光を光源として液体に照射し,光学フィルターを用いて自分自身の目によって確認したのが最初の報告である[1]。光の非弾性散乱を引き起こす物質内の動的分極は,物性物理学では素励起(elementary excitation)と呼ばれるものである。ラマン散乱の対象として代表的なものが,物質を構成する原子の集団振動であるフォノンといえる。また,電子のプラズマ集団振動(プラズモン)や磁性体でのスピン波(マグノン:magnon)などによってもラマン散乱が生じる。本章では,最も代表的なフォノン・ラマン散乱を対象として論を進める。フォノンは,結晶の対称性,構成原子,格子ひずみ,不純物,格子欠陥,キャリア密度などの影響を受けるために,そのラマン散乱スペクトルの測定から,多様な物性を評価することができる。本章では,ラマン散乱の基礎理論,ラマンテンソル(Raman tensor)とラマン散乱選択則(selection rule of Raman scattering),ラマン散乱の動的構造因子(dynamical structural factor)に関する理論とそれに基づく空間の有限サイズ効果(finite size effect),LOフォノン-プラズモン結合モード(LO-phonon-plasmon coupled mode),および,フォノンに対する格子ひずみ効果について解説する。

## 5.1　ラマン散乱の基礎理論

　ここでは,基礎理論として,ラマン散乱の電磁気学的側面[2]と量子論的側面[3]について述べる。

### 5.1.1 ラマン散乱の電磁気学的側面

光の偏光ベクトルを$\widehat{e}$, 波数ベクトルを$k$, 振動数を$\omega$とし, 入射光 (添え字i) と散乱光 (添え字s) の電場をつぎのように定義する.

$$E_\mathrm{i}(r,t) = \widehat{e}_\mathrm{i} E_\mathrm{i} \exp[i(k_\mathrm{i} r - \omega_\mathrm{i} t)] \tag{5.1}$$

$$E_\mathrm{s}(r,t) = \widehat{e}_\mathrm{s} E_\mathrm{s} \exp[i(k_\mathrm{s} r - \omega_\mathrm{s} t)] \tag{5.2}$$

散乱に対する電磁気学的な過程は, 入射光電場 ($E_\mathrm{i}$) によって物質中に電子分極に起因する双極子モーメント (分極密度: $P$) が形成され, その双極子モーメントによって散乱光が輻射されるというものである. 輻射の立体角を$\Omega$とすると, 双極子モーメントによる単位時間当りの輻射エネルギー ($W$) は, 次式で表される[2]。

$$\frac{dW}{d\Omega} \propto \omega_\mathrm{s}^4 |\widehat{e}_\mathrm{s} \cdot P|^2 \tag{5.3}$$

$$P = [\chi] E_\mathrm{i}(r,t) = [\chi] \widehat{e}_\mathrm{i} E_\mathrm{i} \exp[i(k_\mathrm{i} r - \omega_\mathrm{i} t)] \tag{5.4}$$

ここで, $[\chi]$ は結晶の電気感受率テンソルであり, 光による結晶の分極密度を決定するものである.

電気感受率 $[\chi]$ は, フォノンによって揺らいでいるので, $[\chi]$ を格子の平衡点での振動振幅 ($\Delta u$) でつぎのように展開することができる.

$$[\chi] = [\chi]^0 + \left(\frac{\partial [\chi]}{\partial u}\right) \Delta u \exp[i(qr - \omega(q)t)] +$$

$$\left(\frac{\partial [\chi]}{\partial u^*}\right) \Delta u^* \exp[-i(qr - \omega(q)t)] + \cdots \tag{5.5}$$

ここで, $q$ がフォノン波数ベクトル, $\omega(q)$ がフォノン振動数であり, *印は複素共役を意味している. なお, 式 (5.5) では1次までの展開にとどめているが, 当然のことであるが2次以上の高次項が存在する. 1次の展開項が, 1次フォノン・ラマン散乱に対応し, 一般的に観測される現象である. 式 (5.5) を式 (5.4) に代入し, その結果を式 (5.3) に代入することにより, 光散乱の電磁気学的な表現が得られ, ラマン散乱光の電場の時間・空間振動項は, 次式で与えられる.

$$\exp[i(\boldsymbol{k}_\mathrm{s}\boldsymbol{r}-\omega_\mathrm{s}t)]=\exp[i(\boldsymbol{k}_\mathrm{i}\pm\boldsymbol{q})]\exp[-i(\omega_\mathrm{i}\pm\omega(\boldsymbol{q}))] \tag{5.6}$$

したがって，次式の波数ベクトル（運動量）と振動数（エネルギー）の保存則が与えられる．

$$\boldsymbol{k}_\mathrm{s}=\boldsymbol{k}_\mathrm{i}\pm\boldsymbol{q},\ \omega_\mathrm{s}=\omega_\mathrm{i}\pm\omega(\boldsymbol{q}) \tag{5.7}$$

式 (5.7) において，マイナス符号がストークス散乱 (Stokes scattering)，プラス符号が反ストークス散乱 (anti-Stokes scattering) を意味している．ストークス散乱では，$(\boldsymbol{q},\omega(\boldsymbol{q}))$ のフォノンが生成（放出）され，反ストークス散乱ではフォノンが消滅（吸収）される．したがって，ストークス散乱の場合は，散乱光は入射光よりも $\omega(\boldsymbol{q})$ の振動数だけ低振動数側にシフトし，反ストークス散乱の場合は，高振動数側にシフトする．このような散乱光の振動数のシフトをラマンシフト (Raman shift) と呼ぶ．

光の波数ベクトルの大きさ $(2n\pi/\lambda_0,\ n$ は屈折率，$\lambda_0$ は光の真空中の波長) は，ラマン散乱の測定に用いる光の波長が数百 nm 〜 1 μm 程度であるので，格子定数によって決定される結晶ブリルアンゾーンの大きさの 1/1 000 程度である．したがって，式 (5.7) の波数ベクトル保存則から，ラマン散乱に寄与するフォノンは $\boldsymbol{q}\approx 0$ となり，Γ 点近傍のフォノンが観測される．なお，光学フォノンの場合，図 1.6 と図 1.8 のフォノン分散関係から明らかなように，Γ 点近傍の振動数変化はほとんどないので（分散関係がフラット），一般にラマン散乱で観測される光学フォノンは Γ 点モードと近似して取り扱う．音響フォノンの場合，Γ 点近傍の振動数はきわめて低く，通常のラマン散乱測定（長焦点のダブル分光器，もしくはトリプル分光器を用いる）では観測できない．音響フォノンによる光の非弾性散乱をブリルアン散乱 (Brillouin scattering) と呼んで区別するが，原理的にはラマン散乱と同じである．ただし，ブリルアン散乱の測定では，振動数が低いために干渉計が用いられる．

ストークス散乱光と反ストークス散乱光の強度は，次式で表される[2]．

$$I_\mathrm{Stokes}\propto\omega_\mathrm{s}^4\left|\widehat{\boldsymbol{e}}_\mathrm{s}\frac{\partial[\chi]}{\partial u}\widehat{\boldsymbol{e}}_\mathrm{i}\right|^2\frac{n(\omega(\boldsymbol{q}))+1}{\omega(\boldsymbol{q})} \tag{5.8 a}$$

$$I_{\text{anti-Stokes}} \propto \omega_s^4 \left| \widehat{e}_s \frac{\partial [\chi]}{\partial u} \widehat{e}_i \right|^2 \frac{n(\omega(q))}{\omega(q)} \tag{5.8b}$$

ここで，$n(\omega(q))$ はボース因子 ($n(\omega) = 1/[\exp(\hbar\omega/k_B T) - 1]$) であり，フォノン密度を表している．ボース因子項は，フォノンの生成と消滅に関する量子統計に対応する．式 (5.8) の $\partial[\chi]/\partial u$ が，1次のラマンテンソル $[R]$ に相当し，その詳細は 5.2 節で説明する．ストークス散乱光と反ストークス散乱光の強度比は，次式で与えられる．

$$\frac{I_{\text{anti-Stokes}}}{I_{\text{Stokes}}} = \frac{n(\omega(q))}{n(\omega(q))+1} = \exp\left(-\frac{\hbar\omega(q)}{k_B T}\right) \tag{5.9}$$

式 (5.9) から，ストークス散乱光の方が反ストークス散乱光よりも強いことが明らかであり，そのために，一般的には低振動数側にラマンシフトが生じるストークス散乱の測定を行う．また，ストークス散乱光と反ストークス散乱光の強度比を測定することにより，光照射条件での試料の実質温度を評価できる．

### 5.1.2 ラマン散乱の量子論的側面

結晶のフォノン・ラマン散乱の量子論は，1964 年に Loudon によってほぼ確立された[3]．ここでは，電子状態との関連からその概略について述べる．

図 5.1 (a) は，ラマン散乱過程（すべてで 6 過程あるがその一つ）のファ

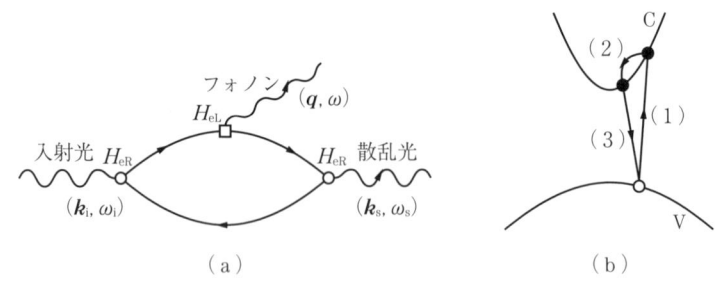

図 5.1 (a) 式 (5.10) で表されるラマン散乱過程（すべてで 6 過程あるがその一つ）のファインマンダイアグラム．(b) ラマン散乱過程の 2 バンドモデル．

## 5.1 ラマン散乱の基礎理論

インマンダイアグラム（Feynman diagram）であり，つぎの量子力学過程を模式的に示している．

$$\sum_{\alpha,\beta} \frac{\langle 0|H_{eR}|\beta\rangle\langle\beta,n\pm 1|H_{eL}|\alpha,n\rangle\langle\alpha|H_{eR}|0\rangle}{(E_\alpha-\hbar\omega_i)(E_\beta-\hbar\omega_s)} \tag{5.10}$$

この過程は，以下のように述べることができる．

（1）入射光によって，電子状態が基底状態|0>から仮想的中間状態|α>（エネルギー $E_\alpha$）に励起される（光-電子系相互作用ハミルトニアン $H_{eR}$）．

（2）励起された電子状態とフォノンとが相互作用し（電子系-格子系相互作用ハミルトニアン $H_{eL}$），フォノンの生成（$n+1$）もしくは消滅（$n-1$）が生じ，電子状態は別の励起中間状態|β>（エネルギー $E_\beta$）へ変化する．

（3）励起中間状態|β>から，散乱光を放出して基底状態|0>へ戻る．

これを，2バンドモデルで表したのが図5.1（b）である．量子力学的には，上記の（1），（2），（3）の現象はどのような順番でもよく（例えば（2）→（3）→（1），（3）→（1）→（2）など），そのすべての組合せを考慮すると，ラマン散乱過程としては6過程存在する．すなわち，（1），（2），（3）は量子力学的に同時事象であり，ラマン散乱を解釈する際に重要な概念である．これは，図5.1（b）の2バンドモデルで説明する際に発光過程と間違いやすいことであり，発光過程では，励起，緩和，発光の三つの過程が有限の時間差を持って生じるのに対して，ラマン散乱過程では，上で述べたように，入射，フォノンの生成消滅，散乱という現象は同時事象である．

式（5.10）の分母項に着目すると，$E_\alpha = \hbar\omega_i$（入射光共鳴：in-coming resonance）と $E_\beta = \hbar\omega_s$（散乱光共鳴：out-going resonance）の条件で，ラマン散乱強度が顕著に増強されることが明らかである．これを，共鳴ラマン散乱効果（resonant Raman scattering effect）と呼ぶ．なお，実際には，励起状態寿命による共鳴幅（ダンピング）が存在するので発散は抑制される．この共鳴効果を利用して，物質の電子状態を探ることが可能である[2),4)]．また，LOフォ

ノン特有の Fröhlich 相互作用による共鳴現象がある[2), 5)]。Fröhlich 相互作用とは，概略的には，LO フォノン分極と励起子分極とのクーロン相互作用と考えることができる。Fröhlich 相互作用に関しても，ラマンテンソルが定義される。

## 5.2 ラマンテンソルとラマン散乱選択則

ラマン散乱選択則は，ラマン散乱の測定において最も重要な概念の一つである。式 (5.8) に基づくと，ラマン散乱が生じる条件は，次式で与えられる。

$$\widehat{e}_i[R]\widehat{e}_s \neq 0 \tag{5.11}$$

すなわち，入射光と散乱光の偏光ベクトルとラマンテンソル $[R]$ の相互関係によって決定される。ラマンテンソルは，群論に基づく結晶構造の対称性（結晶群）によって決定され，すべての点群に関して明らかになっている[3)]。

GaAs などの閃亜鉛鉱構造の対称性は，1.1節で述べたように点群 $T_d$ ($\overline{4}3\,m$) で表現される。点群 $T_d$ では，ラマン活性の光学フォノンは，$T_2$（$F_2$ とも呼ばれる）対称モードに分類され，そのラマンテンソルは以下の通りである[3)]。

$$\begin{pmatrix} 0 & 0 & 0 \\ 0 & 0 & d \\ 0 & d & 0 \end{pmatrix} \begin{pmatrix} 0 & 0 & d \\ 0 & 0 & 0 \\ d & 0 & 0 \end{pmatrix} \begin{pmatrix} 0 & d & 0 \\ d & 0 & 0 \\ 0 & 0 & 0 \end{pmatrix} \tag{5.12}$$

$$T_2(x) \qquad T_2(y) \qquad T_2(z)$$

ここで，括弧内の $x, y, z$ はフォノンの分極方向（単純にいえば振動方向）を意味している。ラマンテンソルの各要素を決定する物理的要因は，変形ポテンシャル相互作用（deformation-potential interaction：格子変形の電子系への効果）である。エピタキシャル成長半導体の評価で広く行われている (001) 面に対する後方散乱配置（**図 5.2** 参照）を例にして，ラマン散乱選択則を考える [(100) 面，(010) 面でも同じ]。式 (5.7) の波

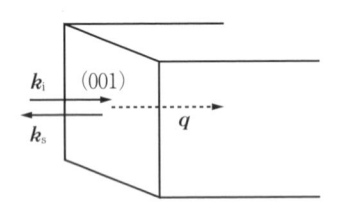

**図 5.2** (001) 面に対する後方散乱配置の模式図。$k_i$ と $k_s$ が入射光と散乱光の波数ベクトル，$q$ がフォノンの波数ベクトル。

5.2 ラマンテンソルとラマン散乱選択則   203

数ベクトル選択則から，観測されるフォノンの波数ベクトル方向（伝播方向）は，$q /\!/ z = [001]$ である．したがって，LO フォノンの分極は $z$ 方向，TO フォノンの分極は $(x, y)$ 方向であるので，ラマンテンソルとしては，LO フォノンに対して $T_2(z)$ を，TO フォノンに対して $T_2(x)$ と $T_2(y)$ を適用する．入射光と散乱光の偏光ベクトル $(\widehat{e}_i, \widehat{e}_s)$ は，$x = [100]$ もしくは $y = [010]$ とする．この条件で，偏光ベクトルとラマンテンソルのすべての組合せに関して式 (5.11) の計算を行うと，LO フォノン散乱が $\widehat{e}_i \perp \widehat{e}_s$ 条件で観測され，TO フォノン散乱は禁制であるという結果が容易に得られる．ラマン散乱の測定配置の表記法は，これまで述べてきた (001) 面後方散乱配置での LO フォノンの観測の場合，$z(x, y)\bar{z}$ というように表現される．ここで，$z(x, y)\bar{z}$ とは，［入射光の方向（入射光の偏光方向，散乱光の偏光方向）散乱光の方向］を意味している．閃亜鉛鉱構造におけるラマン散乱選択則を**表 5.1** にまとめている．このラ

**表 5.1** 閃亜鉛鉱構造（点群 $T_d$）における後方散乱配置でのラマン散乱選択則

| 結晶面 | TO フォノン選択則 | LO フォノン選択則 |
|---|---|---|
| (001) | 禁 制 | 許 容 |
| ($1\bar{1}0$) | 許 容 | 禁 制 |
| (111) | 許 容 | 許 容 |

マン散乱選択則から，結晶の面方位を評価することが可能である．**図 5.3** に，GaAs バルク結晶の (001) 面，($1\bar{1}0$) 面，(111) 面の後方散乱配置における室温でのラマン散乱スペクトルを示しており，表 5.1 に示したラマン散乱選択則が満足されていることがわかる．

つぎに，GaN や ZnO に代表されるウルツ鉱構造について述べる．ウルツ鉱構造の点群は，1.1 節で述べたように $C_{6v}$ (6 mm) である．光学フォノンモードは，式 (1.10) で示したように，$A_1$，$B_1$，$E_1$，$E_2$ の 4 種類のモードがあるが，ラマン活性モードは，$A_1$，$E_1$，および $E_2$ モードである．それらのラマンテン

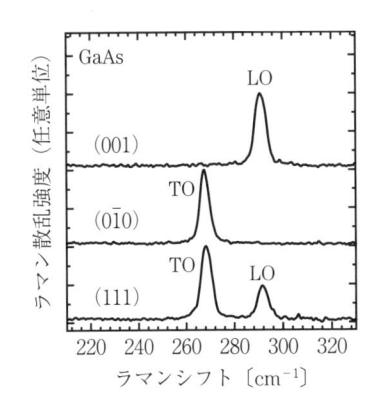

**図 5.3** GaAs バルク結晶の (001) 面，($1\bar{1}0$) 面，(111) 面の後方散乱配置における室温でのラマン散乱スペクトル

ソルを以下に示す[6]。

$$\begin{pmatrix} a & 0 & 0 \\ 0 & a & 0 \\ 0 & 0 & b \end{pmatrix} \begin{pmatrix} 0 & 0 & c \\ 0 & 0 & 0 \\ c & 0 & 0 \end{pmatrix} \begin{pmatrix} 0 & 0 & 0 \\ 0 & 0 & c \\ 0 & c & 0 \end{pmatrix} \begin{pmatrix} d & d & 0 \\ d & -d & 0 \\ 0 & 0 & 0 \end{pmatrix} \quad (5.13)$$

$\quad\quad\quad A_1(z) \quad\quad E_1(x) \quad\quad E_1(y) \quad\quad\quad E_2$

1.2.3項で述べたように,$E_2$モードは分極を持たない(LOとTOの区別がない)。ラマン散乱選択則を表5.2にまとめている。

表5.2 ウルツ鉱構造(点群$C_{6v}$)における光学フォノンモードのラマン散乱選択則[6]

| 測定配置 | 光学フォノンモード |
|---|---|
| $z(x,x)\bar{z}, z(y,y)\bar{z}$ | $A_1$(LO), $E_2^{low}$, $E_2^{high}$ |
| $z(x,y)\bar{z}$ | $E_2^{low}$, $E_2^{high}$ |
| $x(y,y)\bar{x}, y(x,x)\bar{y}$ | $A_1$(TO), $E_2^{low}$, $E_2^{high}$ |
| $x(z,z)\bar{x}, y(z,z)\bar{y}$ | $A_1$(TO) |
| $x(y,z)\bar{x}$ | $E_1$(TO) |
| $x(y,z)y$ | $E_1$(TO), $E_1$(LO) |

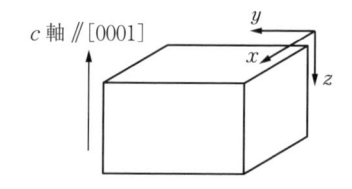

図5.4 表5.2における$x, y, z$方向の定義の模式図

図5.4は,表5.2における$x, y, z$方向の定義を示している。図5.5は,ZnOバルク結晶の異なる測定配置での室温におけるラマン散乱スペクトルを示している[7]。ここで,縦鎖線は,マルチフォノンモードによるラマン散乱を意味している。この測定では,結晶座標系($x, y, z$)ではなく実験座標系($X, Y, Z$)で測定配置を定義しており($c$軸方向を$Z$方向に設定している),表5.2の偏光方向の定義は適用できない。したがって,総括的にラマン散乱選択則を議論する。$X$方向の後方散乱配置では,表5.2から,$A_1$(TO), $E_1$(TO), $E_2^{low}$, $E_2^{high}$の4モードが許容であり,実験では$A_1$(TO), $E_1$(TO), $E_2^{high}$, $E_1$(LO)が観測されている。禁制である$E_1$(LO)が観測されているのは,観測系の問題でラマン散乱選択則が破れたためであると解釈されている。$Z$方向の後方散乱配置では,$E_2^{high}$モードが観測されるのは妥当であるが,許容である$A_1$(LO)モードがまったく観測されていない。これに関しては,ラマン散乱を生じさせる変形ポテンシャル相互作用とFröhlich相互作用が打ち消し合うように作用し,

$A_1$(LO) モードのラマン散乱断面積（Raman scattering cross section）がきわめて小さくなっているためであると解釈されている[7]。

5.1.2 項で述べた共鳴条件で Fröhlich 相互作用が強く影響する場合，そのラマンテンソルは下記のように対角項成分で表される[5]。

$$\begin{pmatrix} \alpha_F & 0 & 0 \\ 0 & \alpha_F & 0 \\ 0 & 0 & \alpha_F \end{pmatrix} \qquad (5.14)$$

したがって，ラマン散乱選択則の破れが生じる。

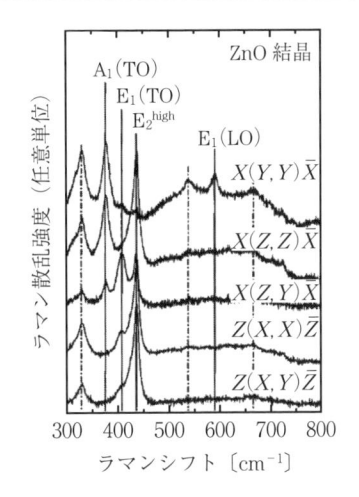

**図 5.5** ZnO バルク結晶の異なる測定配置での室温におけるラマン散乱スペクトル[7]（Reprinted with permission. Copyright (2003), American Institute of Physics.）

## 5.3 ラマン散乱の動的構造因子と空間の有限サイズ効果

一般に，結晶は不純物や欠陥を含んでいるために，そのコヒーレントな空間領域は実質的には有限のサイズとなる。また，超微粒子やナノ粒子（量子ドット：quantum dot）では，本来が有限サイズである。ここでは，BN 超微粒子のラマン散乱を解析するために提案された理論[8]に基づいて，動的構造因子と有限サイズ効果について述べ，半導体の評価につながる実験例を説明する。なお，以下の取扱いでは，煩雑さを防ぐために，電気感受率のテンソル表現を省略することにする。

光の微分散乱断面積（differential scattering cross section）は，動的構造因子（dynamical structural factor）$S(\boldsymbol{k}, \omega)$ によって以下のように与えられる。

$$\frac{d^2\sigma}{d\Omega d\omega_s} \propto \omega_s^4 S(\boldsymbol{k}, \omega) \qquad (5.15)$$

ここで，$k$ は，$k = k_s - k_i$ で定義される散乱ベクトル，$\omega = \omega_s - \omega_i$ であり，この段階では波数ベクトル選択則とエネルギー保存則を前提としていないので，散乱の前後における波数ベクトルとエネルギーの単なる変化量であることに注意していただきたい。フォノンは，結晶中を伝播する波であり，波動によって原子に付随する電子の位置関係が変動し，局所的な電気感受率の変調が生じる。ある時間 $t$，空間 $r$ における電気感受率の変調量 $\delta\chi(r, t)$ は，格子変位 $u(r, t)$ によって次式で与えられる。

$$\delta\chi(r, t) = A u(r, t) \tag{5.16}$$

動的構造因子は，以下に示す $\delta\chi(r, t)$ の時間・空間相関のフーリエ変換によって与えられる。

$$S(k, \omega) \propto \int dr \int dr' \int dt \langle \delta\chi^*(r, t) \delta\chi(r', 0) \rangle \exp[-ik \cdot (r - r') - i\omega t] \tag{5.17}$$

上式は，散乱という現象において，感受率の空間的・時間的揺らぎが寄与することを意味している。

つぎに，$\delta\chi(r, t)$ のフォノン波数ベクトル $q$ に対する表現をフーリエ変換から求め，それに従って $\langle \delta\chi^*(r, t) \delta\chi(r', 0) \rangle$ を変換する。

$$\delta\chi(r, t) \propto \int dq A(q) u(q) \exp[-iq \cdot r - i\omega(q) t] \tag{5.18}$$

$$\langle \delta\chi^*(r, t) \delta\chi(r', 0) \rangle \propto \int dq |A(q)|^2 \langle u^*(q) u(q) \rangle \exp[iq \cdot (r - r') + i\omega(q) t] \tag{5.19}$$

ここで，$\omega(q)$ は，結晶のフォノン分散関係を意味している。式 (5.19) を式 (5.17) に代入することによって，以下の動的散乱因子の表現が得られる。なお，$r - r' \to r$ の変数変換を行っている。

$$S(k, \omega) \propto \int dq |A(q)|^2 \langle u^*(q) u(q) \rangle$$
$$\times \int dr \exp[-i(q - k) \cdot r] \times \int dt \exp[i(\omega(q) - \omega) t] \tag{5.20}$$

散乱に関与している光の波長よりも十分に大きい結晶空間において，またフォノン振動時間よりも十分に長い時間において，式 (5.20) の空間・時間積分を

## 5.3 ラマン散乱の動的構造因子と空間の有限サイズ効果

行う。

$$\int d\boldsymbol{r} \exp\left[-i(\boldsymbol{q}-\boldsymbol{k})\cdot\boldsymbol{r}\right] = \delta(\boldsymbol{q}-\boldsymbol{k})$$
$$\to \boldsymbol{k} = \boldsymbol{k}_\mathrm{s} - \boldsymbol{k}_\mathrm{i} = \boldsymbol{q}$$
　　　　　波数ベクトル選択則　　　(5.21)

$$\int dt \exp\left[i(\omega(\boldsymbol{q})-\omega)t\right] = \delta(\omega(\boldsymbol{q})-\omega)$$
$$\to \omega = \omega_\mathrm{s} - \omega_\mathrm{i} = \omega(\boldsymbol{q})$$
　　　　　エネルギー保存則　　　(5.22)

このように,動的構造因子の理論から厳密に波数ベクトル選択則とエネルギー保存則が得られる。

以上のことから,波数ベクトル選択則とエネルギー保存則は,電気感受率の揺らぎの時間・空間相関関係から得られることが明らかである。一般的な測定では,時間相関は十分に成立する。ところが,空間相関が十分でない場合があり,その具体例を以下に示す。

(1) 格子欠陥,不純物,混晶化によって結晶に乱れが存在する場合:フォノンが広い空間にわたって一様ではなくなり,空間相関が小さくなる。その結果,式(5.21)の空間積分が限られた範囲となり,$\delta(\boldsymbol{q}-\boldsymbol{k})$が成立しない,すなわち,波数ベクトル選択則が破綻する。

(2) 超薄膜,超微粒子,光吸収係数が非常に大きい場合:仮に結晶に乱れがなくとも,光散乱に寄与する空間が光の波長よりも小さいものであるならば,(1)と同様に波数ベクトル選択則が破綻する。

上記の条件で波数ベクトル選択則が破綻する場合,Γ点のフォノンだけではなく,ある幅を持った波数ベクトル領域における振動数が異なるフォノンがラマン散乱に関与し,ラマンバンドの広がりと非対称化,ピーク波数のシフトが生じる。

フォノン相関距離(phonon correlation length)がかなり短い場合,ラマン散乱を決定する動的構造因子の空間積分の領域が大きく制限されて,波数ベクトル選択則が緩和し,ラマン散乱プロファイルが大きく変化する。これを有限サイズ効果と呼ぶ。ここでは,GaAs結晶にイオン注入した試料を対象に,結晶性の低下によるフォノン・ラマン散乱の変化に関する定量的な解析法について述べる[9]。さらに,超微粒子(ナノ粒子),混晶半導体のラマン散乱の特徴

についても，上記のモデルに基づいて概略を説明する。

**図 5.6** は，(001) 面 GaAs 結晶に As イオンを注入する前と注入後（270 keV，注入量：$2.4\times 10^{13}\,\mathrm{cm}^{-2}$）の試料の室温における後方散乱配置でのラマン散乱スペクトルを示している[9]。イオン注入前の LO フォノンバンドは，当然のことであるが，対称的な形状を示し，ピーク波数は，バルク結晶の Γ 点フォノン振動数（$292\,\mathrm{cm}^{-1}$）と一致している。一方，注入後の LO フォノンバンドは，形状が非対称かつブロードになり，ピーク波数が低波数側にシフトしている。このラマン散乱プロファイルの変化は，イオン注入によって生じた格子欠陥に起因するものであるが，上で述べた散乱理論に基づいて，この結果を解析することができる。イオン注入によって生じた格子欠陥は，フォノン相関距離を短くし，その結果として，波数ベクトル選択則が緩和する。図 1.6 の GaAs のフォノン分散関係を眺めると，LO フォノンの振動数は，Γ 点から離れるに従って低振動数側にシフトしていることがわかる。したがって，波数ベクトル選択則の緩和によって Γ 点から離れた波数ベクトルを有する LO フォノンがラマン散乱に関与する場合，ラマンバンドは低波数側に非対称に広がり，ピーク波数がシフトすることが，定性的に予測できる。図 5.6 のイオン注入後の試料のラマンスペクトルは，まさにそのことを反映している。

定量的な解析を行うためには，波数ベクトル選択則の緩和を定量化する必要

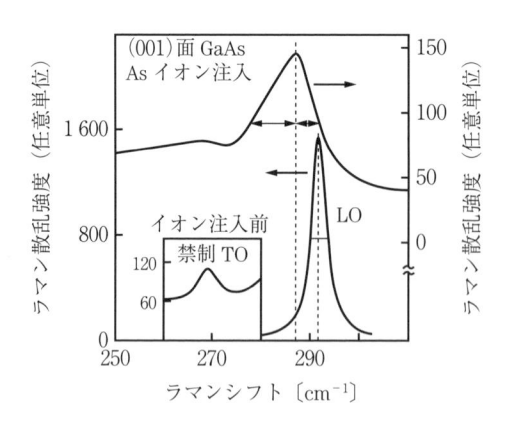

**図 5.6** (001) 面 GaAs 結晶に As イオンを注入する前と注入後（270 keV，注入量：$2.4\times 10^{13}\,\mathrm{cm}^{-2}$）の試料の室温における後方散乱配置でのラマン散乱スペクトル[9] (Reprinted with permission. Copyright (1984), American Institute of Physics.)

があり，Richter らが Si ナノ粒子の粒径評価を行うために提案した空間相関モデル（space correlation model）[10] がよく用いられる．このモデルに従うと，ラマン散乱強度は次式によって与えられる[9]．

$$I(\omega) \propto \int_0^1 \exp\left(-\frac{q^2 L^2}{4}\right) \frac{d^3 q}{[\omega - \omega(q)]^2 + (\Gamma_0/2)^2} \tag{5.23}$$

ここで，$q$ は $2\pi/a$ 単位の波数ベクトル（$a$ は格子定数），積分の第1項が波数ベクトル選択則の緩和を表しており，$L$ がフォノン相関距離，$\omega(q)$ がフォノン分散関係，$\Gamma_0$ が純粋なバルク結晶のラマンバンド幅を意味している．なお，このモデルでは，等方的なフォノン分散と，式 (5.20) の $|A(q)|^2 < u^*(q)u(q) >$ の項は一定という仮定を前提としている．式 (5.23) の $\exp(-q^2 L^2/4)$ 項は，フォノン相関距離 $L$ が短くなるに従って，より広い波数ベクトル空間のフォノンがラマン散乱に関与することを意味している．式 (5.23) を数値計算することによって，ラマンバンドの形状とラマン波数を求めることができる．ただし，その際に，フォノン分散関係 $\omega(q)$ を定義する必要があり，次式が広く用いられる．

$$\omega(q) = A + B\cos(\pi q) \tag{5.24}$$

GaAs の LO フォノンの場合には，$A = 269.5 \text{ cm}^{-1}$，$B = 22.5 \text{ cm}^{-1}$ という値が [001] 方向の分散関係をよく表現している[11]．図 5.7 は，異なるイオン注入量の GaAs 試料のラマンバンド幅（$\Gamma$）とピーク波数のシフト量（$\Delta\omega$）の関係についての実験結果（黒丸）と計算結果（実線）を示している[9]．また，右側の縦軸は，計算から得られたフォノン相関距離（$L$）を示している．計算結果は，実験結果をよく説明できており，上記のモデルが，かなりの仮定があるものの，結晶性評価に適用できることが明らかである．また，同じモデルを用いて，超微粒子の平均粒径（フォノン相関距離に相当する）の評価を行うことができる[10), 12)~14)]．ただし，図 5.7 からわかるように，フォノン相関距離が 30 nm よりも長い場合には，ラマン散乱スペクトルは，純粋なバルク結晶とほとんど同じものとなる．この原因は，フォノン相関距離が長くなり波数ベクトル選択則の緩和が小さくなると，LO フォノンの $\Gamma$ 点近傍の分散がかなり平坦で

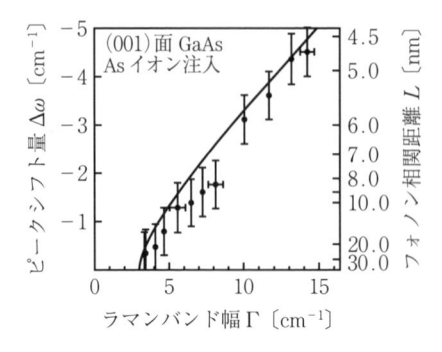

**図 5.7** 異なるイオン注入量の GaAs 試料のラマンバンド幅（$\Gamma$）とピーク波数のシフト量（$\Delta\omega$）の関係についての実験結果（黒丸）と空間相関モデルによる計算結果（実線）。右側の縦軸は，計算から得られたフォノン相関距離（$L$）を示している[9]。(Reprinted with permission. Copyright (1984), American Institute of Physics.)

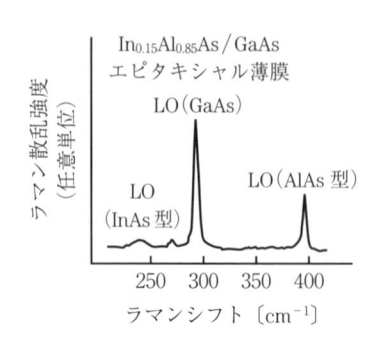

**図 5.8** (001) 面 GaAs 基板上に MBE 成長した $In_{0.15}Al_{0.85}As$ エピタキシャル薄膜（40 nm）の室温における後方散乱配置でのラマン散乱スペクトル

あるので，緩和の効果がほとんど現れないためである。

ここで，議論の対象を混晶半導体に転じる。図 5.8 は，(001) 面 GaAs 基板上に MBE 成長した $In_{0.15}Al_{0.85}As$ エピタキシャル薄膜（40 nm）の室温における後方散乱配置でのラマン散乱スペクトルを示している。三つの LO フォノンによるラマンバンドが観測される。292 cm$^{-1}$ のラマンバンドが GaAs 基板の LO フォノンによるものである。$In_xAl_{1-x}As$ 混晶の場合，InAs 型 LO フォノンと AlAs 型 LO フォノンの 2 モード型であり，237 cm$^{-1}$ と 396 cm$^{-1}$ のラマンバンドは，それぞれが InAs 型 LO フォノンと AlAs 型 LO フォノンに帰属される。$In_xAl_{1-x}As$ 混晶に由来するラマンバンドに着目すると，図 5.6 のイオン注入された GaAs 試料と同様に，低波数側に裾を引いた非対称なプロファイルを示している。この現象は，すべての混晶半導体において観測されるものである。混晶半導体では，格子欠陥が存在しない場合でも，結晶を構成する原子配置がランダムであるために，フォノン相関距離が短くなり，波数ベクトル選択則が緩和する。その結果として，非対称なラマンバンドが生じる。混晶半導体のラマン散乱に関しては，文献 15) において，$Al_xGa_{1-x}As$ 混晶を対象に詳細な解析

が報告されている。また，混晶半導体では，波数ベクトル選択則の緩和のために，状態密度が大きいブリルアンゾーン端の音響フォノンが観測される。これらのラマンバンドは，DALA（disorder activated LA）モード，DATA（disorder activated TA）モードと呼ばれ，$Al_xGa_{1-x}As$ の場合，DALA モードが 200 cm$^{-1}$ 近傍に観測される[16]。

## 5.4 LO フォノン-プラズモン結合モード

LO フォノンとプラズモンはどちらも縦振動モードであり，縦分極相互作用により結合モードが形成される。その結合モードを，LO フォノン - プラズモン結合モードと呼ぶ（以下では，LOPC モードと略す）。LOPC モードは，1961 年に Yokota によって理論的に提案され[17]，1966 年に Mooradian と Wright が n 型 GaAs 結晶を対象に最初のラマン散乱の実験結果を報告した[18]。

結晶中にプラズモンと LO フォノンが存在している場合の全体の誘電関数は，長波長近似の枠組みにおいて以下の式で与えられる[18), 19)]。

$$\varepsilon_{LOPC}(\omega) = \varepsilon_b - \frac{\varepsilon_b \omega_p^2}{\omega^2 + i\omega\Gamma_p} + \frac{(\varepsilon_s - \varepsilon_b)\omega_{TO}^2}{\omega_{TO}^2 - \omega^2 - i\omega\Gamma_{ph}} \tag{5.25}$$

ここで，右辺の 2 項目はプラズモンからの寄与，3 項目は光学フォノンからの寄与であり，$\Gamma_p$ と $\Gamma_{ph}$ がそれぞれプラズモンと光学フォノンのダンピングによるブローニング因子である。また，$\omega_p$ はプラズマ振動数，$\omega_{TO}$ は TO フォノン振動数，$\varepsilon_s$ は静的誘電率，$\varepsilon_b$ は背景誘電率である。なお，$\varepsilon_s$ を $\varepsilon(0)$，$\varepsilon_b$ を $\varepsilon(\infty)$ と表記することが多い。ここで，長波長近似において，プラズマ振動数の波数依存性を無視できる場合，式 (2.49) で示したように，プラズマ振動数は

$$\omega_p = \sqrt{\frac{ne^2}{\varepsilon_0 \varepsilon_b m^*}} \tag{5.26}$$

と表される。$n$ はキャリア密度，$m^*$ はキャリアの有効質量である。LO フォノン振動数は，式 (2.39) の Lyddane-Sachs-Teller 関係式から

$$\omega_{\mathrm{LO}} = \omega_{\mathrm{TO}}\sqrt{\frac{\varepsilon_{\mathrm{s}}}{\varepsilon_{\mathrm{b}}}} \tag{5.27}$$

で与えられる。式 (5.25) のプラズモンとフォノン誘電関数の分子項が，2.1.2 項で述べたように，誘電関数理論では一般的に振動子強度に対応する。プラズモンに関しては，$\varepsilon_{\mathrm{b}}\omega_{\mathrm{p}}^2 = ne^2/(\varepsilon_0 m^*)$ となり，式 (2.50) で定義した振動子強度と一致することが容易にわかる。フォノンに関しては，式 (5.27) を用いて

$$(\varepsilon_{\mathrm{s}} - \varepsilon_{\mathrm{b}})\omega_{\mathrm{TO}}^2 = \varepsilon_{\mathrm{b}}\left(\frac{\varepsilon_{\mathrm{s}}}{\varepsilon_{\mathrm{b}}} - 1\right)\omega_{\mathrm{TO}}^2 = \varepsilon_{\mathrm{b}}\left(\omega_{\mathrm{LO}}^2 - \omega_{\mathrm{TO}}^2\right) \equiv f \tag{5.28}$$

と変換でき，式 (2.36) の振動子強度の定義と一致していることがわかる。縦型モードは，2.1.1 項で述べたように，$\varepsilon(\omega) = 0$ で定められる。したがって，式 (5.25) で $\varepsilon_{\mathrm{LOPC}}(\omega) = 0$ とし，ダンピングを無視して代数方程式を解くと，LOPC モードに関する以下の解が得られる[17]。

$$\omega_{\pm}^2 = \frac{1}{2}\left[\omega_{\mathrm{LO}}^2 + \omega_{\mathrm{p}}^2 \pm \sqrt{(\omega_{\mathrm{LO}}^2 + \omega_{\mathrm{p}}^2)^2 - 4\omega_{\mathrm{p}}^2\omega_{\mathrm{TO}}^2}\right] \tag{5.29}$$

式 (5.29) から，LOPC モードには，上分枝と下分枝の二つが存在することがわかる。図 5.9 は，GaAs 結晶における電子（$m^* = 0.0665 m_0$）の LOPC モード振動数の電子密度依存性の式 (5.29) を用いた計算結果（実線）を示している。破線は，プラズマ振動数，TO フォノン振動数，LO フォノン振動数を示している。上分枝モード [L(+)] は，低キャリア密度領域で LO フォノン振動数に漸近し，高キャリア密度領域でプラズマ振動数に漸近する。一方，下分枝モード [L(-)] は，低キャリア密度領域ではプラズマ振動数に漸近し，高キャリア密度領域では TO フォノン振動数に漸近する。

図 5.10 は，異なる電子密度の n 型 GaAs 結晶の (111) 面後方散乱配置でのラマン散乱スペクトルを示している[18]。矢印は LOPC モードを示しており，L(+) が上分枝モード，L(-) が下分枝モードを意味している。上で述べたように，電子密度が高くなるに従って，L(-) モードは低振動数側から TO フォノンに漸近し，L(+) モードは LO フォノンから離れて高振動数側にシフトしていることが明らかであり，それらの振動数は式 (5.29) の計算結果（図 5.9

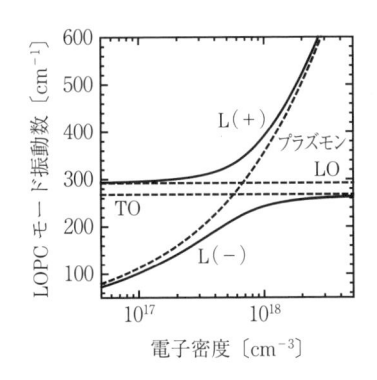

## 5.4 LO フォノン-プラズモン結合モード

**図 5.9** GaAs 結晶における電子の LOPC モード振動数の電子密度依存性の式 (5.29) を用いた計算結果 (実線)。破線は,プラズマ振動数,TO フォノン振動数,LO フォノン振動数を示している。

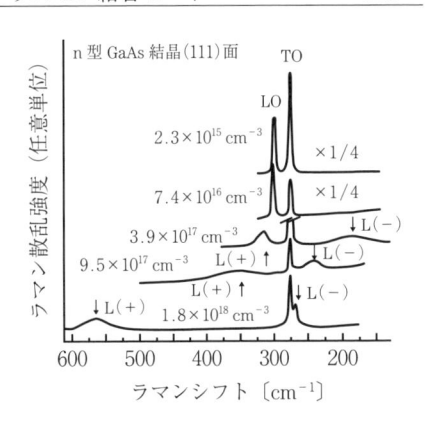

**図 5.10** 異なる電子密度の n 型 GaAs 結晶の (111) 面後方散乱配置でのラマン散乱スペクトル[18]。L(+) と L(−) は,LOPC モードを意味している。(Reprinted with permission. Copyright (1966) by the American Physical Society.)

参照) とほとんど一致する。半導体の評価の観点では,LOPC モードの振動数を測定することによって,電子濃度を評価することができる。ホール効果測定の場合には,電極付けを行う必要があるが,ラマン散乱分光では,試料形状に関係なく簡便に非破壊評価を行うことができるため広く応用されている。ラマンバンドの幅に着目すると,LOPC モードがフォノン振動数から離れるに従ってブロードになる傾向を示している。これについては,フォノン強度 (phonon strength) という概念によって説明できる[18],[19]。フォノン強度とは,LOPC モードにおけるフォノンの結合割合と考えればよい。L(+) と L(−) モードのフォノン強度は,以下の式で与えられる[20]。

$$S_{\mathrm{ph}}^{\mathrm{L}(\pm)} = \frac{\pm \omega_\pm^2 \mp \omega_\mathrm{p}^2}{\omega_+^2 - \omega_-^2} \tag{5.30}$$

ここで,$\omega_\pm$ は式 (5.29) で計算される LOPC モードの振動数である。**図 5.11** は,GaAs における LOCP モードのフォノン強度の電子濃度依存性に関する計算結果を示している。$1 \times 10^{17}\,\mathrm{cm}^{-3}$ 以下の低キャリア密度領域では,L(+) モードのフォノン強度はほぼ 1 で,L(−) モードのフォノン強度はほぼ 0 で

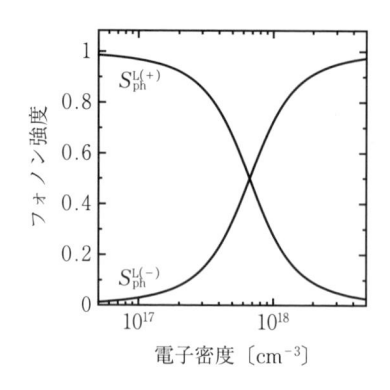

**図 5.11** GaAs における LOCP モードのフォノン強度の電子濃度依存性に関する計算結果

ある。このことは，L($+$) モードはフォノン的であり，L($-$) モードはプラズモン的であることを意味している。高キャリア密度領域では，その逆の振舞いを示す。フォノン強度が小さくなるほど，言い換えれば，プラズモン性が大きくなるほど，プラズモン固有のダンピングが現れてきてラマンバンド幅が広くなる。LOPC モードのラマン散乱スペクトル形状に関しては，GaAs を対象として，詳細な理論が文献 21) で報告されている。

Olego と Cardona は，p 型 (001) 面 GaAs バルク結晶において上で述べた長波長近似（波数ベクトル $q \approx 0$ のフォノンが結合モードに寄与する）に基づく L($-$) と L($+$) モードが観測されず，正孔密度の増大に伴って，LO フォノンバンドが非対称にブロードニングし低振動数側にシフトすることを報告している[22]。これは，正孔プラズモンのダンピングによる波数ベクトル選択則の破れが原因である。ダンピングの主要因としては，正孔とイオン化アクセプターとの散乱が考えられている。現象論的には，移動度（mobility）$\mu$ の定義から，散乱速度（scattering rate）は，$1/\tau = e/(m^*\mu)$ で与えられる。一般に，正孔の移動度は電子よりもかなり小さいので，散乱速度が大きくなりダンピングの効果が顕著になる。Fukusawa と Perkowitz は，MBE 成長 p 型 (001) 面 GaAs エピタキシャル薄膜を対象に詳細な実験と文献 21) に基づくスペクトル形状解析を行い，ダンピングが大きい場合には LOPC モードは単一モード的になることを示した[23]。図 5.12 は，正孔濃度が異なる MBE 成長 p 型 (001) 面 GaAs エピタキシャル薄膜（Be ドーピング）のラマン散乱スペクトルの実験結果（後方散乱配置，室温）とスペクトル形状の計算結果を示している[23]。図から，上記のことが明らかである。ここで注意すべきことは，正孔密度が高い場

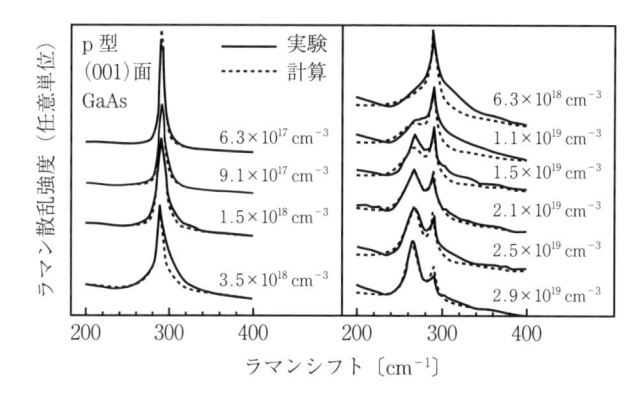

## 5.4 LOフォノン-プラズモン結合モード

**図 5.12** 正孔濃度が異なる MBE 成長 p 型 (001) 面 GaAs エピタキシャル薄膜のラマン散乱スペクトルの実験結果（後方散乱配置，室温）とスペクトル形状の計算結果[23] (Reprinted with permission. Copyright (1994) by the American Physical Society.)

合でも，シャープな LO フォノンが観測されていることである．これは，表面空乏層（surface depletion layer）の影響である．半導体では一般に，フェルミ準位の表面ピニングにより表面空乏層が生じる．表面空乏層では，キャリア密度が大きく低下するために，プラズモンと結合しない純粋な LO フォノンが存在し，それがラマン散乱スペクトルに現れてくる．プラズモンダンピングの効果は，n 型 $SiC^{[24]}$，n 型 $InN^{[25]}$ でも観測されている．なお，n 型 GaN に関しては，ダンピングの効果が観測されるという報告がなされたが[26]，その後の研究によって L($-$) と L($+$) の二つのモードが観測されて，式 (5.29) で説明できることが示された[27]．

$Al_xGa_{1-x}As$ のような 3 元混晶の場合，GaAs 型と AlAs 型の二つのフォノンモードがあるために，LOPC モードの分散関係は上記とは異なってくる．具体的には，二つのフォノンモードとプラズモンとの結合状態が形成され，LOPC モードとしては 3 モードが生じる．分散関係の計算は，式 (5.25) にさらに一つの光学フォノン誘電関数を加えて方程式を解くことになる．図 5.13 は，3 元混晶（2 フォノンモード型）の LOPC モードのキャリア密度依存性の概略図を示している．文献 28) では，MBE 成長 n 型 $Al_xGa_{1-x}As$ エピタキシャル薄膜

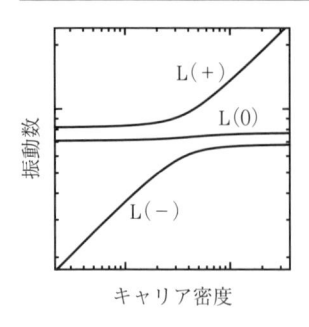

**図 5.13** 3元混晶（2フォノンモード型）のLOPCモードのキャリア密度依存性の概略図

を対象として実験と解析の詳細が報告されており，ダンピングを無視した単純なモデルで現象が説明できること，すなわち，図 5.13 に示した L(−)，L(0)，L(+) モードが明確に観測されることが報告されている．また，MBE 成長 p 型 $Al_{0.2}Ga_{0.8}As$ エピタキシャル薄膜においては，プラズモンダンピングの効果は大きいものの，L(−)，L(0)，L(+) モードが観測されている[29]．MBE 成長 n 型 $In_{0.53}Ga_{0.47}As$ エピタキシャル薄膜では，L(−)，L(0)，L(+) モードが観測されるが，L(0) と L(−) モードは，図 5.13 に示した単純な LOPC モードのキャリア密度依存性とは一致しない[30]．この主原因としては，Landau ダンピング（Landau damping）の効果が考えられている．Landau ダンピングとは，概略的にはつぎの現象のことである．有限温度プラズマの縦波（プラズモン）の中を波と同じ方向にほぼ同じ位相速度で進行する粒子（この場合は電子・正孔）は，波のポテンシャルを介して波とエネルギーのやりとりを行うために（ボルツマン分布を仮定すると遅い粒子の方が多いので，波はエネルギーを失う），その結果として波動のダンピングが生じる．

## 5.5 格子ひずみ効果

格子定数の異なる半導体のヘテロエピタキシー薄膜や半導体基板のデバイス加工の際に，結晶にひずみが生じることはよく知られている．フォノン・ラマン散乱分光法は，ラマンシフトの変化の観測から定量的かつ簡便に結晶の格子ひずみを評価することができる．ここでは，閃亜鉛鉱型半導体とウルツ鉱型半導体を対象に，その理論的背景と格子ひずみ評価への応用について述べる．

### 5.5.1 閃亜鉛鉱型半導体の光学フォノン振動数に対する格子ひずみ効果

結晶に格子ひずみ ($\varepsilon$) が存在する場合，閃亜鉛鉱型結晶やダイヤモンド型結晶 (Si, Ge) における $\Gamma$ 点光学フォノンモードの運動方程式は，一般に次式で与えられる[31]。

$$\overline{m}\frac{d^2 u_i}{dt^2} = -\left( K_{ii}^0 u_i + \sum_{k,l,m} \frac{\partial K_{ik}}{\partial \varepsilon_{lm}} \varepsilon_{lm} u_k \right) \tag{5.31}$$

$$u_i = A_i \exp(i\omega t) \tag{5.32}$$

$$K_{ii}^0 = \overline{m}\omega_0^2 \tag{5.33}$$

ここで，$u_i$ は単位胞を構成している 2 原子の相対変位，$\overline{m}$ は構成 2 原子の換算質量，$\omega$ はひずみ状態での振動数，$i, k, l, m$ は立方晶の主軸方向 ($x, y, z$) のどれかを意味している。また，$K_{ii}^0$ はひずみがない状態での振動の有効ばね定数，$\omega_0$ はその固有振動数である。ひずみによる有効ばね定数の変化量は

$$\frac{\partial K_{ik}}{\partial \varepsilon_{lm}} \varepsilon_{lm} = K_{ik,lm} \varepsilon_{lm} = K_{ik,ml} \varepsilon_{ml} \tag{5.34}$$

と表すことができる。立方晶系では，結晶構造の対称性から，$[K]$ テンソルの成分は以下の三つの独立したもので与えられる。

$$\left. \begin{array}{l} K_{11,11} = K_{22,22} = K_{33,33} = \overline{m}p \\ K_{11,22} = K_{22,33} = K_{11,33} = \overline{m}q \\ K_{12,12} = K_{23,23} = \overline{m}r \end{array} \right\} \tag{5.35}$$

ここで，式 (5.35) の添字の (1, 2, 3) は，主軸座標の ($x, y, z$) に置き換えることができる。式 (5.31) と式 (5.35) から，格子ひずみが存在する場合の光学フォノン振動数は，以下の固有方程式によって与えられる。

$$\begin{vmatrix} p\varepsilon_{xx} + q(\varepsilon_{yy}+\varepsilon_{zz}) - \lambda & 2r\varepsilon_{xy} & 2r\varepsilon_{xz} \\ 2r\varepsilon_{xy} & p\varepsilon_{yy} + q(\varepsilon_{zz}+\varepsilon_{xx}) - \lambda & 2r\varepsilon_{yz} \\ 2r\varepsilon_{xz} & 2r\varepsilon_{yz} & p\varepsilon_{zz} + q(\varepsilon_{xx}+\varepsilon_{yy}) - \lambda \end{vmatrix} = 0 \tag{5.36}$$

固有値は，$\lambda = \omega^2 - \omega_0^2$ であり，ひずみによる振動数変化が小さいので，振動数

の変化量は近似的に

$$\Delta\omega = \frac{\lambda}{2\omega_0} \tag{5.37}$$

となる。表5.3に，いくつかの半導体のひずみパラメータの値をまとめている。

表5.3 いくつかのダイヤモンド型と閃亜鉛鉱型半導体におけるひずみパラメータの値

| 半導体 | $\omega_0^2$ $[\times 10^{28}\,\mathrm{s}^{-2}]$ | $\dfrac{p-q}{2\omega_0^2}$ | $\dfrac{r}{\omega_0^2}$ | $-\dfrac{p+2q}{6\omega_0^2}$ |
|---|---|---|---|---|
| Si[a] | 0.970 | 0.31±0.06 | −0.65±0.13 | 0.90±0.18 |
| Ge[a] | 0.319 | 0.23±0.02 | −10.87±0.09 | 0.89±0.09 |
| GaAs[b] | 0.303 | 0.35±0.08 | −0.60±0.16 | 0.80±0.15 |
| GaSb[a] | 0.184 | 0.22±0.04 | −1.08±0.2 | 1.10±0.22 |
| InAs[a] | 0.169 | 0.57±0.12 | −0.76±0.15 | 0.85±0.13 |
| ZnSe[a] | 0.148 | 0.62±0.19 | −0.43±0.12 | 1.80±0.36 |

〔注〕 a) 文献31), b) 文献32)

式 (5.36) を格子ひずみ条件に応じて解くことによって，格子ひずみによるフォノン振動数の変化量が計算できる。ここでは，上記の理論に基づいて，半導体ヘテロ接合において最も一般的な (001) 面基板上にエピタキシャル成長したひずみヘテロ構造について論を進める[33), 34)]。この場合，[100] と [010] 方向に等方的な 2 軸性ひずみ（$\varepsilon_{xx} = \varepsilon_{yy} \equiv \varepsilon_{/\!/}$）を仮定する。弾性理論から，各ひずみ成分はつぎのように与えられる［式 (3.74) 参照］。

$$\varepsilon_{zz} = -2\frac{C_{12}}{C_{11}}\varepsilon_{/\!/}, \quad \varepsilon_{xy} = \varepsilon_{yz} = \varepsilon_{xz} = 0 \tag{5.38}$$

ここで，$C_{ij}$ は弾性スティフネス定数である。上記のひずみ条件では，式 (5.36) の非対角項が消失する。各方向の光学フォノン振動数の格子ひずみによる変化量（$\Delta\omega$）は

$$\Delta\omega_{xx} = \Delta\omega_{yy} = \frac{1}{2\omega_0}\left(p + q\frac{C_{11} - 2C_{12}}{C_{11}}\right)\varepsilon_{/\!/} \tag{5.39}$$

$$\Delta\omega_{zz} = \frac{1}{\omega_0}\left(-\frac{C_{12}}{C_{11}}p + q\right)\varepsilon_{/\!/} \tag{5.40}$$

という単純な形式となる[33),34)]。(001)面での後方散乱配置の実験では，観測される LO フォノン振動数の変化量は式 (5.40) によって与えられる。$\Delta\omega$ と $\varepsilon_{/\!/}$ は，単純な比例関係であり ($\Delta\omega = \alpha\varepsilon_{/\!/}$)，その比例係数 $\alpha$ は物質固有の物理定数によって決定される。GaAs の場合，表 5.3 の数値と，$C_{11} = 11.9 \times 10^{11}$ dyn/cm$^2$ と $C_{12} = 5.35 \times 10^{11}$ dyn/cm$^2$ [文献 35)] を用いると，LO フォノンに関して，$\Delta\omega = -3.8 \times 10^2 \varepsilon_{/\!/}$ [cm$^{-1}$] という関係式が得られる[33),34)]。比例係数の符号がマイナスであるから（すべての閃亜鉛鉱型，ダイヤモンド型半導体でも同じ），引張ひずみ（$\varepsilon_{/\!/} > 0$）の場合，光学フォノン振動数は低波数側にシフトし，圧縮ひずみの場合（$\varepsilon_{/\!/} < 0$），その逆となる。また，1%の格子ひずみによる LO フォノン振動数変化量は，3.8 cm$^{-1}$ である。この理論に基づけば，ラマン散乱分光法によりフォノン振動数変化を測定すれば，簡便かつ定量的に格子ひずみの状態を評価することが可能である。

### 5.5.2 ウルツ鉱型半導体の光学フォノン振動数に対する格子ひずみ効果

つぎに，GaN などのウルツ鉱型半導体の場合について述べる。ウルツ鉱構造の場合，単位胞に 4 個の原子を含むために，上記の閃亜鉛鉱構造（ダイヤモンド構造も同じ：単位胞に 2 個の原子）のように，運動方程式を単純な行列式で表現するのが困難である。主軸 [0001] 方向に垂直な面内に等方的な 2 軸性ひずみを仮定した場合，光学フォノン振動数の格子ひずみによる変化量は，各モードに対して，以下の表現形式が用いられている[36)]。

$$\Delta\omega_\lambda = 2a_\lambda \varepsilon_{xx} + b_\lambda \varepsilon_{zz} \tag{5.41}$$

ここで，添字の $\lambda$ はフォノンモードを意味し，$a_\lambda$ と $b_\lambda$ はフォノンモードに対する変形ポテンシャルと定義される。式 (3.95) の弾性理論から，$\varepsilon_{zz} = -2(C_{13}/C_{33})\varepsilon_{xx}$ が得られ，$\varepsilon_{/\!/} = \varepsilon_{xx}$ と置いて式 (5.41) を変形すると

$$\Delta\omega_\lambda = \left(2a_\lambda - 2\frac{C_{13}}{C_{33}}b_\lambda\right)\varepsilon_{/\!/} = \beta\varepsilon_{/\!/} \tag{5.42}$$

となる。これは，閃亜鉛鉱構造の式 (5.39), (5.40) と類似の形式である。**表 5.4** に，GaN 結晶のフォノン変形ポテンシャル (phonon deformation potential) の値をまとめている。

表5.4 GaN 結晶のフォノン変形ポテンシャルの値

| フォノンモード | $a_\lambda$ [cm$^{-1}$] | $b_\lambda$ [cm$^{-1}$] |
|---|---|---|
| $A_1$(TO) | $-630 \pm 40$ | $-1290 \pm 80$ |
| $E_1$(TO) | $-820 \pm 25$ | $-680 \pm 50$ |
| $E_2^{low}$ | $115 \pm 25$ | $-80 \pm 35$ |
| $E_2^{high}$ | $-850 \pm 25$ | $-920 \pm 60$ |

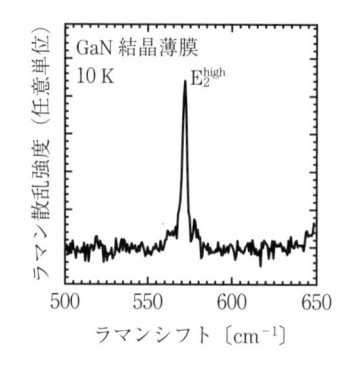

〔注〕 すべての数値は，文献 36) から引用。

図5.14 MOVPE 成長 GaN 結晶薄膜 (4 μm) の 10 K における $E_2^{high}$ モードのラマン散乱スペクトル (後方散乱配置)

**図5.14** は，MOVPE 成長 GaN 結晶薄膜 (4 μm) の 10 K における $E_2^{high}$ モードのラマン散乱スペクトルを示している (後方散乱配置)。この試料は，3.6.4 項で格子ひずみ効果による励起子エネルギーのシフトを議論した試料と同一のものである。ラマン散乱スペクトルから，$E_2^{high}$ モードの振動数は 571.5 cm$^{-1}$ である。10 K での GaN 単結晶の $E_2^{high}$ モードの振動数は 568.2 cm$^{-1}$ であり[37]，結晶薄膜の振動数は 3.3 cm$^{-1}$ だけ高振動数側にシフトしている。表5.4 のフォノン変形ポテンシャルと式 (5.42) を用いて計算すると，$E_2^{high}$ モードに関しては，$\Delta\omega = -1.21 \times 10^3 \varepsilon_{//}$ [cm$^{-1}$] という関係式が得られる。したがって，上記のフォノン振動数のシフト量から面内格子ひずみ量が $\varepsilon_{//} = -0.27\%$ (圧縮ひずみ) と評価できる。この値は，3.6.4 項で励起子エネルギーのシフト量か

ら評価した $\varepsilon_{/\!/} = -0.22\%$ とほぼ一致している。このようにして，結晶薄膜の格子ひずみ（この場合は $Al_2O_3$ 基板上での MOVPE 成長における残留ひずみ）が簡便かつ定量的にラマン散乱スペクトルの測定から評価できる。なお，格子ひずみに異方性がある場合は，$A_1$，$E_1$，$E_2$ モードの振動数の変化量は，フォノン変形ポテンシャルの形式で一般的に以下の式によって与えられる[38),39)]。

$$\Delta\omega_{A1} = a_{A1}(\varepsilon_{xx} + \varepsilon_{yy}) + b_{A1}\varepsilon_{zz} \tag{5.43 a}$$

$$\Delta\omega_{E1,2} = a_{E1,2}(\varepsilon_{xx} + \varepsilon_{yy}) + b_{E1,2}\varepsilon_{zz} \pm c_{E1,2}\left[(\varepsilon_{xx} - \varepsilon_{yy})^2 + 4\varepsilon_{xy}^2\right]^{1/2} \tag{5.43 b}$$

# 6 量子井戸構造・超格子の光物性

　量子井戸構造・超格子は，1.5節で概略を述べたように，ナノメータースケールのポテンシャル構造に起因する量子閉じ込め効果によって電子・正孔波動関数を制御でき，それによって物性と機能性を決定するバンド構造と励起子状態を制御できる。量子効果による物性と機能性の制御という概念は，半導体物理学においてきわめて大きなインパクトとなり，物性研究とそのデバイス応用を活性化して低次元系半導体物理学，もしくは，ナノ構造半導体物理学という分野を生み出した。光物性においては，励起子光学応答を中心にきわめて精力的に研究が展開され，バルク結晶とは異なる新奇な現象が見い出されてきた[1]。また，フォノンに関しても，ミニブリルアンゾーン形成による音響フォノンの折り返しや光学フォノンの閉じ込めという新たな概念が生まれた[2]。本章では，最も代表的なヘテロ接合系である $GaAs/Al_xGa_{1-x}As$ 系を主対象として，量子井戸構造におけるサブバンド構造の理論，量子井戸構造における励起子状態，量子井戸構造における光学遷移の量子論，量子井戸構造における励起子光学応答，超格子のミニバンド構造と有効質量の分光学的評価，超格子におけるワニエ・シュタルク局在（Wannier-Stark localization）とブロッホ振動，$GaAs/AlAs$ タイプⅡ超格子における励起子光学応答，および，超格子におけるフォノンとラマン散乱について解説する。

## 6.1　量子井戸構造におけるサブバンド構造の理論

　量子井戸構造におけるサブバンド構造は，量子井戸構造の物理の根幹であり，光物性の研究を行うためには，その理論を十分に理解する必要がある。ここでは，有効質量近似に基づいて，最も基礎的な単一量子井戸構造におけるサブバンド構造，任意の量子井戸構造に適用できる伝達行列（transfer matrix）法（転送行列法とも呼ぶ），実際の計算において重要なバンド非放物線性（band nonparabolicity），Luttinger-Kohn ハミルトニアンに基づく正孔サブバンド構造，および，電場効果（量子閉じ込めシュタルク効果：quantum confined Stark effect）について述べる．

### 6.1.1 単一量子井戸構造におけるサブバンドエネルギー

量子井戸構造におけるサブバンド構造を考える際，単一量子井戸構造が最も簡単な対象である．成長方向（$z$ 方向）の有効質量近似シュレーディンガー方程式は，式 (1.45) でも示したように

$$\left(-\frac{\hbar^2}{2m_j^*}\frac{d^2}{dz^2}+V(z)\right)\phi_n(z)=E_n\phi_n(z) \tag{6.1}$$

と与えられる．ここで，$m_j^*$ は電子・正孔の有効質量，$V(z)$ は量子井戸ポテンシャル，$\phi_n(z)$ が包絡関数，$E_n$ が $k_{//}=0$ でのサブバンドエネルギー，$n$ が量子数である．量子井戸層を A，障壁層を B とし（ポテンシャル高さ：$V$），量子井戸層の長さが $L$ で界面が $z=\pm L/2$ の単一量子井戸の場合，包絡関数は，以下の式で与えられる．

$$\phi_n^{\rm B}(z)=\alpha_{\rm B}\exp(k_{\rm B}z)：z\leq-\frac{L}{2} \tag{6.2a}$$

$$\phi_n^{\rm B}(z)=\alpha_{\rm B}\exp(-k_{\rm B}z)：z\geq\frac{L}{2} \tag{6.2b}$$

$$\phi_n^{\rm A}(z)=\alpha_{\rm A}\cos(k_{\rm A}z)：-\frac{L}{2}\leq z\leq\frac{L}{2}\quad(n=奇数) \tag{6.2c}$$

$$\phi_n^{\rm A}(z)=\alpha_{\rm A}\sin(k_{\rm A}z)：-\frac{L}{2}\leq z\leq\frac{L}{2}\quad(n=偶数) \tag{6.2d}$$

上記の包絡関数を式 (6.1) に代入すると，下記の各層での波数ベクトルが得られる．

$$\frac{\hbar^2 k_{\rm B}^2}{2m_{\rm B}^*}=V-E\to k_{\rm B}=\frac{\sqrt{2m_{\rm B}^*(V-E)}}{\hbar} \tag{6.3a}$$

$$\frac{\hbar^2 k_{\rm A}^2}{2m_{\rm A}^*}=E\to k_{\rm A}=\frac{\sqrt{2m_{\rm A}^*E}}{\hbar} \tag{6.3b}$$

A/B界面 ($z=z_i$) での包絡関数の接続条件[3]

$$\phi_n^{\text{A}}(z_i) = \phi_n^{\text{B}}(z_i) \tag{6.4a}$$

$$\frac{1}{m_{\text{A}}^*}\frac{d}{dz}\phi_n^{\text{A}}(z)\bigg|_{z=z_i} = \frac{1}{m_{\text{B}}^*}\frac{d}{dz}\phi_n^{\text{B}}(z)\bigg|_{z=z_i} \tag{6.4b}$$

を考慮すると, $n$ が奇数の場合, $z=+L/2$ において

$$\alpha_{\text{A}}\cos\left(\frac{k_{\text{A}}L}{2}\right) = \alpha_{\text{B}}\exp\left(-\frac{k_{\text{B}}L}{2}\right) \tag{6.5a}$$

$$-\left(\frac{\alpha_{\text{A}}k_{\text{A}}}{m_{\text{A}}^*}\right)\sin\left(\frac{k_{\text{A}}L}{2}\right) = -\left(\frac{\alpha_{\text{B}}k_{\text{B}}}{m_{\text{B}}^*}\right)\exp\left(-\frac{k_{\text{B}}L}{2}\right) \tag{6.5b}$$

となり, 固有値方程式は次式で与えられる.

$$\left(\frac{k_{\text{A}}}{m_{\text{A}}^*}\right)\tan\left(\frac{k_{\text{A}}L}{2}\right) - \frac{k_{\text{B}}}{m_{\text{B}}^*} = 0 \tag{6.6}$$

$n$ が偶数の場合は, 同様にして, 以下の固有値方程式となる.

$$\left(\frac{k_{\text{A}}}{m_{\text{A}}^*}\right)\cot\left(\frac{k_{\text{A}}L}{2}\right) + \frac{k_{\text{B}}}{m_{\text{B}}^*} = 0 \tag{6.7}$$

式 (6.6) と式 (6.7) において, エネルギーは $k_{\text{A}}$ と $k_{\text{B}}$ に含まれており, エネルギーを変数として $k_{\text{A}}$ と $k_{\text{B}}$ を計算し, 方程式が満足される条件が固有値, すなわち, サブバンドエネルギーとなる.

### 6.1.2 伝達行列法

量子井戸構造の研究においては, 複雑なポテンシャル構造のサブバンド状態を計算することを要請される場合が多い. ここでは, 原理的には任意のポテンシャル構造に対して適用できる伝達行列法について述べる. 説明の煩雑さを防ぐために, 図6.1 に示している2重量子井戸構造を対象として説明するが, 複雑なポテンシャル構造でも本質的には変わらない. また,

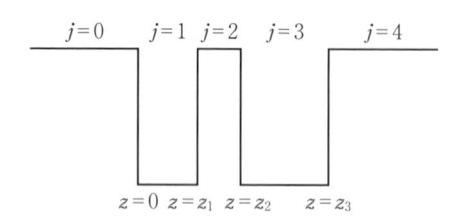

図6.1 2重量子井戸構造のポテンシャル構造の概略図

## 6.1 量子井戸構造におけるサブバンド構造の理論

井戸層と障壁層の有効質量をそれぞれ $m_w^*$ と $m_b^*$, ポテンシャルを 0 と $V$ とするが, 各層で有効質量, ポテンシャルが変わっても取扱いは同じである.

量子井戸層の包絡関数を

$$\phi_j(z) = a_j \sin(k_w z) + b_j \cos(k_w z) \tag{6.8a}$$

とし, 障壁層の包絡関数を

$$\phi_j(z) = a_j \exp(k_b z) + b_j \exp(-k_b z) \tag{6.8b}$$

とする. 量子井戸層と障壁層の波数ベクトルは, 以下の式で与えられる.

$$k_w = \frac{\sqrt{2 m_w^* E}}{\hbar} \tag{6.9a}$$

$$k_b = \frac{\sqrt{2 m_b^* (V-E)}}{\hbar} \tag{6.9b}$$

式 (6.4a) と式 (6.4b) の界面での包絡関数の接続条件を考慮すると, 界面 $z = 0$ における $j=0$ 層と $j=1$ 層の包絡関数の関係はつぎのようになる.

$$a_0 + b_0 = b_1 \tag{6.10a}$$

$$\left(\frac{k_b}{m_b^*}\right)(a_0 - b_0) = \left(\frac{k_w}{m_w^*}\right) a_1 \tag{6.10b}$$

これを行列で表現すると

$$\begin{pmatrix} 1 & 1 \\ k_b/m_b^* & -k_b/m_b^* \end{pmatrix} \begin{pmatrix} a_0 \\ b_0 \end{pmatrix} = \begin{pmatrix} 0 & 1 \\ k_w/m_w^* & 0 \end{pmatrix} \begin{pmatrix} a_1 \\ b_1 \end{pmatrix}$$

$$\rightarrow [M_0] \begin{pmatrix} a_0 \\ b_0 \end{pmatrix} = [M_1] \begin{pmatrix} a_1 \\ b_1 \end{pmatrix} \rightarrow \begin{pmatrix} a_0 \\ b_0 \end{pmatrix} = [M_0]^{-1} [M_1] \begin{pmatrix} a_1 \\ b_1 \end{pmatrix} \tag{6.11}$$

となり, $j=0$ 層での振幅 $(a_0, b_0)$ と $j=1$ 層での振幅 $(a_1, b_1)$ の関係が得られ, $[M_0]^{-1}[M_1]$ がその伝達行列に相当する. $z = z_1$ 界面では, $j=1$ 層と $j=2$ 層の接続条件は以下となる.

$$a_1 \sin(k_w z_1) + b_1 \cos(k_w z_1) = a_2 \exp(k_b z_1) + b_2 \exp(-k_b z_1) \tag{6.12a}$$

$$\left(\frac{k_w}{m_w^*}\right) \left[ a_1 \cos(k_w z_1) - b_1 \sin(k_w z_1) \right]$$

$$= \left(\frac{k_b}{m_b^*}\right)\left[a_2\exp(k_b z_1) - b_2\exp(-k_b z_1)\right] \qquad (6.12\,\text{b})$$

これを行列で表現すると

$$\begin{pmatrix} \sin(k_w z_1) & \cos(k_w z_1) \\ (k_w/m_w^*)\cos(k_w z_1) & -(k_w/m_w^*)\sin(k_w z_1) \end{pmatrix}\begin{pmatrix} a_1 \\ b_1 \end{pmatrix}$$

$$=\begin{pmatrix} \exp(k_b z_1) & \exp(-k_b z_1) \\ (k_b/m_b^*)\exp(k_b z_1) & -(k_b/m_b^*)\exp(-k_b z_1) \end{pmatrix}\begin{pmatrix} a_2 \\ b_2 \end{pmatrix}$$

$$\rightarrow [M_2]\begin{pmatrix} a_1 \\ b_1 \end{pmatrix} = [M_3]\begin{pmatrix} a_2 \\ b_2 \end{pmatrix} \rightarrow \begin{pmatrix} a_1 \\ b_1 \end{pmatrix} = [M_2]^{-1}[M_3]\begin{pmatrix} a_2 \\ b_2 \end{pmatrix} \qquad (6.13)$$

となる。同様に，$z=z_2$ 界面での伝達行列は形式的に

$$[M_4]\begin{pmatrix} a_2 \\ b_2 \end{pmatrix} = [M_5]\begin{pmatrix} a_3 \\ b_3 \end{pmatrix} \rightarrow \begin{pmatrix} a_2 \\ b_2 \end{pmatrix} = [M_4]^{-1}[M_5]\begin{pmatrix} a_3 \\ b_3 \end{pmatrix} \qquad (6.14)$$

となり，$z=z_3$ 界面では

$$[M_6]\begin{pmatrix} a_3 \\ b_3 \end{pmatrix} = [M_7]\begin{pmatrix} a_4 \\ b_4 \end{pmatrix} \rightarrow \begin{pmatrix} a_3 \\ b_3 \end{pmatrix} = [M_6]^{-1}[M_7]\begin{pmatrix} a_4 \\ b_4 \end{pmatrix} \qquad (6.15)$$

となる。

以上の行列関係をすべて接続すると，次式が得られる。

$$\begin{pmatrix} a_0 \\ b_0 \end{pmatrix} = [M_0]^{-1}[M_1][M_2]^{-1}[M_3][M_4]^{-1}[M_5][M_6]^{-1}[M_7]\begin{pmatrix} a_4 \\ b_4 \end{pmatrix}$$

$$\equiv \begin{pmatrix} M_{11}(E) & M_{12}(E) \\ M_{21}(E) & M_{22}(E) \end{pmatrix}\begin{pmatrix} a_4 \\ b_4 \end{pmatrix} \qquad (6.16)$$

境界条件は，包絡関数の発散を防ぐために，以下の式で定義される。

$$b_0 = 0, \quad a_4 = 0 \qquad (6.17)$$

したがって，サブバンドエネルギーの決定条件は，必然的に

$$M_{22}(E) = 0 \qquad (6.18)$$

## 6.1 量子井戸構造におけるサブバンド構造の理論

となる。サブバンドエネルギーが決まると，上記の行列関係から各層における包絡関数の振幅が容易に計算できる。図6.2は，伝達行列法によって計算した2重量子井戸構造（$Al_{0.3}Ga_{0.7}As$/GaAs（7.0 nm）/$Al_{0.3}Ga_{0.7}As$（3.0 nm）/GaAs（10.0 nm）/$Al_{0.3}Ga_{0.7}As$）における電子包絡関数の振幅の2乗とサブバンドエネルギーを示している。$n=1$ と $n=2$ のサブバンド状態が，確実に計算できていることが明らかである。

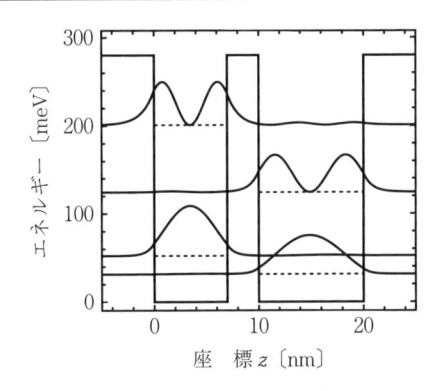

**図6.2** 伝達行列法によって計算した2重量子井戸構造（$Al_{0.3}Ga_{0.7}As$/GaAs(7.0 nm)/$Al_{0.3}Ga_{0.7}As$(3.0 nm)/GaAs(10.0 nm)/$Al_{0.3}Ga_{0.7}As$）における電子包絡関数の振幅の2乗とサブバンドエネルギー

**表6.1** に，サブバンド構造の計算に必要な有効質量に関して，主要な閃亜鉛鉱型半導体の値をまとめている。

**表6.1** 主要な閃亜鉛鉱型半導体における有効質量。単位は，自由電子質量（$m_0$）。

|  | $m_e^*(\Gamma)$ | $m_{HH}^*(\Gamma)$ | $m_{LH}^*(\Gamma)$ | $m_{e,l}^*(L)$ | $m_{e,t}^*(L)$ | $m_{e,l}^*(X)$ | $m_{e,t}^*(X)$ |
|---|---|---|---|---|---|---|---|
| GaAs | 0.067 | 0.35 | 0.090 | 1.9 | 0.075 | 1.3 | 0.23 |
| AlAs | 0.15 | 0.47 | 0.19 | 1.32 | 0.15 | 0.97 | 0.22 |
| InAs | 0.026 | 0.33 | 0.027 | 0.64 | 0.05 | 1.13 | 0.16 |
| GaP | 0.13 | 0.33 | 0.20 | 1.2 | 0.15 | 2.0 | 0.25 |
| AlP | 0.22 | 0.52 | 0.21 | — | — | 2.68 | 0.155 |
| InP | 0.0795 | 0.53 | 0.12 | — | — | — | — |
| GaSb | 0.039 | 0.25 | 0.044 | 1.3 | 0.10 | 1.51 | 0.22 |
| AlSb | 0.14 | 0.36 | 0.13 | 1.64 | 0.23 | 1.36 | 0.12 |
| InSb | 0.0135 | 0.26 | 0.015 | — | — | — | — |

〔注〕 すべての数値は，文献4）から引用。

ここで，L点とX点の電子の有効質量は，分散関係の異方性のために縦方向（l）と横方向（t）の2種類がある。$Al_xGa_{1-x}As$ や $In_xGa_{1-x}As$ などの混晶半導体の有効質量に関しては，線形補間で求めるのが一般的である。混晶半導体のバンドギャップエネルギーに関しては，1.3.4項で述べたように混晶比依存性の

湾曲特性を考慮しなければならない。以下に，いくつかの混晶半導体の室温における$\Gamma$点バンドギャップエネルギー（単位はeV）の混晶比依存性を示す。

$Al_xGa_{1-x}As$　　$E_{g,\Gamma}(x) = 1.424 + 1.594x + x(1-x)(0.127 - 1.310x)$

(6.19 a)

$In_xGa_{1-x}As$　　$E_{g,\Gamma}(x) = 1.424 - 1.494x + 0.434x^2$　　　　　(6.19 b)

$Al_xIn_{1-x}As$　　$E_{g,\Gamma}(x) = 0.360 + 2.012x + 0.698x^2$　　　　　(6.19 c)

$Ga_xIn_{1-x}P$　　 $E_{g,\Gamma}(x) = 1.351 + 0.643x + 0.786x^2$　　　　　(6.19 d)

$Al_xGa_{1-x}Sb$　　$E_{g,\Gamma}(x) = 0.726 + 1.129x + 0.368x^2$　　　　　(6.19 e)

式 (6.19 a) と式 (6.19 b) は，それぞれ文献5) と文献6) から，式 (6.19 c), (6.19 d), (6.19 e) は，文献7) から引用している。

### 6.1.3　バンド非放物線性

　有効質量近似に基づくサブバンド構造の計算において，バンド非放物線性，すなわち，有効質量の波数ベクトル（エネルギー）依存性を考慮することは計算の正確性の点で重要なことである。分散関係が等方的な場合，バンド非放物線性は一般的に以下の式で表現される。

$$E(k) = \frac{\hbar^2 k^2}{2m^*}\left(1 - \eta_1 k^2 - \eta_2 k^4 \cdots\right) \qquad (6.20)$$

ここで，$\eta_i$ が非放物線性パラメータである。伝導帯の$\Gamma$バレイの場合，Kaneの $\boldsymbol{k} \cdot \boldsymbol{p}$ 摂動論[8]に基づくと

$$E(k) = \frac{\hbar^2 k^2}{2m^*}\left(1 - \eta k^2\right) \qquad (6.21)$$

と表すことができ，非放物線性パラメータは以下の式で与えられる[9]。

$$\eta = \frac{\hbar^2}{2m^*}\left(1 - \frac{m^*}{m_0}\right)^2 \frac{3 + 4x + 2x^2}{3 + 5x + 2x^2}\frac{1}{E_g} \qquad (6.22)$$

ここで，$m^*$は伝導帯下端の電子有効質量，$x = \Delta_{so}/E_g$，$\Delta_{so}$はスピン-軌道相互作用エネルギーである。量子井戸層のみのバンド非放物線性を考慮する場合は，上記の扱いで問題はないが，量子井戸構造の場合，量子井戸層に加えて障

## 6.1 量子井戸構造におけるサブバンド構造の理論

壁層の有効質量のエネルギー依存性を考慮する必要がある。

ここでは，上記の問題に関して，Nelson らが提案したバンド非放物線性のモデル[10),11)]について解説する。量子井戸層と障壁層のエネルギー分散関係を以下のように定義する。

$$E = \frac{\hbar^2 k_\mathrm{w}^2}{2m_\mathrm{w}^*(E)} \quad （量子井戸層） \tag{6.23 a}$$

$$E = V - \frac{\hbar^2 k_\mathrm{b}^2}{2m_\mathrm{b}^*(E)} \quad （障壁層） \tag{6.23 b}$$

そして，有効質量のエネルギー依存性（非放物線性）を

$$m_\mathrm{w}^*(E) = m_\mathrm{w}^* \left( 1 + \frac{E}{E_{\mathrm{g,w}}^*} \right) \tag{6.24 a}$$

$$m_\mathrm{b}^*(E) = m_\mathrm{b}^* \left[ 1 - \frac{(V-E)}{E_{\mathrm{g,b}}^*} \right] \tag{6.24 b}$$

とする。ここで，$E_{\mathrm{g,w}}^*$ と $E_{\mathrm{g,b}}^*$ は，それぞれ量子井戸層と障壁層の有効バンドギャップエネルギー (effective band-gap energy)，$m_\mathrm{w}^*$ と $m_\mathrm{b}^*$ はバンド端（$\boldsymbol{k}=0$）の有効質量である。有効バンドギャップエネルギーは，非放物線性パラメータと以下の関係で結び付く。

$$\eta_\mathrm{i} = \frac{\hbar^2}{2m_\mathrm{i}^* E_{\mathrm{g,i}}^*} \quad (\mathrm{i} = \mathrm{w, b}) \tag{6.25}$$

有効バンドギャップエネルギーの物理描像は，$\boldsymbol{k}=0$ の状態と相互作用しているバンドの寄与の重みを取り込んだエネルギーと考える。量子井戸層と障壁層の各パラメータ間には，以下の関係が成立する。

$$\frac{m_\mathrm{w}^*}{m_\mathrm{b}^*} = \frac{E_{\mathrm{g,w}}^*}{E_{\mathrm{g,b}}^*} \tag{6.26 a}$$

$$\frac{\eta_\mathrm{w}}{\eta_\mathrm{b}} = \left( \frac{m_\mathrm{b}^*}{m_\mathrm{w}^*} \right)^2 \tag{6.26 b}$$

以上のモデルに基づくと，$m_\mathrm{w}^*$，$m_\mathrm{b}^*$，$\eta_\mathrm{w}$ が既知であれば，量子井戸層と障壁層の有効質量のエネルギー依存性［式 (6.24 a)，(6.24 b) 参照］を容易に計

算できる。GaAs や $Al_xGa_{1-x}As$ の場合，一般的に重い正孔の非放物線性は無視でき，電子と軽い正孔の非放物線性を考慮する。GaAs の場合，電子と軽い正孔の非放物線性パラメータは，$\eta_e = 4.9 \times 10^{-15} \text{cm}^2$，$\eta_{LH} = 7.4 \times 10^{-15} \text{cm}^2$ と求められている[12]。文献 11) では，上記のバンド非放物線性のモデルを有効質量近似に繰り込んだ計算結果が，GaAs 層厚が 1.7 nm から 7.0 nm の GaAs/$Al_{0.4}Ga_{0.6}As$ 量子井戸構造のバンド間遷移エネルギーの実験結果を系統的に精度よく説明できることが示されている。また，このモデルは GaAs 系に限定されるものではなく，多様な量子井戸構造に汎用的に適用できる。

### 6.1.4 正孔サブバンド構造の厳密な解析

価電子帯の基底関数は p 型であるために，重い正孔（HH），軽い正孔（LH），スプリットオフ正孔（SOH）が形成される。これまでは，それらの相互作用を無視してきたが，ここでは，正孔サブバンド構造について厳密に述べる。三つの正孔を以下のように分類すると

$$HH \pm |J, m_J\rangle = |3/2, \pm 3/2\rangle, \quad LH \pm |3/2, \pm 1/2\rangle, \quad SOH \pm |1/2, \pm 1/2\rangle$$

正孔のエネルギー分散関係は，下記の Luttinger-Kohn ハミルトニアンによって厳密に記述される[13]。

$$\begin{pmatrix} & HH+ & LH+ & LH- & HH- & SOH+ & SOH- \\ & P+Q & -S & R & 0 & S/\sqrt{2} & -\sqrt{2}R \\ & -S^* & P-Q & 0 & R & \sqrt{2}Q & -\sqrt{3/2}S \\ & R^* & 0 & P-Q & S & -\sqrt{3/2}S^* & -\sqrt{2}Q \\ & 0 & R^* & S^* & P+Q & \sqrt{2}R^* & S^*/\sqrt{2} \\ & S^*/\sqrt{2} & \sqrt{2}Q & -\sqrt{3/2}S & \sqrt{2}R & P+\Delta_{so} & 0 \\ & -\sqrt{2}R^* & -\sqrt{3/2}S^* & -\sqrt{2}Q & S/\sqrt{2} & 0 & P+\Delta_{so} \end{pmatrix}$$

(6.27)

$$P = \frac{\hbar^2}{2m_0}\gamma_1(k_x^2 + k_y^2 + k_z^2), \quad Q = \frac{\hbar^2}{2m_0}\gamma_2(k_x^2 + k_y^2 - 2k_z^2)$$

## 6.1 量子井戸構造におけるサブバンド構造の理論

$$R = \frac{\hbar^2\sqrt{3}}{2m_0}\left[-\gamma_2\left(k_x^2 - k_y^2\right) + 2i\gamma_3 k_x k_y\right], \quad S = \frac{\hbar^2\sqrt{3}}{m_0}\gamma_3\left(k_x - ik_y\right)k_z$$

ここで，$\gamma_i$ は Luttinger パラメータと呼ばれるものであり，有効質量の逆数に相当する物理量である。

まず，有効質量の逆転（effective mass reversal）という興味深いことについて述べる。式 (6.27) の Luttinger-Kohn ハミルトニアンにおいて，$\Gamma$ 点近傍では近似的に重い正孔と軽い正孔に関する $4\times 4$ 部分行列の対角項のみを対象とすることができる。この場合，重い正孔と軽い正孔のエネルギー分散関係は

$$（重い正孔）\quad P+Q = \frac{\hbar^2}{2m_0}(\gamma_1+\gamma_2)\left(k_x^2+k_y^2\right) + \frac{\hbar^2}{2m_0}(\gamma_1-2\gamma_2)k_z^2 \quad (6.28\,\text{a})$$

$$（軽い正孔）\quad P-Q = \frac{\hbar^2}{2m_0}(\gamma_1-\gamma_2)\left(k_x^2+k_y^2\right) + \frac{\hbar^2}{2m_0}(\gamma+2\gamma_2)k_z^2 \quad (6.28\,\text{b})$$

と表される。したがって，重い正孔と軽い正孔の有効質量は，$z$ 方向（量子化方向）と $xy$ 方向（面内方向）で異なったものとなり，具体的には，以下の式で与えられる。

$$z\text{ 方向 （量子化方向）}\quad m_{\text{HH},z} = \frac{m_0}{\gamma_1-2\gamma_2},\ m_{\text{LH},z} = \frac{m_0}{\gamma_1+2\gamma_2} \quad (6.29\,\text{a})$$

$$xy\text{ 方向 （面内方向）}\quad m_{\text{HH},\parallel} = \frac{m_0}{\gamma_1+\gamma_2},\ m_{\text{LH},\parallel} = \frac{m_0}{\gamma_1-\gamma_2} \quad (6.29\,\text{b})$$

GaAs の場合，$\gamma_1 = 6.8$, $\gamma_2 = 1.9$, $\gamma_3 = 2.73$ と実験的に求められており[14]，これらの数値を使うと，$m_{\text{HH},z} = 0.33\,m_0$, $m_{\text{LH},z} = 0.094\,m_0$, $m_{\text{HH},\parallel} = 0.11\,m_0$, $m_{\text{LH},\parallel} = 0.20\,m_0$ となる。なお，文献 15) では，ダイヤモンド構造と閃亜鉛鉱構造の半導体の Luttinger パラメータが，$\boldsymbol{k}\cdot\boldsymbol{p}$ 摂動論に基づいて理論的に求められている。ここで注目すべきことは，$z$ 方向と $xy$ 方向で有効質量の序列が逆転していることである。すなわち，$z$ 方向の重い正孔（軽い正孔）は，$xy$ 方向では軽い正孔（重い正孔）となる。$z$ 方向の有効質量が，式 (6.1) の有効質量近似シュレーディンガー方程式の有効質量，すなわち，量子化有効質量に対応する。図 6.3 は，$n=1$ 重い正孔サブバンドと $n=1$ 軽い正孔サブバンドの面内方向 $(k_x, k_y)$ のエネルギー分散関係の概略図であり，破線はサブバンド間混成が

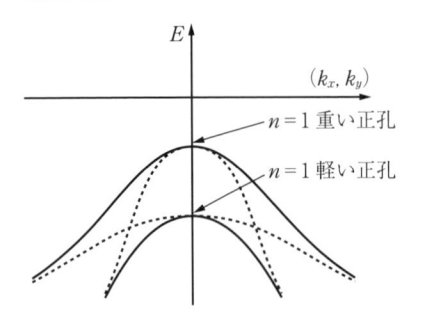

**図 6.3** $n=1$ 重い正孔サブバンドと $n=1$ 軽い正孔サブバンドの面内方向 ($k_x$, $k_y$) のエネルギー分散関係の概略図。破線はサブバンド間混成がない場合、実線はサブバンド間混成がある場合を示している。

ない場合、実線はサブバンド間混成がある場合を示している。有効質量の逆転によって、面内方向の分散関係の反交差が生じ、複雑な様相になることがわかる。

つぎに、有効質量近似シュレーディンガー方程式にLuttinger-Kohnハミルトニアンを繰り込むことについて述べる。これによって、面内方向における正孔サブバンド間混成を扱うことができる。なお、$k=0$の場合は、サブバンド間混成は無視することができる。ほとんどの理論的な取扱いでは、スプリットオフ正孔との相互作用を無視できるとして、Luttinger-Kohnハミルトニアンの重い正孔と軽い正孔に関する4×4部分行列を対象としている[16]~[18]。ここでは、BroidoとShamが提案した比較的簡便なモデル[16]について紹介する。

文献16)では、Luttinger-Kohnハミルトニアンを以下の4×4行列で定義している。

$$H_0(k_x, k_y, k_z) = \begin{matrix} \text{HH}+ & \text{LH}- & \text{LH}+ & \text{HH}- \\ \begin{pmatrix} P+Q & R & -S & 0 \\ R^* & P-Q & 0 & S \\ -S^* & 0 & P-Q & R \\ 0 & S^* & R^* & P+Q \end{pmatrix} \end{matrix} \quad (6.30)$$

上記のハミルトニアンは、ユニタリ変換によって以下のようにブロック対角化ができる。

$$H_0'(k_x, k_y, k_z) = \begin{pmatrix} H^+ & 0 \\ 0 & H^- \end{pmatrix} \quad (6.31)$$

ここで、$H^{\pm}$は式 (6.32) で与えられる。

## 6.1 量子井戸構造におけるサブバンド構造の理論

$$H^{\pm} = \begin{pmatrix} P \pm Q & \bar{R} \\ \bar{R}^{*} & P \mp Q \end{pmatrix}, \quad \bar{R} = |R| - i|S| \tag{6.32}$$

$k_z$ を下記のように運動量演算子に置き換えると

$$k_z = \frac{\hbar}{i} \frac{\partial}{\partial z} \tag{6.33}$$

Luttinger-Kohnハミルトニアンを繰り込んだ有効質量近似シュレーディンガー方程式は，$\boldsymbol{k}_{/\!/} = (k_x, k_y)$ として

$$\sum_{j=1}^{2} \left[ H_{ij}^{\pm}\left(\boldsymbol{k}_{/\!/}, \frac{\hbar}{i}\frac{\partial}{\partial z}\right) + V(z)\delta_{ij} \right] \varphi_{j,\boldsymbol{k}_{/\!/}}^{\pm}(\boldsymbol{r}) = E^{\pm}(\boldsymbol{k}_{/\!/}) \varphi_{i,\boldsymbol{k}_{/\!/}}^{\pm}(\boldsymbol{r}) \tag{6.34}$$

となる．ここで，上方（下方）ブロックに関して，$i,j=1$ が重い正孔（軽い正孔）に対応し，$i,j=2$ が軽い正孔（重い正孔）に対応する．以上が，Luttinger-Kohnハミルトニアンを扱う基本的な枠組みである．

**図 6.4** は，GaAs（8.0 nm）/Al$_{0.2}$Ga$_{0.8}$As 単一量子井戸構造における重い正孔サブバンドと軽い正孔サブバンドの面内波数ベクトルに対するエネルギー分散関係の計算結果を示している．サブバンド間混成のために，分散関係がきわめて複雑になることがわかる．文献 19) では，In$_x$Ga$_{1-x}$As/InP 量子井戸構造を対象に，スプリットオフ正孔との相互作用を考慮した計算が行われている．

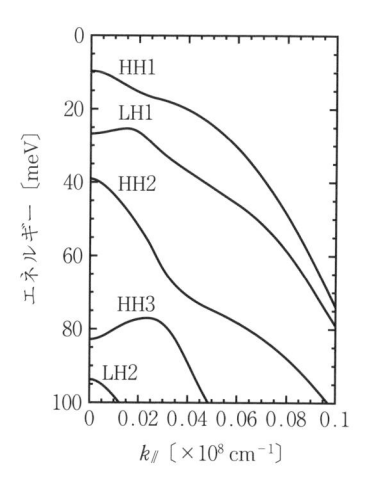

**図 6.4** GaAs(8.0 nm)/Al$_{0.2}$Ga$_{0.8}$As 単一量子井戸構造における重い正孔サブバンドと軽い正孔サブバンドの面内波数ベクトルに対するエネルギー分散関係の計算結果

### 6.1.5 電場効果：量子閉じ込めシュタルク効果

サブバンド構造に対する電場効果は，デバイスへの応用において重要なことである．量子井戸層に閉じ込められた電子・正孔包絡関数は，電場によって非

対称化し,サブバンドエネルギーが変化する。当然のことながら,バンド間遷移エネルギー,励起子エネルギーも変化する。これを,量子閉じ込めシュタルク効果と呼ぶ。1985年にMillerらは,GaAs/Al$_x$Ga$_{1-x}$As多重量子井戸構造における励起子遷移を対象として,量子閉じ込めシュタルク効果を初めて系統的に明らかにした[20]。

電場$F$が量子井戸構造の成長方向に印加された場合,有効質量近似シュレーディンガー方程式は次式で表現される。

$$\left(-\frac{\hbar^2}{2m_j^*}\frac{d^2}{dz^2}+V_{\mathrm{QW}}(z)+qFz\right)\phi_n(z)=E_n\phi_n(z) \tag{6.35}$$

ここで,$q$は電荷で,電子の場合は$q=-e$,正孔の場合は$q=+e$とする。まず,摂動論に基づく近似解について述べる。1次の摂動は,$qFz$が奇関数であるので

$$\Delta E_1^{(1)}=\langle\phi_n|qEz|\phi_n\rangle=0 \tag{6.36}$$

となる。したがって,下記の2次の摂動を考えなくてはならない。

$$\Delta E_n^{(2)}=\sum_{m(\neq n)}\frac{|\langle\phi_m|qFz|\phi_n\rangle|^2}{E_n^{(0)}-E_m^{(0)}}\propto m_j^*F^2L^4 \tag{6.37}$$

ここで,$L$は量子井戸層の層厚である。障壁ポテンシャルが無限の場合,以下の近似解が得られている[21]。

$$\Delta E_n=\frac{n^2\pi^2-15}{24n^4\pi^4}\frac{m_j^*e^2F^2L^4}{\hbar^2} \tag{6.38}$$

式(6.38)から,$n=1$サブバンドエネルギーは低エネルギー側にシフトし,$n\geq2$サブバンドエネルギーは逆に高エネルギー側にシフトすることがわかる。ただし,$n\geq2$サブバンドの高エネルギーシフトは,あくまでも近似解の範囲であることに注意する必要がある。6.4.5項で,実験例を示す。

つぎに,式(6.35)のシュレーディンガー方程式の厳密な解法について述べる[22),23)]。座標$z$を,以下のように無次元座標$Z_j$へと変数変換する。

## 6.1 量子井戸構造におけるサブバンド構造の理論

$$Z_j = -\left(\frac{2m_j^*}{(eF\hbar)^2}\right)^{1/3}\left(E - V_j + qFz\right) \tag{6.39}$$

この変数変換により，式 (6.35) は下記の Airy の微分方程式に書き直せる．

$$\frac{d^2}{dZ_j^2}\Psi_j(Z_j) - Z_j\Psi_j(Z_j) = 0 \tag{6.40}$$

この微分方程式の一般解は

$$\Psi_j(Z_j) = a_j\text{Ai}(Z_j) + b_j\text{Bi}(Z_j) \tag{6.41}$$

となる．ここで，$\text{Ai}(Z_j)$, $\text{Bi}(Z_j)$ は Airy 関数である．$j$ 層と $j+1$ 層の界面における包絡関数の接続条件 [式 (6.4a), (6.4b)] を考慮すると，包絡関数の振幅に関する以下の行列関係が得られる．

$$\begin{pmatrix} \text{Ai}(Z_j) & \text{Bi}(Z_j) \\ m_j^{*-2/3}\text{Ai}'(Z_j) & m_j^{*-2/3}\text{Bi}'(Z_j) \end{pmatrix}\begin{pmatrix} a_j \\ b_j \end{pmatrix}$$

$$= \begin{pmatrix} \text{Ai}(Z_{j+1}) & \text{Bi}(Z_{j+1}) \\ m_{j+1}^{*-2/3}\text{Ai}'(Z_{j+1}) & m_{j+1}^{*-2/3}\text{Bi}'(Z_{j+1}) \end{pmatrix}\begin{pmatrix} a_{j+1} \\ b_{j+1} \end{pmatrix} \tag{6.42}$$

したがって，先に述べた伝達行列法に基づいてサブバンドエネルギーと包絡関数を計算することができる．境界条件は，Airy 関数の場合

$$\lim_{Z \to \infty}\text{Ai}(Z) = 0, \quad \lim_{Z \to \infty}\text{Bi}(Z) = \infty \tag{6.43}$$

となるため，最終層（第 $f$ 層）での発散を防ぐために，$(a_f, b_f) = (1, 0)$ と設定する．包絡関数透過率 $T$ を，初期層における振幅を $(a_i, b_i)$ として，以下のように定義する．

$$T = \frac{a_f^2 + b_f^2}{a_i^2 + b_i^2} = \frac{1}{a_i^2 + b_i^2} \tag{6.44}$$

この透過率のエネルギー依存性を伝達行列法により計算し，極大値をとるエネルギーが固有値（サブバンドエネルギー）に相当する．**図 6.5** は，上記の Airy 関数を用いる伝達行列法により計算した GaAs (10 nm)/AlAs 単一量子井戸構造の（a）$n=1$ と $n=2$ の電子サブバンドエネルギーの電場強度依存性と（b）$n=1$ サブバンドの包絡関数の電場強度依存性を示している．サブバンドエネ

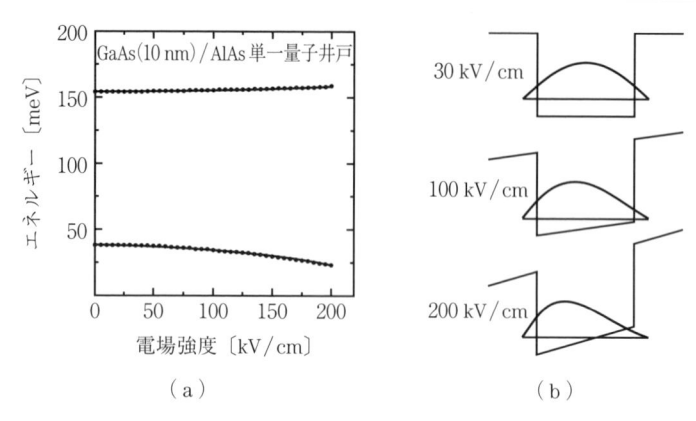

**図6.5** Airy関数を用いる伝達行列法により計算したGaAs(10 nm)/AlAs単一量子井戸構造の(a)$n=1$と$n=2$の電子サブバンドエネルギーの電場強度依存性と(b)$n=1$サブバンドの包絡関数の電場強度依存性

ルギーは，上記の2次の摂動論で予測されるように，$n=1$サブバンドエネルギーは低エネルギーシフトし，$n=2$サブバンドエネルギーは高エネルギー側にシフトすることがわかる。包絡関数は，電場強度が高くなるに従い，非対称化が顕著になる。この量子閉じ込めシュタルク効果を利用して，バイアス電圧に対して透過光や光電流が双安定性動作 (bistability operation) を示す自己電気光学効果素子 (self-electro-optic effect device：SEED) が考案された[24]。その詳細については，6.4.5項で述べる。

極性軸方向（閃亜鉛鉱構造の場合は［111］方向，ウルツ鉱構造の場合は［0001］方向）に格子ひずみが存在する量子井戸構造（ひずみ量子井戸構造：strained quantum-well structure）では，ピエゾ電場が発生する。ピエゾ分極$\boldsymbol{P}$は，ピエゾ電気定数 (piezoelectric coefficient) $e_{ijk}$とひずみテンソル$\varepsilon_{ij}$を用いて次式で与えられる[4]。

$$P_i = e_{ijk}\varepsilon_{jk} \tag{6.45}$$

なお，電場強度は，$F=|\boldsymbol{P}|/(\varepsilon_0\varepsilon_s)$で与えられる。ここで，$\varepsilon_s$は静的誘電率である。閃亜鉛鉱構造の場合，対称性から，以下のように簡略化できる[4]。

$$P_i = e_{14}\varepsilon_{jk}, \quad j \ne k \tag{6.46}$$

ウルツ構造の場合は，以下の式で与えられる[4]。

$$\left.\begin{array}{l} P_x = e_{15}\varepsilon_{13} \\ P_y = e_{15}\varepsilon_{12} \\ P_z = e_{13}\varepsilon_{11} + e_{13}\varepsilon_{22} + e_{33}\varepsilon_{33} \end{array}\right\} \quad (6.47)$$

ここで，ひずみエピタキシャル構造におけるピエゾ電場強度について，具体的な計算例を述べる。($11n$) 面 GaAs 層の面内に，等方的な 2 軸性ひずみが加わっている場合を考える。図 6.6 は，$\varepsilon_{\parallel}$ =1.0%として，ピエゾ電場強度の面傾斜角度依存性を文献 25) の理論に基づいて計算した結果を示している。(111) 面では 238 kV/cm の高電場となり，$n \to \infty$ の (001) 面に向かって電場強度が低下する。ウルツ鉱型 GaN の場合，(0001) 面に等方的な 2 軸性ひずみが加わっている場合を考えると [$\varepsilon_{zz} = -2(C_{13}/C_{33})\varepsilon_{xx}$：式 (3.96)]，$c$ 軸方向のピエゾ電場強度は次式で与えられる。

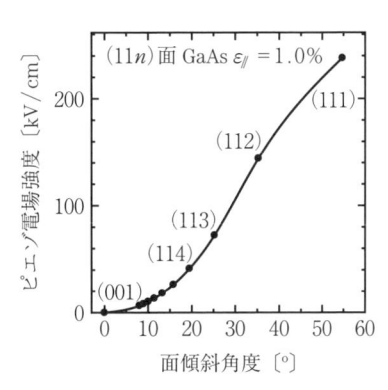

図 6.6 $\varepsilon_{\parallel}$ =1.0%における ($11n$) 面 GaAs 層のピエゾ電場強度の面傾斜角度依存性の計算結果

$$P_z = 2\left[e_{13} - \left(\frac{C_{13}}{C_{33}}\right)e_{33}\right]\varepsilon_{xx} \quad (6.48)$$

GaN の物理パラメータ ($e_{13} = -0.35$ C/m$^2$, $e_{33} = 1.27$ C/m$^2$, $C_{13} = 106$ GPa, $C_{33} = 398$ GPa, $\varepsilon_s = 9.5$)[4] を用いると，$\varepsilon_{xx} = 1$%の場合，1.6 MV/cm というきわめて高い電場強度となる。ここで述べた格子ひずみによるピエゾ電場も，量子閉じ込めシュタルク効果に作用する。なお，ウルツ鉱構造の場合，自発分極 (spontaneous polarization) が加わるが[4]，その詳細は省略する。

## 6.2 量子井戸構造における励起子状態の理論

量子井戸構造の光物性において，励起子と励起子分子に対する量子閉じ込め

効果は最も重要な物理の一つである。励起子と励起子分子の束縛エネルギーは，量子閉じ込め効果によって増大する。それが最も劇的に現れるのが GaAs 系量子井戸構造である。量子閉じ込め効果は，有効ボーア半径を尺度として考えることができる。表 1.4 から，GaAs, GaN, ZnO の有効ボーア半径は，それぞれ，13 nm, 2.8 nm, 1.8 nm である。量子閉じ込め効果が顕著に作用するためには，量子井戸層の層厚が有効ボーア直径よりも薄くなることが要求される。したがって，GaN では約 6 nm 以下，ZnO では約 4 nm 以下のかなり薄い量子井戸層厚が必要となる。一方，GaAs の場合，約 30 nm 以下の量子井戸層厚で量子閉じ込め効果が顕著となり，広い層厚範囲での制御が可能である。本節では，完全 2 次元における励起子，有限ポテンシャルにおけるタイプ I 励起子とタイプ II 励起子の理論について解説する。なお，励起子分子に関しては，6.4 節で述べる。

### 6.2.1 完全 2 次元系における励起子状態

完全 2 次元系における励起子の相対運動に関する有効質量近似シュレーディンガー方程式は，次式で与えられる。

$$-\frac{\hbar^2}{2\mu}\left(\frac{\partial^2 \varphi(x,y)}{\partial x^2} + \frac{\partial^2 \varphi(x,y)}{\partial y^2}\right) - \frac{e^2}{4\pi\varepsilon_0 \varepsilon r_{/\!/}}\varphi(x,y) = E\varphi(x,y)$$

$$r_{/\!/} = \sqrt{x^2 + y^2} \tag{6.49}$$

つぎの変数変換を行うと

$$\frac{\partial \varphi}{\partial x} = \frac{\partial \varphi}{\partial r_{/\!/}}\frac{\partial r_{/\!/}}{\partial x} = \frac{x}{r_{/\!/}}\frac{\partial \varphi}{\partial r_{/\!/}} \tag{6.50}$$

微分演算子の項は

$$\frac{\partial \varphi}{\partial x^2} + \frac{\partial \varphi}{\partial y^2} = \frac{\partial}{\partial x}\left(\frac{x}{r_{/\!/}}\frac{\partial \varphi}{\partial r_{/\!/}}\right) + \frac{\partial}{\partial y}\left(\frac{y}{r_{/\!/}}\frac{\partial \varphi}{\partial r_{/\!/}}\right)$$

$$= \frac{1}{r_{/\!/}}\frac{\partial \varphi}{\partial r_{/\!/}} - \frac{x}{r_{/\!/}^2}\frac{\partial r_{/\!/}}{\partial x}\frac{\partial \varphi}{\partial r_{/\!/}} + \frac{x}{r_{/\!/}}\frac{\partial^2 \varphi}{\partial r_{/\!/}^2}\frac{\partial r_{/\!/}}{\partial x}$$

$$+\frac{1}{r_{/\!/}}\frac{\partial\varphi}{\partial r_{/\!/}}-\frac{y}{r_{/\!/}^2}\frac{\partial r_{/\!/}}{\partial y}\frac{\partial\varphi}{\partial r_{/\!/}}+\frac{y}{r_{/\!/}}\frac{\partial^2\varphi}{\partial r_{/\!/}^2}\frac{\partial r_{/\!/}}{\partial y}$$

$$=\frac{2}{r_{/\!/}}\frac{\partial\varphi}{\partial r_{/\!/}}-\frac{x^2+y^2}{r_{/\!/}^3}\frac{\partial\varphi}{\partial r_{/\!/}}+\frac{x^2+y^2}{r_{/\!/}^2}\frac{\partial^2\varphi}{\partial r_{/\!/}^2}$$

$$=\frac{1}{r_{/\!/}}\frac{\partial\varphi}{\partial r_{/\!/}}+\frac{\partial^2\varphi}{\partial r_{/\!/}^2} \tag{6.51}$$

となる。したがって，式 (6.49) は，下記の 2 次元極座標表示で表される。

$$\frac{1}{r_{/\!/}}\frac{\partial\varphi(r_{/\!/})}{\partial r_{/\!/}}+\frac{\partial^2\varphi(r_{/\!/})}{\partial r_{/\!/}^2}+\frac{2\mu}{\hbar^2}\left(E+\frac{e^2}{4\pi\varepsilon_0\varepsilon r_{/\!/}}\right)\varphi(r_{/\!/})=0 \tag{6.52}$$

ここで，励起子包絡関数に関して，2 次元励起子の有効ボーア半径を $a^*_{\text{B, 2D}}$ として，水素原子型動径関数を仮定すると

$$\varphi(r_{/\!/})=\alpha\exp\left(-\frac{r_{/\!/}}{a^*_{\text{B, 2D}}}\right) \tag{6.53}$$

式 (6.52) は，以下の代数方程式に帰着する。

$$\left(\frac{1}{a^{*\,2}_{\text{B, 2D}}}+\frac{2\mu E_{\text{b, 2D}}}{\hbar^2}\right)\varphi+\frac{1}{r_{/\!/}}\left(\frac{2\mu e^2}{\hbar^2 4\pi\varepsilon_0\varepsilon}-\frac{1}{a^*_{\text{B, 2D}}}\right)\varphi=0 \tag{6.54}$$

$r_{/\!/}$ は任意の値をとりうるので，$r_{/\!/}\to 0$ の極限において，上記の方程式が発散しないためには，左辺第 2 項の括弧内がゼロでなければならない。したがって，2 次元励起子の有効ボーア半径は

$$a^*_{\text{B, 2D}}=\frac{4\pi\hbar^2\varepsilon_0\varepsilon}{2\mu e^2}=\frac{a^*_{\text{B, 3D}}}{2} \tag{6.55}$$

となる。すなわち，2 次元励起子の有効ボーア半径は，3 次元励起子の 1/2 に収縮する。2 次元励起子束縛エネルギー $E_{\text{b, 2D}}$ は，左辺第 1 項から以下のように求められ

$$\frac{1}{a^{*\,2}_{\text{B, 2D}}}+\frac{2\mu E_{\text{b, 2D}}}{\hbar^2}=0$$

$$E_{\text{b, 2D}}=-4\frac{1}{(4\pi\varepsilon_0)^2}\frac{\mu e^4}{2\hbar^2\varepsilon^2}=4E_{\text{b, 3D}} \tag{6.56}$$

3 次元励起子の 4 倍になる。この励起子束縛エネルギーの増強が，量子井戸構

造の光物性においてきわめて重要な要因である。2次元励起子の総エネルギーは，以下の式で与えられる。

$$E_n(\bm{K}) = E_{\mathrm{g}} - \frac{1}{(n-1/2)^2} E_{\mathrm{b,3D}} + \frac{\hbar^2 \bm{K}^2}{2M_{\mathrm{X}}} \tag{6.57}$$

### 6.2.2 有限ポテンシャルにおけるタイプI励起子状態

有限ポテンシャルの場合，電子と正孔の量子井戸ポテンシャル［$V_{\mathrm{e}}(z)$ と $V_{\mathrm{h}}(z)$］に対する量子閉じ込め効果に電子-正孔間クーロン相互作用を繰り込む必要がある。タイプI量子井戸構造における励起子状態は，1984年から1990年にかけて盛んに理論的研究が行われて，その物理が確立された[26]〜[34]。ここでは，最も直感的な計算モデル[26] に関して解説する。単一量子井戸構造の励起子に関する有効質量近似ハミルトニアンは，以下の式で与えられる。

$$H = -\frac{\hbar^2}{2\mu}\left(\frac{1}{\rho}\frac{\partial}{\partial \rho}\rho\frac{\partial}{\partial \rho} + \frac{1}{\rho^2}\frac{\partial^2}{\partial \phi^2}\right) - \frac{\hbar^2}{2m_{\mathrm{e}}^*}\frac{\partial^2}{\partial z_{\mathrm{e}}^2}$$

$$- \frac{\hbar^2}{2m_{\mathrm{h}}^*}\frac{\partial^2}{\partial z_{\mathrm{h}}^2} - \frac{e^2}{4\pi\varepsilon_0 \varepsilon |\bm{r}_{\mathrm{e}} - \bm{r}_{\mathrm{h}}|} + V_{\mathrm{e}}(z_{\mathrm{e}}) + V_{\mathrm{h}}(z_{\mathrm{h}}) \tag{6.58}$$

ここで，$\rho, \phi, z$ は円筒座標系での各座標，$\bm{r}_{\mathrm{e}}$ と $\bm{r}_{\mathrm{h}}$ は電子と正孔の位置座標である。上記のハミルトニアンに相当するシュレーディンガー方程式は厳密解を持たないので，変分法（vibrational method）を用いて数値計算を行う。その試行関数（trial function）を以下のように設定する。

$$\Psi = \phi_{\mathrm{e},n=1}(z_{\mathrm{e}})\phi_{\mathrm{h},n=1}(z_{\mathrm{h}})g(\rho, z, \phi) \tag{6.59}$$

$\phi_{\mathrm{e},n=1}(z_{\mathrm{e}})$ と $\phi_{\mathrm{h},n=1}(z_{\mathrm{e}})$ は，クーロン相互作用がない場合の $n=1$ サブバンドの電子と正孔の包絡関数である。$g(\rho, z, \phi)$ が実質的な試行関数であり，水素原子型動径関数に類似した次式を用いる。

$$g(\rho, z, \phi) = \rho^{|m|} \exp(im\phi) \sum_j a_j g_j(\rho, z)$$
$$g_1(\rho, z) = \exp\left[-\alpha(\rho^2 + z^2)^{1/2}\right]$$
$$g_2(\rho, z) = z^2 \exp\left[-\alpha(\rho^2 + z^2)^{1/2}\right]$$
$$g_3(\rho, z) = \rho \exp\left[-\beta(\rho^2 + z^2)^{1/2}\right]$$

(6.60)

ここで,1s と 2s 状態に対しては $m=0$,2p 状態に対しては $m=\pm 1$,$\alpha$ と $\beta$ が変分パラメータである。$m=0$(1s, 2s 状態)の場合,$g_1$, $g_2$, $g_3$ のすべてを用い,$m=\pm 1$(2p 状態)の場合,$g_1$ と $g_2$ を用いる。変分パラメータに関して期待値 $\langle\Psi|H|\Psi\rangle$ を最小化し,クーロン相互作用がない場合の電子と正孔のサブバンドエネルギーの和からその値を差し引くことによって励起子束縛エネルギーを求める。図 6.7 は,上記のモデルに基づいて計算された GaAs/Al$_x$Ga$_{1-x}$As 単一量子井戸構造($x=0.15, 0.3$)の 1s 重い正孔励起子と 1s 軽い正孔励起子の束縛エネルギーの GaAs 層厚依存性を示している[26]。なお,比較のために,無限ポテンシャルの場合も示している。励起子束縛

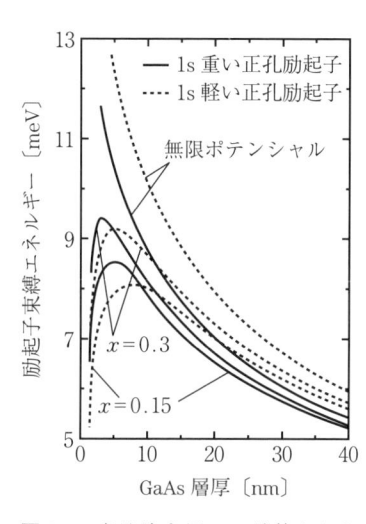

図 6.7 変分法を用いて計算された GaAs/Al$_x$Ga$_{1-x}$As 単一量子井戸構造($x=0.15, 0.3$)の 1s 重い正孔励起子と 1s 軽い正孔励起子の束縛エネルギーの GaAs 層厚依存性。比較のために,無限ポテンシャルの場合も示している[26]。(Reprinted with permission. Copyright (1984) by the American Physical Society.)

エネルギーは,原理的に包絡関数に対する量子閉じ込め効果が大きくなるほど,この場合は,Al 濃度の増大による閉じ込めポテンシャルが大きくなるほど,また,GaAs 層厚が薄くなるほど,大きくなる。ただし,有限ポテンシャルの場合,励起子束縛エネルギーは,GaAs 層厚がある値で最大値となる。これは,最大値に対応する層厚よりも薄くなると,$n=1$ 電子サブバンドと $n=1$ 正孔サブバンドのエネルギーが障壁エネルギーに近くなり,包絡関数の障壁層

への波動関数のしみ出しが大きくなって実効的な閉じ込め効果が低下するためである。

文献28)～32),34) では,上記のモデルで無視している正孔サブバンド間混成を考慮している。特に,文献34) では,正孔サブバンド間混成,バンド非放物線性,誘電率の不連続性(鏡像電荷効果:image charge effect)を考慮した厳密なモデルが提案され,GaAs/Al$_x$Ga$_{1-x}$As 単一量子井戸構造における具体的な計算結果が示されている。その計算結果で注目すべきことは,GaAs/AlAs 系で層厚が約4 nm よりも薄い場合,励起子束縛エネルギーが,2次元極限 ($E_{b,2D}=4E_{b,3D}\approx17$ meV) よりも大きくなることである (4 nm で 17 meV,3 nm で 20 meV)。この主要因は,バンド非放物線性による有効質量の増加と誘電率の不連続性である。

量子井戸構造(準2次元系)における励起子束縛エネルギーを近似的に簡便に求める方法としては,次式で定義される有効次元 ($d_{\mathrm{eff}}:2<d_{\mathrm{eff}}<3$) を用いるモデルが提案されている[35]。このモデルでは,無限ポテンシャルでの1s 励起子束縛エネルギーは,下記の式で与えられる。

$$E_{b,\mathrm{QW}}=\frac{E_{b,3D}}{\left[1-\frac{1}{2}(3-d_{\mathrm{eff}})\right]^2} \tag{6.61 a}$$

$$d_{\mathrm{eff}}=3-\exp\left(-\frac{L_{\mathrm{W}}}{2a^*_{B,3D}}\right) \tag{6.61 b}$$

ここで,$L_{\mathrm{W}}$ は量子井戸層幅である。文献35) では,有限ポテンシャルに関してモデルを拡張しており,求められた励起子束縛エネルギーは,変分法によって計算された値にかなり近い (GaAs/Al$_x$Ga$_{1-x}$As 系の場合,±1 meV 程度の差)。

上記の量子井戸構造における励起子束縛エネルギーの増大は,2次元励起子の理論から明らかなように,励起子の有効ボーア半径の収縮に起因する。有効ボーア半径が収縮すれば,式 (2.121) から,励起子振動子強度が増大し,その結果として,式 (2.36) もしくは式 (2.37) から,励起子の縦横分裂エネルギー

($\Delta E_\mathrm{LT}$)が大きくなる。Ivchenko らは,GaAs/$\mathrm{Al_{0.3}Ga_{0.7}As}$ 量子井戸構造における $\Delta E_\mathrm{LT}$ の増強に関して,理論と実験の両面において報告している[36]。GaAs バルク結晶の場合,表 1.4 から,$\Delta E_\mathrm{LT}=0.08$ meV であるが,文献 36)に基づくと,GaAs 層厚の減少に従い $\Delta E_\mathrm{LT}$ は顕著に増大される。具体的には,GaAs 層厚が 12.0 nm で $\Delta E_\mathrm{LT}=0.35$ meV,8.0 nm で $\Delta E_\mathrm{LT}=0.51$ meV である。文献 37)では,$\Delta E_\mathrm{LT}$ を以下のように定式化している。

$$\Delta E_\mathrm{LT} \propto \left|P_\mathrm{cv}\right|^2 \left|\int \phi_{\mathrm{e},n=1}(z)\phi_{\mathrm{h},n=1}(z)dz\right|^2 \left|\varphi_\mathrm{QW}(0)\right|^2 k_{/\!/} \tag{6.62}$$

ここで,$\varphi_\mathrm{QW}(0)$ は励起子包絡関数の動径座標 $r=0$ における振幅であり,2 次元極限では

$$\left|\varphi_\mathrm{QW}(0)\right|^2 = \frac{2}{\left(\pi a^*_\mathrm{B,2D}{}^2\right)} \tag{6.63}$$

となる。すなわち,量子井戸構造における $\Delta E_\mathrm{LT}$ は,電子と正孔の包絡関数の重なり積分と励起子の有効ボーア半径によって決定される。$k_{/\!/}=0$ では $\Delta E_\mathrm{LT}$ は消失するが,光の波数ベクトルを考慮すると有意な値となる。また,有効ボーア半径の収縮は,1 重項-3 重項分裂エネルギー($\Delta E_\mathrm{st}$)をも増強する。GaAs/$\mathrm{Al_{0.5}Ga_{0.5}As}$ 量子井戸構造の場合,GaAs バルク結晶を基準とした $\Delta E_\mathrm{st}$ の増強率は,GaAs 層厚が 10 nm で 4 倍,5.0 nm で 11 倍となることが計算されている[37]。

### 6.2.3 有限ポテンシャルにおけるタイプ II 励起子状態

GaAs 基板上に pseudomorphic 成長された $\mathrm{In}_x\mathrm{Ga}_{1-x}\mathrm{As}$/GaAs ひずみ量子井戸構造の場合($\mathrm{In}_x\mathrm{Ga}_{1-x}\mathrm{As}$ 層に圧縮ひずみが生じる),混晶比が $x<\sim0.3$ の領域で,価電子帯オフセットエネルギー($\Delta E_\mathrm{v}$)が比較的小さいために,3.6.1 項で述べた重い正孔バンドと軽い正孔バンドを分裂させる正方晶変形エネルギー($\delta E_\mathrm{T}$)の方が $\Delta E_\mathrm{v}$ よりも大きくなり,図 6.8 に概略的に示したポテンシャル構造となる[38)~40]。すなわち,電子と重い正孔はタイプ I 励起子を構成し,電子と軽い正孔はタイプ II 励起子を構成する。軽い正孔タイプ II 励起子の場合,

```
           (無ひずみ状態)                (ひずみ状態)
       GaAs In_xGa_{1-x}As GaAs      GaAs In_xGa_{1-x}As GaAs
伝導帯

重い正孔                            重い正孔(タイプⅠ)
軽い正孔
価電子帯                             軽い正孔(タイプⅡ)
```

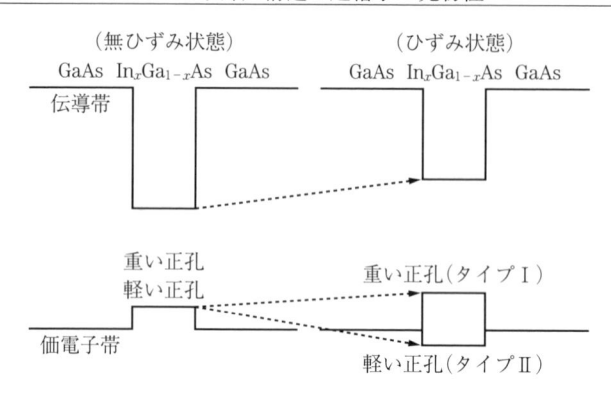

**図 6.8** In$_x$Ga$_{1-x}$As / GaAs ひずみ単一量子井戸構造の
ポテンシャル構造の概略図

電子サブバンドの包絡関数は,In$_x$Ga$_{1-x}$As 量子井戸層に閉じ込められているために計算できるが,軽い正孔は GaAs 障壁層が安定エネルギー領域であり,量子閉じ込め効果がないために包絡関数の計算ができない。したがって,タイプⅠ励起子に関して用いられている従来の計算モデルが適用できない。具体的には,式 (6.59) で示した試行関数において,$\phi_{\mathrm{h},n=1}(z_\mathrm{h})$ が不定となる。

文献 41)〜43) では,上記の問題を解決するために,変分法における試行関数を計算の前に固定せずに,ガウス関数で展開した柔軟な形式に設定して計算を行うモデルを提案している。励起子に関する有効質量近似ハミルトニアンを,以下のように定義する。

$$H = -\frac{\mu}{m_\mathrm{e}^*}\nabla_\mathrm{e}^2 - \frac{\mu}{m_\mathrm{h}^*}\nabla_\mathrm{h}^2 - 2Q + V_\mathrm{e}(z_\mathrm{e}) + V_\mathrm{h}(z_\mathrm{h}) \tag{6.64}$$

ここで,距離の単位はバルク半導体の有効ボーア半径,エネルギーの単位はバルク半導体の励起子束縛エネルギーとしている。$Q$ は,クーロン相互作用項で,電子-正孔間距離を $r_\mathrm{eh}$ として $Q=1/r_\mathrm{eh}$ である。式 (6.64) を円筒座標系で記述すると

$$H = -\frac{1}{\rho}\frac{\partial}{\partial\rho}\rho\frac{\partial}{\partial\rho} - \frac{\mu}{m_\mathrm{e}}\frac{\partial^2}{\partial z_\mathrm{e}^2} - \frac{\mu}{m_\mathrm{h}}\frac{\partial^2}{\partial z_\mathrm{h}^2} - \frac{2}{\sqrt{\rho^2 + (z_\mathrm{e}-z_\mathrm{h})^2}} \\ + V_\mathrm{e}(z_\mathrm{e}) + V_\mathrm{h}(z_\mathrm{h}) \tag{6.65}$$

## 6.2 量子井戸構造における励起子状態の理論

となる。ここで，$\rho$ は $(x, y)$ 面内での電子-正孔間相対座標である。試行関数は，上で述べたようにガウス関数で展開した下記の形式とする。

$$\Phi(\rho, z_e, z_h) = \sum_{i,j,k} S_{i,j,k} \exp(-A_i \rho^2) \exp(-B_j z_e^2) \exp(-C_k z_h^2) \quad (6.66)$$

$S_{i,j,k}$ が展開係数，$A_i$, $B_j$, $C_k$ が変分パラメータである。このモデルは，原理的にタイプⅠとタイプⅡ励起子の両方に適用できる[41]。タイプⅡ励起子の場合，例えば，図 6.8 に示した $In_x Ga_{1-x} As/GaAs$ ひずみ単一量子井戸構造では，軽い正孔には量子閉じ込め効果がないので $[V_h(z_h) = 0]$，そのサブバンドエネルギーはゼロとする。計算では

$$A_i = A_0 q^i, \quad B_j = B_0 q^j, \quad C_k = C_0 q^k \quad (6.67)$$

として，$A_0$, $B_0$, $C_0$ を実質的な変分パラメータとして取り扱う。励起子状態における $z$ 方向の電子と正孔の確率関数は，下記の式で与えられる。

$$P(z_{e,h}) = \int_{-\infty}^{\infty} \int_{0}^{\infty} \Phi(\rho, z_e, z_h)^2 2\pi\rho d\rho dz_{h,e} \quad (6.68)$$

図 6.9 は，上記のモデルに基づいて計算した $GaAs/In_{0.15}Ga_{0.85}As/GaAs$ ひずみ単一量子井戸構造における軽い正孔タイプⅡ励起子束縛エネルギーの

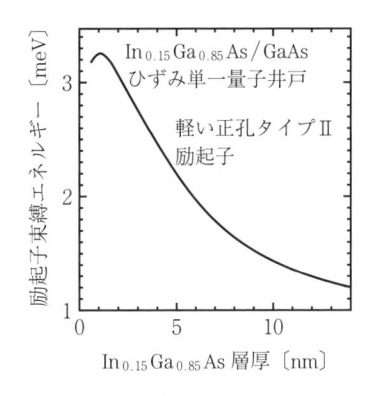

図 6.9　$GaAs/In_{0.15}Ga_{0.85}As/GaAs$ ひずみ単一量子井戸構造における軽い正孔タイプⅡ励起子束縛エネルギーの $In_{0.15}Ga_{0.85}As$ 層厚依存性に関する計算結果

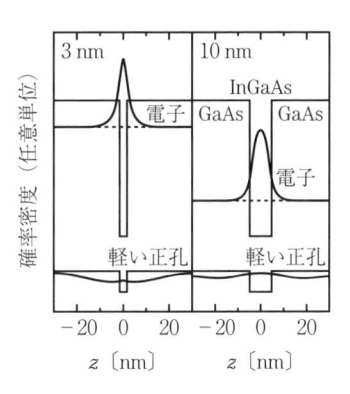

図 6.10　$GaAs/In_{0.15}Ga_{0.85}As/GaAs$ ひずみ単一量子井戸構造における $In_{0.15}Ga_{0.85}As$ 層厚が 3 nm と 10 nm での軽い正孔タイプⅡ励起子の $z$ 方向の電子と軽い正孔の確率関数

In$_{0.15}$Ga$_{0.85}$As 層厚依存性を示している[43]。この場合，量子井戸構造の伝導帯，重い正孔，軽い正孔バンドのオフセットエネルギーは，$\Delta E_c = 105$ meV, $\Delta E_{HH} = 46$ meV, $\Delta E_{LH} = -17$ meV と見積もられる[43]。約 2 nm 以上の層厚では，軽い正孔タイプⅡ励起子の束縛エネルギーはバルク GaAs の軽い正孔励起子束縛エネルギー（計算値：3.1 meV）よりも小さな値となっている。これは，電子と軽い正孔の空間分離によるものである。軽い正孔タイプⅡ励起子束縛エネルギーは，層厚が薄くなるに従って増大している。図 6.10 は，GaAs/In$_{0.15}$Ga$_{0.85}$As/GaAs ひずみ単一量子井戸構造における In$_{0.15}$Ga$_{0.85}$As 層厚が 3 nm と 10 nm での軽い正孔タイプⅡ励起子の z 方向の電子と軽い正孔の確率関数を示している[43]。In$_{0.15}$Ga$_{0.85}$A 層に閉じ込められている電子によるクーロン引力によって，GaAs 層の軽い正孔包絡関数が InGaAs/GaAs 界面に引き寄せられていることがわかる。In$_{0.15}$Ga$_{0.85}$As 層厚が 10 nm と 3 nm の場合を比較すると，3 nm の方が電子と軽い正孔の包絡関数の重なりが顕著に大きくなっている。この重なりの増大が，軽い正孔タイプⅡ励起子束縛エネルギーが In$_{0.15}$Ga$_{0.85}$As 層厚が薄くなるに従って大きくなる要因である。

　これまで述べてきた励起子束縛エネルギーに関する計算モデルは，何らかの試行関数を用いる変分法である。試行関数を用いる限り，その精度には限界がある。Tsuchiya は，量子モンテカルロ法（quantum Monte Carlo method）に基づいて，試行関数を用いない第 1 原理的な計算モデルを提案し，GaAs/AlAs 系タイプⅡ励起子と励起子分子の束縛エネルギーの計算を行っている（詳細は 6.8 節で述べる）[44,45]。

## 6.3　量子井戸構造における光学遷移の量子論

　本節では，2.2 節と 2.3 節において解説したバルク結晶における光学遷移の量子論をベースとして，量子井戸構造におけるバンド間遷移，サブバンド間遷移（intersubband transition），および，励起子遷移の量子論について述べる。バルク結晶に関することを理解していれば，本節の理解は容易である。なお，

6.3 量子井戸構造における光学遷移の量子論　　　　　　　　　247

サブバンド間遷移は，量子井戸構造特有の光学遷移であり，バンド間遷移とはまったく異なった特性を有している。

### 6.3.1 バンド間遷移

バルク結晶におけるバンド間遷移の量子論において，基本となるハミルトニアンは式 (2.67) である。量子井戸構造では，それに量子井戸ポテンシャル $V_{QW}(z)$ が加わり

$$H = \frac{p^2}{2m_0} + V(r) + V_{QW}(z) - \left(\frac{e}{m_0}\right) A \cdot p \tag{6.69}$$

となる。価電子帯と伝導帯に関して，面内 $(x, y)$ はポテンシャルがないので平面波で，$z$ 方向は量子井戸ポテンシャルによる包絡関数で取り扱うと，その固有状態は以下のように表すことができる。

$$|v\rangle = u_{v, k_v}(r) \exp[i(k_{v,x} x + k_{v,y} y)] \phi_{h, n_h}(z) \tag{6.70a}$$

$$|c\rangle = u_{c, k_c}(r) \exp[i(k_{c,x} x + k_{c,y} y)] \phi_{e, n_e}(z) \tag{6.70b}$$

ここで，$u_{v, k_v}(r)$ と $u_{c, k_c}(r)$ はそれぞれ価電子帯と伝導帯の正孔と電子の基底関数，$\phi_{h, n_h}(z)$ と $\phi_{e, n_e}(z)$ が正孔と電子の包絡関数である。量子井戸構造におけるバンド間遷移確率は，下記のフェルミの黄金律に

$$W(\omega) = \left(\frac{2\pi}{\hbar}\right) |\langle c | -(e/m_0) A \cdot p | v \rangle|^2 \delta\left(E_c(k_c) - E_v(k_v) - \hbar\omega\right) \tag{6.71}$$

式 (6.70a) と式 (6.70b) を当てはめて，2.2.1 項で示した一連の取扱いを行うことにより，以下の式で与えられる。

$$W(\omega) \propto \left| \int_{\text{unit cell}} u_{c, k}^*(r')(\hat{e} \cdot p) u_{v, k}(r') d^3 r' \right|^2 \left| \int \phi_{e, n_e}^*(z) \phi_{h, n_h}(z) dz \right|^2$$
$$\times \delta\left(E_c(k_\parallel) - E_v(k_\parallel) - \hbar\omega\right)$$
$$= \left| \langle u_{c, k} | \hat{e} \cdot p | u_{v, k} \rangle \right|^2 \left| \langle \phi_{e, n_e} | \phi_{h, n_h} \rangle \right|^2 \delta\left(E_c(k_\parallel) - E_v(k_\parallel) - \hbar\omega\right)$$
$$= \left| P_{cv} \right|^2 \left| \langle \phi_{e, n_e} | \phi_{h, n_h} \rangle \right|^2 \delta\left(E_c(k_\parallel) - E_v(k_\parallel) - \hbar\omega\right) \tag{6.72}$$

ここで，$k_\parallel$ は面内波数ベクトルを意味している。

式 (6.72) は，量子井戸構造におけるバンド間遷移確率が，量子井戸層を形成する半導体固有の $|P_{cv}|^2$ と量子井戸ポテンシャルによる電子と正孔の包絡関数の重なり積分によって決定されることを意味している。ポテンシャル障壁が無限大の場合

$$n_h = n_e : |\langle \phi_{e,n_e} | \phi_{h,n_h} \rangle|^2 = 1, \quad n_h \neq n_e : |\langle \phi_{e,n_e} | \phi_{h,n_h} \rangle|^2 = 0 \tag{6.73}$$

となり，電子サブバンドと正孔サブバンドの量子数が等しい場合に許容遷移となる（量子数選択則：quantum-number selection rule）。有限ポテンシャルの場合，障壁ポテンシャルと有効質量の違いによって電子と正孔の包絡関数の形状が異なるために，$n_h \neq n_e$ の場合でも有限の遷移確率が生じるが，通常の場合，$n_h = n_e$ の場合と比較するとかなり小さな値である。図 6.11 は，量子井戸構造におけるバンド間遷移の量子数選択則を概略的に示している。ただし，6.1.5 項で述べた量子閉じ込めシュタルク効果が作用する場合，波動関数の非対称性が生じるために，電場強度が高くなるに従い，$n_h = n_e$ の遷移確率が低下し，$n_h \neq n_e$ の遷移確率が無視できないほど大きくなる。

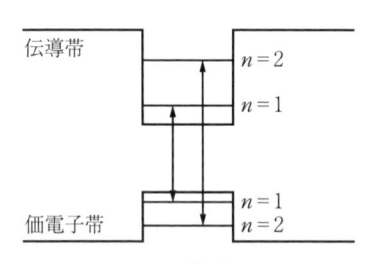

図 6.11 量子井戸構造におけるバンド間遷移の量子数選択則の概略図

### 6.3.2 サブバンド間遷移

量子井戸構造では，電子サブバンド間，正孔サブバンド間遷移が生じる。ここでは，電子サブバンド間遷移について述べる。遷移の始状態と終状態を，量子数が異なる二つの電子サブバンド（$n_i$ と $n_f$）として以下のように定義する。

$$|i\rangle = u_{c,k}(r) \exp(i k_\parallel r_\parallel) \phi_{e,n_i}(z) \tag{6.74a}$$

$$|f\rangle = u_{c,k}(r) \exp(i k_\parallel r_\parallel) \phi_{e,n_f}(z) \tag{6.74b}$$

サブバンド間遷移において，式 (2.71) の遷移行列要素に対応する項は

## 6.3 量子井戸構造における光学遷移の量子論

$$\langle f|\mathbf{A}\cdot\mathbf{p}|i\rangle \propto \langle f|\hat{\mathbf{e}}\cdot\mathbf{p}|i\rangle$$

$$= \langle u_{c,\mathbf{k}}|\hat{\mathbf{e}}\cdot\mathbf{p}|u_{c,\mathbf{k}}\rangle\langle\phi_{e,n_f}|\phi_{e,n_i}\rangle + \langle u_{c,\mathbf{k}}|u_{c,\mathbf{k}}\rangle\langle\phi_{e,n_f}|\hat{\mathbf{e}}\cdot\mathbf{p}|\phi_{e,n_i}\rangle \tag{6.75}$$

となる.サブバンド間遷移の場合,式 (6.75) の $\langle u_{c,\mathbf{k}}|\hat{\mathbf{e}}\cdot\mathbf{p}|u_{c,\mathbf{k}}\rangle$ がパリティ禁制となり右辺第1項が消滅する.$\langle u_{c,\mathbf{k}}|u_{c,\mathbf{k}}\rangle = 1$ となるので,サブバンド間遷移確率は

$$W_{\text{subband}} \propto |\langle\phi_{e,n_f}|\hat{\mathbf{e}}\cdot\mathbf{p}|\phi_{e,n_i}\rangle|^2 \tag{6.76}$$

となり,結晶の基底関数はまったく寄与せず,包絡関数のみによって決定される.すなわち,量子井戸を構成する半導体が間接遷移型であろうが,サブバンド間遷移確率にはまったく影響を与えない.これが,サブバンド間遷移の最も大きな特徴である.包絡関数項は,具体的には以下のように表すことができる.

$$\langle\phi_{e,n_f}|\hat{\mathbf{e}}\cdot\mathbf{p}|\phi_{e,n_i}\rangle = \frac{\hbar}{i}\int\phi_{e,n_f}(z)\left(e_x\frac{\partial}{\partial x}+e_y\frac{\partial}{\partial y}+e_z\frac{\partial}{\partial z}\right)\phi_{e,n_i}(z)dxdydz$$

$$= \frac{\hbar}{i}e_z\int\phi_{e,n_f}(z)\frac{\partial}{\partial z}\phi_{e,n_i}(z)dz \tag{6.77}$$

$\partial/\partial z$ によって包絡関数の対称性が反転するために,量子数選択則は以下の通りとなる.

許容遷移:$n_f - n_i =$ 奇数, 禁制遷移:$n_f - n_i =$ 偶数

**図 6.12** は,量子井戸構造におけるサブバンド間遷移の量子数選択則を概略的に示している.偏光特性は,$z$ 方向のみである.すなわち,量子井戸構造の成長方向に光の電場成分が必要であり,バンド間遷移の観測のように成長面($xy$ 面)に垂直に光を入射してもサブバンド間遷移は観測されない.

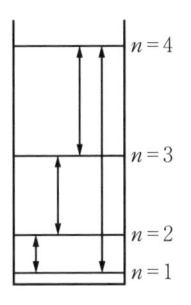

**図 6.12** 量子井戸構造におけるサブバンド間遷移の量子数選択則の概略図

### 6.3.3 励起子遷移

2.3節で述べたバルク結晶における励起子遷移の量子論的取扱いに基づいて，価電子帯と伝導帯の固有状態を量子井戸構造特有の式 (6.70 a) と式 (6.70 b) に置き換えると，量子井戸励起子の振動子強度は以下の式で与えられる[37]。

$$f_{\mathrm{QW}} \propto |P_{\mathrm{cv}}|^2 |\langle \phi_{\mathrm{e},n_{\mathrm{e}}} | \phi_{\mathrm{h},n_{\mathrm{h}}} \rangle|^2 |\varphi_{\mathrm{QW},n}(0)|^2 \tag{6.78}$$

閃亜鉛鉱型半導体の場合，量子閉じ込め効果によって分裂した重い正孔励起子と軽い正孔励起子の振動子強度 ($f_{\mathrm{HH}}$ と $f_{\mathrm{LH}}$) は，2.2.1項で述べた $|P_{\mathrm{cv}}|^2$ の違いをおもに反映して，$f_{\mathrm{HH}} : f_{\mathrm{LH}} \approx 3:1$ となる。なお，厳密には，重い正孔と軽い正孔のサブバンド間混成によって，上記の振動子強度の比は変化するが，第1量子状態の励起子に関しては顕著ではない。励起子包絡関数項は，量子井戸励起子の有効ボーア半径を $a^*_{\mathrm{B,QW}}$ とすると，$|\varphi_{\mathrm{QW},n}(0)|^2 \propto 1/a^{*2}_{\mathrm{B,QW}}$ と表すことができる。有効ボーア半径は，量子閉じ込め効果が大きくなるほど，単純に言い換えれば，量子井戸層厚が薄くなるほど小さくなる。したがって，励起子振動子強度は，量子井戸層厚が薄いほど大きくなる傾向を有している。文献46) では，GaAs/Al$_{0.25}$Ga$_{0.75}$As 量子井戸構造を対象に，重い正孔と軽い正孔のサブバンド間混成を考慮した励起子振動子強度の GaAs 層厚依存性 (5～20 nm) に関する計算結果が報告されている。その計算結果では，$n=1$ 重い正孔励起子と $n=1$ 軽い正孔励起子の振動子強度は，GaAs 層厚の減少とともに単調に増大している。具体的には，$n=1$ 重い正孔励起子の場合，20 nm を基準とすると，10 nm で 2.1 倍，5 nm で 2.7 倍となる。なお，有限ポテンシャルでは，図 6.7 に示した励起子束縛エネルギーの量子井戸層厚依存性からわかるように，量子閉じ込め効果は，ある層厚以下では小さくなることに留意する必要がある。

量子井戸励起子の吸収スペクトルは，2次元極限の場合，次式で与えられる[47]。

$$a(\omega) \propto \sum_{n=1}^{\infty} \frac{1}{(n-1/2)^3} \delta\left(E_{1,1} - \frac{1}{(n-1/2)^2} E_{\mathrm{b,3D}} - \hbar\omega\right) + \theta(\Delta) \frac{\exp(\pi/\sqrt{\Delta})}{\cosh(\pi/\sqrt{\Delta})}$$

$$\Delta = \frac{\hbar\omega - E_{11}}{E_{\mathrm{b,3D}}} \tag{6.79}$$

ここで，$E_{1,1}$ は $n=1$ 電子サブバンドと $n=1$ 正孔サブバンド間のエネルギー（量子井戸構造における $E_g$ に相当），右辺の第2項が2次元におけるゾンマーフェルト因子である。図6.13は，2次元励起子の吸収スペクトルの概略図を示している。実際の量子井戸構造では，重い正孔と軽い正孔のサブバンド間混成を考慮する必要があり，文献48），49）にその理論的詳細が報告されている。

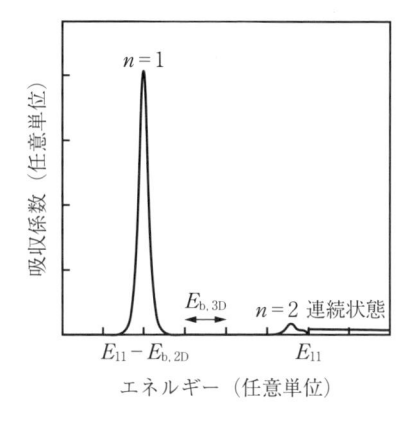

図6.13 2次元励起子の吸収スペクトルの概略図

## 6.4 量子井戸構造における励起子光学応答

3章において，バルク結晶と結晶薄膜における励起光学応答の詳細について述べた。本節では，3章の内容をベースとして，量子井戸構造に特有な励起子光学応答について解説する。具体的には，吸収と反射，励起子発光，励起子分子発光，荷電励起子 (charged exciton) 発光，量子閉じ込めシュタルク効果，励起子量子ビートと励起子分子量子ビートについて述べる。なお，励起子に関しては，量子数が $n_e$ の電子サブバンドと $n_h$ の重い正孔サブバンドから構成される重い正孔励起子を H$n_e n_h$ と，軽い正孔励起子を L$n_e n_h$ と以後は統一的に表記する。

### 6.4.1 励起子による吸収と反射

GaAs/Al$_x$Ga$_{1-x}$As 量子井戸構造では，6.2節で述べたように励起子束縛エネルギーが量子閉じ込め効果によって増大する。GaAs 系においては，この効果はきわめて重要であり，室温においても励起子光学応答が観測できる。図6.14は，MBE 成長 (001) 面 GaAs (9.5 nm)/AlAs (2.9 nm) 多重量子井戸構

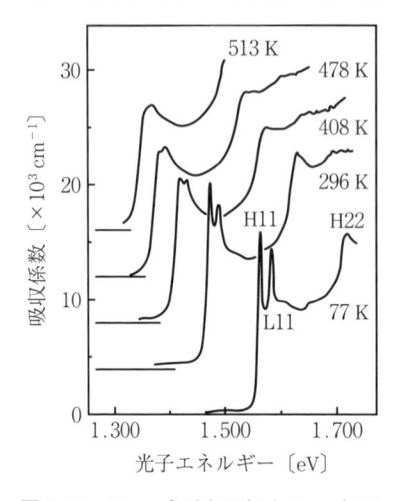

**図 6.14** MBE 成長 (001) 面 GaAs (9.5 nm)/AlAs (2.9 nm) 多重量子井戸構造の異なる温度 (77 ~ 513 K) での吸収スペクトル[50] (Copyright (1984) 応用物理学会)

造の異なる温度 (77~513 K) での吸収スペクトルを示している[50]。77 K の吸収スペクトルに着目すると,量子閉じ込め効果による H11 励起子と L11 励起子の吸収バンドの分裂が明確に観測され,その吸収強度比は,6.3.3 項で述べた振動子強度比 (3:1) とほぼ一致している。L11 励起子と H22 励起子の間のエネルギー領域では,1.5.2 項で述べた 2 次元状態密度を反映してほぼフラットになっている。1.65 eV 近傍に観測される弱いピーク構造は,計算から H21 励起子に帰属できる。H21 励起子のような $n_e \neq n_h$ 遷移は無限ポテンシャルでは禁制であるが,有限ポテンシャル系では弱く観測される。励起子吸収の温度依存性に関しては,温度が高くなるに従って吸収バンド幅が広くなっている。これは,3.1 節で述べたフォノン散乱 [式 (3.5) 参照] によるものである。図 6.14 では,77 K 以上の温度領域であるので,LO フォノン散乱が主体となる。また,室温 (296 K) においても H11 励起子と L11 励起子の分裂が明確に観測される。以上が,量子井戸構造での吸収スペクトルの典型的な例である。文献 51) では,GaAs/Al$_{0.3}$Ga$_{0.7}$As 多重量子井戸構造を試料として,吸収スペクトルから励起子振動子強度を評価し,6.2.2 項で述べた振動子強度の量子井戸層厚依存性 (層厚が薄くなるに従い振動子強度が増大する) を定量的に示している。

結晶性がきわめて良い GaAs 系量子井戸構造の場合,極低温において 2s 励起子の吸収バンドが観測される[52)~55)]。**図 6.15** は,(001) 面と (111) 面基板上の MBE 成長 GaAs (7.5 nm)/Al$_{0.3}$Ga$_{0.7}$As (50.0 nm) 単一量子井戸構造の 2 K における発光励起スペクトルを示している[55]。GaAs 系量子井戸構造では,基板として GaAs が用いられるので,吸収スペクトルを測定するためには基板を

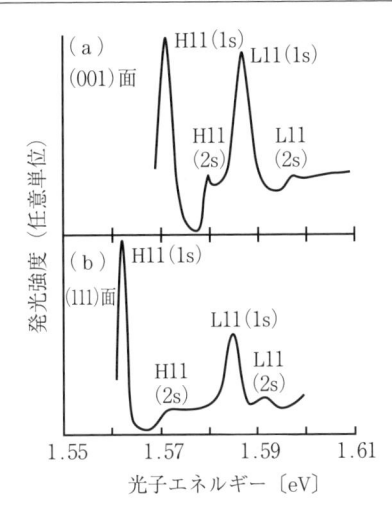

6.4 量子井戸構造における励起子光学応答　253

**図 6.15**　(a)(001)面と(b)(111)面基板上の MBE 成長 GaAs(7.5 nm)/Al$_{0.3}$Ga$_{0.7}$As(50.0 nm) 単一量子井戸構造の 2 K における発光励起スペクトル[55] (Reprinted with permission. Copyright (1993) by the American Physical Society.)

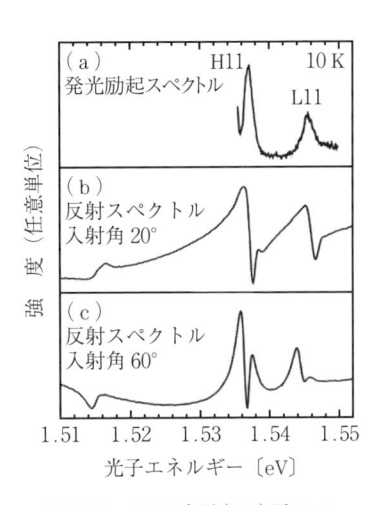

**図 6.16**　MBE 成長(001)面 GaAs (15.0 nm)/AlAs(15.0 nm) 多重量子井戸構造の 10 K における(a)発光励起スペクトル，(b)入射角 20°の反射スペクトル，(c)入射角 60°の反射スペクトル

エッチング処理により除去しなければならない。したがって，試料処理を必要としない発光励起スペクトルが吸収スペクトルの代用として測定される。3.2.2 項で述べたように，発光励起スペクトルには励起子のエネルギー緩和過程が含まれるが，近似的には吸収スペクトルとみなすことができる。図 6.15 において，2s 励起子吸収バンドが明確に観測されている。(001)面と(111)面試料で H11 励起子エネルギーが異なるのは，[111] 方向の重い正孔有効質量が [001] 方向よりも大きいためである ($m_{\text{HH},(001)} = 0.34 m_0$, $m_{\text{HH},(111)} = 0.90 m_0$)[54]。

図 6.16 は，MBE 成長(001)面 GaAs (15.0 nm)/AlAs (15.0 nm) 多重量子井戸構造の 10 K における(a)発光励起スペクトル，(b)入射角 20°の反射スペクトル，(c)入射角 60°の反射スペクトルを示している。図 6.15 の発光励起スペクトルは，波長可変レーザーを光源として測定されたものであるが，図 6.16 の発光励起スペクトルは，100 W のタングステンランプを分光して光

源とし,光子計数法によりスペクトルを測定している.このように,高価な波長可変レーザーを用いなくとも発光励起スペクトルを十分に測定することができることは実験の立場において重要である.発光励起スペクトルで観測されるH11励起子とL11励起子のエネルギー領域に,反射スペクトルにおいて励起子遷移に起因する特異構造が現れている.その特異構造の形状は,入射角によって異なっており,これは3.1節で述べたファブリー・ペロー干渉の位相の違いに起因するものである.図6.17は,GaAs (15.0 nm) / AlAs (15.0 nm) 多重量子井戸構造の入射角20°における反射スペクトルの計算結果を示している.計算では,励起子縦横分裂エネルギー ($\Delta E_{LT}$) をパラメータとして,文献56)に基づいて,各層での光の伝播を伝達行列法で取り扱い,GaAs量子井戸層の屈折率と消衰係数のエネルギー依存性は励起子誘電関数から求めている.なお,励起子の空間分散は無視している.反射スペクトルの計算結果と実験結果との比較から,H11励起子の $\Delta E_{LT}$ の値は0.18 meV程度と推測される.この値は,GaAsバルク結晶の0.08 meVよりも2倍程度大きく,6.2.2項で述べた量子井戸構造における励起子縦横分裂エネルギーの増強を明確に示している.

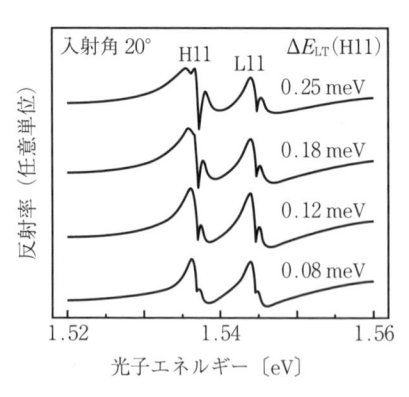

図6.17 GaAs(15.0 nm)/AlAs(15.0 nm) 多重量子井戸構造の入射角20°における反射スペクトルの計算結果.励起子縦横分裂エネルギー ($\Delta E_{LT}$) を変化させている.

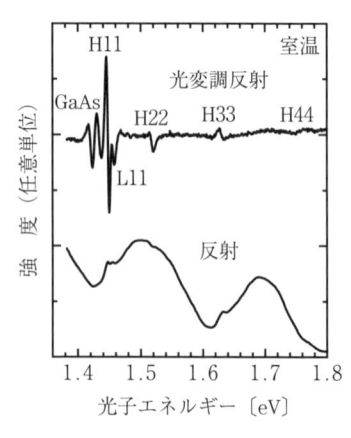

図6.18 MBE成長(001)面GaAs(15.0 nm)/AlAs(15.0 nm) 多重量子井戸構造の室温における反射スペクトルと光変調反射スペクトル

6.4 量子井戸構造における励起子光学応答　　255

　本項の最後に，3.6.2項で述べた光変調反射分光法の高感度性について紹介する。図6.18は，GaAs（15.0 nm）/AlAs（15.0 nm）多重量子井戸構造の室温における反射スペクトルと光変調反射スペクトルを示している。通常の反射スペクトルでは，ファブリー・ペロー干渉が強く表れ，励起子による反射の特異構造が明確ではない。一方，光変調反射スペクトルでは，ファブリー・ペロー干渉は完全に消えて，GaAs基板，H11，L11，H22，H33，H44励起子による信号が明確に観測される。これは，3.6.2項で述べたように，変調反射分光法では状態密度特異点での光学遷移を選択的に検出するためである。6.1.3項で述べたバンド非放物線性を考慮したH11，L11，H22，H33，H44遷移エネルギーの計算結果は，それぞれ1.449，1.459，1.519，1.627，1.763 eVであり，光変調反射スペクトルで観測される励起子遷移エネルギーと良く対応している。このように，光変調反射分光法は，きわめて高感度に量子井戸構造の励起子遷移を観測することができ，非常に優れた手法である。スペクトル形状解析については，すでに3.6.2項に述べている。

### 6.4.2　励起子発光

　量子井戸構造における励起子発光のバルク結晶とは異なる大きな特徴は，ヘテロ界面の影響である。どのように精密に層厚を制御しても，ヘテロ界面での±1MLの層厚揺らぎ（界面ラフネス：interface roughness）は避けることができない。ヘテロ界面における界面ラフネスは，図6.19に示すように，2種類に大きく分類することができる。一つは，図6.19（a）に示すように，揺らぎのサイズが励起子の有効ボーア直径より十分に小さい場合であり，ほとんどの量子井戸構造がこのようなヘテロ界面を有している。この場合，励起子は，空間的にランダムな界面ラフネスの平均ポテンシャルの影響を受け，（1）ランダムポテンシャルによる低温領域での弱局在（3.2.4項で述べた一種のAnderson局在）と（2）発光バンド幅の不均一広がりが生じる。界面ラフネスによる励起子の弱局在は，励起子発光バンドと励起子吸収バンドのエネルギー差（ストークスシフト）として観測される[57]~[62]。

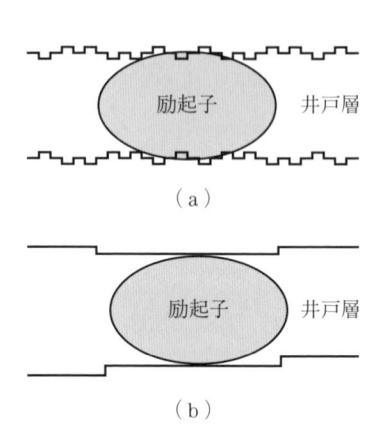

**図 6.19** ヘテロ界面での層厚揺らぎの概略図。(a) 揺らぎのサイズが励起子有効ボーア直径よりも十分に小さい場合，(b) 揺らぎのサイズが励起子有効ボーア直径よりも大きい場合（テラス構造）。

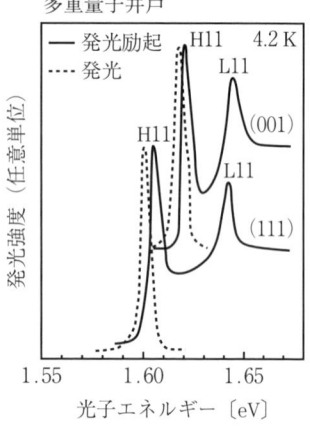

**図 6.20** (001)面と(111)面基板上の MBE 成長 GaAs(5.0 nm)/$Al_{0.3}Ga_{0.7}As$(20.0 nm) 多重量子井戸構造の 4.2 K における発光励起スペクトル（実線）と発光スペクトル（破線）

図 6.20 は，(001)面と(111)面 GaAs 基板上の MBE 成長 GaAs (5.0 nm)/$Al_{0.3}Ga_{0.7}As$ (20.0 nm) 多重量子井戸構造の 4.2 K における発光励起スペクトルと発光スペクトルを示している[62]。励起光源は，タングステンランプを分光したものである（微弱励起条件）。励起光強度が強い場合，局在状態の飽和が生じるために正確なストークスシフトが観測できないので注意する必要がある。(001)面試料で 3.5 meV，(111)面試料で 4.5 meV のストークスシフトが観測される。励起子の局在性は弱く，H11 励起子の発光バンドと吸収バンドには大きな重なりがある。

図 6.21 は，(001)面と(111)面基板上の MBE 成長 GaAs ($L$ [nm])/$Al_{0.3}Ga_{0.7}As$ (20.0 nm) 多重量子井戸構造の 4.2 K におけるストークスシフトの量子井戸層厚 ($L$) 依存性を示している[62]。量子井戸層厚が薄くなるに従って，ストークスシフトが大きくなる傾向が明らかである。これは，量子井戸層

厚が薄くなると量子閉じ込め効果が大きくなるために，界面ラフネスによるランダムポテンシャルの効果が大きくなることを反映している。ストークスシフトの大きさは，ヘテロ界面の質によって異なり，高品位なものほどストークスシフトは小さい。結晶成長における界面ラフネスの改善に関しては，通常の結晶成長面である(001)面から19.5°傾けた(411)A面を用いてMBE成長を行うことによって，ヘテロ界面がきわめて微細な原子ステップによって形成されること，すなわち，超平坦界面が形成されるということが報告されている[63]。弱局在励起子は，極低温からの温度上昇に伴って熱エネルギーによって非局在化し，その結果，ストークスシフトは消失する。

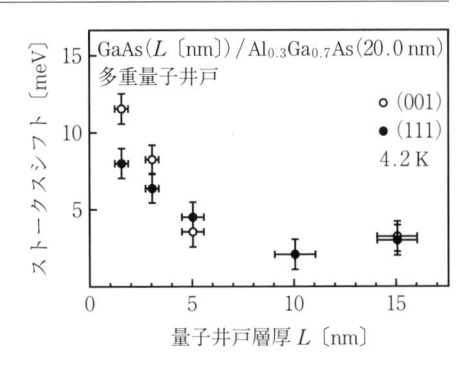

**図6.21** (001)面と(111)面基板上のMBE成長GaAs($L$ [nm])/Al$_{0.3}$Ga$_{0.7}$As(20.0 nm)多重量子井戸構造の4.2 Kにおけるストークスシフトの量子井戸層厚依存性

極低温における励起子発光バンド幅は，式(3.5)で示したフォノン散乱の効果をほぼ無視できるので，界面ラフネスの度合いによって決定される。界面ラフネスによるブロードニング因子は，次式で与えられる。

$$\Gamma_{int} = \delta L \left| \frac{\partial (E_e + E_{HH})}{\partial L} \right| \tag{6.80}$$

ここで，$L$ が量子井戸層幅，$\delta L$ が界面ラフネスを平均化した量子井戸層幅の揺らぎ量，$E_e$ が $n=1$ 電子サブバンドのエネルギー，$E_{HH}$ が $n=1$ 重い正孔サブバンドのエネルギーである。無限ポテンシャルの場合，式(1.46)でサブバンドエネルギーを定義すると

$$\Gamma_{int} = \delta L \left| \frac{\partial \left[ \hbar^2 \pi^2 / (2 m_e^* L^2) + \hbar^2 \pi^2 / (2 m_{HH}^* L^2) \right]}{\partial L} \right|$$

$$= \delta L \frac{\hbar^2 \pi^2}{\mu L^3} \tag{6.81}$$

となる.すなわち,$\delta L$ が一定であれば,量子井戸層厚が薄くなるほど,$1/L^3$ の依存性で界面ラフネスによるブロードニング因子が大きくなる.有限ポテンシャル系の理論に関しては,文献 61) に報告されている.

ヘテロ界面において MBE 成長を一時中断すると,GaAs/Al$_x$Ga$_{1-x}$As 系の場合,Ga 原子と Al 原子の表面マイグレーションが促進され,より平坦なヘテロ界面が得られる.この方法は,成長中断法(growth-interruption method)と呼ばれている.このようなヘテロ界面で成長を中断した界面の場合,図 6.19(b)のような励起子有効ボーア直径よりも大きいテラス構造が形成される.なお,テラス構造のサイズは,中断時間に依存し,中断時間が長いほど大きなものとなる.この場合,励起子は界面ラフネスによるランダムポテンシャルの影響を受けないために,励起子発光スペクトルは鋭いものとなり,また,±1ML の揺らぎを反映して,二つ,もしくは,三つの近接した発光バンドが観測される[64),65)].Sakaki らは,テラス構造界面を持つ MBE 成長(001)面 GaAs/AlAs 多重量子井戸構造を対象として,発光バンド幅の量子井戸層厚依存性がほとんどないことを示した[64)].界面ラフネスによるランダムポテンシャルが支配的な場合は,式(6.81)からも明らかなように,発光バンド幅は顕著な量子井戸層厚依存性を示すが,テラス構造界面の場合は,それとは根本的に異なっている.

つぎに,励起子発光ダイナミクスについて述べる.励起子の弱局在が無視できる場合,励起子発光寿命に関しては,3.2.3 項で述べた Feldmann らが提案したモデルが適用できる[66)].3.2.3 項ではバルク結晶を対象としていたが,量子井戸構造との違いは,式(3.20)における状態密度の取扱いのみである.自由励起子($K=0$ の振動子強度が $f_{EX,0}$)のフォノン散乱と界面散乱のために発光バンドが温度に依存する有限のスペクトル幅 $\Delta(T)$ を持ち,スペクトル幅のエネルギー領域に存在する自由励起子[励起子の全数に対する $\Delta(T)$ のエネルギー領域の励起子数の比:$r(T)$]のみが発光に関与する.上記のことを考慮した励起子有効振動子強度に関する式(3.21)は,量子井戸構造においても同じである.2次元極限では,式(3.21)で示した励起子有効振動子強度は次式

## 6.4 量子井戸構造における励起子光学応答

に書き直すことができる[66)]．

$$F_{\mathrm{EX}}^{\mathrm{2D}} = f_{\mathrm{EX},0} E_{\mathrm{b,2D}} \frac{\mu}{M_{\mathrm{X}}} \frac{r(T)}{\Delta(T)}, \qquad r(T) = 1 - \exp\left(-\frac{\Delta(T)}{k_{\mathrm{B}} T}\right) \qquad (6.82)$$

ここで，$M_{\mathrm{X}}$ は励起子の重心運動有効質量，$\mu$ は電子と正孔の換算有効質量である．自由励起子発光寿命は，励起子有効振動子強度の逆数に比例する．低温領域では，$\Delta(T) \ll k_{\mathrm{B}} T$ の場合，$\tau_{\mathrm{EX}} \propto T$，$\Delta(T) \gg k_{\mathrm{B}} T$ の場合，$\tau_{\mathrm{EX}} \propto \Delta(T)$ となる[66)]．ただし，音響フォノン散乱と界面散乱の特性を考慮すると，$\Delta(T) = \alpha + \beta T$ と近似できるので，自由励起子発光寿命は温度に比例して長くなることが期待される．Andreani は，上記と類似のモデルでさらに厳密な理論化を行い，自由励起子発光寿命の温度依存性が，$T \gg 1\,\mathrm{K}$ の温度領域において温度に比例する下記の具体的な式を導出している[67)]．

$$\tau_{\mathrm{EX}}(T) = \tau_0 \frac{3 M_{\mathrm{X}} k_{\mathrm{B}}}{\hbar^2 k_0^2} T \qquad (6.83)$$

ここで，$\tau_0$ は，$K = 0$ での輻射寿命，$k_0 = n\omega/c$，$n$ は屈折率，$\omega$ は自由励起子エネルギーに相当する振動数である．

図 6.22 は，MBE 成長 (001) 面 GaAs (12.0 nm)/$\mathrm{Al}_{0.3}\mathrm{Ga}_{0.7}\mathrm{As}$ 単一量子井戸構造の励起子発光減衰プロファイルの温度依存性を示している．この試料では，10 K でのストークスシフトは約 1 meV であり，弱局在性をほとんど無視することができる．励起光源は，ピコ秒パルス半導体レーザー (70 ps，660 nm) であり，励起光強度は $1\,\mathrm{nJ/cm^2}$ ときわめて低い．励起光強度が高いと，励起子間散乱や励起子有効温度の上昇が生じるために，励起子固有の発光減衰特性が観測できないので注意する必要がある．図中の実線は，単一指数関数を用いてフィッティングした結果を示している．温度上昇に伴って，発光寿命が長くなることが明らかである．図 6.23 は，図 6.22 の発光減衰プロファイルから見積もった発光寿命の温度依存性を示している．10 K から 50 K の温度領域において，発光寿命が温度に比例しており，式 (6.83) と定性的に一致している．比例係数は，$0.13\,\mathrm{ns/K}$ である．GaAs 系量子井戸構造に関して同様な実験結果は，文献 68) に報告されている．Lefebvre らは，GaN/$\mathrm{Al}_{0.07}\mathrm{Ga}_{0.93}\mathrm{N}$ 多重

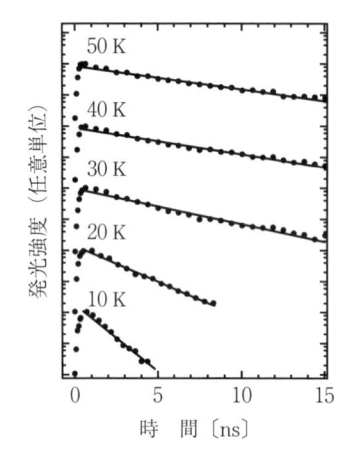

**図6.22** MBE成長(001)面GaAs(12.0 nm)/ $Al_{0.3}Ga_{0.7}As$ 単一量子井戸構造の励起子発光減衰プロファイルの温度依存性。実線は，単一指数関数によるフィッティング結果を示している。

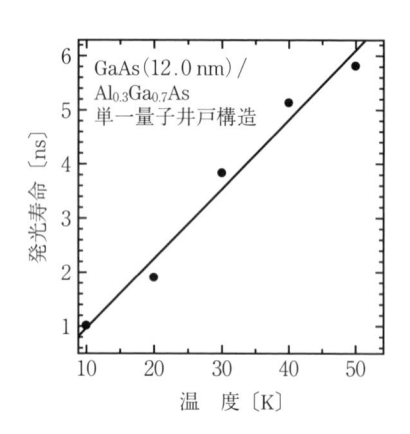

**図6.23** 図6.22の発光減衰プロファイルから見積もった発光寿命の温度依存性

量子井戸構造を対象として同様の実験を行い，60 Kまでの励起子発光寿命の温度に対する線形性を確認し，20 ps/Kの比例係数を報告している[69]。なお，非発光過程が熱的に活性化されると，発光寿命の温度に対する線形依存性が破綻し，発光寿命が短い方向にシフトする。また，文献70)では，4 Kにおいてストークスシフトが観測されないGaAs (5.0 nm)/ $Al_{0.3}Ga_{0.7}As$ 単一量子井戸構造を対象として，励起子発光減衰プロファイルが2重指数関数形状を示すことが報告され，速い成分が自由励起子に由来し，遅い成分が発光バンドの不均一幅（約3 meV）の原因である界面ラフネスによる弱局在励起子に由来すると解釈されている。このことは，見かけ上はストークスシフトがなくとも，不均一幅を有する発光バンド内に自由励起子と弱局在励起子が共存していることを示唆している。

低温でのストークスシフトが無視できない量子井戸構造では，自由励起子から弱局在励起子へのエネルギー緩和（動的な発光ピークシフト）が発光ダイナミクスにおいて一般的に観測される[58),71),72)]。Masumotoら[58)]は，GaAs (7.6 nm)/AlAs (3.3 nm) 多重量子井戸構造を試料として，弱局在励起子の発光ダ

イナミクスをピコ秒オーダーの時間領域で初めて測定し，4.2 K における励起子発光の平均エネルギーの減少速度が $1.0\times 10^6$ eV/s という結果を得ており，これが弱局在状態でのエネルギー緩和速度に対応すると解釈している．以下では，文献71)の現象論的なモデルに基づいて，発光ピークエネルギーの動的シフトについて説明する．発光バンド形状をガウス関数に近似し，発光強度の単一指数関数減衰を仮定すると，時間に依存する励起子発光バンド形状は

$$I(E,t) = I_0 \exp\left[-\frac{(E-E_0)^2}{\sigma^2} - \frac{t}{\tau(E)}\right] \tag{6.84}$$

と表される．ここで，$I_0$ と $E_0$ が $t=0$ での発光ピーク強度と発光ピークエネルギー，$\sigma$ が界面ラフネスによる発光バンドの不均一幅に対応する．発光ピークエネルギーは，$dI/dE=0$ で定義されるので

$$\begin{aligned}E_{\text{peak}}(t) &= E_0 + \frac{\sigma^2}{2\tau(E)^2}\frac{d\tau(E)}{dE}t \\ &\approx E_0 + \frac{\sigma^2}{2\tau(E_0)^2}\frac{d\tau(E_0)}{dE}t = E_0 + \alpha t\end{aligned} \tag{6.85}$$

となる．$d\tau/dE = (d\tau/dL)/(dE/dL)$ で，$d\tau/dL>0$（発光寿命は量子井戸層厚の増加とともに励起子振動子強度が小さくなるために長くなる），$dE/dL<0$ なので（サブバンドエネルギーは量子井戸層厚の増加とともに小さくなる），$\alpha<0$ となる．$\alpha$ がエネルギー緩和速度に対応し，$\sigma^2$ に比例するので，界面ラフネスの効果が大きいほど緩和速度は速くなる．文献71)で報告されている実験結果は，エネルギー緩和の初期過程において時間に対して線形な発光ピークの低エネルギーシフトを示している．ただし，局在緩和過程の全体は，指数関数的エネルギーシフトとなっている．これに関しては，発光強度の2重指数関数減衰を採用して（上記のモデルは単一指数関数減衰），現象論的に説明されている．

図6.19(b)に示した励起子有効ボーア直径よりも大きなテラス構造の界面を持つ量子井戸構造では，テラス間の励起子ホッピング移動が発光ダイナミクスから観測されている[73]~[75]．ホッピング移動時間は，GaAs/Al$_x$Ga$_{1-x}$As 量子

井戸構造において，文献73)では250 ps程度，文献74)では2 ns程度と報告されており，サンプル間での差異が大きい．また，文献75)では，テラス間の励起子ホッピング移動に加えて，テラス内でのナノラフネスによる励起子発光エネルギーの時間的低エネルギーシフト（約2 meV）が観測されている．ナノラフネスは，一種の量子箱として作用し，極低温においてきわめてシャープな発光バンドが観測されることが報告されている[76]．

### 6.4.3 励起子分子発光

量子井戸構造の励起子分子発光に関しては，1982年に，$GaAs/Al_{0.3}Ga_{0.7}As$多重量子井戸構造を対象にMillerらによって初めて検出された[77]．励起子分子束縛エネルギーが約1 meVという結果が得られ，GaAsバルク結晶よりも5倍程度大きいことが注目を集めた．量子井戸構造における励起子分子束縛エネルギーに関しては，Kleinmanが4体クーロン相互作用（電子2個と正孔2個）を考慮した励起子分子ハミルトニアンを変分法により計算し，文献77)の結果の妥当性を理論的に示した[78]．さらに，3.2.2項で述べた束縛励起子と不純物の束縛エネルギーの比に関するHaynes則[79]が，励起子分子と励起子の束縛エネルギーの関係においてもほぼ成立することを提示した．

$$\frac{E_{b,M}}{E_b} = f_H \tag{6.86}$$

ここで，$f_H$がHaynes因子で，GaAs系量子井戸構造の場合，文献78)では$f_H = 0.11 \pm 0.1$と計算されている．上記の研究の後，GaAs系量子井戸構造における励起子分子発光に関して，盛んに研究が行われた[80]~[84]．これらの研究は，すべてタイプⅠ励起子分子に関するものであり，タイプⅡ励起子分子に関しては，1995年にGaAs/AlAsタイプⅡ超格子を試料として初めて見い出された[85]．タイプⅡ励起子分子の詳細は，6.8節で述べる．なお，励起子分子と励起子の束縛エネルギーのHaynes則は，Birkedalらによって，実験と理論の両面から詳細な研究が行われ，$f_H \approx 0.2$という結果が得られている[86]．また，文献87)では，量子モンテカルロ法に基づく計算によって$f_H \approx 0.17$と求められ

## 6.4 量子井戸構造における励起子光学応答

ている。図6.24は，GaAs/Al$_{0.3}$Ga$_{0.7}$As量子井戸構造における励起子分子束縛エネルギーの量子井戸層厚依存性の量子モンテカルロ法による計算結果（実線）を示している[87]。破線は，比較として，文献78)の変分法による計算結果を示している。初期の実験と理論[77),78)]では，励起子分子束縛エネルギーが低く見積もられていたといえる。

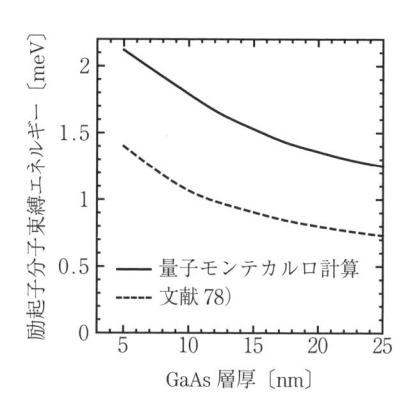

**図6.24** GaAs/Al$_{0.3}$Ga$_{0.7}$As 量子井戸構造における励起子分子束縛エネルギーの量子井戸層厚依存性の量子モンテカルロ法による計算結果（実線）。破線は，比較として，文献78)の変分法による計算結果を示している（土家琢磨博士より提供）。

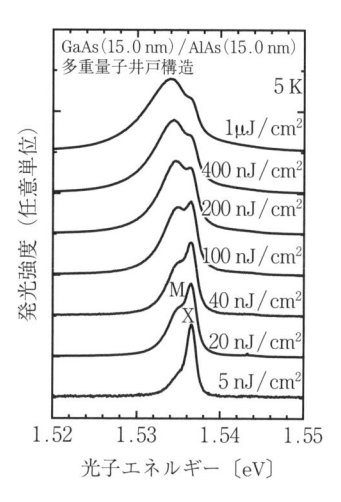

**図6.25** MBE成長(001)面 GaAs(15.0 nm)/AlAs(15.0 nm)多重量子井戸構造の5Kにおける発光スペクトルの励起光強度依存性。Xが励起子発光，Mが励起子分子発光を示している。

図6.25は，MBE成長(001)面GaAs(15.0 nm)/AlAs(15.0 nm)多重量子井戸構造の5Kにおける発光スペクトルの励起光強度依存性を示している。励起光源は，パルスYAGレーザーの第2高調波（パルス幅1 ns，532 nm）を用いている。励起子発光バンド（X）の低エネルギー側に，励起光強度が高くなるに従って発光強度が増大し，発光バンド形状が低エネルギー側に裾を引く逆ボルツマン分布型であるM発光バンドが観測される。この結果は，3.3.1項で述べた励起子分子発光の特徴と一致する。すなわち，M発光バンドが励起子分子発光である。励起子分子束縛エネルギーを見積もるためには，発光のスペ

クトル形状解析を精密に行う必要がある。励起子分子発光のスペクトル形状は，状態密度 $D(E)$ と分布関数 $f(E)$ の積で表される。状態密度には 2 次元状態密度にバンドの乱れを考慮した式 (6.87) を用い[81),83)]，分布関数には式 (6.88) の逆ボルツマン分布関数を用いる。

$$D_{\mathrm{QW}}(E) \propto \frac{1}{1+\exp\left(-\dfrac{E_{\mathrm{X}}-E_{\mathrm{b,M}}-E}{\Gamma_{\mathrm{2D}}}\right)} \tag{6.87}$$

$$f_{\mathrm{M}}(E) \propto \exp\left(-\frac{E_{\mathrm{X}}-E_{\mathrm{b,M}}-E}{k_{\mathrm{B}} T_{\mathrm{eff}}}\right) \tag{6.88}$$

ここで，$E_{\mathrm{X}}$ が励起子エネルギー，$E_{\mathrm{b,M}}$ が励起子分子束縛エネルギー，$\Gamma_{\mathrm{2D}}$ が 2 次元状態密度の乱れ，$T_{\mathrm{eff}}$ は励起子分子の有効温度である。最終的に，量子井戸構造における励起子分子発光スペクトル形状は，以下の式で与えられる[85)]。

$$I_{\mathrm{M,QW}}(\omega) \propto \frac{\exp\left(-\dfrac{E_{\mathrm{X}}-E_{\mathrm{b,M}}-\hbar\omega}{k_{\mathrm{B}} T_{\mathrm{eff}}}\right)}{1+\exp\left(-\dfrac{E_{\mathrm{X}}-E_{\mathrm{b,M}}-\hbar\omega}{\Gamma_{\mathrm{2D}}}\right)} \tag{6.89}$$

**図 6.26** は，図 6.25 で示した発光スペクトルの形状解析の結果を示している。なお，励起子発光のスペクトル形状は，ガウス関数でフィッティングしている。図中の白丸が実験結果，破線は励起子分子と励起子の個別の形状フィッティング結果，実線はその二つを重ね合わせたものである。スペクトル形状解析結果は，実験結果をよく再現している。形状解析から見積もられた励起子分子束縛エネルギーは，$1.8 \pm 0.2$ meV である。この値は，図 6.24 に示した量子モンテカルロ法による計算結果（1.6 meV）とほぼ一致している。有効温度は，励起光強度の増大とともに高くなり，17 K から 20 K である。図 6.26 の挿入図は，スペクトル形状解析から求めた励起子分子発光積分強度の励起子発光積分強度依存性を示している。3.3.1 項で述べたように，励起子分子と励起子が準熱平衡状態の場合，原理的に，励起子分子発光積分強度は励起子発光積分強度の 2 乗に比例する。実験結果は 1.9 乗であり，熱力学的原則とほとんど一致している。

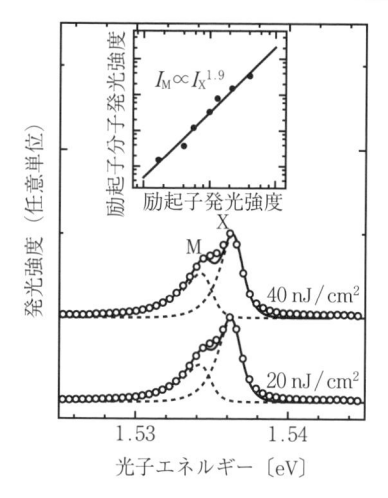

**図 6.26** 図 6.25 で示した発光スペクトルの式 (6.89) に基づく形状解析の結果。図中の白丸が実験結果，破線は励起子分子と励起子の個別の形状フィッティング結果，実線はその二つを重ね合わせたものである。挿入図は，発光スペクトル形状解析から見積もった励起子分子発光積分強度の励起子発光積分強度依存性を示している。

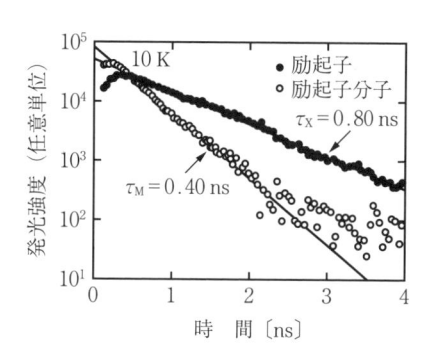

**図 6.27** MBE 成長 (001) 面 GaAs(10.0 nm) / $Al_{0.3}Ga_{0.7}As$(10.0 nm) 多重量子井戸構造における 10 K での励起子と励起子分子の発光減衰プロファイル[84] (Reprinted with permission. Copyright (1994) by the American Physical Society.)

励起子分子の発光ダイナミクスに関しては，文献 84) において詳細な実験データと解析が示されている。**図 6.27** は，MBE 成長 (001) 面 GaAs (10.0 nm) / $Al_{0.3}Ga_{0.7}As$ (10.0 nm) 多重量子井戸構造における 10 K での励起子と励起子分子の発光減衰プロファイルを示している[84]。3.3.1 項で述べたように，励起子分子と励起子が準熱平衡状態の場合，速度論的な解析から，励起子分子の見かけの発光寿命は励起子の 1/2 になる ($\tau_M = \tau_X/2$)。図 6.26 の実験結果では，$\tau_X = 0.80$ ns，$\tau_M = 0.40$ ns であり，量子井戸系の励起子分子の発光ダイナミクスはバルク結晶と本質的に同じものであることが明らかである。

### 6.4.4 荷電励起子発光

励起子に電子もしくは正孔が結合した 3 体束縛状態 (e-h-e と e-h-h) は，

荷電励起子もしくはトリオン（trion）と呼ばれる。荷電励起子は，励起子＋電子（e-h-e）が負の荷電励起子（negatively charged exciton：$X^-$），励起子＋正孔（e-h-h）が正の荷電励起子（positively charged exciton：$X^+$）に分類される。荷電励起子は，1958年にLampertによって提案されたが[88]，長年にわたってバルク結晶では見い出されなかった。1993年にCdTe／$Cd_{0.84}Zn_{0.16}Te$量子井戸構造を試料として，負の荷電励起子の発光が初めて観測された[89]。荷電励起子の発光は，キャリアを一つ残して光子を放出する以下の過程に相当する。

$X^- \rightarrow$ photon＋e

$X^+ \rightarrow$ photon＋h

荷電励起子を生成するためには，バックグラウンドにキャリアが必要である。$GaAs/Al_xGa_{1-x}As$量子井戸構造では，変調ドーピング（modulation doping）によってGaAs量子井戸層のキャリア密度［2次元電子ガス（two dimensional electron gas：2DEG），2次元正孔ガス（two dimensional hole gas：2DHG）］を制御できるために，その後の荷電励起子の研究は，GaAs系量子井戸構造に集中した[90]~[96]。ここで，変調ドーピングとは，障壁層にドーピングを行い，そこで生成されたキャリアが量子井戸層に落ち込む現象である[97]。この場合，不純物（ドナーとアクセプター）とキャリアが空間分離しているために，キャリア散乱の主原因の一つである不純物散乱の影響を避けることができ，移動度が高い良質の2DEGと2DHGが得られる。

Finkelsteinらは，変調ドーピングされたn型GaAs（20.0 nm）／$Al_{0.35}Ga_{0.65}As$単一量子井戸構造を対象として，モット転移近傍のキャリア密度領域で成長方向にゲート電圧を印加して2DEG密度を系統的に制御し，モット転移密度（約$3\times10^{11}\,cm^{-2}$と推定されている）よりわずかに低い条件で，負の荷電励起子の発光が励起子発光よりも低エネルギー側に観測されることを示した[90]。この場合，負の荷電励起子束縛エネルギーは，1.2 meVと報告されている。図6.28は，変調ドーピングされた（a）p型と（b）n型GaAs（20.0 nm）単一量子井戸構造の4Kにおける発光スペクトルを示している[94]。2DEGと2DHGの密度

## 6.4 量子井戸構造における励起子光学応答

は，それぞれ，約 $6\times10^{10}$ cm$^{-2}$ と約 $1\times10^{11}$ cm$^{-2}$ である。励起光は，円偏光で L11 励起子エネルギーに共鳴させている。実線は，励起光と発光の円偏光関係が同じである ($\sigma^+,\sigma^+$) の場合，破線は，逆である ($\sigma^+,\sigma^-$) の場合を示している。まず，荷電励起子束縛エネルギーに着目すると，正の荷電励起子が 1.25 meV，負の荷電励起子が 1.15 meV で，わずかに正の荷電励起子の方が大きい。この束縛エネルギーに関しては，理論計算結果とともに後で述べる。円偏光特性に関しては，正の荷電励起子と励起子の発光において明確な円偏光依存性がある。これに関しては，電子と正孔のスピン緩和時間 (spin relaxation time) の違いに起因すると解釈されている。その解釈について，以下に述べる。

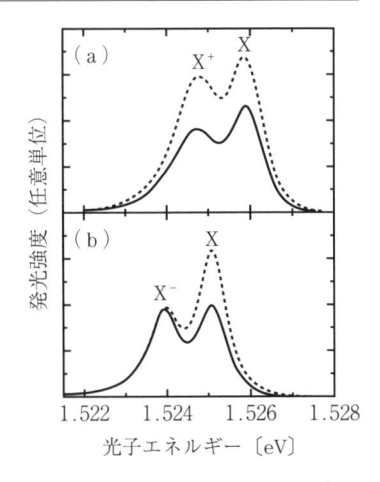

図 6.28 変調ドーピングされた(a) p 型 と ( b ) n 型 GaAs(20.0 nm) 単一量子井戸構造の 4 K における発光スペクトル。実線は，励起光と発光の円偏光関係が ($\sigma^+,\sigma^+$) の場合，破線は，($\sigma^+,\sigma^-$) の場合を示している[94]。(Reprinted with permission. Copyright (1996) by the American Physical Society.)

　正孔の場合，スピン緩和時間は数十 ps であり，軽い正孔から速やかに重い正孔に緩和し，重い正孔の $m_J=\pm3/2$ の 2 状態に等しく分布する。一方，電子のスピン緩和時間は正孔に比べてかなり遅く，発光する際にも励起時のスピン特性をある程度保持している。したがって，光学遷移のスピン選択則 ($\Delta m_J = \pm 1$) から，円偏光励起されたスピン状態をある程度保持した電子は $m_J=3/2$ もしくは $m_J=-3/2$ のどちらかの重い正孔状態と不均等に再結合する。その結果，励起子と正の荷電励起子の場合，($\sigma^+,\sigma^-$) の方が強い発光が観測される。一方，負の荷電励起子の場合，荷電励起子を構成している 2 個の電子のスピンの向きがパウリの排他律により反転するために，重い正孔の $m_J=\pm3/2$ の 2 状態と等しく再結合し円偏光特性が消失する。また，強磁場条件では，荷電励起子の束縛エネルギーの増大と 3 重項状態が観測されている[93),94)]。

荷電励起子の束縛エネルギーに関しては，変分法による計算[98),99)]と量子モンテカルロ法による計算[100)]が報告されている．文献99)，100)の結果は，ほぼ一致している．図6.29は，量子モンテカルロ法により計算されたGaAs/Al$_{0.3}$Ga$_{0.7}$As量子井戸構造における正の荷電励起子と負の荷電励起子の束縛エネルギーのGaAs層厚依存性を示している[100)]．計算結果は，正の荷電励起子の束縛エネルギーの方が負の荷電励起子よりもわずかではあるが系統的に大きく，上記の文献94)（図6.28参照）の結果と一致している．正の荷電励起子の束縛エネルギーの方が大きくなることに関する定性的解釈としては，以下に示している正と負の荷電励起子の換算有効質量の違いに起因する[101)]．

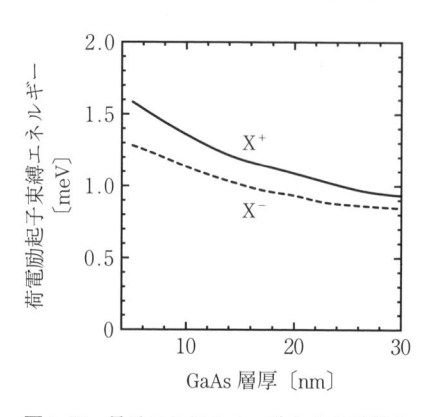

**図6.29** 量子モンテカルロ法により計算されたGaAs/Al$_{0.3}$Ga$_{0.7}$As量子井戸構造における正の荷電励起子と負の荷電励起子の束縛エネルギーのGaAs層厚依存性（土家琢磨博士より提供）

$$\mu_{X(+)} = \frac{(m_e^* + m_h^*)m_h^*}{2m_h^* + m_e^*}, \quad \mu_{X(-)} = \frac{(m_e^* + m_h^*)m_e^*}{2m_e^* + m_h^*} \tag{6.90}$$

表6.1に示したGaAsの電子と重い正孔の有効質量を用いると，正と負の荷電励起子の換算有効質量は，$\mu_{X(+)} = 0.19\,m_0$，$\mu_{X(-)} = 0.058\,m_0$となり，正の荷電励起子の換算有効質量の方が大きい．換算有効質量が大きいと，電子-正孔間の相対運動エネルギーが小さくなるために，束縛エネルギーが増大する傾向を示す．

荷電励起子（X$^-$）の発光ダイナミクスに関しては，変調ドーピングGaAs/Al$_x$Ga$_{1-x}$As量子井戸構造において，X$^-$の発光寿命は励起子の発光寿命よりも1桁程度短いこと（60～100 ps）が報告されている[95),96)]．

### 6.4.5 量子閉じ込めシュタルク効果と自己電気光学効果素子

6.1.5項で述べたように，量子閉じ込めシュタルク効果は，サブバンドエネ

## 6.4 量子井戸構造における励起子光学応答

ルギーを変化させ，包絡関数の非対称化を生じさせる．その結果，励起子のエネルギーと振動子強度は，電場によって顕著に変化する．図 6.30 は，MBE 成長 (001) 面 GaAs (15.3 nm) / AlAs (4.5 nm) 多重量子井戸構造 (20 周期) の 20 K における光電流スペクトルの逆方向バイアス電圧依存性を示している[102]．試料全体としては，光電流を測定するために pin ダイオード構造になっており，i 層に多重量子井戸構造が埋め込まれている．光電流スペクトルは，キャリアのエネルギー緩和と輸送特性の影響を受けるが，近似的には吸収スペクトルとみなすことができる．電場強度は，多重量子井戸構造の総膜厚を

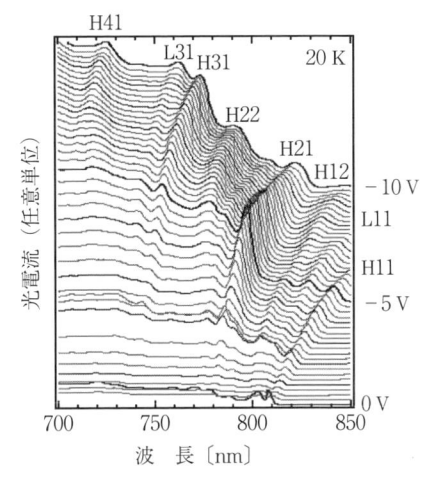

図 6.30 MBE 成長(001)面 GaAs(15.3 nm)/AlAs(4.5 nm) 多重量子井戸構造の 20 K における光電流スペクトルの逆方向バイアス電圧依存性

$d_{\mathrm{MQW}}$, pn 接合による接合ポテンシャル $V_{\mathrm{pn}}$, バイアス電圧を $V_{\mathrm{b}}$ とすると

$$F = \frac{V_{\mathrm{pn}} - V_{\mathrm{b}}}{d_{\mathrm{MQW}}} \tag{6.91}$$

で与えられる．この試料の場合，0 V で 37 kV/cm，5 V で 163 kV/cm，10 V で 289 kV/cm である．逆方向バイアス電圧（電場強度）が大きくなるに従って，H11 と L11 励起子エネルギーは，全バイアス電圧領域において顕著に低エネルギー側にシフトし，本来は禁制遷移である量子数が異なる ($n_{\mathrm{e}} \neq n_{\mathrm{h}}$) 励起子遷移が包絡関数の非対称化により明確に観測される．ここで，エネルギーシフトのバイアス電圧（電場強度）依存性に着目すると，H22, H31, L31, H41 励起子の場合，低バイアス電圧（低電場）領域では，わずかに高エネルギーシフトし，その後，低エネルギーシフトに転じていることがわかる（特に H22 励起子が明確）．励起子エネルギーの高エネルギーシフトは，6.1.5 項で述べた量子閉じ込めシュタルク効果の近似解から予測されるものである．高バ

イアス電圧（高電場）領域での低エネルギーシフトは，静電ポテンシャルによる量子井戸ポテンシャルのひずみが大きくなり，近似解の範疇から外れていることを反映している。

つぎに，量子閉じ込めシュタルク効果を利用する自己電気光学効果素子[24]について述べる。図 6.31 に示すように，pin ダイオード構造の多重量子井戸構造試料を負荷抵抗（$R$）に接続して一定電圧（$V_0$：逆方向バイアス）を印加する。これを，抵抗型自己電気光学効果素子と呼ぶ。以下では，この素子の動作原理について，文献 103) に基づいて解説する。

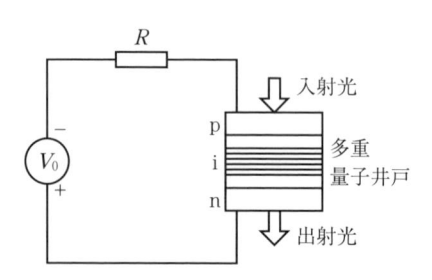

図 6.31　抵抗型自己電気光学素子の概略図

回路電流 $I$ は，量子井戸構造を含むダイオードにかかる電圧を $V$ とすると，以下の式で与えられる。

$$I = \frac{V_0 - V}{R} \tag{6.92}$$

逆方向バイアス電圧でのリーク電流を無視して，波長 $\lambda$ の光に対するダイオードの応答関数（response function）を $S(V, \lambda)$（$S$ の単位は A/W）とすると，入射光（強度：$P_\mathrm{in}$）による回路電流（光電流）は

$$I = S(V, \lambda) P_\mathrm{in} \tag{6.93}$$

と与えられる。式 (6.92)，(6.93) から，次式が得られる。

$$S(V, \lambda) = \frac{V_0 - V}{R P_\mathrm{in}} \tag{6.94}$$

これが，負荷線（load line）に相当する。図 6.32（a）の実線は，抵抗型自己電気光学効果素子における多重量子井戸構造を含むダイオードの応答率（responsibility）の逆方向バイアス電圧依存性の概略図を示している。入射光のエネルギーは，$V_0 = 0$ における H11 励起子に共鳴していると想定する。応答率は，逆方向バイアス電圧を大きくすると，まず増大する。これは，pin ダ

## 6.4 量子井戸構造における励起子光学応答

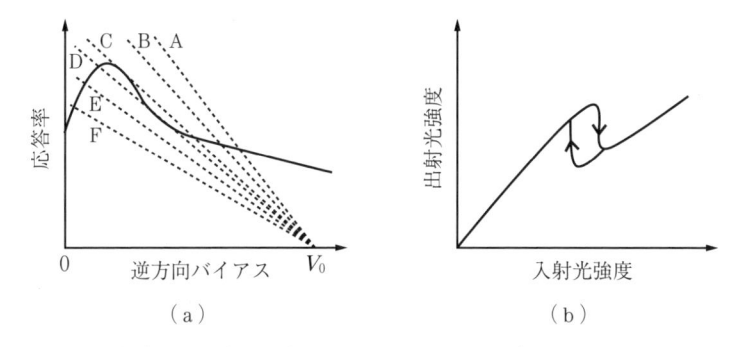

**図 6.32** (a) 抵抗型自己電気光学効果素子における多重量子井戸構造を含むダイオードの応答率の逆方向バイアス電圧依存性の概略図（実線）。破線は，式 (6.94) に基づく異なる入射光強度での負荷線を示している。(b) 抵抗型自己電気光学効果素子における入射光強度に対する出射光強度特性の概略図。

イオードの空乏層が逆方向バイアス電圧によって広がるために，ダイオードの量子効率が向上することに起因している．続いて，応答率が大きく低下する．この原因は，量子閉じ込めシュタルク効果による H11 励起子の吸収ピークの低エネルギーシフトが顕著になり，入射光に対する吸収係数が大きく低下するためである．この応答率曲線に対して，入射光強度を変化させて負荷線を引いたのが図 6.32 (a) の破線である．負荷線 A, B, E, F では，応答率に対する交点は一つである．一方，応答率が大きく減少している領域の負荷線 C, D では，三つの交点が生じる．三つの交点の内，中間の交点が不安定点で，両端の交点が安定点である．したがって，負荷線 C と D に対応する入射光強度の領域で，図 6.32 (b) に概略的に示すように，出射光強度が双安定性を示す．このように，負荷抵抗を加えるだけで容易に光双安定性デバイスが実現できる．なお，上記の出射光強度を光電流に置き換えることができる．この場合は，量子閉じ込めシュタルク効果による吸収係数の低下が光電流-バイアス電圧特性における負性微分抵抗 (negative differential resistance) を生み出し，それが双安定性の原因となる．光双安定性デバイスは，光情報処理において重要な役割を担うものである．

### 6.4.6 励起子-励起子散乱

量子井戸構造では,励起子束縛エネルギーが増強されるために,3.4.2項で述べた励起子-励起子散乱発光の観測が期待される。これまで,GaAs系量子井戸構造において,励起子-励起子散乱発光に関する明確な研究結果を報告しているのは,文献104)のみである。なお,GaAsバルク結晶では,励起子-励起子散乱発光はこれまでに観測されていない。

図6.33は,MBE成長(001)面GaAs(20 nm)/AlAs(20 nm)多重量子井戸構造の10Kにおける(a)発光励起スペクトルと,(b)高密度励起条件(最大強度:$I_0 = \sim 1\,{\rm mJ/cm^2}$)における発光スペクトルを示している[104]。励起光エネルギーは,1.563 eVでH11励起子エネルギーからLOフォノンエネルギーだけ高い。この励起エネルギー条件が,励起子-励起子散乱発光を観測するための重要な要因となっている。励起光エネルギーがH11励起子エネルギーから大きく外れる場合,励起子-励起子散乱発光は観測されない。発光スペクトルの励起光強度依存性に着目すると,まず,励起子分子発光であるM発光が観測され,閾値特性を有してP発光が観測される。閾値近傍のP発光エネルギーは,H11励起子エネルギーから励起子束縛エネルギー($E_{\rm b} = 8.2\,{\rm meV}$[34])だけ低エネルギー側であり($E_{\rm P} = E_{\rm H11} - E_{\rm b}$),励起子-励起子散乱発光の特徴を明確に示している。P発光強度は,励起光強度に対して1.9乗の超線形性を示し(原理的には2乗となる),一方,M発光強度は,P発光の出現とともに飽和傾向を示す[104]。M発光強度が飽和傾向を示すのは,P発光とM発光がともに励起子-励

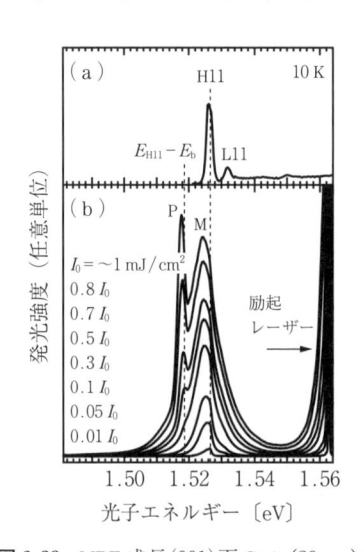

図6.33 MBE成長(001)面GaAs(20 nm)/AlAs(20 nm)多重量子井戸構造の10Kにおける(a)発光励起スペクトルと,(b)高密度励起条件(最大強度:$I_0 = \sim 1\,{\rm mJ/cm^2}$)における発光スペクトル

起子衝突を起源として生じるためである.すなわち,P発光の閾値を超すと,励起子分子を形成するための励起子の結合過程が散乱過程に抑制されることに起因している.さらに,P発光において光学利得が存在することが,VSL法による測定から明らかになっている($g=35\ \mathrm{cm}^{-1}$).量子井戸構造におけるP発光の特徴は,励起子束縛エネルギーが量子井戸層厚によって変化するために,P発光エネルギーのH11励起子からのシフト量がそれを反映して顕著に変化することである[104].なお,元々励起子束縛エネルギーが非常に大きいZnO系量子井戸構造では,室温において励起子-励起子散乱発光が観測されている[105].

### 6.4.7 励起子量子ビートと励起子分子量子ビート

閃亜鉛鉱型半導体量子井戸構造では,これまで述べてきたように,量子閉じ込め効果によってΓ点での重い正孔と軽い正孔の縮退が解けて,重い正孔サブバンドと軽い正孔サブバンドが形成される.したがって,3.3.4項で述べたように,超短パルスレーザーによってH11励起子とL11励起子をコヒーレントに同時励起すれば,H11励起子とL11励起子のエネルギー差に対応する振動数の量子ビートが観測される.なお,ウルツ鉱型半導体の場合は,結晶場分裂によって価電子帯の縮退がないので,バルク半導体においてA励起子とB励起子の量子ビートが観測される.量子井戸構造における励起子量子ビートは,GaAs/Al$_x$Ga$_{1-x}$As多重量子井戸構造を試料として,1990年にGöbelら[106]とLeoら[107]とによって縮退4光波混合分光法(3.3.4項参照)を用いて初めて観測された.以後,超高速コヒーレントダイナミクスの代表的な現象として盛んに研究が行われた[108]~[113].また,6.2.3項で述べたIn$_x$Ga$_{1-x}$As/GaAsひずみ量子井戸構造を試料として,タイプI重い正孔励起子とタイプII軽い正孔励起子の量子ビートが生じることが,文献114)で報告されている.

まず,励起子量子ビートの基本特性について述べる.図6.34は,MBE成長(001)面(GaAs)$_m$/(AlAs)$_m$多重量子井戸構造($m=18,\ 25,\ 35\mathrm{ML}:1\mathrm{ML}=0.283\ \mathrm{nm}$)を試料として反射型時間分解ポンプ・プローブ分光法(reflectiontype time-resolved pump-probe spectroscopy）により測定された10 K での時間領域信号を示している[113]。反射型時間分解ポンプ・プローブ分光法とは，$t=0$（時間原点）でポンプ光を入射してコヒーレントな励起状態を生成し，遅延時間 $\Delta t$ でプローブ光を入射して，反射率の時間変化（この場合は励起子誘電関数の時間変化に相当する）を測定する分光法である。信号の減衰時間は，主として励起状態間（この場合は H11 と L11 励起子）の位相緩和時間に相当する[108),110)]。ここで，層厚を ML 単位で表現しているのは，結晶成長過程において ML 単位で層厚を精密制御していること

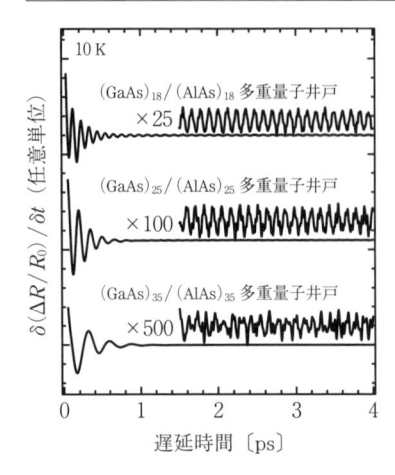

図 6.34 MBE 成長 (001) 面 $(GaAs)_m/(AlAs)_m$ 多重量子井戸構造（$m$ = 18, 25, 35 ML）を試料として，反射型時間分解ポンプ・プローブ分光法により測定された 10 K での励起子量子ビートとコヒーレント LO フォノンの時間領域信号

を意味している[115]。ポンプエネルギーは，各試料の H11 励起子と L11 励起子の間の中心エネルギーに設定されている。ポンプレーザーのパルス幅は，100 fs である。縦軸は，反射率変化 $(\Delta R/R_0)$ の時間微分 $(\delta(\Delta R/R_0)/\delta t)$ である。なお，時間微分は，数値計算ではなく，時間遅延光学回路の中にシェーカー（先端に反射鏡を付けた微小振動器）を入れることにより時間領域信号の変調成分が測定されている。この手法によって，振動成分だけを抽出することができる。時間領域信号には，1.5 ps 以内の層厚によって振動周期が変化する強い信号と，1.5 ps 以降の強度は弱いが振動が長く続く 2 種類がある。1.5 ps 以降の信号の振動周期は，すべての試料で一定で 113 fs であり，これは GaAs 層のコヒーレント LO フォノン（coherent LO phonon）に起因するものである。コヒーレントフォノンとは，フォノンの振動周期よりも短いレーザーパルスで励起することにより生成された位相のそろったフォノンに相当する。層厚によって振動周期が変化する時間領域信号が，励起子量子ビートに起因するも

## 6.4 量子井戸構造における励起子光学応答

のである。図6.35は，図6.34の時間領域信号のフーリエ変換スペクトルである[113]。ここで，括弧内の数値は，フーリエ変換の時間領域を示している。振動数が変化しているブロードなバンドが，励起子量子ビートに，振動数が一定 (8.8 THz) でシャープなバンドがコヒーレント LO フォノンに対応する。発光励起スペクトルから評価した $(GaAs)_m/(AlAs)_m$ 多重量子井戸構造の H11 励起子と L11 励起子のエネルギー間隔 ($\Delta E_{H11-L11}$) は，$m=18$ で 38 meV，$m=25$ で 27 meV，$m=35$ で 15 meV である。これらのエネルギー間隔を振動数に変換すると，$m=18$ で 9.2 THz，$m=25$ で 6.5 THz，$m=35$ で 3.6 THz となり，図6.35のフーリエ変換スペクトルのブロードなバンドのピーク振動数と一致している。量子井戸構造における励起子量子ビートの大きな特徴は，$\Delta E_{H11-L11}$ の制御性とそれによる振動数の制御である。文献109)では，量子閉じ込めシュタルク効果を利用して $\Delta E_{H11-L11}$ を制御し，励起子量子ビートから振動数可変（1.3～2.6 THz）のテラヘルツ電磁波が発生することが報告されている。

図6.36は，$(GaAs)_{18}/(AlAs)_{18}$ 多重量子井戸構造の 10 K での（a）発光励起スペクトルと（b）励起子量子ビートのフーリエ変換積分強度のポンプエ

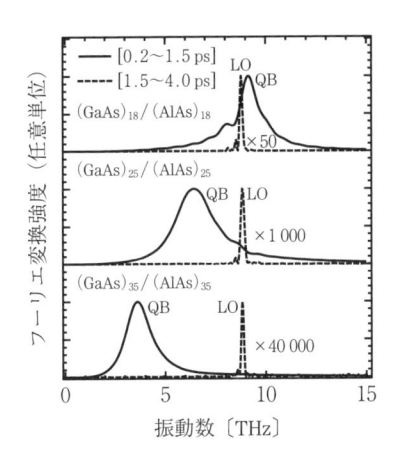

図6.35　図6.34の時間領域信号のフーリエ変換スペクトル。括弧内の数値は，フーリエ変換の時間領域を示している。

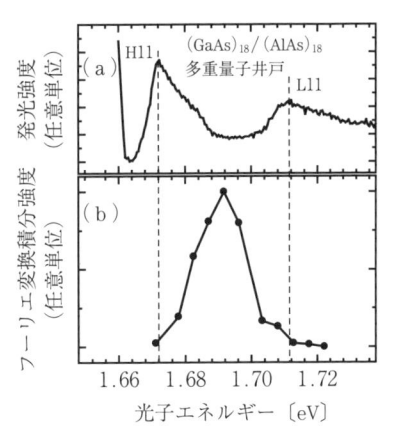

図6.36　$(GaAs)_{18}/(AlAs)_{18}$ 多重量子井戸構造の 10 K での（a）発光励起スペクトルと（b）励起子量子ビートのフーリエ変換積分強度のポンプエネルギー依存性

ネルギー依存性を示している[112]。フーリエ変換積分強度が，H11励起子とL11励起子の間の中心エネルギーで最大となっていることが明らかである。すなわち，量子ビートを生じさせる二つの励起子を同じ重みで生成することにより，量子ビートの強度が最大となる。このポンプエネルギー依存性は，量子ビートの基本特性の一つである。

ここで，図6.35のコヒーレントLOフォノン強度の層厚依存性に着目すると，顕著な層厚依存性が見られ，$(GaAs)_{18}/(AlAs)_{18}$多重量子井戸構造の場合が最も強い。このコヒーレントLOフォノン強度の増強現象に関しては，以下のように解釈できる。$(GaAs)_{18}/(AlAs)_{18}$多重量子井戸構造の場合，$\Delta E_{H11-L11}$（38 meV：9.2 THz）はLOフォノン振動数（8.8 THz）とほぼ共鳴している。これは，図6.35のフーリエ変換スペクトルの重なりからも明らかである。したがって，励起子量子ビートの瞬間的双極子モーメント（積層方向）がコヒーレントLOフォノンの駆動力として作用し，コヒーレントLOフォノン強度を増強していると考えられる。文献116)では，励起子量子ビートとコヒーレントLOフォノンが共鳴分極相互作用によって結合モードを形成することが示されている。また，励起子量子ビートとコヒーレントLOフォノンの共鳴相互作用を利用することによって，室温においてコヒーレントLOフォノンからの高強度なテラヘルツ電磁波が発生することが文献117)において報告されている。これは，コヒーレントLOフォノンをテラヘルツ電磁波光源として利用する道を拓くものである。

つぎに，励起子分子量子ビートについて述べる。量子井戸構造における励起子分子量子ビートは，1992年に$GaAs/Al_{0.33}Ga_{0.67}As$多重量子井戸構造を試料としてLoveringらによって初めて観測された[118]。その後，GaAs系量子井戸構造に関しては，文献119)〜123)が報告されている。励起子分子量子ビートは，3.3.4項で述べたように，励起子分子の2光子共鳴励起条件で観測される。観測手法は，文献121)を除いて縮退4光波混合分光法である。文献121)では，時間分解透過型ポンプ・プローブ分光法が用いられている。2光子共鳴励起条件において重要な要因が，3.3.4項で述べた偏光選択則である。文献123)で

6.4 量子井戸構造における励起子光学応答　　277

は，励起子分子量子ビートの偏光選択則と励起子分子束縛エネルギーの層厚依存性に関する系統的な実験結果が報告されている．

図 6.37 は，MBE 成長（001）面 GaAs（15.0 nm）/ AlAs（15.0 nm）多重量子井戸構造を試料として異なる偏光配置で 10 K において測定された縮退 4 光波信号の遅延時間依存性を示している[123]．励起エネルギーは，H11 励起子分子の 2 光子共鳴条件であり，縮退 4 光波信号の信号は，$2k_2-k_1$（正の時間領域信号）に対応している．挿入図は，発光スペクトルを示しており，励起子発光と励起子分子発光が観測されている．H11 励起子分子は，図 3.36（b）に示した 2 光子共鳴励起の偏光選択則において $J_z=0$ の状態に相当する．したがって，円偏光選択則に関しては，$(\sigma_+,\sigma_+)$ が禁制で，$(\sigma_+,\sigma_-)$ が許容である．図 6.37 の縮退 4 光波信号を見ると，$(\sigma_+,\sigma_+)$ では量子ビートによる振動構造がまったく観測されず，$(\sigma_+,\sigma_-)$ において振動構造が現れており，円偏光選択則が満足されていることがわかる．直線偏光特性に関しては，$(X, X)$ で量子ビートが観測され，その振動周期（励起子分子束縛エネルギーに対応する）は $(\sigma_+, \sigma_-)$ の場合と一致している．一方，$(X, Y)$ では量子ビートが観測されない．3.3.4 項において，$(X, Y)$ の場合，負の時間領域で励起子分子量子ビートが観測されることを述べた．図 6.37 の縮退 4 光波信号は正の時間領域であり，この場合，励起子分子生成過程で消滅的量子干渉が生じるために量子ビート信号が発生しないと解釈されている[123]．

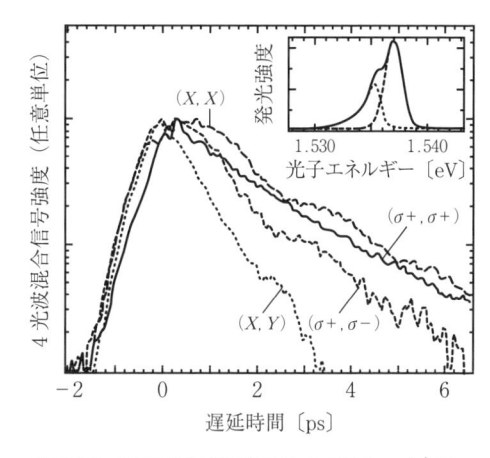

図 6.37　MBE 成長（001）面 GaAs（15.0 nm）/ AlAs（15.0 nm）多重量子井戸構造を試料として異なる偏光配置で 10 K において測定された縮退 4 光波信号の遅延時間依存性．挿入図は，発光スペクトルを示している[123]．(Reprinted with permission. Copyright（1997）by the American Physical Society.)

## 6.5 量子井戸構造におけるサブバンド間遷移とそのデバイス応用

サブバンド間遷移は，量子井戸構造における特徴的な光学遷移であり，量子閉じ込め効果によるサブバンドエネルギーの制御により，中赤外領域からテラヘルツ領域までをカバーすることからデバイス応用において大きく注目されている。本節では，サブバンド吸収とそれを利用した量子井戸赤外光検出器（quantum well infrared photodetector：QWIP と呼ばれる），および，サブバンド間発光を利用した量子カスケードレーザー（quantum cascade laser）について述べる。

### 6.5.1 サブバンド間吸収と量子井戸赤外光検出器

サブバンド間吸収は，1985 年に West と Eglash によって，GaAs/$Al_{0.3}Ga_{0.7}As$ 多重量子井戸構造を対象として初めて観測された[124]。サブバンド間遷移を観測するためには，$n=1$ サブバンドにキャリアが存在している必要があり，ドーピング試料が要求される。一般的には，6.4.4 項で述べた変調ドーピングされた量子井戸構造が用いられる。文献 125) では，電子サブバンド間遷移エネルギーが伝導帯ポテンシャルのみで決まることに着目し，GaAs/$Al_xGa_{1-x}As$ 多重量子井戸構造を対象として Al 濃度を $x=0.3$ から 0.7 まで系統的に変化させてサブバンド間吸収を測定し，伝導帯オフセット比が統一的に 63%（$\Delta E_c = 0.63 \Delta E_g$）であるという結果を得ている。**図 6.38** は，MBE 成長 (001) 面 GaAs (7.0 nm)/$Al_{0.3}Ga_{0.7}As$ (18.0 nm) 多重量子井戸構造（$Al_{0.3}Ga_{0.7}As$ 層に Si を変調ドーピング：40 周期）の室温での中赤外領域吸収スペクトルを示しており，(a) が成長面に垂直入射した場合，(b) がブリュースター角（73°）で斜入射した場合，(c) が (b) のベースライン補正をしたスペクトルである。600 cm$^{-1}$ 以下の吸収バンドは，光学フォノンによるものであり，入射角依存性はない。1030 cm$^{-1}$ にピークを持つ吸収バンドが $n=1$ から $n=2$ への電子サブバンド間吸収であり，(a) の垂直入射では観測されず，(b) の斜入射

の場合に観測される。これは，6.3.2項で述べたサブバンド間遷移の理論から導かれる $z$ 偏光特性を明確に反映している。また，サブバンド間遷移の吸収係数が比較的大きいことがわかる。

吸収型デバイスについては，サブバンド間吸収によって生じる光電流を利用する量子井戸赤外光検出器が，1987年に Levine らによって初めて実現された[126]。文献 126) では，10.8 μm における光学応答率が 0.52 A/W，応答時間が 30 ps と見積もられている。その後，活発に研究が行われ[127]，中赤外領域イメージングカメラが 1997 年に実現されている[128]。実用化されている量子井戸赤外光検出器では，**図 6.39** に示すように，$n=1$ サブバンドからポテンシャル障壁上準束縛状態への遷移を利用して光励起キャリアの輸送効率を上げることが主流である。また，2004 年には，テラヘルツ領域での量子井戸赤外光検出器が実現された[129]。

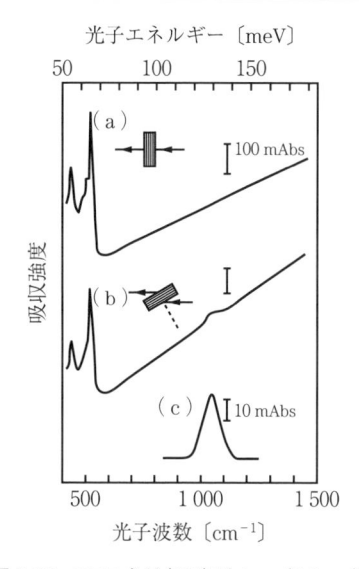

**図 6.38** MBE 成長(001)面 GaAs(7.0 nm)/$Al_{0.3}Ga_{0.7}As$(18.0 nm)多重量子井戸構造（$Al_{0.3}Ga_{0.7}As$ 層に Si を変調ドーピング：40 周期）の室温での中赤外領域吸収スペクトル。(a) が成長面に垂直入射した場合，(b) がブリュースター角(73°)で斜入射した場合，(c) が (b) のベースライン補正をしたスペクトルである。

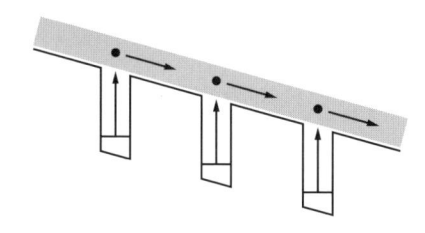

**図 6.39** 量子井戸赤外光検出器におけるサブバンド間吸収とキャリア輸送の模式図

### 6.5.2 量子カスケードレーザー

量子井戸構造におけるサブバンド間遷移をレーザーに応用することについては，1971 年に Kazarinov と Suris により，サブバンド間遷移の光増幅が可能であることが示された[130]。しかしながら，サブバンド間キャリア緩和がきわめ

て高速であるために，レーザー発振に必要なサブバンド間反転分布状態を作り出すのが非常に困難であり，長らく実現に至らなかった．1994年にFaistらは，巧妙にポテンシャル構造が設計された$In_xGa_{1-x}As/In_xAl_{1-x}As$系多重量子井戸構造を用いて，低温動作（10 K）で4.2 µmでのレーザー発振に成功し，それを量子カスケードレーザーと名付けた[131]．図6.40は，文献131）の量子カスケードレーザーに関するポテンシャル構造の概略図を示している．レーザー発振に寄与する活性層は3重量子井戸構造で形成されており，サブバンド3（$E_3$）に電子がトンネル効果により注入され（トンネル時間は約0.2 psと推定されている），サブバンド3からサブバンド2（$E_2$）への発光遷移（$\hbar\omega = E_3 - E_2$）が生じる．サブバンド2に電子が滞留すると，サブバンド3と2の反転分布が阻害されるために，サブバンド2の低エネルギー側にサブバンド1（$E_1$）を設定して，サブバンド2と1のエネルギー差をLOフォノンエネルギーにチューニングし（$E_2 - E_1 = E_{LO}$），LOフォノン散乱を利用して高効率にサブバンド2の電子をサブバンド1に引き抜くという設計がなされている．サブバンド3から2への発光遷移時間は約3 ps，サブバンド2から1へのLOフォノン散乱時間は約0.6 psと推定されている．サブバンド1に引き抜かれた電子は，トンネル効果によってつぎの電子注入層に脱出する．以上のカスケード機構によって，サブバンド3と2の反転分布が実現されてレーザー発振が生じる．

上記のFaistらの報告の後，量子カスケードレーザーの研究は，多様なカス

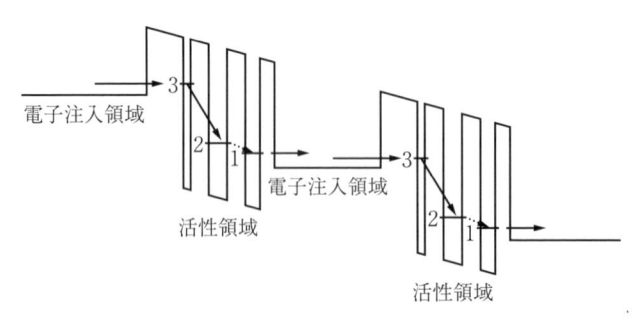

図6.40　量子カスケードレーザーのポテンシャル構造の概略図

ケード機構の提案を含めてきわめて盛んに展開された[132]。OhtaniとOhnoは，従来の半導体系（$In_xGa_{1-x}As/In_xAl_{1-x}As$系，$GaAs/Al_xGa_{1-x}As$系）とは異なるInAs/AlSb系で量子カスケードレーザーを実現した[133]。InAs/AlSb系では，伝導帯オフセットエネルギーが非常に大きく（〜2.1 eV），InAsの電子有効質量が軽いために，波長の広い制御性と大きな光学利得が期待される。量子カスケードレーザーのデバイス化において，光導波路を形成するためにクラッド層をいかに設計するかが問題であったが，高濃度ドーピングによって縮退した半導体のプラズモンを利用することによって容易にクラッド層が形成できることが示された[134]。中赤外領域の量子カスケードレーザーの室温でのcw発振動作（9.1 μm）は，2002年に実現された[135]。室温cw発振においては，活性層におけるオージェ再結合と発熱が大きな障害となっていた。文献135）では，障壁層の層厚を薄くしてトンネル確率を上げることにより活性層へのキャリア注入効率を改善し，かつ，デバイスを埋込み型ストライプ構造にすることにより放熱効率を大きく向上させて障害を克服した。現時点で，中赤外領域の量子カスケードレーザーは，研究のフェーズから脱し，実用的に用いられている。以下に，量子カスケードレーザーの特徴をまとめる。

（1）電子（もしくは正孔）のサブバンド間遷移を利用しているために，半導体材料のバンドギャップエネルギーに束縛されない。原理的には，単一の材料系で中赤外からテラヘルツ領域までカバーできる。

（2）電子と正孔の再結合発光ではないユニポーラ発光であるので，電子（もしくは正孔）の寿命時間内で，走行している1個の電子（もしくは正孔）が複数個の光子を放出できる。これは，低電流での高出力動作を可能とする。

（3）バンド間遷移ではバンドギャップエネルギーの温度依存性がレーザーの温度特性を低下させるが，サブバンドエネルギーの温度依存性はバンドギャップエネルギーに比べて非常に小さいので，量子カスケードレーザーの温度特性は原理的に優れている。

（4）レーザー発振の光子エネルギーがバンドギャップエネルギーよりもは

るかに低いので,従来の半導体レーザーでの劣化の原因となっている端面損傷(catastrophic optical damage と呼ぶ)が回避できる。

近年,量子カスケードレーザーの研究展開は,テラヘルツ領域が主対象となっている。2002年に,Köhler らによって初めて 4.4 THz(18 meV)のレーザー発振が実現された[136]。ただし,その動作温度は 50 K が限界である。最大の理由は,熱的擾乱のためにサブバンド間反転分布が維持できなくなるためである。これは,テラヘルツ量子カスケードレーザーの原理的な問題点といえる。これに対して,2008年に Belkin らは,一つのデバイスで 2 波長(8.9 μm と 10.5 μm)の中赤外レーザー発振を生じさせ,その差周波によってテラヘルツ波を発生させることを提案し,室温での発生(約 4.5 THz)に成功している[137]。ただし,出力は約 300 nW と微弱である

## 6.6 超格子のミニバンド構造と有効質量

超格子の多様な物性と機能を決定する主要因は,図 1.24 に示している周期ポテンシャルによって生じるミニブリルアンゾーン($0 \leq |k_z| \leq \pi/D$, $D$ は超格子周期)におけるミニバンド構造(分散幅,有効質量)である。このようなミニバンド構造は,結晶成長段階における超格子の構造要素(半導体の種類,層厚,周期,ひずみなど)の選択によってかなりの自由度で制御することが可能である。ミニバンド構造を評価することは,物性とデバイス応用の両面においてきわめて重要であり,本節では,変調反射分光法によるミニバンド幅とミニバンド有効質量の評価について述べる。

### 6.6.1 ミニバンド幅の分光学的評価

**図 6.41** は,有効質量近似クローニッヒ・ペニイ型方程式[式(1.51)参照]を用いて計算した $(GaAs)_{12}/(AlAs)_3$ 超格子(後で述べる実験結果の試料に対応)の電子と重い正孔のミニバンド分散関係を示している。電子・正孔ミニバンド状態間の光学遷移は,図 6.41 からもわかるように,積層方向の波数ベク

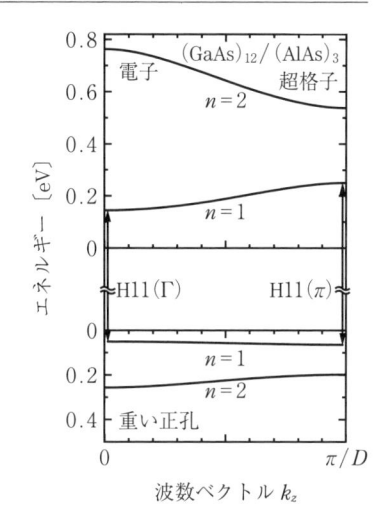

トル $k_z=0$（Γ点）と $k_z=\pi/D$（ミニブリルアンゾーン端，π点）の2種類の状態密度特異点を有している。なお，π点は，2.2.2項で述べた結合状態密度の観点では，鞍部点 M1 型 van Hove 特異点に分類され，状態密度分散は Γ 点（$M_0$ 特異点）とは逆に，特異点から低エネルギー側に存在する。Γ 点と π 点の光学遷移を測定できれば，ミニバンド構造を実験的に決定することができることは明白なことである。しかしながら，一般的な発光励起分光法や光吸収分光法では，原理的に高次の励起子遷移が観測できるが，連続状態遷移のバックグラウンドがスペクトルに重畳するために，遷移振動子強度が小さい場合やスペクトルブロードニングが顕著な場合は，高次特異点の光学遷移を検出することが困難である。

図 6.41 有効質量近似クローニッヒ・ペニイ型方程式［式 (1.51)］を用いて計算した $(GaAs)_{12}/(AlAs)_3$ 超格子の電子と重い正孔のミニバンド分散関係

ミニブリルアンゾーン端である π 点の光学遷移については，3.6.2項で述べた光変調反射分光法や電場変調反射分光法などの変調分光法による測定がきわめて有力である[138]〜[145]。実際，ミニバンド幅に関する明確な分光学的実験結果は，1987 年に光変調反射分光法を用いて初めて報告された[138]。図 6.42 は，MBE 成長（001）面 $(GaAs)_{12}/(AlAs)_3$ 超格子の 77 K における光変調反射スペクトルである。挿入図は，GaAs バルク結晶（緩衝層・基板に相当）のエネルギー領域の光変調反射スペクトルを示している。括弧中の Γ および π は，それぞれ Γ 点と π 点遷移を示している。これらのバンド間遷移は，有効質量近似クローニッヒ・ペニイ型方程式［式 (1.51) 参照］の計算結果から帰属した。なお，計算では，6.1.3項で述べた電子と軽い正孔のバンド非放物線性を考慮している。図 6.42 から，ミニバンドの特異点（Γ 点と π 点）での光学遷移が明

確に観測されていることが明らかである。このように，Γ点とπ点の遷移エネルギーが観測できれば，そのエネルギー差が，電子と正孔のミニバンド幅の和に相当する。$(GaAs)_{12}/(AlAs)_3$ 超格子の場合，実験結果から，$n=1$ 電子と重い正孔（軽い正孔）のミニバンド幅の和が 160 meV（206 meV）と見積もられる。図 6.42 の H11(Γ) 遷移の高エネルギー側と H11(π) 遷移の低エネルギー側の振動構造は，Franz-Keldysh 振動である。この振動パターンの解析からミニバンド有効質量を実験的に求めることができるが，その詳細は次項で述べる。文献 144) では，$(GaAs)_{10}/(AlAs)_m$ 超格子（$m=1$, 2, 4 ML）のミニバンド構造を系統的に光変調反射分光法で測定し，極限層厚である 1 ML の AlAs 障壁層の超格子においてもミニバンド構造が形成されることが明らかにされている。

さらに，ミニバンドがポテンシャル障壁上にも形成されることは，量子力学的には理解できるが，その観測例はきわめて少ない。文献 141)〜143) では，$GaAs/Al_xGa_{1-x}As$ 超格子と InAs/GaAs ひずみ超格子を対象に，光変調反射分光法と電場変調反射分光法を用いて，ポテンシャル障壁上ミニバンド構造に関する明確な実験結果が示されている。図 6.43（a）は，$(GaAs)_{10}/(Al_{0.3}Ga_{0.7}As)_{10}$ 超格子のミニバンド分散関係の有効質量近似クローニッヒ・ペニイ型方程式に基づく計算結果を示している。ここで，$\Delta E_c$ と $\Delta E_v$ が伝導帯と価電子帯のオフセットエネルギーを意味している。この計算結果から，ポテンシャル障壁上にミニバンドが形成されることが理論的に明らかである。図 6.43（b）は，MBE 成長（001）面 $(GaAs)_{10}/(Al_{0.3}Ga_{0.7}As)_{10}$ 超格子の 77 K における光変調反射スペクトル（実線）と GaAs 型 LO フォノンの共鳴ラマン散乱プロファイル

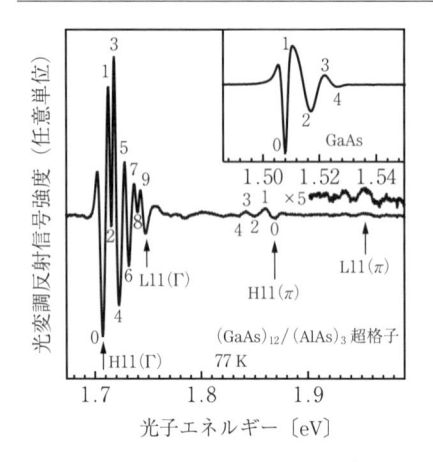

図 6.42 MBE 成長(001)面 $(GaAs)_{12}/(AlAs)_3$ 超格子の 77 K における光変調反射スペクトル。挿入図は，GaAs バルク結晶（緩衝層・基板に相当）のエネルギー領域の光変調反射スペクトルを示している。

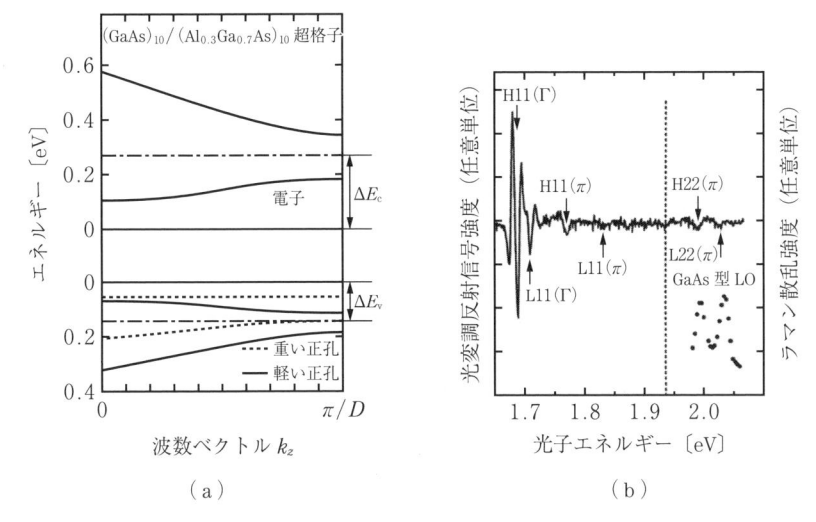

6.6 超格子のミニバンド構造と有効質量　285

**図 6.43** （a）$(GaAs)_{10}/(Al_{0.3}Ga_{0.7}As)_{10}$ 超格子のミニバンド分散関係の有効質量近似クローニッヒ・ペニイ型方程式に基づく計算結果。（b）MBE 成長(001)面 $(GaAs)_{10}/(Al_{0.3}Ga_{0.7}As)_{10}$ 超格子の 77 K における光変調反射スペクトル（実線）と GaAs 型 LO フォノンの共鳴ラマン散乱プロファイル（黒丸）。

（黒丸）を示している[141]。縦破線が，$Al_{0.3}Ga_{0.7}As$ 障壁層のバンドギャップエネルギーである。光変調反射スペクトルに着目すると，ポテンシャル障壁下では，H11($\Gamma$)，L11($\Gamma$)，H11($\pi$)，L11($\pi$) 遷移が観測され，ポテンシャル障壁上では，H22($\pi$) と L22($\pi$) 遷移が観測されている。さらに，H22($\pi$) と L22($\pi$) 遷移に対応する共鳴ラマン散乱プロファイルが明らかである。以上の結果は，ポテンシャル障壁上ミニバンドを光変調反射分光法により高感度に検出できることを明示している。

### 6.6.2 ミニバンド有効質量の分光学的評価

6.6.1 項でも述べたが，図 6.42 の光変調反射スペクトルにおいて，H11($\Gamma$) と H11($\pi$) 遷移との間のエネルギー領域に 2 組みの振動構造が観測される。一つは，H11($\Gamma$) から高エネルギー側への振動，もう一つが H11($\pi$) から低エネルギー側への振動である。図中の数字は，H11($\Gamma$) と H11($\pi$) 遷移エネルギーを基準として，振動構造のピークとディップに順次番号を付したものである。ま

た，挿入図に示すように，超格子の GaAs 緩衝層・基板のエネルギー領域においても，同様の振動構造が観測される．このような振動構造は，Franz-Keldysh 振動と呼ばれ，バンド間遷移に対する電場効果に起因するものであり，バルク半導体では特異点の光学遷移に関して詳細に研究されている[146]．Franz-Keldysh 振動の $j$ 番目のピークもしくはディップのエネルギー ($E_j$) は，文献 146) の理論に基づくと，3 次元の場合，次式によって決定される．

$$E_j = E_0 \pm \hbar\theta \left[\frac{3\pi}{4}\left(j-\frac{1}{2}\right)\right]^{2/3}, \quad \hbar\theta = \left[\frac{(eF\hbar)^2}{2|\mu|}\right]^{1/3} \quad (6.95)$$

ここで，$E_0$ はある特異点の遷移エネルギー，$F$ は電場強度，$\mu$ は電場方向の電子・正孔換算質量である．また，+(-) 符号は $\Gamma(\pi)$ 点での振動に対応している．式 (6.95) の $\hbar\theta$ の定義から明らかなように，Franz-Keldysh 振動のエネルギーは，電場強度とミニバンド換算有効質量によって決定される．したがって，Franz-Keldysh 振動の解析から，ミニバンド有効質量を評価することが原理的に可能であるが，それに関する研究はきわめて限られている[144),147),148)]．図 6.44 は，式 (6.95) に基づいて，図 6.42 の光変調反射スペクトルで番号を付した Franz-Keldysh 振動をプロットした結果である．振動パターンが，式 (6.95) の関係式でよく説明できることがわかる．図 6.44 におけるプロットの傾きが式 (6.95) の $\hbar\theta$ に相当し，内部電場強度 $F$ と換算有効質量 $\mu$ の二つのパラメータが含まれる．

$\Gamma$ 点と $\pi$ 点の換算有効質量の導出方法について以下に述べる．まず，GaAs 緩衝層・基板からの Franz-Keldysh 振動（図 6.44 では GaAs とラベル）に着目し，すでに知られている

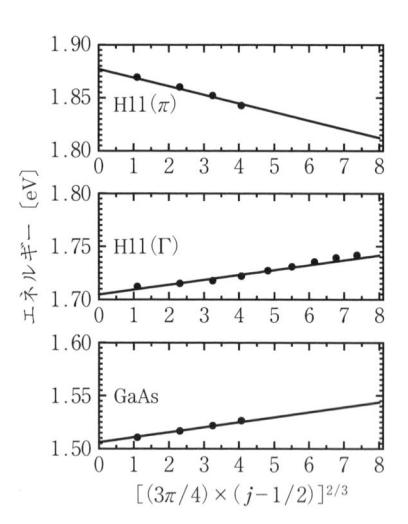

図 6.44 式 (6.95) に基づいて，図 6.42 の光変調反射スペクトルで番号を付した Franz-Keldysh 振動をプロットした結果

GaAs の換算有効質量（$0.056\,m_0$）を用いて内部電場を見積もる。つぎに，GaAs 緩衝層・基板での電場が超格子のミニバンド状態にも適用できると仮定し，超格子の Franz-Keldysh 振動から Γ 点と π 点におけるミニバンド換算有効質量を評価する。なお，この内部電場に関する仮定は，試料がアンドープであるために，表面空乏層の長さは数 μm 程度であり，超格子の総膜厚（約 0.6 μm）より十分に長いので妥当なものであるといえる。この解析から，内部電場強度が $3.9\,\mathrm{kV/cm}$，Γ 点ミニバンド換算有効質量が $0.063\,m_0$，π 点ミニバンド換算有効質量が $-0.020\,m_0$（$M_1$ 特異点特有の負の有効質量）と見積もられる。なお，これらの数値の評価誤差は，±15% 程度である。上記の結果は，Γ 点のミニバンド有効質量は GaAs バルク結晶よりわずかに重く，π 点のミニバンド有効質量は Γ 点よりも軽いことを示しており，他の超格子試料においても同様な結果が得られている[144),147),148)]。また，実験から評価したミニバンド有効質量は，有効質量近似クローニッヒ・ペニイ型方程式から得られたミニバンド分散関係の Γ 点と π 点の換算有効質量の計算結果（Γ 点が $0.058\,m_0$，π 点が $-0.024\,m_0$）とほぼ一致している。なお，有効質量の計算は，1.3.1 項で説明した式 (1.25)，$m^* = \hbar^2/[\partial^2 E(k)/\partial k^2]$ に基づいている。

このように，近年の分光学的な研究の進展によって，超格子におけるミニバンドのエネルギー構造と有効質量を定量的に評価することが可能となった。本節で述べたことは，超格子物性においてきわめて重要なことであるが，超格子研究の歴史において十分に注目されているとはいいがたい。

## 6.7　超格子におけるワニエ・シュタルク局在とブロッホ振動

超格子を素子として応用する場合，電場（バイアス電圧）を印加する必要がある。電場下でのミニバンド状態の詳細については，長年にわたって未解決のままであったが，1988 年にワニエ・シュタルク局在という明確な解釈と実験結果が報告された[149),150)]。ワニエ・シュタルク局在を概略的に述べれば，ミニバンド構造を形成するための量子井戸間の共鳴トンネル効果が静電ポテンシャ

ルによって破綻し，電子・正孔包絡関数が局在化する現象である．また，エネルギー面では，ミニバンドが $eFD$ のエネルギー間隔に分裂した（量子化された）シュタルク階段状態（Stark-ladder state）となる．この現象は，包絡関数と固有エネルギーの制御という意味において非常にドラマティックなものであり，1962 年に Wannier がバルク半導体のブロッホ電子を対象に提案したものであるが[151]，超格子において初めて実証され，物性と応用の両面において盛んに研究が行われてきた[152]．また，ワニエ・シュタルク局在状態の動的過程である局在波束のコヒーレント振動は，テラヘルツ領域のブロッホ振動（$eFD/h$ の振動数）に相当し，周波数可変 THz 電磁波源として注目を集めている[153]．本節では，ワニエ・シュタルク局在に関する分光学的研究とブロッホ振動のコヒーレントダイナミクスについて述べる．

### 6.7.1 ワニエ・シュタルク局在の理論的概略

ここでは，単純な最近接強結合近似（nearest neighbor tight-binding approximation）に基づいて，ワニエ・シュタルク局在の概略について述べる[154]．$(2N+1)$ 周期の超格子のミニバンド分散関係（分散幅：$\Delta$）は，近似的に次式によって与えられる．

$$E(k_z) = E_0 - \frac{\Delta}{2}\cos(k_z D), \quad k_z D = \frac{m\pi}{2N+1} \quad (0 \leq m \leq 2N+1) \quad (6.96)$$

このミニバンド状態に，$NeFD \gg \Delta/2$ の条件で電場が加わると，ミニバンド形成の主要因である共鳴トンネル効果が破綻して，包絡関数は，近接したいくつかの量子井戸層に，ある程度の振幅（存在確率）を持ちながら局在化する．また，3 次元のミニバンドは，$eFD$ のエネルギー間隔で分裂（量子化）し，準 2 次元のシュタルク階段状態を形成する．シュタルク階段状態のエネルギーは，つぎのようになる．

$$E_m = E_0 + meFD, \quad -N \leq m \leq N \quad (6.97)$$

図 6.45 は，ワニエ・シュタルク局在状態における局在包絡関数とバンド間遷移（シュタルク階段遷移）の概略図を示している．図 6.45 に示した包絡関

数では，局在中心の量子井戸層から±2周期離れた空間まで包絡関数振幅が広がっている．この包絡関数の空間的な広がり（局在性）は，電場強度に顕著に依存し，その詳細についてはつぎの段落で述べる．この場合のシュタルク階段遷移は，包絡関数の広がりを反映して，局在中心量子井戸内でのバンド間遷移エネルギーを $E_0$ とすると，$E_0-2eFD$，$E_0-eFD$，$E_0$，$E_0+eFD$，$E_0+2eFD$ という五つの光学遷移が生じる．

最近接強結合近似[154]に基づくと，ある量子井戸から $m$ 周期離れた量子井戸での包絡関数の存在確率（$\rho_m$）は，次式によって与えられる．

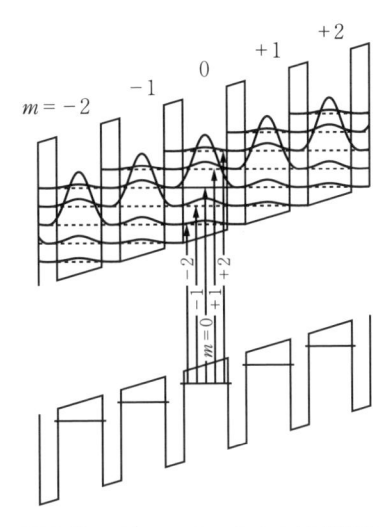

図 6.45 ワニエ・シュタルク局在状態における局在包絡関数とバンド間遷移（シュタルク階段遷移）の概略図

$$\rho_m = \left| J_m\left(\frac{\Delta}{2eFD}\right) \right|^2 = \left| J_m\left(\frac{L}{D}\right) \right|^2 \tag{6.98}$$

ここで，$J$ は整数次 $m$ のベッセル関数であり，$\Delta/(2eF)$ は包絡関数の局在長（$L$）に相当する．**図 6.46** は，局在中心量子井戸（$m=0$）から $m$ 周期離れた量子井戸における包絡関数の存在確率を式 (6.98) に基づいて計算した結果を示している．図 6.46 から，包絡関数は単純に局在化するのではなく，電場強度に対して振動的な振舞いをしながら，空間的に離れた（$m$ が大きい）量子井戸から順に存在確率がゼロになる．一方，$m=0$ の量子井戸での存在確率は，$m \neq 0$ の包絡関数が局在化するに従って増大する．このような包絡関数の局在化の振舞いは，実験によっても確認されている[155),156)]．図 6.46 の計算結果から，局在化のおおまかな条件は，$eFD/\Delta = 1$ といえる（この条件で $\rho_0 \approx 0.9$）．すなわち，局在化を決定する因子は，$F$，$D$，$\Delta$ であり，これらの組合せで局在の状況が異なる．言い換えれば，局在状態を制御できる．超格子では，$\Delta$ と

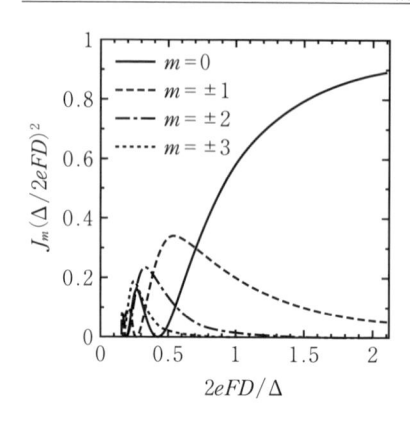

**図 6.46** 局在中心量子井戸 ($m=0$) から $m$ 周期離れた量子井戸における包絡関数の存在確率を式 (6.98) に基づいて計算した結果

$D$ の広い範囲にわたる設計が可能であり (数 meV $<\Delta<$ 数百 meV, 数 nm $< D <$ 数十 nm), 数 kV/cm〜100 kV/cm 程度の電場強度においてワニエ・シュタルク局在状態を容易に実現することができる。一方, バルク結晶の場合は, $D$ が格子定数 $a_0$ (0.5 nm 程度), $\Delta$ がバンド幅 (数 eV 程度) に相当するため, ワニエ・シュタルク局在に必要な電場強度は 10 MeV/cm 程度となり, 絶縁破壊が生じるほどの高電場強度である。これが, バルク結晶でワニエ・シュタルク局在が観測されない主原因である。

### 6.7.2 ワニエ・シュタルク局在状態の形成

まず, 包絡関数のワニエ・シュタルク局在化の振舞いについて計算結果を示す。図 6.47 は, GaAs(3.2 nm)/AlAs(0.9 nm) 超格子 (後で述べる実験結果の試料に対応) の $n=1$ 電子包絡関数 (ミニバンド幅 = 110 meV) の異なる電場強度における計算結果である。計算では, 各層の電場を平均化して階段状ポテンシャルでモデル化し (Airy 関数が $F=10$ kV/cm 以下の低電場で発散するため), 伝達行列法を用いている[140]。この計算結果では, 13 周期にモデル化した超格子の中心量子井戸の固有値に付随する包絡関数を示している。したがって, 固有状態をミニバンド波数に換算すれば $k_z=\pi/(2D)$ となり, ブロッホ位相の関係から $F=0$ kV/cm の包絡関数は一つおきの量子井戸層に等しい振幅を持つ。図 6.47 において, 20 kV/cm では, 包絡関数は超格子の全空間に展開しているが (ミニバンド状態が維持されている), 電場強度が増大するに従って, 局在化していく様子がわかる (ミニバンドからワニエ・シュタルク局在状態への移行)。ここで着目すべきことは, 包絡関数が局在中心に向かって

## 6.7 超格子におけるワニエ・シュタルク局在とブロッホ振動

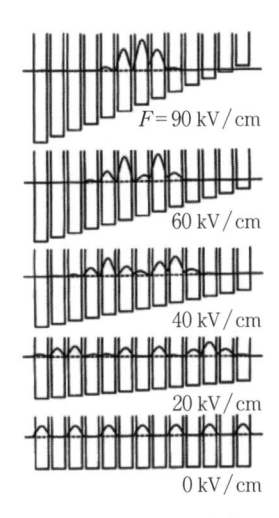

**図6.47** GaAs(3.2 nm)/AlAs (0.9 nm) 超格子（後で述べる実験結果の試料に対応）の $n=1$ 電子包絡関数（ミニバンド幅=110 meV）の異なる電場強度における計算結果

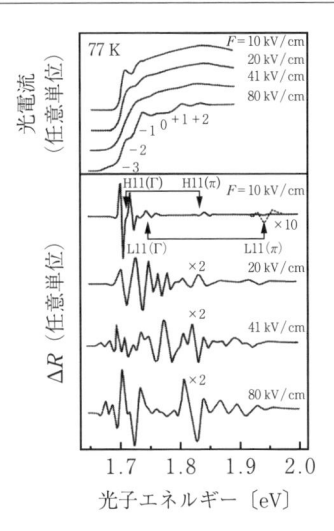

**図6.48** MBE成長(001)面 GaAs(3.2 nm)/AlAs(0.9 nm) 超格子の77 Kでの異なる電場強度における電場変調反射スペクトル（下図），および，光電流スペクトル（上図）。

単純に局在化するのではなく，局在空間において振幅が複雑な挙動を示すことである。これは，先に述べた式(6.98)の計算結果（電場強度に対する包絡関数存在確率の振動的振舞い：図6.46参照）に対応している。

**図6.48**は，MBE成長(001)面 GaAs(3.2 nm)/AlAs(0.9 nm) 超格子の77 Kでの異なる電場強度における電場変調反射スペクトル（下図），および，光電流スペクトル（上図）を示している[140]。試料は，バイアス電圧印加のために pin ダイオード構造を有しており，p層およびn層は $Al_{0.3}Ga_{0.7}As$ 層（~1 μm），i層が超格子（40周期）である。超格子の電場強度は，pinダイオード構造の場合，バイアス電圧を $V_b$，pn接合の接合ポテンシャルを $V_{pn}$，アンドープ層の総厚を $L$ とすると，$F=(V_{pn}-V_b)/L$ で与えられる。$F=10$ kV/cm の電場変調反射スペクトルに付随している矢印は，有効質量近似クローニッヒ・ペニイ型方程式によって計算した無電場条件でのミニバンド間遷移エネルギーを示し

ている.計算から予測されるミニバンドのΓ点とπ点における遷移エネルギーの位置に,明確に電場変調反射信号が観測され,10 kV/cmではミニバンド状態が保たれていることが明らかである.電場強度が増すに従って,電場変調反射スペクトルに多くの光学遷移信号が観測され,ミニバンド状態が電場によって分裂していく挙動を反映している.一方,一般的に用いられている光電流分光法では,スペクトルのバックグラウンド(連続状態遷移)のために電場変調反射スペクトルのような微細構造は観測できないが,80 kV/cmでは $m=-3$ から $m=+2$ のシュタルク階段遷移によるピーク構造(励起子遷移)が見られる.分光法の観点から,図6.48の結果は,電場変調反射分光法がワニエ・シュタルク局在に対してきわめて高感度であることを示している[157].なお,微分光電流分光法によっても,高感度測定がなされている[158].

図6.49は,MBE成長(001)面GaAs (3.2 nm)/AlAs(0.9 nm)超格子の電場変調反射スペクトルから得られた遷移エネルギーの電場強度依存性を示している[140].ここで,黒丸がH11遷移,白丸がL11遷移を意味しており,括弧の中の数値はシュタルク階段指数(例えば+2(−2)という指数は高(低)ポテンシャル側の2周期離れた量子井戸間の遷移)を示している.図6.49から,6次のシュタルク階段遷移まで観測されていることがわかる.また,実線と破線は,それぞれH11とL11シュタルク階段遷移エネルギーの計算結果を示している.H11(L11)遷移の電場強度依存性に着目すると,30(45)kV/cm近傍において,遷移エネルギーの電場強度依存性が

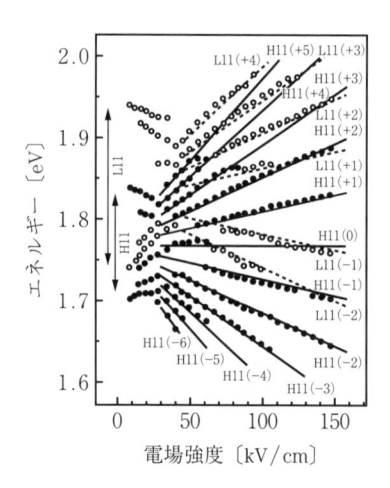

図6.49 MBE成長(001)面GaAs(3.2 nm)/AlAs(0.9 nm)超格子の電場変調反射スペクトルから得られた遷移エネルギーの電場強度依存性.黒丸がH11遷移,白丸がL11遷移を表しており,括弧の中の数値はシュタルク階段指数を示している.また,実線と破線は,それぞれH11とL11シュタルク階段遷移エネルギーの計算結果を示している.

## 6.7 超格子におけるワニエ・シュタルク局在とブロッホ振動

顕著に変化しており,高電場領域では,ワニエ・シュタルク局在を反映したシュタルク階段遷移(遷移エネルギーが電場強度に比例する)が明確に観測される.すなわち,上記の電場強度は,ミニバンドからワニエ・シュタルク局在状態に移行する一種の臨界電場強度と考えることができる.ここで,臨界電場強度とミニバンド幅との相関について考察する.この超格子の場合,有効質量近似クローニッヒ・ペニイ型方程式に基づく計算では,電子ミニバンド幅($\Delta_E$)が 110 meV,HH ミニバンド幅($\Delta_{HH}$)が 15 meV,LH ミニバンド幅($\Delta_{LH}$)が 88 meV である.すなわち,H11 と L11 光学遷移に寄与する総ミニバンド幅の比は,$\Delta_E + \Delta_{HH} : \Delta_E + \Delta_{LH} = 125 : 198 = 1 : 1.58$ である.この比は,上記の臨界電場強度の比($F_{H11} : F_{L11} = 30 : 45 = 1 : 1.5$)とほぼ一致している.このことは,ワニエ・シュタルク局在に移行する臨界電場は,ミニバンド幅によって決定されていることを示している.超格子の場合,通常は複数のミニバンドが存在する.文献 145) では,$n=1$ ミニバンドと $n=2$ ミニバンドのワニエ・シュタルク局在状態への移行過程を同時に観測し,上記の臨界電場の概念がマルチミニバンドにおいても一般的に成立することを明らかにしている.また,ワニエ・シュタルク局在状態への移行過程において,Franz-Keldysh 振動が共存することを示す実験結果が報告されている[148),158)].特に,文献 148) では,ミニバンド有効質量の電場強度依存性を精密に解析し,ワニエ・シュタルク局在状態に移行する前に,ミニバンド有効質量が徐々に重くなることを明らかにしている.さらに,文献 143) では,ポテンシャル障壁上ミニバンドにおいても,ワニエ・シュタルク局在状態が形成されることが明確に示されている.

シュタルク階段遷移を厳密に取り扱うには,励起子効果を考慮しなければならない.実際,電場変調反射分光法や光電流分光法で観測されている光学遷移は,励起子遷移である.ワニエ・シュタルク局在状態では,包絡関数の局在性が電場強度によって変化するために,励起子束縛エネルギーも顕著な電場強度依存性を示すことが理論的に計算されている[159),160)].一例として,GaAs(3.0 nm)/Al$_{0.35}$Ga$_{0.65}$As(3.0 nm)超格子の場合[159)],$m=0$ シュタルク階段遷移に関しては,ミニバンド状態の励起子束縛エネルギー($E_b$)は $E_b = 4.2$ meV(GaAs

バルク結晶とほとんど同じ），高電場領域の強い局在状態では $E_b = 9.5$ meV となり，局在性が強くなるに従って $E_b$ は増強する（量子井戸励起子の束縛エネルギーに近付く）。一方，$m \neq 0$ シュタルク階段遷移の場合，電場強度が増すと，$E_b$ は低電場領域でいったん増加してピークを迎え，その後減少して，ある一定値となる（$m = \pm 1$ の場合は約 6 meV，$m = \pm 2$ の場合は約 4 meV）。この $E_b$ の電場強度依存性の振舞いは，図 6.46 に示した包絡関数の存在確率の電場強度依存性に類似している。その理由としては，$E_b$ が電子・正孔包絡関数の空間的重なりの大きさによっておもに決定されるためである。

ワニエ・シュタルク局在状態でのシュタルク階段遷移のエネルギーは，上で述べたように，電場強度に比例して大きく変化する。この特徴を利用して，6.4.5項で述べた自己電気光学効果素子による光双安定性が実現できることが報告されている[161)〜163)]。特に，文献 163) では，自己電気光学効果素子の動作に関する精密な解析（大域的安定性解析）が示されている。

### 6.7.3 ワニエ・シュタルク局在状態における波動関数共鳴

ワニエ・シュタルク局在状態の $n=1$ と $n=2$ 準位のエネルギー差を $\Delta E_{12}$ とすると，$\Delta E_{12} = meFD$（$m$ は整数）の条件において，ある量子井戸の $n=1$ 局在準位と低ポテンシャル側に $m$ 周期だけ空間的に離れた量子井戸の $n=2$ 局在準位のエネルギーが一致する。この条件は，量子力学的には波動関数共鳴条件に相当し，エネルギーの反交差や包絡関数の共鳴空間での非局在化が生じる[164)〜166)]。

**図 6.50** は，MBE 成長 (001) 面 GaAs (6.4 nm) / AlAs (0.9 nm) 超格子において第 2 近接共鳴（$\Delta E_{12} = 2eFD$）が期待される電場強度近傍での光電流スペクトル（上図）と電場変調反射スペクトル（下図）を示している[165)]。この超格子試料も，先に述べた試料と同様に，バイアス電圧を印加するために pin 構造を有しており，i 層が超格子（20 周期）である。図 6.50 において，光電流スペクトルは，バイアス電圧 $V_b = -450$ mV（143 kV/cm）において若干の励起子バンドの広がりが観測されることを除くと，スペクトル形状の変化は見ら

## 6.7 超格子におけるワニエ・シュタルク局在とブロッホ振動

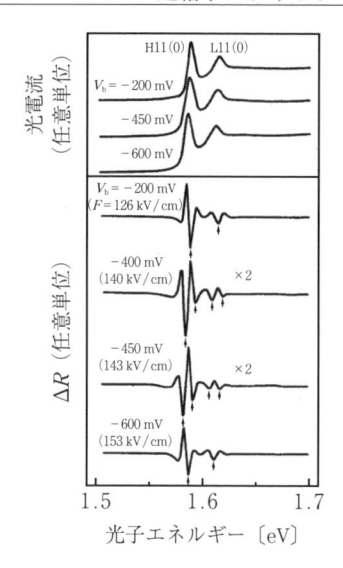

**図 6.50** MBE 成長 (001) 面 GaAs(6.4 nm)/AlAs(0.9 nm) 超格子において第 2 近接共鳴 ($\Delta E_{12} = 2eFD$) が期待される電場強度近傍での光電流スペクトル（上図）と電場変調反射スペクトル（下図）

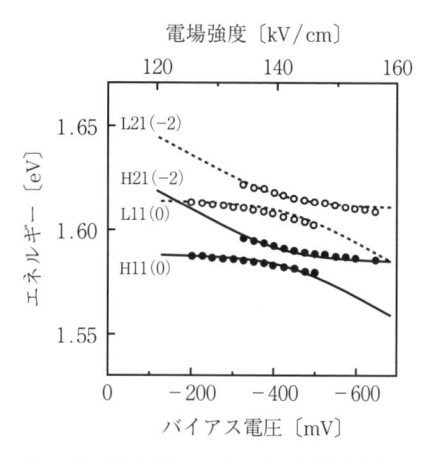

**図 6.51** 図 6.50 における電場変調反射スペクトルの矢印で示した位置のエネルギーのバイアス電圧（電場強度）依存性と関連するシュタルク階段遷移エネルギーの Airy 関数を用いた伝達行列法による計算結果

れない。一方，電場変調反射スペクトルでは，$V_b = -400$ mV (140 kV/cm) と $V_b = -450$ mV (143 kV/cm) において，信号の分裂と強度の低下という顕著な変化が生じている。なお，この電場条件では，対象としている超格子の包絡関数は完全に局在化している状態であり，シュタルク階段遷移は観測されない。図 6.51 は，図 6.50 における電場変調反射スペクトルの矢印で示した位置のエネルギーのバイアス電圧（電場強度）依存性と関連するシュタルク階段遷移エネルギーの Airy 関数を用いた伝達行列法による計算結果を示している[165]。計算結果から，図 6.50 で観測された H11(0) 遷移と L11(0) 遷移の電場変調反射信号の分裂は，$n=1$ と 2 周期低ポテンシャル側の $n=2$ 電子局在包絡関数の第 2 近接共鳴 [$E1(0) - E2(-2)$] によるシュタルク階段状態の反交差を反映していることがわかる。この反交差は，空間的に 2 周期離れた $n=1$ と $n=2$ の包絡関数が混成し，結合状態と反結合状態を形成することに起因してい

る。

つぎに，共鳴が生じている状態の電場変調反射信号強度に着目すると，非共鳴状態の場合と比較して，約半分の強度になっている。このことは，包絡関数の共鳴結合によって局在電子包絡関数が2周期の空間にわたって非局在化し，電子・正孔包絡関数の重なりが減少して遷移振動子強度が小さくなったことを反映している。文献167)では，包絡関数の共鳴結合による遷移振動子強度の変化を利用した自己電気光学効果素子の提案と双安定性動作が示されている。このように，波動関数の共鳴相互作用という典型的な量子力学現象が，超格子を舞台として実現できている。

### 6.7.4 ブロッホ振動の理論的概略

ブロッホ振動の基本概念は，Bloch (1928年)[168] と Zener (1934年)[169] によって提案された。まず，半古典理論の加速定理 (acceleration theorem) について述べる。電子の散乱過程を無視した場合，積層方向の静電場は，電場方向のブロッホ電子の波数を次式のように変化させる。

$$k_z(t) = k_0 + \frac{eF}{\hbar}t \tag{6.99}$$

図6.52は，ミニバンド分散関係における電子の時間進展の模式図を表している。無電場条件において，電子は分散関係の点A ($k_z=0$) に存在するとする。電場が印加されると，電子は，式 (6.99) に従って，点Bの方向に向かって変化し，点Cのミニブリルアンゾーン端 ($\pi/D$) に到達した際に，$\pi/D$ (点C) から $-\pi/D$ (点D) へとブラッグ反射される。点Dに反射された電子は，ミニブリルアンゾーン内を点Eの方向へと移動してゆく。以上のように，静電場に置かれた電子は，ミニバンド分散上を周期運動することになり，このことは，電子が静電場下において，速度を周期的

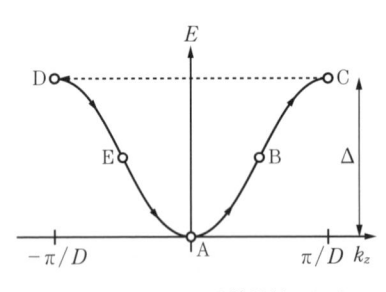

**図6.52** ミニバンド分散関係における電子の時間進展の模式図

に反転し，実空間のある範囲を往復運動し続けることを意味している．実空間における電子の速度 $v_R$ は，式 (6.96) のミニバンド分散を用いて

$$v_R = \frac{1}{\hbar}\frac{\partial E(k_z)}{\partial k_z} = \frac{D\Delta}{2\hbar}\sin(k_z D) = \frac{D\Delta}{2\hbar}\sin\left(\frac{eFD}{\hbar}t\right) \quad (6.100)$$

で与えられる．また，位置の時間発展 $z(t)$ は，式 (6.100) の時間積分から

$$z(t) = z_0 - \frac{\Delta}{2eF}\cos\left(\frac{eFD}{\hbar}t\right) \quad (6.101)$$

となる．式 (6.101) より，電子は $\nu = eFD/h$ の振動数で実空間を振動し，その振幅は $L = \Delta/2eF$ (6.7.1 項で定義した局在長) で与えられることがわかる．

上記のブロッホ振動の半古典論は，直感的に非常に理解しやすい．しかしながら，このモデルでは，静電場が存在してもミニバンドが保持されていることを仮定としており，これまで述べたきたワニエ・シュタルク局在の描像は考慮されていない．ワニエ・シュタルク局在を考慮したブロッホ振動は，Digram らの理論[170] に基づくと，以下に示すワニエ・シュタルク局在状態間の量子干渉により説明される．

広いエネルギー幅を有する超短パルス光で異なるシュタルク階段遷移を同時励起した場合，生成される非定常波束は，ワニエ・シュタルク局在状態の包絡関数の重ね合わせにより (ウェイトを $C_p$ とする)

$$\Psi(z,t) = \sum_p C_p \chi_p(z)\exp\left(-i\frac{peFD}{\hbar}t\right) \quad (6.102)$$

と表される．6.7.1 項で述べた最近接強結合近似に基づいて，式 (6.102) の位置の期待値を求めると，波束の平均位置は次式で与えられる[170]．

$$\langle z \rangle = D\sum_p C_p^2 p + L\sum_p C_{p-1}C_p \cos\left(\frac{eFD}{\hbar}t\right) \quad (6.103)$$

式 (6.103) の右辺第 2 項は，ブロッホ振動の振幅と振動数を表しており，振幅は重ね合わされる包絡関数のウェイト $C_p$ に依存することがわかる．文献 170) では，バンド間シュタルク階段遷移 (励起子) の遷移確率，および，超短光パルスの強度のスペクトル分布を考慮して，ウェイト $C_p$ を決定し，さまざまな励起条件におけるブロッホ振動の波束ダイナミクス特性を理論的に示してい

## 6.7.5 ブロッホ振動

ワニエ・シュタルク局在状態におけるブロッホ振動は，**図6.53**に模式的に示すように，3準位系におけるシュタルク階段励起子間の量子ビートと捉えることができる。空間的に隣り合ったワニエ・シュタルク局在状態のエネルギー差は，$eFD$であるので，その量子ビートの振動数はこれまで述べてきたブロッホ振動の振動数$\nu = eFD/h$と一致する。ブロッホ振動の最初の観測は，1992年にFeldmannら[171]とLeoら[172]によって報告された。これらの研究では，縮退4光波混合法が用いられており，ブロッホ振動の位相緩和時間は1～2psと報告されている。電場強度が高くなるに従って，キャリア散乱の効果が大きくなり位相緩和時間が短くなる。1THzは4.1meVに相当し，$eFD$の値は数meVから数十meVの間を自在に制御できるので，観測されるブロッホ振動の周波数はテラヘルツ領域となる。1993年に，Waschkeらによってブロッホ振動による周波数可変テラヘルツ電磁波（0.5～2THz）が初めて観測された[173]。ブロッホ振動の研究における当初の大きな問題は，LOフォノン散乱の効果であった。文献174)では，ミニバンド幅がLOフォノンエネルギーよりも大きい場合，LOフォノン散乱によってブロッホ振動が抑制されることが指摘された。これに対して，Leischingらは，ブロッホ振動のミニバンド幅依存性，ポンプエネルギー依存性，ポンプ光強度依存性，および，温度依存性に関する包括的な研究を行い，LOフォノンエネルギーよりもミニバンド幅が広い超格子においてもブロッホ振動が観測されることを明らかにした[175]。また，文献176)では，テラヘルツ電磁波波形から伝導率を導出し，ブロッホ振動に

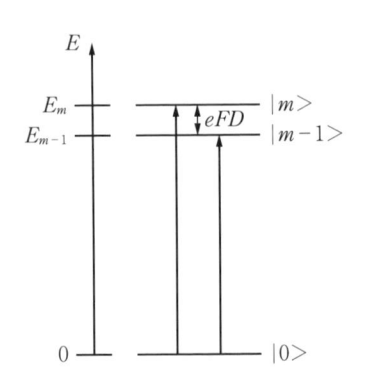

**図6.53** ブロッホ振動に対応するシュタルク階段励起子間量子ビートの3準位系の模式図

よるテラヘルツ利得があることを明らかにしている．

以下では，文献 177) に基づき，ミニバンド状態からワニエ・シュタルク局在状態への移行過程におけるブロッホ振動について述べる．ブロッホ振動の研究を行うためには，まず，超格子のエネルギースペクトルの電場強度依存性を把握する必要がある．**図 6.54** は，MBE 成長 (001) 面 GaAs (6.8 nm)/AlAs (0.9 nm) 超格子の 10 K における電場変調反射スペクトルのバイアス電圧（電場強度）依存性のイメージマップを示している[177]．実線と破線は，伝達行列法による H11 遷移と L11 遷移の計算結果である．電場強度が 5 kV/cm（バイアス電圧が 0.5 V）において，H11 遷移の電場変調反射スペクトルが大きく変化し，高電場側では $m=+2$ から $m=-3$ までのシュタルク階段遷移が観測される．すなわち，5 kV/cm 以上の電場領域が H11 遷移のワニエ・シュタルク局在状態であることがわかる．

**図 6.55**（a）は，上記試料の 10 K における時間分解反射型ポンプ・プローブ分光法により測定された変調反射率信号（$\Delta R/R_0$）のバイアス電圧依存性

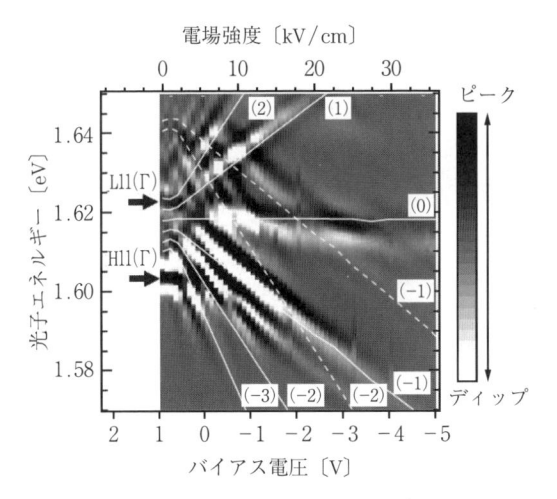

**図 6.54** MBE 成長 (001) 面 GaAs(6.8 nm)/AlAs(0.9 nm) 超格子の 10 K における電場変調反射スペクトルのバイアス電圧（電場強度）依存性のイメージマップ．実線と破線は，伝達行列法による H11 遷移と L11 遷移の計算結果を示している．

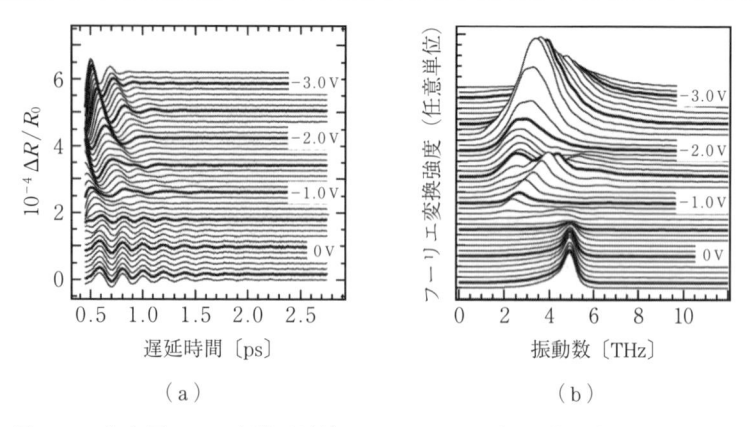

**図 6.55** (a) 図 6.54 の超格子試料の 10 K における時間分解反射型ポンプ・プローブ分光法により測定された変調反射率信号 ($\Delta R/R_0$) の振動成分のバイアス電圧依存性。(b) (a) の時間領域信号のフーリエ変換スペクトルのバイアス電圧依存性

を示している[177]。なお，図の信号は，バックグラウンドを除去して振動成分のみを抽出したものである。ポンプ光エネルギーは 1.600 eV で，スペクトル広がりのエネルギー半値全幅は約 30 meV である。図から，振動成分の周期および振幅が，印加電圧（電場強度）に対して著しく変化していることがわかる。特性振動数を明確にするために，図 6.55 (b) に図 6.55 (a) の時間領域信号のフーリエ変換スペクトルのバイアス電圧依存性を示している[177]。図 6.55 (b) から，+0.6 V から -0.7 V までのバイアス電圧領域では，振動数が変化しないことがわかる。このバイアス電圧領域での振動数は 4.9 THz であり，これは $F=0$ kV/cm での電場変調反射スペクトルから見積もられる H11($\Gamma$) 励起子と L11($\Gamma$) 励起子間のエネルギー差に対応する量子ビートの期待値 (4.8 THz) と一致する。したがって，このコヒーレント振動は，ミニバンド励起子による量子ビートであるといえる。つまり，この量子ビートの消失は，電子状態がミニバンドからワニエ・シュタルク局在状態へと移行したことを反映している。

ワニエ・シュタルク局在領域において，振動数のバイアス電圧依存性が異なる 2 種類のブロッホ振動が観測されている。従来の解釈では，ブロッホ振動の

振動数は $eFD/h$ であり，2種類のブロッホ振動というのはまったく考慮されていなかった。図 6.56 は，観測されたコヒーレント振動の振動数の有効電場強度依存性を示している[177]。ここで，有効電場強度とは，ポンプ光により生成されたキャリアによるバイアス電圧のクーロン遮蔽効果を考慮した電場強度を意味する。図 6.56 から，

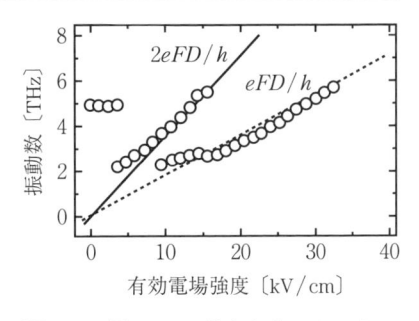

図 6.56 図 6.55 で示されたコヒーレント振動の振動数の有効電場強度依存性

ミニバンド励起子量子ビートの消失直後の比較的低い電場領域では，$\nu = 2eFD/h$ の振動数を有する新たなブロッホ振動が生じ，電場が高くなると $\nu = eFD/h$ の振動数を有する従来のブロッホ振動が生じることが明らかである。この結果に関して，図 6.46 に示した包絡関数の局在性の観点から考察する。図 6.46 において，$2eFD/\Delta = 0.3$ 近傍において（この超格子では $F = 6\,\mathrm{kV/cm}$ 近傍に相当），$m = \pm 2$ のワニエ・シュタルク局在状態の存在確率が最も大きい。この条件では，$m = 0$ と $m = \pm 2$ のシュタルク階段励起子（エネルギー差：$2eFD$）の量子ビート（ブロッホ振動）が期待され，その振動数は $\nu = 2eFD/h$ となる。電場強度が高くなると，$m = \pm 2$ のワニエ・シュタルク局在状態の存在確率が急激に減少し，$m = 0$ と $m = \pm 1$ の状態の存在確率が主体となり，従来の $\nu = eFD/h$ の振動数のブロッホ振動が生じる。このように，ブロッホ振動は包絡関数の局在性を反映する。上記の2種類のブロッホ振動の発現は，振動数可変テラヘルツ電磁波発生の観点においても興味深いものである。

## 6.8 GaAs/AlAs タイプ II 超格子における励起子光学応答

GaAs/AlAs 系は，最も一般的なヘテロ接合系であるが，量子閉じ込め効果によって伝導帯における Γ-X サブバンド交差（Γ-X subband crossover）とい

う特異的な現象が生じ，きわめて特徴的なタイプⅡバンド構造とタイプⅡ励起子状態が形成される．本節では，伝導帯におけるΓ-Xサブバンド交差とそれによるタイプⅡ準直接遷移型励起子（type-Ⅱ pseudodirect exciton）の形成，タイプⅡ準直接遷移型励起子分子，励起子-励起子分子系のボース統計性の発現について述べる．

### 6.8.1 Γ-Xサブバンド交差

GaAs/AlAs超格子（多重量子井戸構造）のポテンシャル構造は，図6.57（a）に示すように，Γ点に関してはGaAs層が量子井戸層となるが，伝導帯のX点に関してはΓ点では障壁層であるAlAs層が量子井戸層となる．この理由は以下の通りである．GaAsとAlAsの$\Gamma_v$-$X_c$ギャップエネルギーは，それぞれ1.941 eVと2.223 eVであり[178]，AlAsの方が大きい．これに，ヘテロ接合のバンドオフセットエネルギーを考慮しなければならない．GaAs/AlAsヘテロ接合の価電子帯Γ点オフセットエネルギー（$\Delta E_v$）は0.55 eVであるので[179]，次式で与えられる伝導帯X点オフセットエネルギーは

$$\Delta E_c(X) = E_g(\Gamma_v\text{-}X_c, \text{AlAs}) - E_g(\Gamma_v\text{-}X_c, \text{GaAs}) - \Delta E_v(\Gamma) \quad (6.104)$$

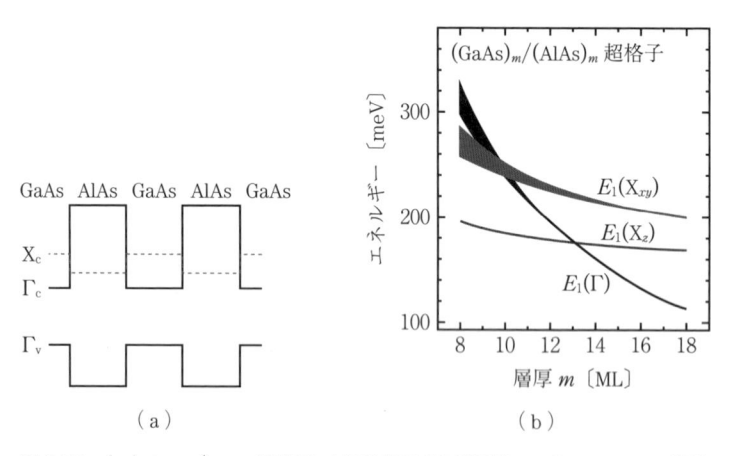

図6.57 （a）GaAs/AlAs超格子（多重量子井戸構造）のポテンシャル構造の概略図．（b）$(\text{GaAs})_m/(\text{AlAs})_m$超格子のΓ点電子サブバンドとX点電子サブバンドのエネルギーの層厚$m$（ML単位）依存性の計算結果

## 6.8 GaAs/AlAs タイプⅡ超格子における励起子光学応答

$\Delta E_c(X) = -0.27$ eV となる。オフセットエネルギーの符号が負であるということは，伝導帯 X 点ポテンシャルは AlAs 層の方が低いこと，すなわち，AlAs 層が量子井戸層であることを示している。このような特異的なポテンシャル構造は，Γ点バンドオフセットエネルギーが精密に決定されることによって明らかになったことを付記しておく。

有効質量近似クローニッヒ・ペニイ型方程式に基づいて，伝導帯のΓ点とX点のサブバンドエネルギーを計算する。表6.1に示した有効質量の値を見ると，AlAs の X 点の有効質量の方が GaAs のΓ点の有効質量よりもかなり重い。また，X 点には，縦方向（$z$方向）と横方向（$xy$方向）で有効質量の異方性があり，$z$方向の有効質量が重い。これらを考慮した $(GaAs)_m/(AlAs)_m$ 超格子のΓ点電子サブバンドと X 点電子サブバンドのエネルギーの層厚 $m$（ML 単位）依存性の計算結果を図6.57（b）に示している。ここで，計算結果の線幅は，ミニバンド幅を意味している。計算結果から，層厚が 14 ML から 13 ML を境として，Γ-$X_z$ サブバンド交差が生じることが予測される。なお，超格子でありながらサブバンドという言葉を使っているのは，Γ-X 交差が生じる層厚近傍では，ミニバンド幅が無視できるためである。層厚が 13 ML 以下では，最低エネルギー光学遷移は，図6.58 に示すように，GaAs 層の $n=1$ のΓ点重い正孔サブバンドと AlAs 層の $n=1$ の $X_z$ 電子サブバンドの間の遷移に相当し，実空間で分離され（タイプⅡ：GaAs 層 $\Leftrightarrow$ AlAs 層），かつ，運動量空間においても分離されている（間接遷移型；$\Gamma_v \Leftrightarrow X_c$）。以後，このタイプⅡ遷移を H11($X_z$) 遷移と呼び，これまでのタイプⅠ遷移を H11(Γ) 遷移と呼ぶことにする。なお，当然のことであるが，タイプⅡ H11($X_z$) 励起子が形成される。上記のΓ-X サブバンド交差は，

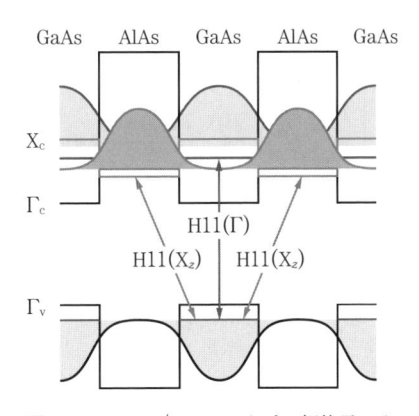

図6.58 GaAs/AlAs タイプⅡ超格子における光学遷移［H11($X_z$)（タイプⅡ）とH11(Γ)（タイプⅠ）］の模式図

励起子エネルギーの層厚依存性に関する系統的な実験から,図6.57(b)に示した有効質量近似に基づく計算結果が妥当なものであることが明らかになっている[178),180)~184)]。また,第1原理計算によっても同様の結果が得られている[185)]。

### 6.8.2 タイプⅡ準直接遷移型励起子

上で述べたように,GaAs/AlAs タイプⅡ超格子では,GaAs 層の $n=1$ の $\Gamma$ 点重い正孔と AlAs 層の $n=1$ の $X_z$ 電子から形成されるタイプⅡ H11($X_z$) 励起子が最低エネルギー状態となる。H11($X_z$) 励起子は間接遷移型であるが,強いゼロフォノン発光バンドが一般的に観測される。この H11($X_z$) 励起子の遷移機構に関しては,$\Gamma$-X 混成($\Gamma$-X mixing)による準直接型遷移という観点から解明された[186)~188)]。なお,文献 188)が最も系統的かつ定量的な結果を示している。図 6.59 は,$(GaAs)_m/(AlAs)_m$ タイプⅡ超格子($m=9, 10, 12, 13$ ML)における 10 K での発光スペクトルと発光励起スペクトルを示している[188)]。まず,発光スペクトルに着目すると,最も強い発光バンドが H11($X_z$) 励起子のゼロフォノンバンドであり,その低エネルギー側に,順に GaAs の LA(X) フォノン,GaAs の LO($\Gamma$) フォノン,AlAs の LO(X) フォノンによるサイドバンドが観測される。GaAs と AlAs の両方の LO フォノンサイドバンドが観測されるということは,GaAs 層⇔AlAs 層実空間遷移を明確に反映している。ゼロフォノンバンドが最も強く観測されるという結果は,$\Gamma_v$-$X_c$ 遷移においてフォノンが関与しない準直接型遷移が生じていることを示している。

準直接型遷移の遷移確率(遷移振動子

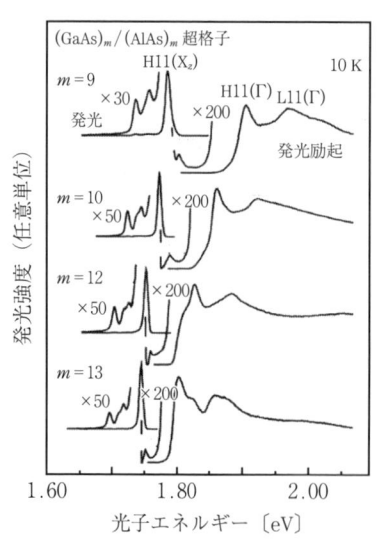

**図 6.59** $(GaAs)_m/(AlAs)_m$ タイプⅡ超格子($m=9, 10, 12, 13$ ML)における 10 K での発光スペクトルと発光励起スペクトル

強度）は，摂動論に基づいて次式で表される[188),189)]。

$$W_{\Gamma-X} \propto \frac{\left|\langle\Psi_{HH}^{\Gamma}|\boldsymbol{p}|\Psi_{e}^{\Gamma}\rangle\langle\Psi_{e}^{\Gamma}|V_{mix}|\Psi_{e}^{X}\rangle\right|^2}{\Delta E^2}\left|\langle\phi_{HH}^{\Gamma}|\phi_{e}^{X}\rangle\right|^2 \tag{6.105}$$

ここで，$\Psi_e^X$ と $\Psi_e^{\Gamma}$ は $X_z$ 電子サブバンドと Γ 電子サブバンドの波動関数，$V_{mix}$ は Γ-X 混成ポテンシャル，$\boldsymbol{p}$ は運動量演算子，$\Psi_{HH}^{\Gamma}$ は Γ 重い正孔サブバンドの波動関数，$\Delta E$ は $X_z$ 電子サブバンドと Γ 電子サブバンドのエネルギー差，$\phi_e^X$ と $\phi_{HH}^{\Gamma}$ は $X_z$ 電子サブバンドと Γ 重い正孔サブバンドの包絡関数である。発光過程で述べると，$X_z$ 電子が Γ-X 混成ポテンシャル $V_{mix}$ によって Γ 電子と混成し，運動量演算子を介して Γ 重い正孔と再結合することを意味しており，$\langle\Psi_e^{\Gamma}|V_{mix}|\Psi_e^X\rangle/\Delta E$ を Γ-X 混成因子と呼ぶ。この Γ-X 混成因子が有限な値を持つために，ゼロフォノン遷移が可能となる。また，包絡関数の重なり積分項 $\left|\langle\phi_{HH}^{\Gamma}|\phi_e^X\rangle\right|^2$ は，$X_z$ 電子と Γ 重い正孔の空間分離（タイプⅡ性）を反映する因子である。

つぎに，タイプⅡ H11($X_z$) 励起子の遷移確率（遷移振動子強度）について，発光励起スペクトルから考察する。図 6.59 に示した発光励起スペクトルにおいて，直接遷移の H11(Γ) 励起子と L11(Γ) 励起子の吸収バンドが強く観測される。ここで注目すべきことは，H11(Γ) 励起子の低エネルギー側のゼロフォノン発光バンドとほぼ同じエネルギー位置に，H11($X_z$) 励起子の吸収バンド（200 倍に拡大している）が観測されることである。発光励起スペクトルを近似的に吸収スペクトルとみなすと，上記の吸収バンドの強度が遷移確率に比例する。H11(Γ) 励起子に対する H11($X_z$) 励起子の相対遷移確率は，発光励起スペクトルから約 1/2 000 と見積もられる。このことは，H11(Γ) 励起子の発光寿命が ns オーダーであるので，H11($X_z$) 励起子の発光寿命が μs オーダーであることを意味している。実際，GaAs/AlAs タイプⅡ超格子の研究は，μs オーダーの発光寿命を示す励起子発光の発見から始まった[190)]。H11($X_z$) 励起子の発光減衰プロファイルに関しては，励起子の局在性の観点から解析が行われている[191)]。

以下では，H11($X_z$) 励起子のタイプⅡ特性が顕著に現れる現象について示

す。まず，上で述べた式 (6.105) の包絡関数の重なり積分項の効果について，発光減衰プロファイルの観点から述べる。図 6.60 は，$(GaAs)_{10}/(AlAs)_m$ タイプ II 超格子 ($m = 10, 14, 20$ ML) における 10 K での H11($X_z$) 励起子の発光減衰プロファイルを示している[189]。AlAs 層厚が厚くなるに従って，発光寿命が顕著に長くなること ($m = 10$ ML で 1.2 μs，$m = 14$ ML で 4.6 μs，$m = 20$ ML で 27 μs)，言い換えれば，遷移確率が顕著に小さくなることがわかる。これは，$X_z$ 電子と Γ 重い正孔との空間分離が大きくなっていることをおもに反映している。$|\langle \phi_{HH}^\Gamma | \phi_e^X \rangle|^2$ の計算結果は，$m = 10$ ML で 3.6%，$m = 14$ ML で 1.8%，$m = 20$ ML で 0.75% であり，Γ-X 混成因子の $\langle \Psi_e^\Gamma | V_{mix} | \Psi_e^X \rangle$ を一定と仮定すると ($\Delta E$ は $m = 10$ ML で 45 meV，$m = 14$ ML で 76 meV，$m = 20$ ML で 95 meV)，$m = 10$ ML を基準とした相対遷移確率は，1 (10 ML)：0.18 (14 ML)：0.047 (20 ML) と見積もられる[189]。遷移確率に比例する発光寿命の逆数は，$m = 10$ ML を基準とした相対値が 1 (10 ML)：0.26 (14 ML)：0.044 (20 ML) となり，上記の相対遷移確率とほぼ一致している。

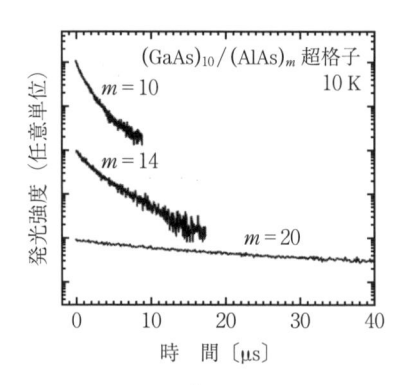

図 6.60 $(GaAs)_{10}/(AlAs)_m$ タイプ II 超格子 ($m = 10, 14, 20$ ML) における 10 K での H11($X_z$) 励起子の発光減衰プロファイル

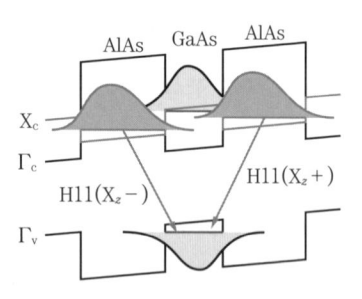

図 6.61 電場下での GaAs/AlAs タイプ II 超格子のポテンシャル構造と $X_z$ 電子，Γ 電子，Γ 重い正孔の包絡関数の概略図

また，タイプ II 特性は，電場下での発光特性に対して特異的な影響を及ぼす。図 6.61 は，電場下での GaAs/AlAs タイプ II 超格子のポテンシャル構造と $X_z$ 電子，Γ 電子，Γ 重い正孔の包絡関数の概略図を示している。$X_z$ 電子と Γ

重い正孔はそれぞれ AlAs 層と GaAs 層に空間分離されているために（平均分離距離：$D/2$），静電ポテンシャル差（$\pm eFD/2$）が生じる．したがって，$H11(X_z)$ 励起子のエネルギーは，以下の式で表されるように二つに分裂する．

$$E_{H11(X)}(F) = E_{H11(X)}(0) \pm \frac{eFD}{2} + \Delta E_X(F) + \Delta E_{HH}(F) \quad (6.106)$$

ここで，$\Delta E_X(F)$ と $\Delta E_{HH}(F)$ は，$X_z$ 電子と $\Gamma$ 重い正孔の量子閉じ込めシュタルク効果によるエネルギーシフトを意味しており，一般に，$eFD/2 \gg \Delta E_X(F) + \Delta E_{HH}(F)$ である．さらに，図 6.61 の包絡関数形状に着目すると，量子閉じ込めシュタルク効果による包絡関数の非対称化のために，高ポテンシャル側の $X_z$ 電子と $\Gamma$ 重い正孔の包絡関数の重なりが大きくなり，一方，低ポテンシャル側の重なりが小さくなる．すなわち，$H11(X_z+)$ 励起子の遷移確率が増大し，$H11(X_z-)$ 励起子の遷移確率が低下する．上記の励起子エネルギーの分裂と遷移確率の変化は，文献 189) において，$H11(X_z)$ 励起子の発光スペクトルの電場強度依存性の実験結果から実証されている．この電場効果は，どのようなヘテロ接合系においても，タイプ II 励起子を検証するための最も直接的な現象である．

### 6.8.3 タイプ II 準直接遷移型励起子分子

タイプ II 励起子分子は，GaAs/AlAs タイプ II 超格子を試料として，1995 年に初めて観測された[85]．図 6.62 は，MBE 成長（001）面 $(GaAs)_{12}/(AlAs)_{12}$ タイプ II 超格子の 10 K での発光スペクトルの cw 励起光強度依存性であり，実線が実験結果，黒丸が発光形状解析の結果を示している[85]．なお，各発光スペクトルは，最大強度で規格化している．$H11(X_z)$ 励起子のゼロフォノンバンド（準直接型遷移）の低エネルギー側に，裾を引く M 発光バンドが観測され，その強度は励起光強度の増大とともに強くなっている．この発光特性は，M バンドが励起子分子発光であることを示している．発光形状解析に関しては，励起子（X）発光をガウス関数で，励起子分子発光を式 (6.89) を用いて行っており，実験結果を十分に説明している．励起子分子束縛エネルギーは，3.0±

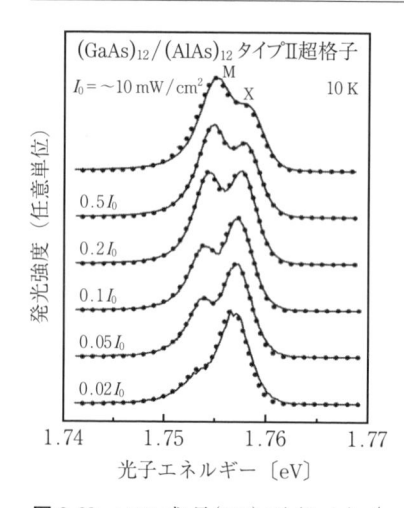

**図6.62** MBE成長(001)面 $(GaAs)_{12}/(AlAs)_{12}$ タイプII超格子の10Kでの発光スペクトルのcw励起光強度依存性。実線が実験結果，黒丸が発光形状解析の結果を示している。

0.2 meVと見積もられている。なお，励起子分子発光は，フォノンサイドバンドにおいても観測される[85]。

ここで注目すべきことは，励起子分子が観測される励起光強度がきわめて低い($mW/cm^2$のオーダー) ということである。これについて速度論的に考えると，$H11(X_z)$励起子の発光寿命が$\mu s$オーダーであることに起因しているといえる。非発光過程を無視すると，cw励起条件での励起子生成密度は，式(3.10)から，$N=G/(1/\tau_r)$で与えられる。直接遷移型$H11(\Gamma)$励起子とタイプII準直接遷移型$H11(X_z)$励起子の発光寿命は，約3桁の違いがある。すなわち，$H11(X_z)$励起子の生成効率は，$H11(\Gamma)$励起子の約3桁大きい。この大きい励起子生成効率が，$mW/cm^2$オーダーで励起子分子が生じることを可能にしている。また，文献85)では，励起子分子の発光寿命が励起子発光寿命の約1/2であることを確認している。

タイプII励起子分子の興味深い点として，電子と正孔の空間配置を挙げることができる。**図6.63**は，$H11(X_z)$励起子分子を構成する電子と正孔の可能な空間配置を示している。電子と正孔が空間分離されているために，4種類の電子・正孔配置が可能である。量

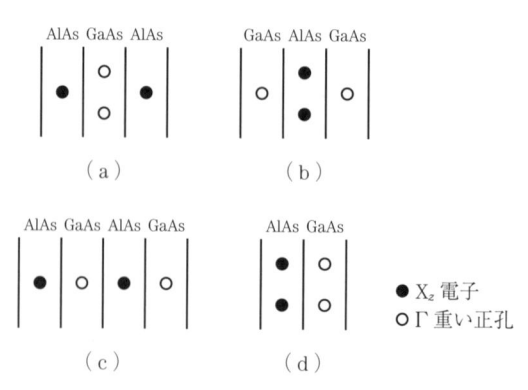

**図6.63** $H11(X_z)$タイプII励起子分子を構成する電子と正孔の可能な空間配置の模式図

● $X_z$電子
○ $\Gamma$重い正孔

子モンテカルロ法による計算結果[44]は，図6.63（a）の配置が最も安定であることを示している。**図6.64**は，$(GaAs)_m/(AlAs)_m$ タイプⅡ超格子（$m$ = 10, 12, 13 ML）における $H11(X_z)$ 励起子分子束縛エネルギーの実験結果（黒丸）[192]と量子モンテカルロ法による計算結果（実線）[44]を示している。破線は，$H11(X_z)$ 励起子束縛エネルギーの計算結果である。電子と正孔が空間分離しているにもかかわらず励起子分子束縛エネルギーが約 3 meV と大きいのは，おもに $X_z$ 電子の有効質量（$0.97m_0$）が重いことを反映している。励起子分子束縛エネルギーと励起子束縛エネルギーに関する Haynes 則に関しては，$E_{b,M}/E_b$ = 0.15 という計算結果が得られている[44]。タイプⅠ量子井戸における Haynes 因子は，6.4.3項で述べたように 0.2 程度であり，それよりも 25% 程度低いことに，電子と正孔の空間分離効果が現れている。

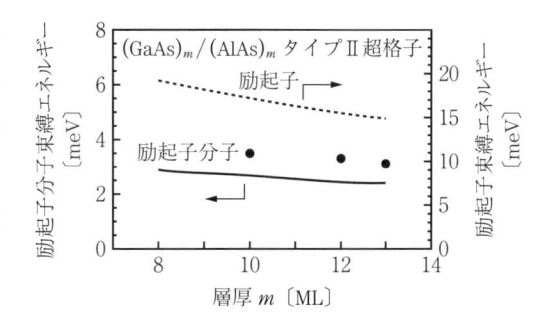

**図 6.64** $(GaAs)_m/(AlAs)_m$ タイプⅡ超格子（$m$ = 10, 12, 13 ML）における $H11(X_z)$ タイプⅡ励起子分子束縛エネルギーの実験結果（黒丸）と量子モンテカルロ法による計算結果（実線）。破線は，$H11(X_z)$ 励起子束縛エネルギーの計算結果を示している。計算結果は，土家琢磨博士より提供。

### 6.8.4 タイプⅡ励起子－励起子分子系におけるボース統計性の発現

励起子と励起子分子は，ボース粒子である。ここでは，GaAs/AlAs タイプⅡ超格子を対象として，励起子-励起子分子系におけるボース統計性の発現について述べる。まず，理論から説明する。一般に，粒子密度 $n$ は，状態密度 $D(E)$ と統計分布関数 $f(E)$ によって

$$n = \int_0^\infty D(E)f(E)dE \tag{6.107}$$

と与えられる。$D(E)$ に式（1.50）の2次元状態密度，$f(E)$ にボース分布関数，$f(E) = 1/\{\exp[(E-\mu)/k_BT] - 1\}$，を適用すると，粒子密度は以下の式で与え

られる。

$$n_i = -n_{q,i} \ln\left[1 - \exp\left(-\frac{E_i - \mu_i}{k_B T}\right)\right] \qquad (6.108\text{a})$$

$$n_{q,i} = \frac{g_i M_i}{2\pi \hbar^2} k_B T \qquad (6.108\text{b})$$

ここで,添字のiは励起子(X),もしくは,励起子分子(M)を意味しており,$E_i$ は $K=0$ でのエネルギー,$\mu_i$ は化学ポテンシャルである。$n_{q,i}$ は,量子密度(quantum density)であり,$g_i$ が縮退度($g_X=4$, $g_M=1$),$M_i$($M_M=2M_X$)が重心運動有効質量である。励起子と励起子分子が熱平衡状態であると仮定すると($\mu_X=\mu_M/2$),励起子密度 $n_X$ と励起子分子密度 $n_M$ の関係は,次式によって与えられる[193]。

$$n_X = -n_{q,X} \ln\left\{1 - \exp\left(-\frac{E_{b,M}}{2k_B T}\right)\left[1 - \exp\left(-\frac{n_M}{n_{q,M}}\right)\right]^{1/2}\right\} \qquad (6.109)$$

**図 6.65** は,式(6.109)に基づく励起子分子密度の励起子密度依存性の計算結果(実線)であり,破線は,古典統計(ボルツマン分布)に基づく計算結果を示している。計算では,$E_{b,M}$ を 3.0 meV とし,AlAs の $X_z$ 電子と GaAs の Γ 重い正孔の有効質量を用いている。各温度において,励起子密度が低い領域では,ボース統計の結果は古典統計の結果($n_M \propto n_X^2$)と一致している。励起子密度がある値(例えば 6 K の場合,$5\times10^9$ cm$^{-2}$)に達すると,励起子分子密度は 2 乗依存性から外れて急激に増大する

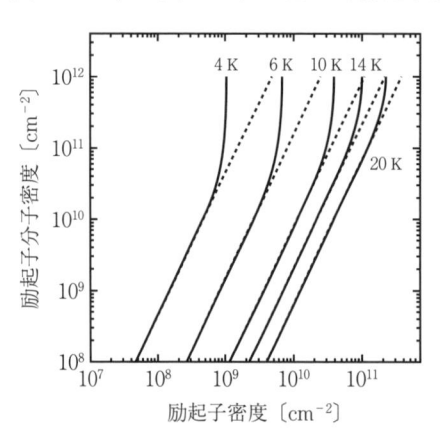

**図 6.65** 式(6.109)に基づく励起子分子密度の励起子密度依存性の計算結果(実線)。破線は,古典統計(ボルツマン分布)に基づく計算結果を示している。

(upturn と呼ぶ)。この振舞いが,ボース統計性の発現に対応する。励起子分子密度が急激に増大し始める励起子密度は,次式で定義される励起子の飽和密

## 6.8 GaAs/AlAs タイプⅡ超格子における励起子光学応答

度近傍である。

$$n_\mathrm{X} = -n_\mathrm{q,X}\ln\left[1-\exp\left(-\frac{E_\mathrm{b,M}}{2k_\mathrm{B}T}\right)\right] \qquad (6.110)$$

励起子の飽和密度は，温度が高くなるに従って増大するため，励起子分子密度の急激な増大が生じる励起子密度は高密度側にシフトする。励起子分子密度が急激に増大する（upturn が生じる）理由について，以下で説明する。1 粒子当たりの励起子分子のエネルギーは，$E_\mathrm{M}/2=E_\mathrm{X}-E_\mathrm{b,M}/2$ であり，励起子エネルギーよりも $E_\mathrm{b,M}/2$ だけ低い。励起子-励起子分子系の粒子密度が増大すると，その化学ポテンシャルが高エネルギー側にシフトする。化学ポテンシャルが 1 粒子当りの励起子分子のエネルギーにきわめて近接すると（エネルギー差が $k_\mathrm{B}T$ 以下），励起子分子のボース統計性（粒子密度の集中）が発現する。一方，励起子エネルギーは，励起子分子よりもエネルギーが $E_\mathrm{b,M}/2$ だけ高いために，励起子分子にボース統計性が発現する化学ポテンシャルの条件においても古典統計性に従う。以上のことから，励起子分子密度の急激な増大が生じる。

実験的にボース統計性の発現を明確に確認するためには，励起子-励起子分子系が十分に冷却される必要がある。GaAs/AlAs タイプⅡ超格子では，発光寿命が μs オーダーと非常に長いために，発光減衰過程において高い冷却効率が期待できる。この観点から，文献 194) では，GaAs/AlAs タイプⅡ超格子の発光減衰過程における励起子と励起子分子の発光強度を形状解析から精密に求め，励起子-励起子分子系におけるボース統計性の発現を明らかにしている。

図 6.66 は，MBE 成長 (001) 面 $(\mathrm{GaAs})_{12}/(\mathrm{AlAs})_{12}$ タイプⅡ超格子における 5 K での発光減衰過程から見積もった励起子分子密度の励起子密度依存性の実験結果（□ 25 mW/cm$^2$，▲ 100 mW/cm$^2$，○ 500 mW/cm$^2$）と式 (6.109) に基づく計算結果（実線）を示している[194]。なお，観測される物理量はあくまでも発光強度であり，励起子と励起子分子の発光強度がそれぞれの密度に比例すると仮定して，実験から得られた強度関係を式 (6.109) から得られる密度関係にフィッティングプロットしている。フィッティングパラメータは，有効温度のみである。発光減衰過程の時間軸は，励起子密度の高密度側から低密度側への

方向に相当する。式 (6.109) に基づく計算結果から外れている高密度領域は，初期減衰時間領域（0～200 ns）に対応し，励起子-励起子分子系の光励起時の高温状態からの冷却が生じている非熱平衡性が大きい領域である。励起光強度が $25\,\mathrm{mW/cm^2}$ では，励起子密度が低いために古典統計的な振舞いしか観測されない。励起光強度が $100\,\mathrm{mW/cm^2}$ と $500\,\mathrm{mW/cm^2}$ では，粒子密度の増大による化学ポテンシャルのシフトを反映して，励起子分子密度が急激に増大するボース統計性が明確に発

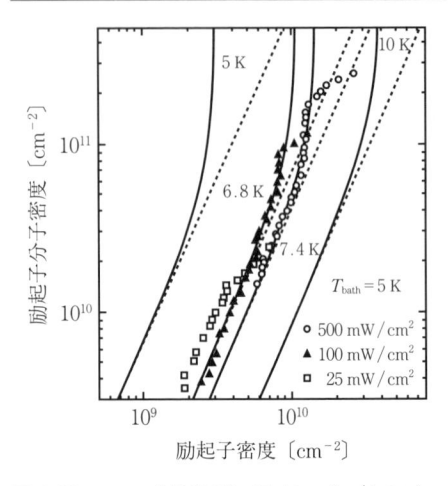

**図 6.66** MBE 成長 (001) 面 $(\mathrm{GaAs})_{12}/(\mathrm{AlAs})_{12}$ タイプⅡ超格子における 5 K での発光減衰過程から見積もった励起子分子密度の励起子密度依存性の実験結果（○, ▲, □）と式 (6.109) に基づく計算結果（実線）

現しており，式 (6.109) に基づく計算結果とよく一致している。励起子-励起子分子系の有効温度は，$100\,\mathrm{mW/cm^2}$ で $6.8\,\mathrm{K}$, $500\,\mathrm{mW/cm^2}$ で $7.4\,\mathrm{K}$ であり，試料冷却温度の 5 K とほとんど同じである。このことは，励起子-励起子分子系の準熱平衡性を示している。このように，GaAs/AlAs タイプⅡ超格子は，ボース統計性が発現する舞台として興味深いものである。

## 6.9 超格子におけるフォノンとラマン散乱

1.5.4 項で概略を説明したように，半導体超格子では，その長周期性 $D$ のためにミニブリルアンゾーンが形成され，バルク半導体とはまったく異なったフォノンモードが生じる[2]。音響フォノンに関しては，すべての超格子系において，ミニブリルアンゾーンによる折り返しモードが生じ，光学フォノンに関しては，ほとんどの超格子系において，量子井戸構造の量子化状態と類似した各層での閉じ込めモードが生じる。さらに，ヘテロ構造特有の界面フォノン

(interface phonon) が存在する。本節では，これらのフォノン特性とラマン散乱について述べる。

### 6.9.1 フォノンラマン散乱選択則

GaAs などの閃亜鉛鉱型結晶［点群 $T_d$ ($\bar{4}3m$)］によって構成された超格子の場合，積層方向の長周期性によって対称性が低下して正方晶となり，その対称性は点群 $D_{2d}$ ($\bar{4}2m$) で表現される。層厚が $m$ML の A 層と $n$ML の B 層から構成された超格子の因子群解析の結果は，以下の通りである[2]。

$$\Gamma = 2(B_2+E) + (m+n-1)(A_1+B_2+2E) \qquad (6.111)$$

右辺第 1 項は，閃亜鉛鉱構造の $\Gamma$ 点の $T_2$ モードが対称性の低下によって $B_2$ と E モードに分裂することを意味している。右辺第 2 項は，超格子におけるミニブリルアンゾーン形成による折り返し効果を反映するものである。式 (6.111) の各モードのラマンテンソルを次式に示す[195]。

$$\begin{pmatrix} a & 0 & 0 \\ 0 & a & 0 \\ 0 & 0 & b \end{pmatrix} \quad \begin{pmatrix} 0 & d & 0 \\ d & 0 & 0 \\ 0 & 0 & 0 \end{pmatrix} \quad \begin{pmatrix} 0 & 0 & 0 \\ 0 & 0 & e \\ 0 & e & 0 \end{pmatrix} \quad \begin{pmatrix} 0 & 0 & e \\ 0 & 0 & 0 \\ e & 0 & 0 \end{pmatrix} \qquad (6.112)$$
$$\quad A_1 \qquad\quad B_2(z) \qquad\quad E(x) \qquad\quad E(y)$$

ここで，括弧中の $x$, $y$, $z$ は，フォノンの分極方向を示している。

式 (6.112) のラマンテンソルを式 (5.11) に代入すると，ラマン散乱選択則を決定することができる。超格子の場合，一般に成長面に対する後方散乱配置（図 5.2）で測定が行われる。(001) 面基板上に結晶成長された試料の場合，波数ベクトル選択則から，観測されるフォノンの波数ベクトル方向（伝播方向）は，$q // z = [001]$ であり，縦（$A_1$ と $B_2$）モードは [001] 方向に振動し，横（E）モードは [100] と [010] 方向に振動する。各フォノンモードの選択則は，$A_1$ モードが $z(x,x)\bar{z}$ もしくは $z(y,y)\bar{z}$，$B_2$ モードが $z(x,y)\bar{z}$ もしくは $z(y,x)\bar{z}$ で観測され，E モードは禁制となる。

## 6.9.2 音響フォノンの折り返しモードと分散関係

音響フォノン分散関係は,どのような超格子系においても,構成する半導体での振動数領域が重なっているために,1.5.4項で述べたように,ミニブリルアンゾーンにおける音響フォノン分散の折り返し効果が生じる。折り返しモードによるラマン散乱の最初の明確な実験結果は,1980年にColvardらによって報告された[196]。文献197)では,ML制御されたGaAs/AlAs超格子を試料として,系統的かつ精密な実験結果が報告されている。図6.67は,MBE成長(001)面$(GaAs)_{10}/(AlAs)_{10}$超格子における室温での音響フォノン振動数領域のラマン散乱スペクトル(後方散乱配置)を示している[197]。30, 60, 90 $cm^{-1}$ 近傍のダブレットバンドが,LAフォノンの1次,2次,3次の折り返しモードによるラマン散乱である。すべての折り返しモードは,$z(x,x)\bar{z}$ 配置で観測されており,6.9.1項で述べたラマン散乱選択則から $A_1$ 対称性であることがわかる。このような折り返しモードのラマン散乱は,層厚が2 ML (0.56 nm) という極薄膜GaAs/AlAs超格子においても明確に

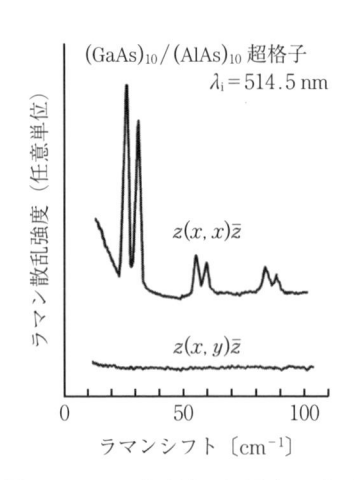

**図6.67** MBE成長(001)面$(GaAs)_{10}/(AlAs)_{10}$超格子における室温での音響フォノン振動数領域のラマン散乱スペクトル(後方散乱配置)

観測される[198]。また,結晶性超格子だけではなく,アモルファス(a-Si/a-Ge)超格子においても同様な折り返しモードによるラマン散乱が生じることが確認されている[199]。さらには,単純周期性超格子だけでなく,Fibonacci級数,$\{S_{j+1}\}=\{S_j, S_{j-1}\}$ によって構成された準周期性超格子(quasiperiodic superlattice)においても,自己相似性(self-similarity)を反映したLAフォノンの折り返しモードが観測されている[200]。

音響フォノン折り返しモードを解析するモデルとして,連続弾性体モデル(elastic continuum model)が広く用いられている。この場合,物質中の音速

## 6.9 超格子におけるフォノンとラマン散乱

を $v$, フォノン波数ベクトルを $q$ とすると,分散関係を $\omega = vq$ で近似する。超格子を 2 種類の弾性体から成る周期積層構造と仮定し,音波の伝播に関する波動方程式を解くと,LA フォノン分散関係は,次式によって与えられる[201]。

$$\cos(q_z D) = \cos\left(\frac{\omega d_1}{v_1}\right)\cos\left(\frac{\omega d_2}{v_2}\right) - \frac{1}{2}\left(\frac{v_2 \rho_2}{v_1 \rho_1} + \frac{v_1 \rho_1}{v_2 \rho_2}\right)\sin\left(\frac{\omega d_1}{v_1}\right)\sin\left(\frac{\omega d_2}{v_2}\right) \quad (6.113)$$

ここで,$d_i$ が層厚,$D$ ($=d_1+d_2$) が周期,$\rho_i$ が密度を意味している。式 (6.113) は,超格子のミニバンドエネルギー計算に広く用いられている有効質量近似クローニッヒ・ペニイ型方程式と同型である。これは,波動方程式を周期境界条件のもとに解いた場合の一般的な特徴である。**図 6.68** は,式 (6.113) に基づいて計算した $(GaAs)_{10}/(AlAs)_{10}$ 超格子の [001] 方向 LA フォノン分散関係と,図 6.67 のラマン散乱スペクトルから得られた折り返し LA フォノンモードの振動数を示している[197]。計算において,GaAs と AlAs バルク結晶の密度 ($5.315\,\mathrm{g/cm^3}$ と $3.729\,\mathrm{g/cm^3}$) と [001] 方向の音速 ($4.726\times 10^5\,\mathrm{cm/s}$ と $5.118\times 10^5\,\mathrm{cm/s}$) を用いている[196]。$q_{max}$ は超格子のミニブリルアンゾーン端の波数ベクトル ($\pi/D$, $D = 20\,\mathrm{ML} = 5.65\,\mathrm{nm}$) を意味しており,バルク結晶のブリルアンゾーンの 1/20 に相当する。後方散乱配置における測定では,ラマン散乱に寄与するフォノンの波数ベクトルの大きさは,波数ベクトル選択則から

$$q_z = \frac{4\pi n}{\lambda_1} \quad (6.114)$$

で与えられる。ここで,$n$ は超格子の屈折率,$\lambda_1$ は入射光波長である。バルク結晶では,$q_z \approx 0$ と近似できるが,超格子の場合,ミニブリルアンゾーンの波

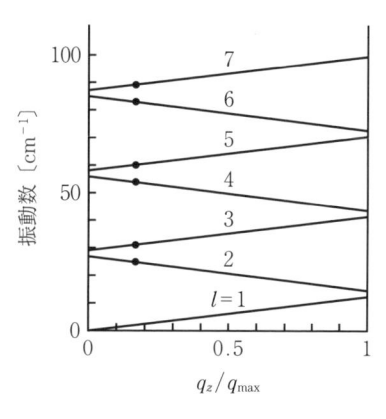

**図 6.68** 式 (6.113) に基づいて計算した $(GaAs)_{10}/(AlAs)_{10}$ 超格子の [001] LA フォノン分散関係と,図 6.67 のラマン散乱スペクトルから得られた折り返し LA フォノンモードの振動数

数領域が小さいために $q_z$ を無視することができない。超格子の屈折率として，$\lambda_i = 514.5$ nm における GaAs と AlAs バルク結晶の屈折率（$4.22^{202)}$ と $3.31^{203)}$）の層厚平均を採用すると，$q_z/q_{max} = 0.165$ という値が得られる。図 6.68 から明らかなように，連続弾性体モデルの計算結果は，実験結果を非常によく説明している。

超格子のラマン散乱の場合，上で述べたように，ミニブリルアンゾーンの大きさに対して散乱波数ベクトルの大きさが無視できないので，入射光波長を変化させることによって，中性子散乱実験のようにミニブリルアンゾーンのフォノン分散を直接に検出することができる[204)]。また，周期が非常に長い超格子では，波数ベクトルの大きさがミニブリルアンゾーンよりも大きいこと（$q_z/q_{max} > 1$）があり，いくつかの実験結果が報告されている[205), 206)]。この場合，Umklapp 過程を考慮して $|q_z - mG| < q_{max}$（$m$ は整数）の条件が満たされるように，波数ベクトル $q_z$ を超格子逆格子ベクトル（$G = 2\pi/D$）の整数倍で補正する。

これまで報告されている (001) 面後方散乱配置における折り返し LA フォノンモードのラマン散乱は，例外なく $A_1$ 対称性を反映している。ところが，完全な Γ 点（$q = 0$）における LA フォノンは，$A_1$ と $B_2$ 対称性に分かれる。例えば，図 6.68 の $LA_2$ と $LA_3$ 分枝の Γ 点モードは，図 1.27 の Γ 点格子変位の計算結果を見ると，$LA_2$ モードは $z$ 方向に対して反転対称性があり，$LA_3$ モードは反転対称性がないことから，それぞれ $A_1$ と $B_2$ 対称性であると判断できる。後方散乱配置において観測されるフォノンの対称性が Γ 点の

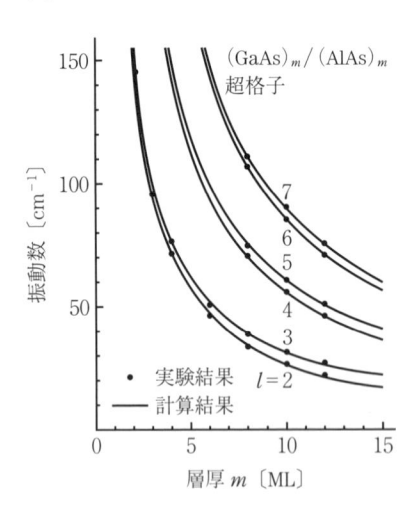

図 6.69 $(GaAs)_m/(AlAs)_m$ 超格子の [001] 折り返し LA フォノンモード振動数の層厚依存性の実験結果（黒丸）と式 (6.113) による計算結果（実線）

ものと異なっているのは，波数ベクトルの有限性（$q_z \neq 0$）によって，$A_1$ と $B_2$ モードの混成が生じているためであり，それを考慮したラマン散乱強度の解析が報告されている[206),207)]。

**図 6.69** は，$(GaAs)_m/(AlAs)_m$ 超格子の [001] 折り返し LA フォノンモード振動数の層厚依存性の実験結果（黒丸）と式 (6.113) による計算結果（実線）を示している[197)]。この結果は，層厚が 2 ML という極薄膜超格子まで，連続弾性体モデルが適用できることを示している。連続弾性体モデルは，超格子の構成物質の音速と密度が既知であるならば，どのような超格子系に対しても適用できる。また，$m$ 次の折り返しモードの振動数 $\omega_m^\pm$（＋はダブレットバンドの高振動数側，－は低振動数側）と周期 $D$ との関係は，超格子の平均音速を $v_{SL}$ とすると，近似的に次式で与えられる。

$$\omega_m^\pm = \left(\frac{2\pi m}{D} \pm \frac{4\pi n}{\lambda_i}\right) v_{SL} \tag{6.115}$$

したがって，観測された折り返しモードの振動数から，簡便に超格子周期を評価できる。なお，当然のことであるが，$\omega = qv$ という近似が成立しない高振動数領域では，弾性体モデルは適用できない。

これまで，超格子の周期数の有限性については考慮してこなかったが，実際には周期数が非常に限られている場合がある。周期数が 3～100 周期の $(GaAs)_{10}/(AlAs)_{10}$ 超格子のラマン散乱スペクトルの測定では，わずか 3 周期（総膜厚 17 nm）の試料においても折り返し LA フォノンモードが明確に観測されている[208)]。ラマン散乱スペクトルのプロファイルに関しては，ラマンバンド幅が，20 周期（総膜厚 113 nm）以下の試料において周期数の減少に従って顕著に広がる傾向を示す。このことは，5.3 節で述べたラマン散乱が生じる空間の有限サイズ効果によって波数ベクトル選択則が緩和し，$q_z$ の広い範囲にわたってラマン散乱が生じるということを仮定して定量的に説明されている[208)]。

### 6.9.3　音響フォノンの折り返しモードに対する界面の乱れの影響

ヘテロ接合の界面には必ず乱れが存在し，折り返しモードのラマン散乱はその影響を強く受ける．光弾性モデル（photoelastic model）に基づくと，積層方向に伝播する振動数 $\omega_j$ の LA フォノンによるストークスラマン散乱強度は，次式によって与えられる[209]．

$$I(\omega_j) \propto \left\langle |\delta\chi(q)|^2 \right\rangle = \frac{n(\omega_j)+1}{\omega_j} \left| \int_{-\infty}^{\infty} \exp(-iqz) P(z) \frac{du_j(z)}{dz} dz \right|^2 \tag{6.116}$$

ここで，$P(z)$ は光弾性係数，$u_j(z)$ は LA フォノンによる格子変位である．式 (6.116) は，LA フォノンによる局所的な格子ひずみ $du_j(z)/dz$ によって，光弾性係数 $P(z)$ に比例した感受率変化 $\delta\chi(q)$ が生じてラマン散乱が発生することを意味している．$P(z)$ を超格子の逆格子ベクトル $(2\pi/D)$ でフーリエ展開し，LA フォノンを弾性体近似で取り扱うと，$m$ 次の折り返しモードによるラマン散乱強度は，次式で表現される．

$$I_m^\pm \propto \omega_m^\pm \left[ n(\omega_m^\pm) + 1 \right] |P_m|^2 \tag{6.117}$$

ここで，$P_m$ は $P(z)$ の $m$ 次のフーリエ係数である．

図 6.70 は，超格子における光弾性係数の空間分布 $P(z)$ の模式図を示しており，上図が理想的な界面の場合，下図が乱れた界面の場合（$\delta$ は界面での乱れの幅）である．理想的な界面と乱れた界面における $P_m$ は，フーリエ変換から次式で与えられる[210),211)]．

$$|P_m|^2 = \left| \frac{P_a - P_b}{m\pi} \sin\left(\frac{m\pi d_a}{D}\right) \right|^2 \quad (\text{理想的な界面}) \tag{6.118a}$$

$$= \left| \frac{P_a - P_b}{m\pi} \sin\left(\frac{m\pi d_a}{D}\right) \frac{\sin(m\pi\delta/D)}{m\pi\delta/D} \right|^2 \quad (\text{乱れた界面}) \tag{6.118b}$$

図 6.71 は，$(GaAs)_{10}/(AlAs)_{13}$ 超格子のラマン散乱スペクトルに対する界面の乱れの効果（$\delta$ は ML 単位）の光弾性モデルに基づく計算結果を示してい

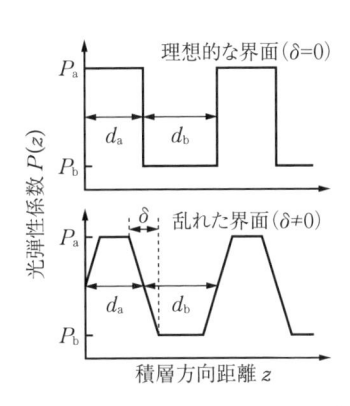

6.9 超格子におけるフォノンとラマン散乱　　319

**図 6.70** 超格子における光弾性係数の空間分布 $P(z)$ の模式図。上図が理想的な界面の場合，下図が乱れた界面の場合（$\delta$ は界面での乱れの幅）を示している。

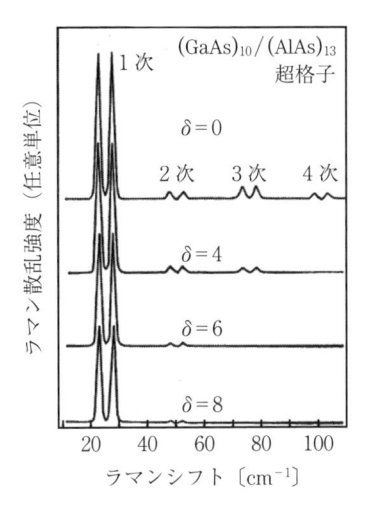

**図 6.71** $(GaAs)_{10}/(AlAs)_{13}$ 超格子のラマン散乱スペクトルに対する界面の乱れの効果（$\delta$ は ML 単位）の光弾性モデルに基づく計算結果

る[211]。GaAs と AlAs の光弾性係数は，0.48 と 0.05 としている[209]。計算結果から，界面の乱れが大きくなるに従って，高次の折り返しモードのラマン散乱強度が減少することが明らかである。このモデルは，6.9.2 項で述べた $A_1$ と $B_2$ モードの混成という効果を含んでいないので厳密なものではないが，すべての超格子系に対して，ある程度の定量性をもって界面の乱れを簡便に評価できる。

### 6.9.4　光学フォノンの閉じ込めモードと分散関係

　主要な半導体の光学フォノン振動数をまとめた表 1.1 を見ると，ほとんどのヘテロ接合系では，光学フォノンの振動数領域の重なりがないことがわかる。GaAs/AlAs 超格子を例とすると，GaAs（AlAs）層が AlAs（GaAs）層の LO フォノンに対して障壁層となり，フォノンは各層に強く閉じ込められて（図 1.27 参照），エネルギー分散関係が量子化される（図 1.26 参照）。この特性は，周期性のない量子井戸構造においても同様である。**図 6.72** は，MBE 成長

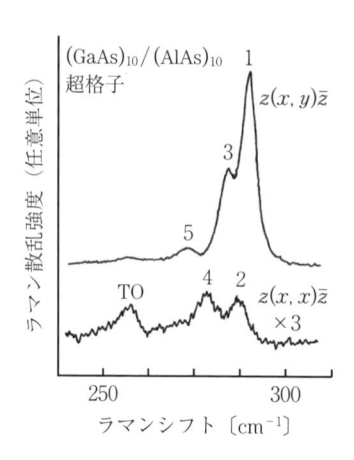

**図 6.72** MBE 成長(001)面 $(GaAs)_{10}/(AlAs)_{10}$ 超格子における GaAs 型 LO フォノン振動数領域における室温でのラマン散乱スペクトル(後方散乱配置)

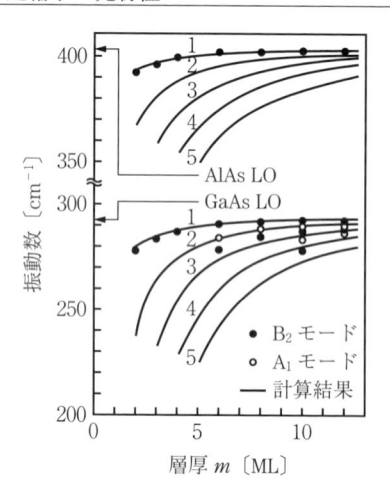

**図 6.73** MBE 成長(001)面 $(GaAs)_m/(AlAs)_m$ 超格子の LO フォノン振動数の層厚依存性の実験結果(黒丸が $B_2$ モード,白丸が $A_1$ モード)と最近接相互作用のみを考慮した1次元格子モデルの計算結果

(001)面 $(GaAs)_{10}/(AlAs)_{10}$ 超格子における GaAs 型 LO フォノン振動数領域における室温でのラマン散乱スペクトル(後方散乱配置)を示している[197]。測定条件が理想的な後方散乱配置から少しずれているために,禁制である TO フォノンのラマン散乱が弱く出現している。LO フォノンラマン散乱に着目すると,5次までのモードが観測され,6.9.1項で述べたラマン散乱選択則から,奇数次モードが $B_2$ 対称性 $[z(x,y)\bar{z}]$,偶数次モードが $A_1$ 対称性 $[z(x,x)\bar{z}]$ であることが明らかであり,これは Γ 点の対称性と一致する。LA フォノンの場合は,6.9.2項で述べたように $A_1$ と $B_2$ モードの混成が顕著に現れていたが,閉じ込め LO フォノンモードではそのような現象は生じない。図 6.72 において,$A_1$ モードのラマン散乱強度はかなり弱いものであるが,共鳴条件での測定では,Fröhlich 相互作用によって強度が非常に増強されて,$B_2$ モードよりもはるかに強いものとなる[212]。

**図 6.73** は,MBE 成長 (001) 面 $(GaAs)_m/(AlAs)_m$ 超格子の LO フォノン振動

数の層厚依存性の実験結果(黒丸が $B_2$ モード,白丸が $A_1$ モード)と最近接相互作用のみを考慮した 1 次元格子モデル[213]の計算結果を示している[197]。AlAs型 LO フォノンについては,$LO_1$ モードしか観測されていないが,共鳴条件において高次のモードが明確に観測されることが報告されている[214]。図 6.73 から,層厚が薄くなるに従って,また,モードの次数が高くなるに従って,LOフォノン振動数が低下することが明らかであり,量子井戸構造に閉じ込められた電子のサブバンドエネルギーとは逆の傾向である。これは,バルク結晶のLO フォノン分散が,図 1.6 に示したように低振動数側への分散であることに起因している。高次のモードの振動数に関する実験結果と計算結果の不一致は,長距離相互作用を無視しているためである。この層厚依存性から,超格子・量子井戸構造の層厚を評価することができるが,最も観測しやすい $LO_1$モードの振動数は,層厚が 12 ML(約 3.4 nm)よりも厚い場合はバルク結晶の LO フォノン振動数と一致する。

量子井戸構造に閉じ込められた電子状態の類型として光学フォノン閉じ込めモードを取り扱うと,層厚が $m$ ML における $n$ 次のモードの有効波数ベクトル(バルク結晶フォノン分散において対応する波数ベクトル)は次式で与えられる[214]。

$$q_n = \frac{n\pi}{(m+\xi)(a_0/2)} \tag{6.119}$$

ここで,$a_0/2$ は 1 ML の厚さ($ma_0/2$ が層厚),$\xi$ は隣接している層へのフォノンモードのしみ出し長を意味しており,$\xi = 0$ の場合は,無限障壁に閉じ込められた状態に相当する。式 (6.119) は,フォノン波数ベクトルの量子化を意味している。図 6.74 は,中性子線散乱から得られた GaAs バルク結晶の [001]LO フォノン分散関係(実線)と,ラマン散乱から得られたいくつかの GaAs/AlAs 超格子の GaAs 型 LO フォノン振動数を式 (6.119) の有効波数ベクトル($\xi$ = 1 ML と仮定)に対してプロットした結果を示している[214]。図 6.74 の結果は,超格子・量子井戸構造の閉じ込め LO フォノンモードの振動数を,量子化されたフォノン波数ベクトルを用いることによって,バルク結晶のフォノン分

散関係から説明できることを示している。構造評価の観点では，観測されたフォノン振動数に対応する有効波数ベクトルをバルク結晶のフォノン分散から推定し，式 (6.119) に基づいて層厚を評価することができる。また，界面が乱れている場合，層厚の揺らぎによる有効波数ベクトルの変動[215]，界面拡散による閉じ込めポテンシャルの形状変化（例えば，階段状から放物線状への変化）[216]を考慮して，乱れの状態を評価することができる。

ヘテロ接合による格子ひずみ効果に関しては，超格子・量子井戸構造の光学フォノンモードが，上で述べたようにバルク結晶の特性を反映しているので，5.5 節で述べたフォノン振動数に対する格子ひずみ効果の理論で問題なく取り扱うことができる[217]。

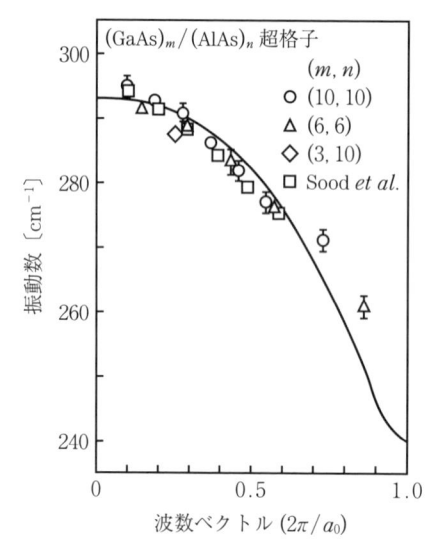

図 6.74 中性子線散乱から得られた GaAs バルク結晶の [001]LO フォノン分散関係（実線）と，ラマン散乱から得られたいくつかの $(GaAs)_m/(AlAs)_n$ 超格子の GaAs 型 LO フォノン振動数を式 (6.119) の有効波数ベクトル（$\xi=1$ ML と仮定）に対してプロットした結果[214]（Reprinted with permission. Copyright (1991) by the American Physical Society.）

### 6.9.5 界面モード

ヘテロ接合界面に由来する光学フォノンを界面モード（interface mode）と呼ぶが，2 種類の定義がある。一つが，ヘテロ接合を形成する化合物半導体に共通の原子がない場合（AB/CD 接合）の界面状態に由来するものである。この場合，（1）-A-B-C-D-，（2）-B-A-D-C- という 2 種類の界面状態が可能であり，（1）では B-C，（2）では A-D という母体半導体とは異なる界面結合（interface bond）が形成される。このような界面結合に起因するモードは，界面に局在化する[218]。図 6.75 は，MBE 成長 (001) 面 $(InAs)_{10}/(AlSb)_{10}$ ひずみ超

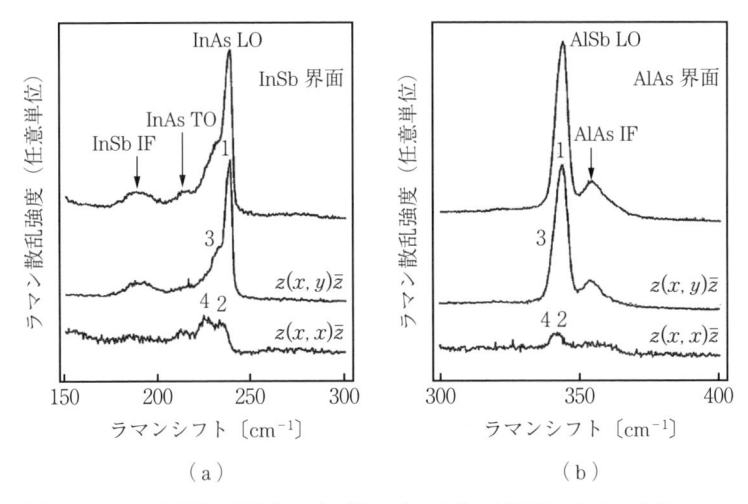

## 6.9 超格子におけるフォノンとラマン散乱

**図 6.75** MBE 成長 (001) 面 (InAs)$_{10}$/(AlSb)$_{10}$ ひずみ超格子における室温でのラマン散乱スペクトル(後方散乱配置)。(a) InSb 界面，(b) AlAs 界面の超格子試料。IF は，界面モードを意味する[219]。(Reprinted with permission. Copyright (1993), American Institute of Physics.)

格子における室温でのラマン散乱スペクトル(後方散乱配置)を示しており，(a)が InSb 界面，(b)が AlAs 界面の試料のスペクトルである[219]。図 6.75 (a)では，InAs 型 LO フォノンの低振動数側に InSb 界面モードのラマンバンドが，図 6.75(b)では，AlSb 型 LO フォノンの高振動数側に AlAs 界面モードのラマンバンドが現れている。このような界面フォノンラマン散乱は，界面の結合状態のプローブとして利用できる。

界面フォノンのもう一つは，界面方向に伝播する電磁波的なモード，いわゆる界面フォノンポラリトンである。この場合，超格子や量子井戸構造の各層を，式 (2.51) の光学フォノン誘電関数 $\varepsilon(\omega)$ を持つ誘電体薄膜として取り扱う。誘電体多層構造における電磁波の伝播を解くと，$\varepsilon(\omega)<0$ の条件，すなわち，振動数が $\omega_{TO}<\omega<\omega_{LO}$ の領域において，積層方向に振幅が減衰し，界面方向に伝播する電磁波モードが得られる。この特徴は，表面ポラリトンと類似している。界面モードの場合，波数ベクトルが界面方向であるために，後方散乱配置では原則として禁制である。ところが，Fröhlich 相互作用が強い共鳴条

件では，不純物や欠陥によって波数ベクトル選択則が破綻し，界面モードのラマン散乱が明確に観測される[220),221)]。共鳴条件で観測される界面モードの振動数は，ヘテロ接合の物質を1と2で示すと，$\varepsilon_1(\omega) = -\varepsilon_2(\omega)$の条件で決定される[220)]。また，文献222) では，GaAs/AlAs接合における界面フォノンポラリトンの分散関係が，実験と理論の両面において明らかにされている。図6.76 は，GaAs (60 nm)/AlAs (500 nm)/GaAs (緩衝層・基板) ヘテロ接合におけるAlAsの光学フォノン振動数領域における界面フォノンポラリトンの分散関係の計算結果（実線）とラマン散乱によって測定された実験結果（室温）を示している[222)]。$q_x$が界面方向の波数ベクトルであり，実験では入射角を変化させることによって$q_x$を制御している。界面フォノンポラリトンに2モードが存在するのは，AlAs層には上下に二つの界面が存在していることを反映している。超格子の場合は，周期的に界面が存在するために，界面フォノンポラリトンのバンドが形成される[221)]。

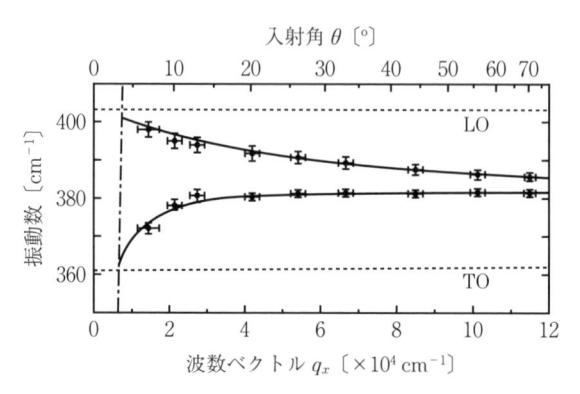

図6.76 GaAs(60 nm)/AlAs(500 nm)/GaAs（緩衝層・基板）ヘテロ接合におけるAlAsの光学フォノン振動数領域における界面フォノンポラリトンの分散関係の計算結果（実線）とラマン散乱による実験結果（室温）。一点鎖線は，光の分散を示している。

# 引用・参考文献

[1章]
1) G. Burns：*Introduction to Group Theory with Applications*（Academic Press, New York, 1977）. 中村輝太郎, 澤田昭勝共訳："物性物理学のための群論入門"（培風館, 1983）.
2) 今野豊彦："物質の対称性と群論"（共立出版, 2001）.
3) S. Miyoshi, K. Onabe, N. Ohkouchi, H. Yamaguchi, R. Ito, S. Fukatsu, and Y. Shiraki：J. Cryst. Growth **124** (1992) 439.
4) D. J. As, T. Frey, D. Schikora, K. Lischka, V. Cimalla, J. Pezoldt, R. Goldhahn, S. Kaiser, and W. Gebhardt：Appl. Phys. Lett. **76** (2000) 1686.
5) M. Funato, M. Ueda, Y. Kawakami, Y. Narukawa, Y. Kosugi, M. Takahashi, and T. Mukai：Jpn. J. Appl. Phys. **45** (2006) L659.
6) Y. Yoshizumi, M. Adachi, Y. Enya, T. Kyono, S. Tokuyama, T. Sumitomo, K. Akita, T. Ikegami, M. Ueno, K. Katayama, and T. Nakamura：Appl. Phys. Express **2** (2009) 092101.
7) J. L. T. Waugh and G. Dolling：Phys. Rev. **132** (1963) 2410.
8) H. Siegle, G. Kaczmarczyk, L. Filippidis, A. P. Litvinchuk, A. Hoffmann, and C. Thomsen：Phys. Rev. B **55** (1997) 7000.
9) C. F. Klingshirn, B. K. Meyer, A. Waag, A. Hoffmann, and J. Geurts：*Zinc Oxide*（Springer, Berlin, 2010）p.7.
10) I. Gorczyca, N. E. Christensen, E. L. Peltzer y Blanca, and C. O. Rodriguez：Phys. Rev. B **51** (1995) 11936.
11) O. Madelung：*Semiconductors：Data Handbook*, 3rd ed.（Springer, Berlin, 2004）.
12) 中島信一, 三石明善："赤外・ラマン振動 [ I ]"（南江堂, 1983）p.59.
13) I. F. Chang and S. S. Mitra：Adv. Phys. **20** (1971) 359.
14) A. Tsukazaki, A. Ohtomo, T. Onuma, M. Ohtani, T. Makino, M. Sumita, K. Ohtani, S. F. Chichibu, S. Fuke, Y. Segawa, H. Ohno, H. Koinuma, and M. Kawasaki：Nature Mat. **4** (2005) 42.
15) J. R. Chelikowsky and M. L. Cohen：Phys. Rev. B **14** (1976) 556.
16) Y. P. Varshni：Physica **34** (1967) 149.
17) C. F. Kingshirn：*Semiconductor Optics*, 3rd ed.（Springer, Berlin, 2007）p.735.

18) D. G. Thomas : J. Phys. Chem. Solids **15** (1960) 86.
19) D. C. Reynolds, D. C. Look, B. Jogai, C. W. Litton, G. Cantwell, and W. C. Harsch : Phys. Rev. B **60** (1999) 2340.
20) B. Gil : Phys. Rev. B **64** (2001) 201310.
21) S. Adachi, K. Hazu, T. Sota, S. F. Chichibu, G. Cantwell, D. C. Reynolds, and C. W. Lotton : Phys. Status Solidi C **2** (2005) 890.
22) H. Hazu, S. F. Chichibu, S. Adachi, and T. Sota : J. Appl. Phys. **111** (2012) 093522.
23) I. Vurgaftman, J. R. Meyer, and L. R. Ram-Mohan : J. Appl. Phys. **89** (2001) 5815.
24) H. C. Cassey, Jr. and M. B. Panish : *Heterostructure Lasers* Part B (Academic Press, New York, 1978) p.1.
25) I. Vurgaftman and J. R. Meyer : J. Appl. Phys. **94** (2003) 3675.
26) L. Vegard : Z. Phys. **5** (1921) 17.
27) C. F. Klingshirn : *Semiconductor Optics* (Springer, Berlin, 2007) p. 163.
28) E. O. Kane : Phys. Rev. B **18** (1978) 6849.
29) K. Cho : *Excitons*, ed. by K. Cho (Springer, Berlin, 1979) p.15.
30) *Physics of Group IV Elements and III-V Compounds*, Landolt-Börnstein New Series, Group III , Vol. 17a, ed. by O. Madelung, M. Shulz, and H. Weiss (Springer, Berlin, 1982).
31) R. A. R. Leute, M. Feneberg, R. Sauer, K. Thonke, S. B. Thapa, F. Scholz, Y. Taniyasu, and M. Kasu : Appl. Phys. Lett. **95** (2009) 031903.
32) A. V. Rodina, M. Dietrich, A. Göldner, L. Eckey, A. Hoffmann, Al. L. Efros, M. Rosen, and B. K. Meyer : Phys. Rev. B **64** (2001) 115204.
33) *Physics of II-VI and I-VI Compounds, Semimagnetic Semiconductors*, Landolt-Börnstein New Series, Group III , Vol. 17b, ed. by O. Madelung, M. Shulz, and H. Weiss (Springer, Berlin, 1982).
34) L. Esaki and R. Tsu : IBM J. Res. Dev. **14** (1970) 61.
35) J. Batey and S. L. Wright : J. Appl. Phys. **59** (1986) 200.
36) C. G. Van de Walle : Phys. Rev. B **39** (1989) 1871.
37) S. Wei and A. Zunger : Appl. Phys. Lett. **72** (1998) 2011.
38) P. G. Moses and C. G. Van de Walle : Appl. Phys. Lett. **96** (2010) 021908.
39) H. Iwamura, H. Kobayashi, and H. Okamoto : Jpn. J. Appl. Phys. **23** (1984) L795.
40) G. Bastard : Phys. Rev. B **24** (1981) 5693.
41) C. Waschke, H. G. Roskos, R. Schweidler, K. Leo, H. Kurz, and K. Köhler : Phys. Rev. Lett. **70** (1993) 3319.
42) 解説として，中山正昭，固体物理 **22** (1987) 383.
43) A. S. Baker, Jr, J. L. Merz, and A. G. Gossard : Phys. Rev. B **17** (1978) 3181.
44) J. Sapriel, J. C. Michel, J. C. Toledano, R. Vacher, J. Kervarec, and A. Regreny : Phys. Rev. B **28** (1983) 2007.

## [2章]

1) 電磁波論の総説として，C. F. Kingshirn：*Semiconductor Optics*, 3rd ed. (Springer, Berlin, 2007) p.11, p.73, p.93.
2) 量子論の総説として，P. Y. Yu and M. Cardona：*Fundamentals of Semiconductors* (Springer, Berlin, 1996) p.233.
3) 量子論の総説として，H. Barry Bebb and E. W. Williams：*Semiconductors and Semimetals* vol.8 (Academic Press, New York, 1972) p.181.
4) C. Kittel：*Introduction to Solid State Physics*, 6th ed. (John Wiley & Sons, New York, 1986) p.359.
5) J. J. Hopfield：Phys. Rev. **112** (1958) 1555.
6) C. H. Henry and J. J. Hopfield：Phys. Rev. Lett. **15** (1965) 964.
7) A. Tredicucci, Y. Chen, F. Bassani, J. Massies, C. Deparis, and G. Neu：Phys. Rev. B **47** (1993) 10348.
8) J. J. Hopfield and D. G. Thomas：Phys. Rev. **132** (1963) 563.
9) S. I. Pekar：Zh. Eksp. Teor. Fiz. **33** (1957) 1022 [Soviet Phys. JETP **6** (1958) 785].
10) K. Cho：J. Phys. Soc. Jpn. **55** (1986) 4113.
11) H. Ishihara and K. Cho：Phys. Rev. B **41** (1990) 1424.
12) K. Cho：*Optical Response of Nanostructures* (Springer, Berlin, 2003). 張紀久夫："ナノ構造物質の光学応答"（シュプリンガー・フェアラーク東京，2004）.
13) *Surface Polaritons*, ed. by V. M. Agranovich and D. L. Mills (North-Holland, Amsterdam, 1982) p.3, p.69.
14) J. Lagois and B. Fischer：Phys. Rev. B **17** (1978) 3814.
15) E. O. Kane：*Semiconductors and Semimetals*, vol. 1 (Academic Press, New York, 1966) p.75.
16) L. Van Hove：Phys. Rev. **89** (1953) 1189.
17) G. Harbeke：*Optical Properties of Solids*, ed. by F. Abelès (North-Holland, Amsterdam, 1972) p.21.
18) R. B. Schoolar and J. R. Dixon：Phys. Rev. **137** (1965) A667.
19) F. Urbach：Phys. Rev. **92** (1953) 1324.
20) 御子柴宣夫："半導体の物理"（培風館，1982) p.211.
21) P. J. Dean and D. G. Thomas：Phys. Rev. **150** (1966) 690.
22) R. J. Elliott：Phys. Rev. **108** (1957) 1384.
23) H. Haug and S. W. Koch：*Quantum Theory of the Optical and Electronic Properties of Semiconductors*, 2nd ed. (World Scientific, Singapore, 1993) p.169.
24) G. W. Fehrenbach, W. Schäfer, and R. G. Ulbrich：J. Lumin. **30** (1985) 154.
25) M. D. Sturge：Phys. Rev. **127** (1962) 768.
26) H. W. Martienssen：J. Phys. Chem. Solids **2** (1957) 257.

27) H. Mahr : Phys. Rev. **125** (1962) 1510.
28) S. Chichibu, T. Mizutani, T. Shioda, H. Nakanishi, T. Deguchi, T. Azuhata, T. Soda, and S. Nakamura : Appl. Phys. Lett. **70** (1997) 3440.
29) H. Sumi and Y. Toyozawa : J. Phys. Soc. Jpn. **31** (1971) 342.
30) Y. Toyozawa : *Optical Processes in Solids* (Cambridge University Press, Cambridge, 2003) p.149.
31) W. P. Dumke : Phys. Rev. **132** (1963) 1998.
32) J. J. Hopfield, D. G. Thomas, and M. Gershenzon : Phys. Rev. Lett. **10** (1963) 162.
33) D. G. Thomas, M. Gershenzon, and F. A. Trumbore : Phys. Rev. **133** (1964) A269.
34) R. Dingle : Phys. Rev. **184** (1969) 788.
35) R. C. C. Leite : Phys. Rev. **157** (1967) 672.
36) R. Dingle and M. Ilegems : Solid State Commun. **9** (1971) 175.
37) D. G. Thomas, J. J. Hopfield, and W. M. Augustyniak : Phys. Rev. **140** (1965) A202.
38) D. G. Thomas, J. J. Hopfield, and C. J. Frosch : Phys. Rev. Lett. **15** (1965) 857.
39) R. A. Faulkner : Phys. Rev. **175** (1968) 991.
40) N. Holonyak Jr., J. C. Campbell, M. H. Lee, J. T. Verdeyen, W. L. Johnson, M. G. Craford, and D. Finn : J. Appl. Phys. **44** (1973) 5517.
41) P. J. Dean : J. Lumin. **1-2** (1970) 398.
42) J. C. Campbell, N. Holonyak Jr., M. G. Craford, and C. L. Keune : J. Appl. Phys. **45** (1974) 4543.
43) W. van Roosbroech and W. Shockley : Phys. Rev. **94** (1954) 1558.
44) P. P. Altermatt, J. Schmidt, G. Heiser, and A. G. Aberie : J. Appl. Phys. **82** (1997) 4938.
45) G. Benz and R. Conradt : Phys. Rev. B **16** (1977) 843.
46) L. Pincherle : Proc. Phys. Soc. B **68** (1955) 319.
47) L. Bess : Phys. Rev. **105** (1957) 1469.
48) A. R. Beattie and P. T. Landsberg : Proc. Roy. Soc. London A **249** (1959) 16.
49) L. Huldt : Phys. Status Solidi A **33** (1976) 607.
50) M. Takeshima : Phys. Rev. B **23** (1981) 771.
51) 竹島眞澄：日本物理学会誌 **37** (1982) 913.
52) A. Hangleiter and R. Häcker : Phys. Rev. Lett. **65** (1990) 215.

〔3章〕
1) T. Shimomura, D. Kim, and M. Nakayama : J. Lumin. **112** (2005) 191.
2) J. Lagois : Phys. Rev. B **23** (1981) 5511.
3) A. V. Rodina, M. Dietrich, A. Göldner, L. Eckey, A. Hoffmann, Al. L. Efros, M. Rosen, and B. K. Meyer : Phys. Rev. B **64** (2001) 115204.
4) R. Stepniewski, K. P. Korona, A. Wysmolek, J. M. Baranowski, K. Pakula, M.

Potemski, G. Martinez, I. Grzegory, and S. Porowski : Phys. Rev. B **56** (1997) 15151.
5) W. Shan, T. Schmidt, X. H. Yang, J. J. Song, and B. Goldenberg : J. Appl. Phys. **79** (1996) 3691.
6) H. C. Cassey, Jr. and M. B. Panish : *Heterostructure Lasers* Part B (Academic Press, New York, 1978) p.1.
7) A. Imada, S. Ozaki, and S. Adachi : J. Appl. Phys. **92** (2002) 1793.
8) S. Ozaki, T. Mishima, and S. Adachi : Jpn. J. Appl. Phys. **42** (2003) 5465.
9) R. Pässler, E. Griebl, H. Riepl, G. Lautner, S. Bauer, H. Preis, W. Gebhardt, B. Buda, D. J. As, D. Schikora, K. Lischka, K. Papagelis, and S. Ves : J. Appl. Phys. **86** (1999) 4403.
10) R. Pässler : Phys. Status Solidi B **200** (1997) 155.
11) M. Nakayama, I. Tanaka, T. Doguchi, and H. Nishimura : Jpn. J. Appl. Phys. **29** (1990) L1760.
12) M. Born and E. Wolf : *Principles of Optics* (Pergamon, Oxford, 1975) p.36.
13) S. Rudin, T. L. Reinecke, and S. Segall : Phys. Rev. B **42** (1990) 11218.
14) A. K. Viswanath, J. I. Lee, S. Yu, D. Kim, Y. Choi, and C. Hong : J. Appl. Phys. **84** (1998) 3848.
15) H. Qiang, F. H. Pollak, C. M. Sotomayor Torres, W. Leitch, A. H. Kean. M. A. Stroscio, G. J. Iafrate, and K. W. Kim : Appl. Phys. Lett. **61** (1992) 1411.
16) G. Blattner, G. Kurtze, G. Schmieder, and C. Klingshirn : Phys. Rev. B **25** (1982) 7413.
17) K. Kornitzer, T. Ebner, K. Thonke, R. Sauer, C. Kirchner, V. Schwegler, M. Kamp, M. Leszczynski, I. Grzegory, and S. Porowski : Phys. Rev. B **60** (1999) 1471.
18) J. J. Hopfield : *Proc. 7th Int. Conf. on Physics of Semiconductors* (Dunod, Paris, 1964) p.725.
19) F. H. Gertler, H. B. Snodgrass, and L. Spruch : Phys. Rev. **172** (1968) 110.
20) J. R. Haynes : Phys. Rev. Lett. **4** (1960) 361.
21) H. Atzmüller and U. Schröder : Phys. Status Solidi B **89** (1978) 349.
22) M. O'Neill, M. Oestreich, W. W. Rühle, and D. E. Ashenford : Phys. Rev. B **48** (1993) 8980.
23) S. Nakamura, T. Sakashita, K. Yoshimura, Y. Yamada, and T. Taguchi : Jpn. J. Appl. Phys. **36** (1977) L491.
24) S. J. Xu, L. X. Zheng, S. H. Cheung, M. H. Xie, S. Y. Tong, and H. Yang : Appl. Phys. Lett. **81** (2002) 4389.
25) B. Segall and G. D. Mahan : Phys. Rev. **171** (1968) 935.
26) C. Klingshirn : Phys. Status Solidi B **71** (1975) 547.
27) D. Y. Song, M. Basavaraj, S. A. Nikishin, M. Holtz, V. Soukhoveev, A. Usikov, and V.

Dmitriev : J. Appl. Phys. **100** (2006) 113504.
28) W. Ekardt, K. Lösch, and D. Bimberg : Phys. Rev. B **20** (1979) 3303.
29) P. P. Paskov, T. Paskova, P. O. Holtz, and B. Monemar : Phys. Rev. B **64** (2001) 115201.
30) M. Fiebig, D. Fröhlich, and Ch. Pahlke-Lerch : Phys. Status Solidi B **177** (1993) 187.
31) H. Hümmer, R. Helbig, and M. Baumgärtner : Phys. Status Solidi B **86** (1978) 527.
32) H. Takeuchi, Y. Yamamoto, Y. Kamo, T. Kunii, T. Oku, T. Shirahama, H. Tanaka, and M. Nakayama : J. Appl. Phys. **102** (2007) 043510.
33) Ph. Roussignol, C. Delalande, A. Vinattieri, L. Carraresi, and M. Colocci : Phys. Rev. B **45** (1992) 6965.
34) Y. Kawakami, Z. G. Peng, Y. Narukawa, Sz. Fujita, S. Fujita, and S. Nakamura : Appl. Phys. Lett. **69** (1996) 1414.
35) S. Pau, Z. X. Liu, J. Kuhl, J. Ringling, H. T. Grahn, M. A. Khan, C. J. Sun, O. Ambacher, and M. Stutzmann : Phys. Rev. **57** (1998) 7066.
36) O. Brandt, J. Ringling, K. H. Ploog, H.-J. Wünsche, and F. Henneberger : Phys. Rev. B **58** (1998) R15977.
37) K. P. Korona : Phys. Rev. B **65** (2002) 235312.
38) E. I. Rashba : Sov. Phys. Semicond. **8** (1975) 807.
39) J. Feldmann, G. Peter, E. O. Göbel, P. Dawson, K. Moore, C. Foxon, and R. J. Elliott : Phys. Rev. Lett. **59** (1987) 2337.
40) L. C. Andreani, F. Tassone, and F. Bassani : Solid State Commun. **77** (1991) 641.
41) P. Lefebvre, J. Allégre, B. Gil, A. Kavokine, H. Mathieu, W. Kim, A. Salvador, A. Botchkarev, and H. Morkoç : Phys. Rev. B **57** (1998) R9447.
42) C. F. Klingshirn : *Semiconductor Optics*, 3rd ed. (Springer, Berlin, 2007) p.227.
43) P. W. Anderson : Phys. Rev. **109** (1958) 1492.
44) M. Nakayama, R. Kitano, M. Ando, and T. Uemura : Appl. Phys. Lett. **87** (2005) 092106.
45) L. Pavesi and M. Ceschini : Phys. Rev. B **48** (1993) 17625.
46) M. Pophristic, F. H. Long, C. Tran, I. T. Ferguson, and R. F. Karlicek, Jr. : Appl. Phys. Lett. **73** (1998) 3550.
47) M. Nakayama, K. Tokuoka, K. Nomura, T. Yamda, A. Moto, and S. Takagishi : Phys. Status Solidi B **240** (2003) 352.
48) M. Nakayama, Y. Iguchi, K. Nomura, J. Hashimoto, T. Yamada, and S. Takagishi : J. Lumin. **122-123** (2007) 753.
49) R. Kohlrausch : Annalen der Physik und Chemie (Poggendorff) **91** (1854) 179.
50) J. Klafter and M. F. Shlesinger : Proc. Natl. Acad. Sci. USA **83** (1986) 848.
51) U. Heim and P. Wiesner : Phys. Rev. Lett. **30** (1973) 1205.

52) D. D. Sell, E. E. Stokowski, R. Dingle, and J. V. DiLorenzo : Phys. Rev. B **7** (1973) 4568.
53) C. Weisbuch and R. G. Ulbrich : Phys. Rev. Lett. **39** (1977) 654.
54) B. Gil, A. Hoffmann, S. Clur, L. Eckey, O. Briot, and R. L. Aulombard : J. Cryst. Growth **189/190** (1998) 639.
55) R. Hauschild, H. Priller, M. Decker, H. Kalt, and C. Klingshirn : Phys. Status Solidi C **3** (2006) 980.
56) M. Kuwata, T. Kuga, H. Akiyama, T. Hirano, and M. Matsuoka : Phys. Rev. Lett. **61** (1988) 1226.
57) T. Ikehara and T. Itoh : Phys. Rev. B **44** (1991) 9283.
58) O. Akimoto and E. Hanamura : J. Phys. Soc. Jpn. **33** (1972) 1537.
59) P. L. Gouley and J. P. Wolf : Phys. Rev. B **20** (1979) 3319.
60) I. Pelant and J. Valenta : *Luminescence Spectroscopy of Semiconductors* (Oxford Univ. Press, Oxford, 2012) p.205.
61) K. Kyhm, R. A. Taylor, J. F. Ryan, T. Aoki, M. Kuwata-Gonokami, B. Beaumont, and P. Gilbart : Phys. Rev. B **65** (2002) 193102.
62) S. Charbonneau, L. B. Allard, A. P. Roth, and T. Sudersena Rao : Phys. Rev. B **47** (1993) 13918.
63) *Physics of II-VI and I-VI Compounds, Semimagnetic Semiconductors*, Landolt-Börnstein New Series, Group III, Vol. 17b, ed. by O. Madelung, M. Shulz, and H. Weiss (Springer, Berlin, 1982).
64) J. M. Hvam, G. Blattner, M. Reuscher, and C. Klingshirn : Phys. Status Solidi B **118** (1983) 179.
65) S. Suga and T. Koda : Phys. Status Solidi B **61** (1974) 291.
66) A. Yamamoto, K. Miyajima, T. Goto, H. J. Ko, and T. Yao : J. Appl. Phys. **90** (2001) 4973.
67) M. Nakayama, H. Ichida, and H. Nishimura : J. Phys. : Condens. Matter **11** (1999) 7653.
68) B. S. Razbirin, D. K. Nel'son, J. Erland, K.-H. Pantke, V. G. Lyssenko, and J. M. Hvan : Solid State. Commun. **93** (1995) 65.
69) A. Yamamoto, K. Miyajima, T. Goto, H.J. Ko, and T. Yao : Phys. Status Solidi B **229** (2002) 871.
70) E. Hanamura : Solid State Commun. **12** (1973) 951.
71) N. Nagasawa, N. Nakata, Y. Doi, and M. Ueta : J. Phys. Soc. Jpn. **39** (1975) 987.
72) T. Itoh, Y. Nozue, and M. Ueta : J. Phys. Soc. Jpn. **40** (1976) 1791.
73) Y. Furutani, R. Kittaka, H. Miyake, K. Hiramatsu, and Y. Yamada : Appl. Phys. Express **5** (2012) 072401.
74) T. Itoh and T. Suzuki : J. Phys. Soc. Jpn. **45** (1978) 1939.

75) K. Edamatsu, G. Oohata, R. Shimizu, and T. Itoh : Nature **431** (2004) 167.
76) M. Nakayama, T. Nishioka. S. Wakaiki, G. Oohata. K. Mizoguchi, D. Kim, and K. Edamatsu : Jpn. J. Appl. Phys. **46** (2007) L234.
77) H. Ajiki and H. Ishihara : J. Phys. Soc. Jpn. **76** (2007) 053401.
78) M. Bamba and H. Ishihara : Phys. Rev. B **84** (2011) 045125.
79) C. Weisbuch, M. Nishioka, A. Ishikawa, and Y. Arakawa : Phys. Rev. Lett. **69** (1992) 3314.
80) M. Nakayama, K. Miyazaki, T. Kawase, and D. Kim : Phys. Rev. B **83** (2011) 075318.
81) M. Richard, J. Kasprzak, R. André, R. Romestain, Le Si Dang, G. Malpuech, and A. Kavokin : Phys. Rev. B **72** (2005) 201301.
82) R. Balili, V. Hartwell, D. Snoke, L. Pfeiffer, and K. West : Science **316** (2007) 1007.
83) J. Kasprzak, D. D. Solnyshkov, R. André, Le Si Dang, and G. Malpuech : Phys. Rev. Lett. **101** (2008) 146404.
84) J. Levrat, R. Butté, E. Feltin, J.-F. Carlin, N. Grandjean, D. Solnyshkov, and G. Malpuech : Phys. Rev. B **81** (2010) 125305.
85) A. Imamoglu, R. J. Ram, S. Pau, and Y. Yamamoto : Phys. Rev. A **53** (1996) 4250.
86) S. Christopoulos, G. Baldassarri Höger von Högersthal, A. J. D. Grundy, P. G. Lagoudakis, A. V. Kavokin, J. J. Baumberg, G. Christmann, R. Butté, E. Feltin, J.-F. Carlin, and N. Grandjean : Phys. Rev. Lett. **98** (2007) 126405.
87) G. Christmann, R. Butté, E. Feltin, J.-F. Carlin, and N. Grandjean : Appl. Phys. Lett. **93** (2008) 051102.
88) T. Guillet, M. Mexis, J. Levrat, G. Rossbach, C. Brimont, T. Bretagnon, B. Gil, R. Butté, N. Grandjean, L. Orosz, F. Réveret, J. Leymarie, J. Zúniga-Pérez, M. Leroux, F. Semond, and S. Bouchoule : Appl. Phys. Lett. **99** (2011) 161104.
89) 総説として, J. Shah, *Ultrafast Spectroscopy of Semiconductors and Semiconductor Nanostructures* (Springer, Berlin, 1996).
90) S. Adachi, S. Muto, K. Hazu, T. Sota, K. Suzuki, S. F. Chichibu, and T. Mukai : Phys. Rev. B **67** (2003) 205212.
91) S. Adachi, K. Hazu, T. Sota, S. Chichibu, G. Cantwell, D. C. Reynolds, and C. W. Litton : Phys. Status Solidi C **2** (2005) 890.
92) A. J. Fischer, W. Shan, G. H. Park, J. J. Song, D. S. Kim, D. S. Yee, R. Horning, and B. Goldenberg : Phys. Rev. B **56** (1997) 1077.
93) T. Ishiguro, Y. Toda, S. Adachi, and S. F. Chichibu : Proc. SPIE **6892** (2008) 689219.
94) 解説として, C. Klingshirn and H. Haug : Phys. Rep. **70** (1981) 315.
95) K. Bohnert, G. Schmieder, and C. Klingshirn : Phys. Status Solidi B **98** (1980) 175.
96) C. I. Yu, T. Goto, and M. Ueta : J. Phys. Soc. Jpn. **34** (1973) 693.

97) T. Fischer and J. Bille : J. Appl. Phys. **45** (1974) 3937.
98) Z. K. Tang, G. K. L. Wong, P. Yu, M. Kawasaki, A. Ohtomo, H. Koinuma,and Y. Segawa : Appl. Phys. Lett. **72** (1998) 3270.
99) M. Nakayama, H. Tanaka, M. Ando, and T. Uemura : Appl. Phys. Lett. **89** (2006) 031909.
100) H. Tanaka, M. Ando, T. Uemura, and M. Nakayama : Phys. Status Solidi C **3** (2006) 3512.
101) M. Nakayama and K. Sakaguchi : Appl. Phys. Lett. **93** (2008) 261904.
102) S. Wakaiki, H. Ichida, K. Mizoguchi, D. Kim, Y. Kanematsu, and M. Nakayama : Phys. Status Solidi C **8** (2011) 116.
103) I. Tanaka and M. Nakayama : J. Appl. Phys. **92** (2002) 3511.
104) C. F. Klingshirn : *Semiconductor Optics*, 3rd ed. (Springer, Berlin, 2007) p.563.
105) I. Vurgaftman and J. R. Meyer : J. Appl. Phys. **94** (2003) 3675.
106) P. A. Crowell, D. K. Young, S. Keller, E. L. Hu, and D. D. Awschalom : Appl. Phys. Lett. **72** (1998) 927.
107) J. Hashimoto, Y. Maeda, and M. Nakayama : Appl. Phys. Lett. **96** (2010) 081910.
108) R. Huang, Y. Yamamoto, R. André, J. Bleuse, M. Muller, and H. Ulmer-Tuffigo : Phys. Rev. B **65** (2002) 165314.
109) H. Ichida, Y. Kanematsu, T. Shimomura, K. Mizoguchi, D. Kim, and M. Nakayama : Phys. Rev. B **72** (2005) 045210.
110) K. L. Shaklee, R. F. Leheny, and R. E. Nahory : Phys. Rev. Lett. **26** (1971) 888.
111) M. Drechsler, D. M. Hofmann, B. K. Meyer, T. Detchprohm, H. Amano, and I. Akasaki : Jpn. J. Appl. Phys. **34** (1995) L1178.
112) M. Steube, K. Reimann, D. Fröhlich, and S. J. Clarke : Appl. Phys. Lett. **71** (1997) 948.
113) L. Schultheis and K. Ploog : Phys. Rev. B **29** (1984) 7058.
114) J. Kusano, Y. Segawa, M. Mihara, Y. Aoyagi, and S. Namba : Solid State Commun. **72** (1989) 215.
115) Z. K. Tang, A. Yanase, T. Yasui, Y. Segawa, and K. Cho : Phys. Rev. Lett. **71** (1993) 1431.
116) M. Nakayama, D. Kim, and H. Ishihara : Phys. Rev. B **74** (2006) 073306.
117) G. Oohata, Y. Yokotsuji, D. Kim, H, Ishihara, and M. Nakayama : J. Phys. Soc. Jpn. **78** (2009) 024702.
118) K. Akiyama, N. Tomita, Y. Nomura, and T. Isu : Appl. Phys. Lett. **75** (1999) 475.
119) H. Ishihara, K. Cho, K. Akiyama, N. Tomita, Y. Nomura, and T. Isu : Phys. Rev. Lett. **89** (2002) 017402.
120) M. Ichimiya, M. Ashida, H. Yasuda, H. Ishihara, and T. Itoh : Phys. Rev. Lett. **103** (2009) 257401.

121) F. H. Pollak: Surf. Sci. **37** (1973) 863.
122) M. Chandrasekhar and F. H. Pollak: Phys. Rev. B **15** (1977) 2127.
123) C. G. Van de Walle: Phys. Rev. B **39** (1989) 1871.
124) I. Vurgaftman, J. R. Meyer, and L. R. Ram-Mohan: J. Appl. Phys. **89** (2001) 5815.
125) 総説として, M. Cardona: *Modulation Spectroscopy* (Academic Press, New York, 1969).
126) J. L. Shay: Phys. Rev. B **2** (1970) 803.
127) D. E. Aspnes: Surf. Sci. **37** (1973) 418.
128) B. O. Seraphin and N. Bottka: Phys. Rev. **145** (1966) 628.
129) B. V. Shanabrook, O. J. Glembocki, and W. T. Beard: Phys. Rev. B **35** (1987) 2540.
130) W. M. Theis, G. D. Sanders, C. E. Leak, K. K. Bajaj, and H. Morkoç: Phys. Rev. B **37** (1988) 3042.
131) J. Hashimoto and M. Nakayama: Phys. Status Solidi C **6** (2009) 358.
132) I. J. Fritz: Appl. Phys. Lett. **51** (1987) 1080.
133) F. Höhnsdorf, J. Koch, C. Agert, and W. Stolz: J. Cryst. Growth **195** (1998) 391.
134) W. Shan, W. Walukiewicz, J. W. Ager III, E. E. Haller, J. F. Geisz, D. J. Friedman, J. M. Olson, and S. R. Kurtz: Phys. Rev. Lett. **82** (1999) 1221.
135) J. B. Jeon, B. C. Lee, Yu. M. Sirenko, K. W. Kim, and M. A. Littlejohn: J. Appl. Phys. **82** (1997) 386.
136) G. L. Bir and G. E. Pikus: *Symmetry and Stain-Induced Effects in Semiconductors* (Wiley, New York, 1974) p.329.
137) Yu. M. Sirenko, J. B. Jeon, B. C. Lee, K. W. Kim, M. A. Littlejohn, M. A. Stroscio, and G. J. Iafrate: Phys. Rev. B **55** (1997) 4360.
138) W. Shan, R. J. Hauenstein, A. J. Ficher, J. J. Song, W. G. Perry, M. D. Bremser, R. F. Davis, and B. Goldenberg: Phys. Rev. B **54** (1996) 13460.

〔4章〕
1) おもに Si と Ge に関する総説として, *Electron-Hole Droplets in Semiconductors*, ed. by C. D. Jeffries and L. V. Keldysh (North-Holland, Amsterdam, 1983).
2) 化合物半導体に関する総説として, H. Kalt, *Optical Properties of III-V Semiconductors* (Springer, Berlin, 1996) Chap. 3.
3) H. Haug and S. Schmitt-Rink: Prog. Quantum Electr. **9** (1984) 3.
4) C. F. Kingshirn: *Semiconductor Optics*, 3rd ed. (Springer, Berlin, 2007) p.529.
5) P. Debye and E. Hükel: Phys. Z. **24** (1923) 185.
6) L. H. Thomas: Proc. Camb. Phil. Soc. **23** (1927) 542.
7) E. Fermi: Z. Phys. **48** (1928) 73.
8) A. Amo, M. D. Martin, L. Vina, A. I. Toropov, and K. S. Zhuravlev: Phys. Rev. B **73** (2006) 035205.

9) F. Binet, J. Y. Duboz, J. Off, and F. Scholz : Phys. Rev. B **60** (1999) 4715.
10) J. Collet and T. Amand : Phys. Rev. B **33** (1986) 4129.
11) M. A. M. Versteegh, T. Kuis, H. T. C. Stoof, and J. I. Dijkhuis : Phys. Rev. B **84** (2011) 035207.
12) P. Vashishta and R. K. Kalia : Phys. Rev. B **25** (1982) 6492.
13) H. Kalt and M. Rinker : Phys. Rev. B **45** (1992) 1139.
14) M. Capizzi, S. Modesti, A. Frova, J. L. Staechli, M. Guzzl, and R. A. Logan : Phys. Rev. B **29** (1984) 2028.
15) G. Beni and T. M. Rice : Phys. Rev. B **18** (1978) 768.
16) A. Yamamoto, T. Kido, T. Goto, Y. Chen, and T. Yao : Solid State Commun. **122** (2002) 29.
17) T. J. Inagaki and M. Aihara : Phys. Rev. B **65** (2002) 205204.
18) I. Pelant and J. Valenta : *Luminescence Spectroscopy of Semiconductors* (Oxford Univ. Press, Oxford, 2012) p.263.
19) A. Einstein : Phys. Z. **18** (1917) 121.
20) M. G. Bernald and G. Duraffourg : Phys. Status Solidi **1** (1961) 699.
21) T. Shih, E. Mazur, J.-P. Richters, J. Gutowski, and T. Voss : J. Appl. Phys. **109** (2011) 043504.
22) J. F. Muth, J. H. Lee, I. K. Shmagin, R. M. Kolbas, H. C. Casey, Jr., B. P. Keller, U. K. Mishra, and S. P. DenBaars : Appl. Phys. Lett. **71** (1997) 2572.
23) G. Yu, G. Wang, H. Ishikawa, M. Umeno, T. Soga, T. Egawa, J. Watanabe, and T. Jimbo : Appl. Phys. Lett. **70** (1997) 3209.
24) G. Lasher and F. Stern : Phys. Rev. **133** (1964) A553.
25) V. C. Aguilera-Navarro, G. A. Estévez, and A. Kostecki : J. Appl. Phys. **63** (1988) 2848.
26) P. T. Landsberg : Phys. Status Solidi **15** (1966) 623.
27) G. Göbel : Appl. Phys. Lett. **24** (1974) 492.
28) S. Tanaka, H. Kobayashi, H. Saito, and S. Shionoya : J. Phys. Soc. Jpn. **49** (1980) 1051.
29) H. Kalt, K. Reimann, W. W. Rühle, M. Rinker, and E. Bauser : Phys. Rev. B **42** (1990) 7058.
30) J. R. Haynes : Phys. Rev. Lett. **17** (1966) 860.
31) G. A. Thomas, T. M. Rice, and J. C. Hensel : Phys. Rev. Lett. **33** (1974) 219.
32) C. Benoit á la Guillaume and M. Voos : Phys. Rev. B **7** (1973) 1723.
33) R. B. Hammond, T. C. McGill, and J. W. Mayer : Phys. Rev. B **13** (1976) 3566.
34) J. Shah, M. Combescot, and A. H. Dayem : Phys. Rev. Lett. **38** (1977) 1497.
35) J. Shah, R. F. Leheny, W. R. Harding, and D. R. Wight : Phys. Rev. Lett. **38** (1977) 1164.

36) D. Bimberg, M. S. Skolnick, and L. M. Sander : Phys. Rev. B **19** (1979) 2231.
37) D. Hulin, A. Mysyrowicz, M. Combescot, I. Pelant, and C. Benoit à la Guillaume : Phys. Rev. Lett. **39** (1977) 1169.
38) R. Shimano, M. Nagai, K. Horiuchi, and M. Kuwata-Gonokami : Phys. Rev. Lett. **88** (2002) 057404.
39) P. Vashishta, S. G. Das, and K. S. Singwi : Phys. Rev. Lett. **33** (1974) 911.
40) V. D. Kulakovskii, I. V. Kukushkin, and V. B Timofeev : Sov. Phys. JETP **51** (1980) 191.
41) H. Kalt, W. W. Rühle, K. Reimann, M. Rinker, and E. Bauser : Phys. Rev. B **43** (1991) 12364.
42) N. Lifshitz, A. Jayaraman, R. A. Logan, and R. G. Maines : Phys. Rev. B **20** (1979) 2398.
43) T. K. Lo, B. J. Feldman, and C. D. Jeffries : Phys. Rev. Lett. **31** (1973) 224.
44) R. M. Westervelt, J. L. Staehli, and E. E. Haller : Phys. Status Solidi B **90** (1978) 557.

〔5 章〕
1) C. V. Raman and K. S. Krishnan : Nature **121** (1928) 501.
2) M. Cardona : *Light Scattering in Solids II* (Springer, Berlin, 1982) p.19.
3) R. Loudon : Adv. Phys. **13** (1964) 423.
4) T. Trommer and M. Cardona : Phys. Rev. B **17** (1978) 1865.
5) C. Trallero-Giner, A. Cantarero, and M. Cardona : Phys. Rev. B **40** (1989) 4030.
6) C. A. Arguello, D. L. Rousseau, and S. P. S. Porto : Phys. Rev. **181** (1969) 1351.
7) N. Ashkenov, B. N. Mbenkum, C. Bundesmann, V. Riede, M. Lorenz, D. Spemann, E. M. Kaidashev, A. Kasic, M. Schubert, M. Grundmann, G. Wagner, H. Neumann, V. Darakchieva, H. Arwin, and B. Monemar : J. Appl. Phys. **93** (2003) 126.
8) R. J. Nemanich, S. A. Solin, and R. M. Martin : Phys. Rev. B **23** (1981) 6348.
9) K. K. Tiong, P. M. Amirtharaj, F. H. Pollak, and D. E. Aspnes : Appl. Phys. Lett. **44** (1984) 122.
10) H. Richter, Z. P. Wang, and L. Ley : Solid State Commun. **39** (1981) 625.
11) J. T. Waugh and G. Dolling : Phys. Rev. **132** (1963) 2410.
12) J. Gonzaiez-Hernandez, G. H. Azarbayejani, R. Tsu, and F. H. Pollak : Appl. Phys. Lett. **47** (1985) 1350.
13) T. Kanata, H. Murai, and K. Kubota : J. Appl. Phys. **61** (1987) 969.
14) M. Fujii, S. Hayashi, and K. Yamamoto : Jpn. J. Appl. Phys. **30** (1991) 687.
15) B. Jusserand and J. Sapriel : Phys. Rev. B **24** (1981) 7194.
16) H. Kawamura, R. Tsu, and L. Esaki : Phys. Rev. Lett. **29** (1972) 1397.
17) I. Yokota : J. Phys. Soc. Jpn. **16** (1961) 2075.

18) A. Mooradian and G. B. Wright : Phys. Rev. Lett. **16** (1966) 999.
19) B. B. Varga : Phys. Rev. **137** (1965) A1896.
20) S. Katayama, M. Hase, M. Iida, and S. Nakashima : *Proceedings of 25th International Conference on Physics of Semiconductor*, ed. by N. Miura and T. Ando (Springer, Berlin, 2001) p. 180.
21) S. Katayama and K. Murase : J. Phys. Soc. Jpn. **42** (1977) 886.
22) D. Olego and M. Cardona : Phys. Rev. B **24** (1981) 7217.
23) R. Fukusawa and S. Perkowitz : Phys. Rev. B **50** (1994) 14119.
24) H. Harima, S. Nakashima, and T. Uemura : J. Appl. Phys. **78** (1995) 1996.
25) Y. Cho, M. Remsteiner, and O. Brandt : Phys. Rev. B **85** (2012) 195209.
26) T. Kozawa, T. Kachi, H. Kano, Y. Taga, M. Hashimoto, N. Koide, and K. Manabe : J. Appl. Phys. **75** (1994) 1098.
27) P. Perlin, J. Camassel, W. Knap, T. Taliercio, J. C. Chervin, T. Suski, I. Grzegory, and S. Porowski : Appl. Phys. Lett. **67** (1995) 2524.
28) T. Yuasa, S. Naritsuka, M. Mannoh, K. Shinozaki, K. Yamanaka, Y. Nomura, M. Mihara, and M. Ishii : Phys. Rev. B **33** (1986) 1222.
29) T. Yuasa and M. Ishii : Phys. Rev. B **35** (1987) 3962.
30) R. Cuscó, L. Artus, S. Hernández, J. Ibáñez, and M. Hopkinson : Phys. Rev. B **65** (2001) 035210.
31) F. Cerdeira, C. J. Buchenauer, F. H. Pollak, and M. Cardona : Phys. Rev. B **5** (1972) 580.
32) B. A. Weinstein and M. Cardona : Phys. Rev. B **5** (1972) 3120.
33) M. Nakayama, K. Kubota, T. Kanata, H. Kato, S. Chika, and N. Sano : J. Appl. Phys. **58** (1985) 4342.
34) M. Nakayama, K. Kubota, H. Kato, S. Chika, and N. Sano : Appl. Phys. Lett. **48** (1986) 281.
35) O. Madelung : *Semiconductors : Data Handbook* 3rd ed. (Springer, Berlin, 2004) p.117.
36) V. Yu. Davydov, N. S. Averkiev, I. N. Goncharuk, D. K. Nelson, I. P. Nikitina, A. S. Polkovnikov, A. N. Smirnov, M. A. Jacobson, and O. K. Semchinova : J. Appl. Phys. **82** (1997) 5097.
37) M. S. Liu, L. A. Bursill, S. Prawer, K. W. Nugent, Y. Z. Tong, and G. Y. Zhang : Appl. Phys. Lett. **74** (1999) 3125.
38) B. J. Briggs and A. K. Ramdas : Phys. Rev. B **13** (1976) 5518.
39) V. Darakchieva, T. Paskova, M. Schubert, H. Arwin, P. P. Paskov, B. Monemar, D. Hommel, M. Heuken, J. Off, F. Scholz, B. A. Haskell, P. T. Fini, J. S. Speck, and S. Nakamura : Phys. Rev. B **75** (2007) 195217.

[**6章**]
1) 総説として，F. T. Vasko and A. V. Kuznetsov : *Electronic States and Optical Transitions in Semiconductor Heterostructures* (Springer, Berlin, 1999).
2) 解説として，B. Jusserand and M. Cardona : *Light Scattering in Solids V*, ed. by M. Cardona and G. Güntherodt (Springer, Berlin, 1989) p.49.
3) G. Bastard : Phys. Rev. B **24** (1981) 5693.
4) I. Vurgaftman, J. R. Meyer, and L. R. Ram-Mohan : J. Appl. Phys. **89** (2001) 5815.
5) D. E. Aspnes, S. M. Keiso, R. A. Logan, and R. Bhat : J. Appl. Phys. **60** (1986) 754.
6) X. Marie, J. Barrau, B. Brousseau, Th. Amand, M. Brousseau, E. V. K. Rao, and F. Alexandre : J. Appl. Phys. **69** (1991) 812.
7) H. C. Casey Jr. and M. B. Panish : *Heterostructure Lasers*, Part B (Academic Press, New York, 1978) p.14.
8) E. O. Kane : *Semiconductors and Semimetals* vol.1, ed. by R. K. Willardson and A. C. Beer (Academic Press, New York, 1966) p.75.
9) T. Hiroshima and R. Lang : Appl. Phys. Lett. **49** (1986) 456.
10) D. F. Nelson, R. C. Miller, and D. A. Kleinman : Phys. Rev. B **35** (1987) 7770.
11) D. F. Nelson, R. C. Miller, C. W. Tu, and S. K. Sputz : Phys. Rev. B **36** (1987) 8063.
12) R. C. Miller, D. A. Kleinman, and A. C. Gossard : Phys. Rev. B **29** (1984) 7085.
13) J. M. Luttinger and W. Kohn : Phys. Rev. **97** (1955) 869.
14) B. V. Shanabrook, O. J. Glembocki, D. A. Broido, and W. I. Wang : Phys. Rev. B **39** (1989) 3411.
15) P. Lawaetz : Phys. Rev. B **4** (1971) 3460.
16) D. A. Broido and L. J. Sham : Phys. Rev. B **31** (1985) 888.
17) Y. C. Chang and J. N. Shulman : Phys. Rev. B **31** (1985) 2069.
18) L. C. Andreani, A. Pasquarello, and F. Bassani : Phys. Rev. B **36** (1987) 5887.
19) M. Sugawara, N. Okazaki, T. Fujii, and S. Yamazaki : Phys. Rev. B **48** (1993) 8102.
20) D. A. B. Miller, D. S. Chemla, T. C. Damen, A. C. Gossard, W. Wiegmann, T. H. Wood, and C. A. Burrus : Phys. Rev. B **32** (1985) 1043.
21) T. Lukes, G. A. Ringwood, and B. Suprapto : Physica **84A** (1976) 421.
22) D. C. Hutchings : Appl. Phys. Lett. **55** (1989) 1082.
23) M. Nakayama, I. Tanaka, T. Doghuchi, H. Nishimura, K. Kawashima, and K. Fujiwara : Surf. Sci. **267** (1992) 537.
24) D. A. B. Miller, D. S. Chemla, T. C. Damen, A. C. Gossard, W. Wiegmann, T. H. Wood, and C. A. Burrus : Appl. Phys. Lett. **45** (1984) 13.
25) E. Anastassakis : Phys. Rev. B **46** (1992) 4744.
26) R. L. Greene, K. K. Bajaj, and D. E. Phelps : Phys. Rev. B **29** (1984) 1807.
27) M. Matsuura and Y. Shinozuka : J. Phys. Soc. Jpn. **53** (1984) 3138.
28) G. D. Sanders and Y. C. Chang : Phys. Rev. B **32** (1985) 5517.

29) D. A. Broido and L. J. Sham : Phys. Rev. B **34** (1986) 3917.
30) S. R. Eric Yang and L. J. Sham : Phys. Rev. Lett. **58** (1987) 2598.
31) T. Hiroshima : Phys. Rev. B **36** (1987) 4518.
32) G. E. W. Bauer and T. Ando : Phys. Rev. B **38** (1988) 6015.
33) M. Kumagai and T. Takagahara : Phys. Rev. B **40** (1989) 12359.
34) L. C. Andreani and A. Pasquarello : Phys. Rev. B **42** (1990) 8928.
35) H. Mathieu, P. Lefevre, and P. Christio : Phys. Rev. B **46** (1992) 4092.
36) E. L. Ivchenko, V. P. Kochereshiko, P. S. Kopev, V. A. Kosobukin, I. N. Uraltsev, and D. R. Yakoviev : Solid State Commun. **70** (1989) 529.
37) L. C. Andreani and F. Bassani : Phys. Rev. B **41** (1990) 7536.
38) J. Y. Marzin, M. N. Charasse, and B. Sermage : Phys. Rev. B **31** (1985) 8298.
39) D. Gershoni, J. M. Vandenberg, S. N. G. Chu, H. Temkin, T. Tanbun-Ek, and R. A. Logan : Phys. Rev. B **40** (1989) 10017.
40) J. M. Gerard and J. Y. Marzin : Phys. Rev. B **40** (1989) 6450.
41) Z. S. Piao, M. Nakayama, and H. Nishimura : Phys. Rev. B **53** (1996) 1485.
42) Z. S. Piao, M. Nakayama, and H. Nishimura : Phys. Rev. B **54** (1996) 10312.
43) M. Nakayama, T. Nakanishi, Z. S. Piao, H. Nishimura, T. Takahashi, and N. Egami : Physica E **7** (2000) 567.
44) T. Tsuchiya and S. Katayama : Physica B **249-251** (1998) 612.
45) T. Tsuchiya : J. Lumin. **87-89** (2000) 509.
46) B. Zhu : Phys. Rev. B **37** (1988) 4689.
47) H. Haug and S. W. Koch : *Quantum Theory of the Optical and Electronic Properties of Semiconductors*, 2nd Ed. (World Scientific, Singapore, 1993) p.169.
48) G. D. Sanders and K. K. Bajaj : Phys. Rev. B **35** (1987) 2308.
49) R. Winkler : Phys. Rev. B **51** (1995) 14395.
50) H. Iwamura, H. Kobayashi, and H. Okamoto : Jpn. J. Appl. Phys. **23** (1984) L795.
51) V. Voliotis, R. Grousson, P. Lavallard, and R. Planel : Phys. Rev. B **52** (1995) 10725.
52) R. C. Miller, D. A. Kleinman, W. T. Tsang, and A. C. Gossard : Phys. Rev. B **24** (1981) 1134.
53) P. Dawson, K. J. Moore, G. Duggan, H. I. Ralph, and C. T. B. Foxon : Phys. Rev. B **34** (1986) 6007.
54) T. Hayakawa, K. Takahashi, M. Kondo, T. Suyama, S. Yamamoto, and T. Hijikata : Phys. Rev. B **38** (1988) 1526.
55) Y. Kajikawa : Phys. Rev. B **48** (1993) 7935.
56) R. Harel, E. Cohen, E. Linder, A. Ron, and L. N. Pfeiffer : Phys. Rev. B **53** (1996) 7868.
57) C. Weisbuch, R. Dingle, A. C. Gossard, and W. Wiegmann : Solid State Commun. **38** (1981) 709.

58) Y. Masumoto, S. Shionoya, and H. Kawaguchi : Phys. Rev. B **29** (1984) 2324.
59) G. Bastard, C. Delalande, M. H. Meynadier, P. M. Frijlink, and M. Voos : Phys. Rev. B **29** (1984) 7042.
60) J. Hegarty, L. Goldner, and M. D. Sturge : Phys. Rev. B **30** (1984) 7346.
61) J. Singh and K. K. Bajaj : J. Appl. Phys. **57** (1985) 5433.
62) M. Nakayama, I. Kimura, H. Nishimura, T. Komatsu, and Y. Kaifu : Solid State Commun. **71** (1989) 1137.
63) S. Shimomura, A. Wakejima, A. Adachi, Y. Okamoto, N. Sano, K. Murase, and S. Hiyamizu : Jpn. J. Appl. Phys. **32** (1993) L1728.
64) H. Sakaki, M. Tanaka, and J. Yoshino : Jpn. J. Appl. Phys. **24** (1985) L417.
65) R. C. Miller, C. W. Tu, S. K. Sputz, and R. F. Kopf : Appl. Phys. Lett. **49** (1986) 1245.
66) J. Feldmann, G. Peter, E. O. Göbel, P. Dawson, K. Moore, C. Foxon, and R. J. Elliott : Phys. Rev. Lett. **59** (1987) 2337.
67) L. C. Andreani : Solid State Commun. **77** (1991) 641.
68) J. Martinez-Pastor, A. Vinattieri, L. Carraresi, M. Colocci, Ph. Roussignol, and G. Weimann : Phys. Rev. B **47** (1993) 10456.
69) P. Lefebvre, J. Allégre, B. Gil, A. Kavokine, H. Mathieu, W. Kim, A. Salvador, A. Botchkarev, and H. Morkoç : Phys. Rev. B **57** (1998) R9447.
70) Y. Takahashi, S. S. Kano, K. Murai, S. Fukatsu, Y. Shiraki, R. Ito : Appl. Phys. Lett. **64** (1994) 1845.
71) P. Zhou, H. X. Jiang, R. Bannwart, S. A. Solin, and G. Bai : Phys. Rev. B **40** (1989) 11862.
72) M. Bugajski, M. Godlewski, J. P. Bergman, B. Monemar, K. Reginski, and M. Kaniewska : Thin Solid Films **267** (1995) 84.
73) B. Deveaud, T. C. Damen, J. Shah, and C. W. Tu : Appl. Phys. Lett. **51** (1987) 828.
74) M. Kohl, D. Heitmann, S. Tarucha, K. Leo, and K. Ploog : Phys. Rev. B **39** (1989) 7736.
75) K. Fujiwara, H. T. Grahn, and K. Ploog : Phys. Rev. B **56** (1997) 1081.
76) R. Grousson, V. Voliotis, N. Grandjean, J. Massies, M. Leroux, and C. Deparis : Phys. Rev. B **55** (1997) 5253.
77) R. C. Miller, D. A. Kleinman, A. C. Gossard, and O. Munteanu : Phys. Rev. B **25** (1982) 6545.
78) D. A. Kleinman : Phys. Rev. B **28** (1983) 871.
79) J. R. Haynes : Phys. Rev. Lett. **4** (1960) 361.
80) S. Charbonneau, T. Steiner, M. L. W. Thewalt, E. S. Koteles, J. Y. Chi, and B. Elman : Phys. Rev. B **38** (1988) 3583.
81) R. Cingolani, Y. Chen, and K. Ploog : Phys. Rev. B **38** (1988) 13478.

82) R. Cingolani, K. Ploog, G. Peter, R. Hahn, E. O. Göbel, C. Moro, and A. Cingolani : Phys. Rev. B **41** (1990) 3272.
83) R. T. Phillips, D. J. Lovering, G. J. Denton, and G. W. Smith : Phys. Rev. B **45** (1992) 4308.
84) J. C. Kim, D. R. Wake, and J. P. Wolfe : Phys. Rev. B **50** (1994) 15099.
85) M. Nakayama, K. Suyama, and H. Nishimura : Phys. Rev. B **51** (1995) 7870.
86) D. Birkedal, J. Singh, V. G. Lyssenko, J. Erland, and J. M. Hvam : Phys. Rev. Lett. **76** (1996) 672.
87) T. Tsuchiya and S. Katayama : Solid State Electron. **42** (1998) 1523.
88) M. A. Lampert : Phys. Rev. Lett. **1** (1958) 450.
89) K. Kheng, R. T. Cox, Y. Merie d'Aubigne, F. Bassani, K. Saminadayar, and S. Tatarenko : Phys. Rev. Lett. **71** (1993) 1752.
90) G. Finkelstein, H. Shtrikman, and I. Bar-Joseph : Phye. Rev. Lett. **74** (1995) 976.
91) H. Buhmann, L. Mansouri, J. Wang, P. H. Beton, N. Mori, L. Eaves, and M. Henini : Phys. Rev. B **51** (1995) 7969.
92) A. J. Shields, M. Pepper, D. A. Ritchie, M. Y. Simmons, and G. A. C. Jones : Phys. Rev. B **51** (1995) 18049.
93) A. J. Shields, J. L. Osborne, M. Y. Simmons, M. Pepper, and D. A. Ritchie : Phys. Rev. B **52** (1995) R5523.
94) G. Finkelstein, H. Shtrikman, and I. Bar-Joseph : Phys. Rev. B **53** (1996) R1709.
95) G. Finkelstein, V. Umansky, I. Bar-Joseph, V. Ciulin, S. Haacke, J. D. Ganiere, and B. Deveaud : Phys. Rev. B **58** (1998) 12637.
96) D. Sanvitto, R. A. Hogg, A. J. Shields, D. M. Whittaker, M. Y. Simmons, D. A. Ritchie, and M. Pepper : Phys. Rev. B **62** (2000) R13294.
97) R. Dingle, H. L. Störmer, A. C. Gossard, and W. Wiegmann : Appl. Phys. Lett. **33** (1978) 665.
98) B. Stébé, G. Munschy, L. Stauffer, F. Dujardin, and J. Murat : Phys. Rev. B **56** (1997) 12454.
99) C. Riva, F. M. Peeters, and K. Varga : Phys. Rev. B **61** (2000) 13873.
100) T. Tsuchiya and S. Katayama : *Proceedings of the 24th International Conference on the Physics of Semiconductors, Jersalem, 1998*, ed. by D. Gershoni (World Scientific, Singapore, 1999) CD-ROM.
101) A. Thilagam : Phys. Rev. B **55** (1997) 7804.
102) C. Domoto, T. Nishimura, N. Ohtani, K. Kuroyanagi, P. O. Vaccaro, T. Aida, H. Takeuchi, and M. Nakayama : Jpn. J. Appl. Phys. **41** (2002) 5073.
103) D. A. B. Miller, D. S. Chemla, T. C. Damen, T. H. Wood, C. A. Burrus, Jr., A. C. Gossard, and W. Wiegmann : IEEE J. Quantum Electron. **QE-21** (1985) 1462.
104) M. Nakayama, T. Hirao, and T. Hasegawa : J. Appl. Phys. **105** (2009) 123525.

105) H. D. Sun, T. Makino, N. T. Tuan, Y. Segawa, Z. K. Tang, G. K. L. Wong, M. Kawasaki, A. Ohtomo, K. Tamura, and H. Koinuma : Appl. Phys. Lett. **77** (2000) 4250.
106) E. O. Göbel, K. Leo, T. C. Damen, J. Shah, S. Schmitt-Rink, W. Schäfer, J. F. Müller, and K. Köhler : Phys. Rev. Lett. **64** (1990) 1801.
107) K. Leo, T. C. Damen, J. Shah, E. O. Göbel, and K. Köhler : Appl. Phys. Lett. **57** (1990) 19.
108) K. Leo, J. Shah, E. O. Göbel, T. C. Damen, S. Schmitt-Rink, W. Schäfer, and K. Köhler : Phys. Rev. Lett. **66** (1991) 201.
109) P. C. Planken, M. C. Nuss, I. Brener, K. W. Goosen, M. S. C. Luo, S. L. Chuang, and L. Pfeiffer : Phys. Rev. Lett. **69** (1992) 3800.
110) K. Leo, J. Shah, T. C. Damen, A. Schulze, T. Meier, S. Schmitt-Rink, P. Thomas, E. O. Göbel, S. L. Chuang, M. S. C. Luo, W. Schäder, K. Köhler, and P. Ganser : IEEE J. Quantum Electron. **28** (1992) 2498.
111) G. Bartels, G. C. Cho, T. Dekorsy, H. Kurz, A. Stahl, and K. Köhler : Phys. Rev. B **55** (1997) 16404.
112) O. Kojima, K. Mizoguchi, and M. Nakayama : Phys. Rev. B **68** (2003) 155325.
113) O. Kojima, K. Mizoguchi, and M. Nakayama : J. Lumin. **108** (2004) 195.
114) O. Kojima, K. Mizoguchi, and M. Nakayama : J. Appl. Phys. **112** (2012) 043522.
115) N. Sano, H. Kato, M. Nakayama, S. Chika, and H. Terauchi : Jpn. J. Appl. Phys. **23** (1984) L640.
116) K. Mizoguchi, O. Kojima, T. Furuichi, M. Nakayama, K. Akahane, N. Yamamoto, and N. Ohtani : Phys. Rev. B **69** (2004) 233302.
117) M. Nakayama, S. Ito, K. Mizoguchi, S. Saito, and K. Sakai : Appl. Phys. Express **1** (2008) 012004.
118) D. J. Lovering, R. T. Phillips, G. J. Denton, and G. W. Smith : Phys. Rev. Lett. **68** (1992) 1880.
119) K. H. Pantke, D. Oberhauser, V. G. Lyssenko, J. M. Hvam, and G. Weimann : Phys. Rev. B **47** (1993) 2413.
120) S. Bar-Ad, I. Bar-Joseph, G. Finkelstein, and Y. Levinson : Phys. Rev. B **50** (1994) 18375.
121) G. O. Smith, E. J. Mayer, J. Kuhl, and K. Ploog : Solid State Commun. **92** (1994) 325.
122) T. F. Albrecht, K. Bott, T. Meier, A. Schulze, M. Koch, S. T. Cundiff, J. Feldmann, W. Stolz, P. Thomas, S. W. Koch, and E. O. Göbel : Phys. Rev. B **54** (1996) 4436.
123) S. Adachi, T. Miyashita, S. Takeyama, Y. Takagi, A. Takeuchi, and M. Nakayama : Phys. Rev. B **55** (1997) 1654.
124) L. C. West and S. J. Eglash : Appl. Phys. Lett. **46** (1985) 1156.
125) M. Nakayama, H. Kuwahara, H. Kato, and K. Kubota : Appl. Phys. Lett. **51** (1987)

1741.
126) B. F. Levine, K. K. Choi, C. G. Bethea, J. Walker, and R. J. Malik：Appl. Phys. Lett. **50** (1987) 1092.
127) 総説として, *Semiconductors and Semimetals* vol. 62, *Intersubband Transitions in Quantum Wells：Physics and Device Applications I*, ed. by H. C. Liu and F. Capasso (Academic Press, San Diego, 2000).
128) S. D. Gunapala, J. S. Park, G. Sarusi, T. L. Lin, J. K. Liu, P. D. Maker, R. E. Muller, C. A. Shott, T. Hoelter, and B. F. Levine：IEEE Trans. Electron. Devices **44** (1997) 45.
129) H. C. Liu, C. Y. Song, A. J. SpringThorpe, and J. C. Cao：Appl. Phys. Lett. **84** (2004) 4068.
130) R. F. Kazarinov and R. A. Suris：Sov. Phys. Semicond. **5** (1971) 707.
131) J. Faist, F. Capasso, D. L. Sivco, C. Sirtori, A. L. Huchinson, and A. Y. Cho：Science **264** (1994) 553.
132) 解説として, F. Cappaso：*Semiconductor Quantum Optoelectronics*, ed. by A. Miller, M. Ebrahimzadeh, and D. M. Finlayson (The Scottish Universities Summer School in Physics, Edinburgh, 1999) p.391.
133) K. Ohtani and H. Ohno：Appl. Phys. Lett. **82** (2003) 1003.
134) C. Sirtori, P. Kruck, S. Basbieri, H. Page, J. Nagle, M. Beck, J. Faist, and U. Oesterie：Appl. Phys. Lett. **75** (1999) 3911.
135) M. Beck, D. Hofstetter, T. Aellen, J. Faist, U. Oesterle, M. Ilegems, E. Gini, and H. Melchior：Science **295** (2002) 301.
136) R. Köhler, A. Tredicucci, F. Boltram, H. E. Beere, E. H. Linfield, A. G. Davies, D. A. Ritchie, R. C. Iotti, and F. Rossi：Nature **417** (2002) 156.
137) M. A. Belkin, F. Capasso, F. Xie, A. Belyanin, M. Ficher, A. Wittmann, and J. Faist：Appl. Phys. Lett. **92** (2008) 201101.
138) H. Shen, S. H. Pan, F. H. Pollak, M. Dutta, and T. R. AuCoin：Phys. Rev. B **36** (1987) 9384.
139) S. H. Pan, H. Shen, Z. Hang, F. H. Pollak, W. Zhuang, Q. Xu, A. P. Roth, R. A. Masut, C. Lacelle, and D. Morris：Phys. Rev. B **38** (1988) 3375.
140) I. Tanaka, M. Nakayama, H. Nishimura, K. Kawashima, and K. Fujiwara：Phys. Rev. B **48** (1993) 2787.
141) M. Nakayama, R. Sugie, H. Ohta, and S. Nakashima：Jpn. J. Appl. Phys. **34** (1995) suppl. 34-1, 80.
142) M. Nakayama, T. Fujita, and H. Nishimura：Superlattices Microstruc. **17** (1995) 31.
143) M. Nakayama, M. Ando, I. Tanaka, H. Nishimura, H. Schneider, and K. Fujiwara：Phys. Rev. B **51** (1995) 4236.

144) M. Nakayama, T. Nakanishi, K. Okajima, M. Ando, and H. Nishimura : Solid State Commun. **102** (1997) 803.
145) T. Hasegawa and M. Nakayama : Jpn. J. Appl. Phys. **44** (2005) 8340.
146) D. E. Aspnes and A. A. Studna : Phys. Rev. B **7** (1973) 4605.
147) B. Schlichtherle, G. Weiser, M. Klenk, F. Mollot, and Ch. Starck : Phys. Rev. B **52** (1995) 9003.
148) M. Nakayama and T. Kawabata : J. Appl. Phys. **111** (2012) 053523.
149) E. E. Mendez, F. Agulló-Rueda, and J. M. Hong : Phys. Rev. Lett. **60** (1988) 2426.
150) P. Voisin, J. Bleuse, C. Bouche, S. Gaillard, C. Alibert, and A. Regreny : Phys. Rev. Lett. **61** (1988) 1639.
151) G. H. Wannier : Rev. Mod. Phys. **34** (1962) 645.
152) 解説として，M. Nakayama : *Optical Properties of Low Dimensional Materials*, ed. by T. Ogawa and Y. Kanemitsu (World Scientific, Singapore, 1995) p.147.
153) 総説として，K. Leo : *High-Field Transport in Semiconductor Superlattices* (Springer, Berlin, 2003).
154) J. Bleuse, G. Bastard, and P. Voisin : Phys. Rev. Lett. **60** (1988) 220.
155) E. E. Mendez, F. Agulló-Rueda, and J. M. Hong : Appl. Phys. Lett. **56** (1990) 2545.
156) I. Tanaka, M. Nakayama, H. Nishimura, K. Kawashima, and K. Fujiwara : Solid State Commun. **92** (1994) 385.
157) M. Nakayama, I. Tanaka, T. Doguchi, H. Nishimura, K. Kawashima, and K. Fujiwara : Solid State Commun. **77** (1991) 303.
158) K. H. Schmidt, N. Linder, G. H. Döhler, H. T. Grahn, K. Ploog, and H. Schneider : Phys. Rev. Lett. **72** (1994) 2769.
159) R. P. Leavitt and J. W. Little : Phys. Rev. B **42** (1990) 11784.
160) M. M. Dignam and J. E. Sipe : Phys. Rev. B **43** (1991) 4097.
161) H. Schneider, K. Fujiwara, H. T. Grahn, K. v. Klitzing, and K. Ploog : Appl. Phys. Lett. **56** (1990) 605.
162) K. Kawashima, K. Fujiwara, T. Yamamoto, and K. Kobayashi : Jpn. J. Appl. Phys. **31** (1992) 2682.
163) M. Hosoda, K. Kawashima, K. Tominaga, T. Watanabe, and K. Fujiwara : IEEE J. Quantum Electron. **31** (1995) 954.
164) H. Schneider, H. T. Grahn, K. v. Klitzing, and K. Ploog : Phys. Rev. Lett. **65** (1990) 2720.
165) M. Nakayama, I. Tanaka, H. Nishimura, K. Kawashima, and K. Fujiwara : Phys. Rev. B **44** (1991) 5935.
166) I. Tanaka, M. Nakayama, H. Nishimura, K. Kawashima, and K. Fujiwara : Phys. Rev. B **46** (1992) 7656.
167) T. Hasegawa and M. Nakayama : J. Appl. Phys. **101** (2007) 043512.

168) F. Bloch : Z. Phys. **52** (1928) 555.
169) C. Zener : Proc. R. Soc. London Ser. A **145** (1934) 523.
170) M. Dignam, J. E. Sipe, and J. Shah : Phys. Rev. B **49** (1994) 10502.
171) J. Feldmann, K. Leo, J. Shah, D. A. B. Miller, J. E. Cunningham, T. Meier, G. von Plessen, A. Schulze, P. Thomas, and S. Schmit-Rink : Phys. Rev. B **46** (1992) 7252.
172) K. Leo, P. Haring Bolivar, F. Bruggemann, H. Schwedler, and K. Köhler : Solid State Commun. **84** (1992) 943.
173) C. Waschke, H. G. Roskos, R. Scweidier, K. Leo, H. Kurz, and K. Köhler : Phys. Rev. Lett. **70** (1993) 3319.
174) G. von Plessen, T. Meier, J. Feldmann, E. O. Göbel, P. Thomas, K. W. Goossen, J. M. Kuo, and R. F. Kopf : Phys. Rev. B **49** (1994) 14058.
175) P. Leisching, P. Haring Bolivar, W. Beck, Y. Dhaibi, F. Brüggemann, R. Schwedler, H. Kurz, K. Leo, and K. Köhler : Phys. Rev. B **50** (1994) 14389.
176) Y. Shimada, K. Hirakawa, M. Odnoblioudov, and K. A. Chao : Phys. Rev. Lett. **90** (2003) 046806.
177) T. Hasegawa, K. Mizoguchi, and M. Nakayama : Phys. Rev. B **76** (2007) 115323.
178) M. Nakayama, I. Tanaka, I. Kimura, and H. Nishimura : Jpn. J. Appl. Phys. **29** (1990) 41.
179) J. Batey and S. L. Wright : J. Appl. Phys. **59** (1986) 200.
180) E. Finkman, M. D. Sturge, M. H. Meynadier, R. E. Nahory, M. C. Tamargo, D. M. Hwang, and C. C. Chang : J. Lumin. **39** (1987) 57.
181) G. Danan, B. Etienne, F. Mollot, R. Planel, A. M. Jean-Louis, F. Alexandre, B. Jusserand, G. Le Roux, J. Y. Marzin, H. Savary, and B. Sermage : Phys. Rev. B **35** (1987) 6207.
182) D. S. Jiang, K. Kelting, T. Isu, H. J. Queisser, and K. Ploog : J. Appl. Phys. **63** (1988) 845.
183) K. J. Moore, P. Dawson, and C. T. Foxon : Phys. Rev. B **38** (1988) 3368.
184) H. Kato, Y. Okada, M. Nakayama, and Y. Watanabe : Solid State Commun. **70** (1989) 535.
185) L. J. Sham and Y. T. Lu : J. Lumin. **44** (1989) 207.
186) M. H. Meynadier, R. E. Nahory, J. M. Worlock, M. C. Tamargo, J. L. de Miguel, and M. D. Sturge : Phys. Rev. Lett. **60** (1988) 1338.
187) M. S. Skolnick, G. W. Smith, I. L. Spain, C. R. Whitehouse, D. C. Herbert, D. M. Whittaker, and L. J. Reed : Phys. Rev. B **39** (1989) 11191.
188) M. Nakayama, K. Imazawa, K. Suyama, I. Tanaka, and H. Nishimura : Phys. Rev. B **49** (1994) 13564.
189) M. Nakayama : J. Lumin. **87-89** (2000) 15.

190) E. Finkman, M. D. Sturge, and M. C. Tamargo : Appl. Phys. Lett. **49** (1986) 1299.
191) F. Minami, K. Hirata, K. Era, T. Yao, and Y. Masumoto : Phys. Rev. B **36** (1987) 2875.
192) M. Nakayama, K. Suyama, and H. Nishimura : Nuovo Cimento **17D** (1995) 1629.
193) J. C. Kim and J. P. Wolfe : Phys. Rev. B **57** (1998) 9861.
194) H. Ichida and M. Nakayama : Phys. Rev. B **63** (2001) 195316.
195) R. Loudon : Adv. Phys. **13** (1964) 423.
196) C. Colvard, R. Merlin, M. V. Klein, and A. C. Gossard : Phys. Rev. Lett. **45** (1980) 298.
197) M. Nakayama, K. Kubota, T. Kanata, H. Kato, S. Chika, and N. Sano : Jpn. J. Appl. Phys. **24** (1985) 1331.
198) M. Nakayama, K. Kubota, H. Kato, S. Chika, and N. Sano : Solid State Commun. **53** (1985) 493.
199) P. V. Santos and L. Ley : Phys. Rev. B **36** (1987) 3325.
200) M. Nakayama, H. Kato, and S. Nakashima : Phys. Rev. B **36** (1987) 3472.
201) S. M. Rytov : Sov. Phys. Acoust. **2** (1956) 68.
202) D. E. Aspnes and A. A. Studna : Phys. Rev. B **27** (1983) 985.
203) D. Campi and C. Papuzza : J. Appl. Phys. **57** (1985) 1305.
204) B. Jusserand, D. Paquet, A. Regreny, and J. Kervarec : Solid State Commun. **48** (1983) 499.
205) M. W. C. Dharma-wardana, D. J. Lockwood, J. M. Baribeau, and D. C. Houghton : Phys. Rev. B **34** (1986) 3034.
206) S. Nakashima, K. Tahara, M. Hangyo, and M. Nakayama : Phys. Rev. B **41** (1990) 5221.
207) B. Jusserand, D. Paquet, F. Mollot, F. Alexandre, and G. Le Roux : Phys. Rev. B **35** (1987) 2808.
208) M. Nakayama, K. Kubota, H. Kato, and N. Sano : J. Appl. Phys. **60** (1986) 3289.
209) C. Colvard, T. A. Gant, M. V. Klein, R. Merlin, R. Fisher, H. Morkoc, and A. C. Gossard : Phys. Rev. B **31** (1985) 2080.
210) S. K. Hark, B. A. Weinstein, and R. D. Burnham : J. Appl. Phys. **62** (1987) 1112.
211) 中山正昭：応用物理 **59** (1990) 1085.
212) A. K. Sood, J. Menendez, M. Cardona, and K. Ploog : Phys. Rev. Lett. **54** (1985) 2111.
213) A. S. Baker, Jr., J. L. Merz, and A. G. Gossard : Phys. Rev. B **17** (1978) 3181.
214) D. J. Mowbray, M. Cardona, and K. Ploog : Phys. Rev. B **43** (1991) 1598.
215) G. Fasol, M. Tanaka, H. Sakaki, and Y. Horikoshi : Phys. Rev. B **38** (1988) 6056.
216) B. Jusserand, F. Alexandre, D. Paquet, and G. Le Roux : Appl. Phys. Lett. **47** (1985) 301.

217) M. Nakayama, K. Kubota, T. Kanata, H. Kato, S. Chika, and N. Sano : J. Appl. Phys. **58** (1985) 4342.
218) A. Fasolino, E. Molinari, and J. C. Maan : Phys. Rev. B **33** (1986) 8889.
219) M. Yano, M. Okuizumi, Y. Iwai, and M. Inoue : J. Appl. Phys. **74** (1993) 7472.
220) R. Merlin, C. Colvard, M. V. Klein, H. Morkoc, A. Y. Cho, and A. C. Gossard : Appl. Phys. Lett. **36** (1980) 43.
221) A. K. Sood, J. Menendez, M. Cardona, and K. Ploog : Phys. Rev. Lett. **54** (1985) 2115.
222) M. Nakayama, S. Ishida, and N. Sano : Phys. Rev. B **38** (1988) 6348.

# 索　　　引

## 【あ】

アインシュタイン係数　181
アクセプター　17, 82, 84
アーバックテイル　72, 80
安定化エネルギー
　　　　　191, 192, 194, 195
鞍部点　71

## 【い】

イオン化アクセプター　106
イオン化エネルギー　19
イオン化ドナー　106
イオン化不純物束縛励起子
　　　　　106
位相緩和時間　139, 274, 298
位相緩和速度　139
位相整合条件　139
1重項励起子　29, 102, 109
1階微分形状解析　163
因子群解析　9, 10, 313

## 【う】

ウルツ鉱型半導体
　　9, 22, 96, 137, 166, 219, 273
ウルツ鉱構造
　　3, 5, 9, 23, 166, 168, 203, 236
運動量演算子　62, 233
運動量保存則　65

## 【え】

エネルギー緩和過程
　　　　　110, 253
エネルギー緩和時間　112
エネルギー緩和速度　261
エネルギー分散関係
　　　1, 122, 229, 233
エネルギー保存則　64, 142,
　　144, 184, 187, 191, 207
エピタキシャル成長　3

## 【お】

円偏光選択則　137, 138, 277
応力-ひずみ関係　156, 166
オージェ再結合　42, 89, 93
オージェ再結合係数　90
重い正孔
　　21, 66, 161, 231, 267
重い正孔サブバンド
　　　　　231, 233, 273
重い正孔-電子間光学遷移
　　　　　68
重い正孔励起子　30, 143,
　　165, 166, 241, 250, 251
折り返しLAフォノンモード
　　　40, 315, 316, 317
折り返し効果　40, 314
折り返しモード
　　　　　312, 314, 317
音響フォノン　6, 11, 312
音響フォノン散乱
　　　　　101, 114, 259
界面フォノン　312
界面フォノンポラリトン
　　　　　323, 324
界面フォノンラマン散乱
　　　　　323
界面モード　322
界面ラフネス　255, 257, 261
化学ポテンシャル
　　183, 188, 192, 195, 310, 311
拡張型指数関数　118
仮想遷移　74
加速定理　296
価電子帯　14, 32, 64, 65, 69,
　　73, 88, 96, 137, 161, 165,
　　167, 169, 171, 176, 183, 247

価電子帯有効状態密度
　　　　　16, 92, 188
荷電励起子
　　　　　251, 266, 267, 268
荷電励起子束縛エネルギー
　　　　　267, 268
軽い正孔
　　21, 66, 160, 231, 267
軽い正孔サブバンド
　　　　　231, 233, 273
軽い正孔-電子間光学遷移
　　　　　68
軽い正孔励起子　30, 143,
　　165, 166, 241, 250, 251
換算有効質量　26, 268, 286
間接遷移　72, 73, 74, 76
間接遷移確率　62, 72
間接遷移型半導体
　　7, 21, 84, 86, 191, 192, 193

## 【き】

基底関数　22, 24, 30, 32, 64,
　　65, 66, 78, 82, 96, 158, 247
軌道角運動量　157
擬フェルミ準位　88, 171,
　　174, 176, 182, 185, 186, 190
基本結晶格子　1
逆格子空間　4
既約表現　10, 22, 23, 24, 30,
　　　　　32, 96
逆ボルツマン分布形状
　　　　　123, 263
キャビティポラリトン
　　　　　135, 136
吸　　収　25, 43, 94
吸収係数　42, 46, 68, 72, 76,
　　　79, 100, 182
吸収スペクトル　76, 79, 94,
　　　116, 250, 252
凝縮状態　171

| | | |
|---|---|---|
| 共鳴トンネル効果 | 38, 287 | |
| 共鳴ラマン散乱効果 | 201 | |
| 局所電場 | 48 | |
| 極性面 | 3 | |
| 巨大2光子吸収 | 131, 133 | |
| 許容遷移 | 30, 32 | |
| 擬立方晶近似 | 167 | |
| 禁制遷移 | 29, 30, 32 | |
| 禁制帯幅 | 15 | |

## 【く】

空間群　2
空間相関モデル　209
空間分散　47, 53, 57
屈折　43
屈折率　45, 51, 100
クラマース-クローニッヒ
　関係　49
クローニッヒ・ペニイ型
　方程式　38
クーロン遮蔽効果　171, 172
群速度　149
群論　1, 31

## 【け】

欠陥発光　110
結合状態密度　62, 69, 71, 183, 186, 283
結晶構造　1
結晶場分裂　22
結晶場分裂エネルギー　96, 168
減衰全反射（ATR）法　97

## 【こ】

光学遷移確率　7, 21, 63, 66
光学遷移選択則　137, 154
光学的誘電率　51
光学フォノン　6, 11, 42, 53, 199, 202, 203, 312
光学フォノン振動数　12, 217, 218, 219, 319
光学フォノンポラリトン　42, 55, 56
光学フォノンモード　13
光学利得　141, 145, 146, 150, 151, 153, 181, 182, 184, 189, 190

光学利得スペクトル　189, 190
交換相関相互作用　175
交換相互作用　29, 175, 178
交換相互作用エネルギー　176
交換相互作用分裂エネルギー　29
格子欠陥　105
格子定数　1, 25, 164
格子ひずみ　169, 218, 236, 237, 318
格子ひずみ効果　94, 156, 161, 165, 167, 217, 219, 322
格子不整合　156, 164
格子不整合ひずみ　164
格子ベクトル　1
後方散乱配置　202, 313
国際表記　2
コヒーレントLOフォノン　274, 275, 276
コヒーレント状態　139
コヒーレント領域　113
混晶半導体　13, 24, 115, 148, 210, 227, 228
コンボリューション法　112, 148

## 【さ】

最近接強結合近似　288, 289
再結合発光確率　3, 42
再構成バンドギャップ
　エネルギー　176, 185, 190
最終状態ダンピング　189
サブバンド　36
サブバンドエネルギー　36, 223, 224, 226, 227, 235, 236
サブバンド間吸収　278, 279
サブバンド間遷移　246, 248, 278, 279, 281
サブバンド間遷移確率　249
サブバンド間発光　278
サブバンド構造　222, 223
3階微分形状解析　163, 164
3次の非線形感受率　140, 155
3重項励起子　29, 102, 109

## 【し】

時間・空間相関　206
時間分解反射型ポンプ・
　プローブ分光法　299
試行関数　240, 244
自己束縛励起子　81
自己電気光学効果素子　236, 270, 294, 296
自己補償効果　18
自己無撞着平均場近似　177
自然放出　181, 182
弱局在　255
弱局在励起子　94, 117, 257, 260
弱局在励起子発光　102, 115, 117
斜方晶変形ポテンシャル　158
重心有効質量　26
自由励起子　105, 107, 108, 116, 258, 260
自由励起子発光　102, 105, 107, 111, 112
自由励起子発光寿命　113, 259
縮退4光波混合　139, 140, 155, 298
シュタルク階段状態　288, 295
シュタルク階段遷移　292, 293, 294, 295, 297, 299
シュタルク階段励起子　301
準周期性超格子　314
準直接型遷移　87, 304
準熱平衡状態　109, 123, 124, 265
消衰係数　45, 51, 100
状態飽和　105, 131
状態密度　15, 36
状態密度有効質量　178, 179
状態密度臨界点　70
消滅演算子　7
真空ラビ分裂エネルギー　136
振動子強度　30, 48, 50, 66, 68, 96, 97, 102, 109, 112, 154, 165, 212, 250, 269

## 【す】

ストークス散乱　　　199, 200
ストークスシフト　　116, 117,
　　　　　　255, 256, 259, 260
ストークスラマン散乱強度
　　　　　　　　　　　　318
スピン緩和時間　　　　　267
スピン-軌道相互作用
　　　　　　　　21, 23, 157
スピン-軌道相互作用エネル
　ギー　　　21, 96, 158, 168
スペクトル形状　　123, 127
スペクトル形状解析
　　　　　　　162, 186, 263
スペクトル幅　　　113, 114

## 【せ】

正孔サブバンド間混成
　　　　　　　　　232, 242
正孔サブバンド構造　　230
静水圧変形エネルギーシフト
　　　　　　　　　　　158
静水圧変形ポテンシャル
　　　　　　　157, 159, 168
生成演算子　　　　　　　7
成長中断法　　　　　　258
静的誘電率　　　　　28, 51
正方晶変形エネルギーシフト
　　　　　　　　　　　158
正方晶変形ポテンシャル
　　　　　　　　　　　158
赤外活性　　　　　　　9, 11
ゼーマン分裂　　　　　109
閃亜鉛鉱型半導体　　8, 19,
　　　156, 159, 217, 227, 250, 273
閃亜鉛鉱構造　　1, 5, 8, 22, 66,
　　　　　　　202, 236, 313
遷移確率　　68, 73, 79, 85, 108,
　　　　145, 154, 248, 304, 306, 307
遷移行列要素　　64, 74, 82, 85,
　　　　　　　　　　131, 248

## 【そ】

双安定性動作　　　236, 296
相関相互作用　　　175, 178
相関相互作用エネルギー
　　　　　　　　　　　176
双極子遷移　　　　　30, 63

相互作用ハミルトニアン
　　　　　　　63, 73, 78, 201
速度方程式
　　　　　　103, 112, 124, 145
束縛エネルギー
　　　　　　19, 106, 238, 245
束縛励起子　　105, 112, 130
束縛励起子発光　　102, 105,
　　　　107, 110, 111, 112, 134
束縛励起子分子　　129, 131
束縛励起子分子発光　　134
ゾンマーフェルト因子
　　　　　　　　　79, 251

## 【た】

タイプⅠヘテロ接合系　　33
タイプⅠ量子井戸構造　240
タイプⅠ励起子
　　　　　　　240, 243, 245
タイプⅠ励起子分子　　262
タイプⅡ準直接遷移型励起子
　　　　　　　　　302, 304
タイプⅡ準直接遷移型励起子
　分子　　　　　　302, 307
タイプⅡ超格子　　222, 304,
　　　　　　306, 307, 309, 311
タイプⅡヘテロ接合系　　33
タイプⅡ励起子
　　　　　　243, 245, 246, 302
タイプⅡ励起子分子
　　　　　　　　262, 307, 308
ダイヤモンド構造　　　　1
多重量子井戸構造　34, 234,
　　　252, 253, 255, 256, 259, 263,
　　　265, 269, 270, 272, 276, 277,
　　　　　　　　　　　　278
多体効果　　　　　171, 175
縦型音響（LA）フォノン
　　　　　8, 40, 314, 317, 318
縦型光学（LO）フォノン
　　　8, 28, 40, 46, 101, 107, 203,
　　　208, 211, 212, 215, 219, 319,
　　　　　　　　　　　　320
縦型モード振動数　　　50
縦型励起子　　30, 46, 58, 94,
　　　　　　97, 98, 127, 134
縦波モード　　　　　　46
縦横分裂エネルギー　30, 31,
　　　　57, 97, 135, 242, 254

縦横分裂振動数　　　　50
単一量子井戸構造　35, 223,
　　　　　　233, 241, 245, 259
単位胞　　　　　　　　9

## 【ち】

中間状態　　　　　　　73
中間ポラリトン分枝　　56
中性アクセプター
　　　　　　　82, 83, 105, 129
中性ドナー　　　　83, 105
中性不純物束縛励起子　106
超格子　　1, 32, 37, 39, 68, 222,
　　　282, 284, 287, 290, 291, 294,
　　　299, 302, 312, 313, 314, 315,
　　　316, 317, 318, 319, 320, 322
超微粒子　　　　　205, 209
直接遷移　　　　　　　68
直接遷移確率　　　　　62
直接遷移型半導体　　20, 72,
　　　　　　　　84, 183, 186

## 【て】

テラス構造　　　　258, 261
テラヘルツ電磁波
　　　　　　39, 275, 276, 298
テラヘルツ量子カスケード
　レーザー　　　　　　282
電気感受率　　44, 198, 206
電気双極子近似　　　　63
点　群　　2, 22, 156, 166, 202,
　　　　　　　　　　203, 313
電子親和力　　　　　　86
電子・正孔 BCS 状態　180
電子・正孔液体
　　　　　　171, 191, 192, 193
電子・正孔液滴　　171, 191,
　　　　　　192, 193, 194, 195
電子・正孔液滴発光　　193
電子・正孔プラズマ　　171,
　　　172, 176, 177, 180, 181, 182,
　　　183, 185, 186, 187, 188, 190,
　　　　　　　　　　191, 194
電子・正孔プラズマ発光
　　　　　　　　　　　186
電子-フォノン散乱過程　73
電子-フォノン相互作用
　　　　　　　　　20, 99
電束密度　　　　43, 44, 48

# 索引

伝達行列法
　　222, 224, 227, 235, 290, 295
伝導帯　14, 33, 64, 65, 69, 73,
　　88, 96, 161, 167, 171, 176,
　　183, 194, 247
伝導帯有効状態密度
　　16, 92, 188
電場変調反射信号　　163
電場変調反射スペクトル
　　291, 292, 295, 299
電場変調反射分光法
　　161, 162, 283, 292

## 【と】

透　過　　43
統計分布因子　　145
動的構造因子
　　197, 205, 206, 207
等電子トラップ　42, 86, 87
閉じ込めLOフォノンモード
　　41, 320, 321
閉じ込めモード　　312
ドナー　17, 82, 84
ドナー－アクセプター間距離
　　84, 85
ドナー－アクセプター対発光
　　42, 83, 84, 85
トリオン　　266

## 【な】

内部量子効率　　104

## 【に】

2光子共鳴吸収バンド
　　132, 133
2光子共鳴励起　121, 131,
　　132, 133, 137, 138, 276
2次元状態密度　　36
2次元励起子　239, 240
2励起子状態　　138

## 【ね】

熱的消光　　104
熱分布　　108

## 【は】

背景誘電率　28, 49, 51
パウリの排他律　138, 267
波数空間　　4

波数ベクトル選択則　207,
　　208, 209, 210, 313, 315, 317
波数ベクトル保存則　62, 65,
　　66, 72, 142, 144, 187, 189,
　　191, 199
発　光　25, 94, 102, 109, 142,
　　143, 266
発光減衰プロファイル　111,
　　112, 117, 128, 148, 259, 260,
　　265, 306
発光効率　103, 104, 120
発光寿命　103, 125, 126, 149,
　　195, 259, 260, 265, 306, 308,
　　311
発光スペクトル　　104, 105,
　　106, 110, 116, 119, 126, 130,
　　146, 147, 151, 185, 188, 189,
　　191, 192, 193, 194, 195, 256,
　　263, 272, 304, 307
発光スペクトル形状　　108
発光励起スペクトル　　109,
　　110, 253, 256, 272, 304
発光励起分光法　　109
波動関数共鳴　　294
波動方程式　　43
バレー間交差　　25
半極性面　　4
反　射　25, 43, 94
反射型時間分解ポンプ・
　　プローブ分光法　273
反射スペクトル　94, 95, 97,
　　98, 101, 119, 126, 253, 254
反射率　52, 57
反ストークス散乱　199, 200
反転分布　182, 184, 280
半導体マイクロキャビティ
　　136
バンド間光学遷移　　20
バンド間遷移　62, 247
バンド間遷移確率
　　64, 247, 248
バンドギャップエネルギー
　　15, 20, 24, 31, 72, 159, 165,
　　228
バンドギャップ再構成
　　172, 175, 180
バンドギャップ収縮
　　175, 177, 185
バンド構造　1, 14, 19, 156

バンド構造増強　　87
バンドテイル状態　115, 116
バンド反交差モデル　　165
バンド非放物線性　222, 228,
　　230, 242, 283
バンド－不純物間遷移　42, 82
バンド不連続性　　32

## 【ひ】

ピエゾ電気定数　　236
ピエゾ電場　3, 236, 237
ピエゾ分極　　236
光カーゲート法　　149
光双安定性デバイス　271
光弾性係数　　318
光弾性モデル　318, 319
光電流スペクトル
　　269, 291, 294
光変調反射スペクトル　163,
　　165, 166, 255, 283, 284
光変調反射分光法　117, 161,
　　162, 255, 283, 284
非極性面　　4
ヒステリシス現象　　195
ひずみエピタキシャル構造
　　163, 237
ひずみハミルトニアン
　　157, 167, 168
ひずみ量子井戸構造
　　236, 243
非発光寿命　　103
微分散乱断面積　　205
非放物線性パラメータ
　　228, 229
比誘電率　19, 27
表面空乏層　　215
表面フォノンポラリトン　61
表面不活性層　58, 97
表面ポラリトン　42, 60
表面励起子ポラリトン
　　62, 97, 98

## 【ふ】

ファインマンダイアグラム
　　200
ファブリー・ペロー干渉
　　52, 100, 254, 255
ファン・ホープ特異性　70
フェルミ準位　16, 215

フェルミの黄金律　63, 73,
　　　　　77, 88, 91, 247
フェルミ反転因子　　　184
フェルミ分布関数　15, 88,
　　　　　92, 183, 186
フェルミ粒子　　　15, 138
フォトルミネッセンス　102
フォノン　1, 39, 50, 197, 198
フォノン吸収　　73, 74, 76
フォノン強度　　213, 214
フォノン散乱　87, 113, 258
フォノン相関距離
　　　207, 208, 209, 210
フォノン波数ベクトルの
　量子化　　　　　　321
フォノン分散関係　6, 8, 10,
　　　　　39, 206, 209, 321
フォノン変形ポテンシャル
　　　　　　　　　　220
フォノン放出　73, 74, 76, 77
フォノン・ラマン散乱
　　　　　　　　198, 200
不確定性原理　　　　　73
付加的境界条件　58, 59, 97
複素屈折率　　　　45, 51
不純物準位　　　　　　17
不純物ドーピング　　　17
負性微分抵抗　　　　271
プラズマ振動数　　54, 211
プラズモン
　　　42, 53, 54, 197, 211, 215
プラズモンダンピング
　　　　　　　　215, 216
ブリルアン散乱　　　199
ブリルアンゾーン　4, 5, 20
フレンケル型励起子　　25
ブロッホ関数　　　　　4
ブロッホ振動　39, 288, 296,
　　　　　297, 298, 300
ブロッホの定理　　　　4
ブロードニング因子
　　　　　50, 52, 95, 257
　　――の温度依存性　101
分　極　　　　　　　139
分極相互作用　　　9, 29
分極密度　　43, 44, 48, 198
分極率　　　　　　　　48
分散関係　　　55, 56, 61
分配関数　　　　　　124

【へ】
平衡キャリア密度
　　　　　192, 193, 195
平衡定数　　　　　　124
ベクトルポテンシャル
　　　　　　　　62, 69
ヘテロ接合構造　　32, 156
変形ポテンシャル
　　　　　158, 167, 168
変形ポテンシャル相互作用
　　　　　　　202, 204
偏光選択則　　66, 96, 276
偏光特性　　　　68, 249
偏光ベクトル
　　　　　63, 66, 198, 202
変調ドーピング　266, 278
変調分光法　　　　　161
変分法　　　240, 244, 268

【ほ】
ポインティングベクトル　69
包絡関数　19, 34, 82, 85, 223,
　224, 225, 227, 235, 236, 241,
　243, 246, 247, 248, 249, 269,
　288, 289, 290, 291, 295, 297,
　　　　　　　　　　307
包絡関数近似　　　　34
ボース因子　　　　　200
ボース統計性の発現
　　　　　309, 310, 311
ボース分布関数　7, 76, 77,
　　　　　　　　101, 309
ボース粒子　　7, 145, 309
ポテンシャル障壁上ミニ
　バンド構造　　　　284
ボトルネック領域　56, 118
ポラリトン　　　　42, 55
ポラリトン群速度　　120
ポラリトン効果　　　　56
ポラリトン方程式　42, 45
ポーラロン　　　　5, 28
ポーラロン効果　28, 177, 178
ボルツマン分布　123, 144
ボルツマン分布関数　　16

【ま】
マクスウェル方程式　42, 43

【み】
ミニバンド　38, 292, 293, 300
ミニバンド換算有効質量
　　　　　　　　286, 287
ミニバンド構造　39, 282, 287
ミニバンド幅　283, 284, 293
ミニバンド分散関係
　　　38, 282, 284, 287, 288, 296
ミニバンド有効質量
　　　　　　　　284, 286
ミニバンド励起子　　300
ミニブリルアンゾーン　38,
　　　282, 296, 312, 314, 315, 316

【も】
モット転移　　　　171, 185
モット転移密度　　172, 173,
　　　　　174, 175, 186, 266

【ゆ】
有限サイズ効果
　　　　　197, 207, 317
有効温度　123, 128, 129, 187,
　　　　　193, 195, 311
有効次元　　　　　　242
有効質量　　15, 17, 28, 152,
　　　　　227, 228, 229, 231
　――の逆転　　　231, 232
有効質量近似　18, 34, 38, 82,
　　　　　　　　222, 230
有効質量近似クローニッヒ・
　ペニイ型方程式
　　　　　283, 284, 291, 303
有効質量近似シュレーディン
　ガー方程式
　　19, 26, 35, 223, 233, 234, 238
有効質量近似ハミルトニアン
　　　　　　　　240, 244
有効ボーア半径　19, 27, 31,
　　37, 83, 85, 121, 238, 239,
　　　　　242, 243, 250
誘電関数　42, 44, 46, 48, 49,
　　　50, 53, 54, 100, 163, 211
誘電関数応答　　　　42
誘電率　　　　　　　19
誘導吸収　　　　　145
誘導放出　66, 141, 145, 146,
　　　　　150, 181, 182, 183

# 索引

## 【よ】

横型音響（TA）フォノン　8
横型光学（TO）フォノン
　　　　　　8, 203, 212
横型モード振動数　50
横型励起子　29, 59, 94, 97,
　　　　　98, 127, 134
横波モード　46

## 【ら】

ラマン活性　9, 11, 202, 203
ラマン散乱　197, 201, 207,
　209, 210, 314, 315, 316, 317,
　　　　　　318, 324
ラマン散乱スペクトル　203,
　204, 208, 210, 212, 214, 220,
　　314, 317, 318, 320, 323
ラマン散乱選択則　197, 202,
　　203, 204, 205, 313, 314, 320
ラマン散乱断面積　205
ラマン散乱分光法　5, 56
ラマンシフト　199
ラマンテンソル　197, 200,
　　　　202, 203, 205, 313
ランダム位相近似　177, 178
ランダムポテンシャル
　　　　115, 117, 255, 257

## 【り】

量子井戸　68, 113
量子井戸構造　1, 32, 36, 222,
　228, 236, 242, 243, 247, 248,
　249, 250, 251, 254, 255, 258,
　262, 263, 268, 273, 275, 321
量子井戸赤外光検出器
　　　　　　278, 279
量子化エネルギー　34, 35, 37
量子カスケードレーザー
　　　　　278, 280, 281
量子サイズ効果　32
量子数選択則　248, 249
量子閉じ込め効果　32, 68,
　222, 238, 241, 250, 252, 257,
　　　　　　273
量子閉じ込めシュタルク効果
　223, 234, 236, 237, 248, 268,
　　　　269, 271, 307

量子ビート　138, 139, 140,
　　141, 276, 298, 300, 301
量子密度　310
量子もつれ光子対　134, 136
量子モンテカルロ法
　　　246, 262, 268, 309
臨界温度　192, 193, 194
臨界遮蔽長　173
臨界点　70
臨界電場強度　293
臨界ブロードニング因子　57
臨界膜厚　164
臨界密度　194, 195

## 【れ】

励起子　1, 25, 37, 42, 50, 53,
　57, 78, 79, 96, 97, 100, 101,
　102, 103, 106, 108, 112, 113,
　114, 116, 122, 124, 125, 126,
　128, 136, 145, 156, 163, 172,
　191, 238, 242, 243, 244, 251,
　252, 253, 255, 262, 265, 269,
　　　　271, 310, 311
──吸収スペクトル
　　79, 95, 116, 250, 252
──発光減衰プロファイル
　111, 117, 128, 148, 260, 265,
　　　　　306
──発光寿命　113, 114,
　　　　126, 258, 260
──発光スペクトル　105,
　106, 107, 110, 116, 256, 263,
　　　　265, 267
──発光励起スペクトル
　　110, 253, 256, 272, 304
──反射スペクトル　58,
　95, 97, 98, 101, 105, 119,
　　　　127, 253, 254
励起子エネルギーの温度
　依存性　98
励起子エネルギー分散　26
励起子-キャリア散乱　141
励起子形成時間　112
励起子効果　72, 293
励起子重心運動の量子化
　　　　94, 153, 154, 155
励起子振動子強度　79, 113,
　　114, 163, 195, 242, 252
励起子生成率　103

励起子遷移　77, 96, 161, 234,
　　　　250, 254, 269
励起子束縛エネルギー　27,
　31, 37, 79, 98, 121, 146, 151,
　156, 173, 239, 241, 242, 272,
　　　　　293, 309
励起子-電子散乱
　　　　　94, 143, 153
励起子-電子散乱発光
　　　　144, 145, 152
励起子非弾性散乱過程
　　　　94, 141, 145
励起子-フォノン相互作用
　　　　72, 81, 102, 107
励起子分子　94, 121, 122,
　123, 124, 125, 126, 127, 128,
　129, 131, 132, 133, 137, 138,
　139, 140, 141, 191, 193, 238,
　264, 273, 276, 308, 310, 311
励起子分子共鳴ハイパーパラ
　メトリック散乱（BRHPS）
　　　　　133, 134, 135
励起子分子束縛エネルギー
　121, 122, 123, 124, 126, 130,
　133, 138, 139, 193, 262, 263,
　　　　264, 277, 309
励起子分子発光　123, 125,
　126, 127, 128, 132, 134, 135,
　146, 185, 262, 263, 272, 307
励起子分子量子ビート
　　　　137, 276, 277
励起子包絡関数　26, 78
励起子ホッピング移動　261
励起子ポラリトン　28, 42,
　55, 56, 57, 58, 60, 94, 95,
　118, 120, 133, 134, 149
励起子ポラリトン発光
　　　　102, 118, 120
励起子ポラリトン分散関係
　　　　55, 57, 119
励起子有効振動子強度
　　　　114, 258
励起子有効ボーア半径
　　　　172, 173, 174
励起子量子ビート
　　273, 274, 275, 276
励起子-励起子散乱　94, 141,
　142, 145, 146, 151, 180, 272

励起子-励起子散乱発光
    143, 148, 152, 185, 272
励起子-励起子衝突    127
励起子-励起子分子系    123,
    124, 128, 309, 311, 312
レイリー散乱    197
レーザー発振    141, 151, 190,
    191, 280, 282

連続状態    27, 79
連続弾性体モデル    314, 317

【わ】

ワニエ型励起子    25
ワニエ・シュタルク局在
    222, 287, 292, 293, 297

ワニエ・シュタルク局在状態
    288, 290, 291, 293, 294, 297,
    298, 299, 300, 301
湾曲因子    24

【A】

Airyの微分方程式    235
Anderson 局在    115, 255
A 励起子    30, 94, 97, 98, 99,
    104, 105, 110, 137, 138, 141,
    146, 147, 151, 169

【B】

Beni-Rice 理論    178, 180
Bernard-Duraffourg の条件
    184
B 励起子    30, 94, 97, 98, 99,
    105, 110, 137, 138, 141, 169

【C】

Clausius-Mossotti の式    48
C 励起子    30, 97, 169

【D】

DALA（disorder activated
    LA）モード    211
DATA（disorder activated
    TA）モード    211
Debye-Hükel 近似    173, 175
Debye-Hükel 遮蔽長    173
Drude モデル    54

【E】

Elliott ステップ    79

【F】

Fermi-Dirac 積分    188

Franz-Keldysh 振動
    284, 286, 287, 293
Fröhlich 結合定数    28
Fröhlich 相互作用    202, 204,
    205, 320, 323

【H】

Haynes 則    106, 262, 309
Hermann-Mauguin 記号    2

【K】

Koster 記号    22
$k \cdot p$ 摂動論
    66, 157, 167, 228

【L】

Landsberg ブロードニング
    189
LO フォノンサイドバンド
    107, 108, 109, 194, 304
LO フォノン散乱    101, 118,
    252, 280, 298
LO フォノン-プラズモン結
    合（LOPC）モード    197,
    211, 212, 213, 214, 215, 216
LO フォノンレプリカ    107
Luttinger-Kohn ハミルトニ
    アン    223, 230, 232, 233
Luttinger パラメータ    231
Lyddane-Sachs-Teller 関係式
    51, 211

【M】

Mulliken 記号    10, 22

【P】

pseudomorphic 成長
    164, 243

【R】

Roosbroeck-Shockley 関係
    42, 87, 89

【S】

Schönflies 記号    2
$sp^3$ 混成軌道    1

【T】

Thomas-Fermi 遮蔽長    173

【U】

Urbach-Martienssen 則    80

【V】

van Hove 特異点    283
Varshni 則    20, 99
Vashishta-Kalia 理論
    176, 177
Vegard の法則    25, 164
VSL（variable stripe length）
    法    150, 153

【Γ】

Γ-X 混成    304, 305
Γ-X 混成因子    305, 306
Γ-X サブバンド交差
    301, 303
Γ-X バレイ交差    194

―― 著者略歴 ――

- 1978 年　関西学院大学理学部物理学科卒業
- 1980 年　関西学院大学大学院前期博士課程修了（物理学専攻）
- 1980 年　日東電工株式会社勤務
- 1983 年　関西学院大学理学部実験助手
- 1987 年　理学博士（関西学院大学）
- 1988 年　大阪市立大学工学部助手
- 1991 年　大阪市立大学工学部講師
- 1995 年　大阪市立大学工学部助教授
- 1999 年　大阪市立大学工学部教授
- 2021 年　大阪市立大学名誉教授

半導体の光物性
Optical Properties of Semiconductors　　　　　　　Ⓒ Masaaki Nakayama 2013

2013 年 8 月 30 日　初版第 1 刷発行　　　　　　　★
2021 年 5 月 15 日　初版第 3 刷発行

| 検印省略 | 著　者 | 中　山　正　昭 |
|---|---|---|
| | 発行者 | 株式会社　コロナ社 |
| | | 代表者　牛来真也 |
| | 印刷所 | 新日本印刷株式会社 |
| | 製本所 | 有限会社　愛千製本所 |

112-0011　東京都文京区千石 4-46-10
発 行 所　株式会社　コロナ社
CORONA PUBLISHING CO., LTD.
Tokyo Japan
振替 00140-8-14844・電話 (03) 3941-3131 (代)
ホームページ　https://www.coronasha.co.jp

ISBN 978-4-339-00852-4　C3055　Printed in Japan　　　　　　　（横尾）

JCOPY ＜出版者著作権管理機構　委託出版物＞
本書の無断複製は著作権法上での例外を除き禁じられています。複製される場合は、そのつど事前に、
出版者著作権管理機構（電話 03-5244-5088, FAX 03-5244-5089, e-mail: info@jcopy.or.jp）の許諾を
得てください。

本書のコピー, スキャン, デジタル化等の無断複製・転載は著作権法上での例外を除き禁じられています。
購入者以外の第三者による本書の電子データ化及び電子書籍化は、いかなる場合も認めていません。
落丁・乱丁はお取替えいたします。

# 電子情報通信レクチャーシリーズ

(各巻B5判，欠番は品切または未発行です)
■電子情報通信学会編

| 配本順 | | タイトル | 著者 | 頁 | 本体 |
|---|---|---|---|---|---|
| | | **共通** | | | |
| A-1 | (第30回) | 電子情報通信と産業 | 西村吉雄 著 | 272 | 4700円 |
| A-2 | (第14回) | 電子情報通信技術史 ―おもに日本を中心としたマイルストーン― | 「技術と歴史」研究会 編 | 276 | 4700円 |
| A-3 | (第26回) | 情報社会・セキュリティ・倫理 | 辻井重男 著 | 172 | 3000円 |
| A-5 | (第6回) | 情報リテラシーとプレゼンテーション | 青木由直 著 | 216 | 3400円 |
| A-6 | (第29回) | コンピュータの基礎 | 村岡洋一 著 | 160 | 2800円 |
| A-7 | (第19回) | 情報通信ネットワーク | 水澤純一 著 | 192 | 3000円 |
| A-9 | (第38回) | 電子物性とデバイス | 益 一哉／天川 修平 共著 | 244 | 4200円 |
| | | **基礎** | | | |
| B-5 | (第33回) | 論理回路 | 安浦寛人 著 | 140 | 2400円 |
| B-6 | (第9回) | オートマトン・言語と計算理論 | 岩間一雄 著 | 186 | 3000円 |
| B-7 | | コンピュータプログラミング | 富樫 敦 著 | | |
| B-8 | (第35回) | データ構造とアルゴリズム | 岩沼宏治 他著 | 208 | 3300円 |
| B-9 | (第36回) | ネットワーク工学 | 田中敬介／村野裕正／仙石正和 共著 | 156 | 2700円 |
| B-10 | (第1回) | 電磁気学 | 後藤尚久 著 | 186 | 2900円 |
| B-11 | (第20回) | 基礎電子物性工学 ―量子力学の基本と応用― | 阿部正紀 著 | 154 | 2700円 |
| B-12 | (第4回) | 波動解析基礎 | 小柴正則 著 | 162 | 2600円 |
| B-13 | (第2回) | 電磁気計測 | 岩﨑 俊 著 | 182 | 2900円 |
| | | **基盤** | | | |
| C-1 | (第13回) | 情報・符号・暗号の理論 | 今井秀樹 著 | 220 | 3500円 |
| C-3 | (第25回) | 電子回路 | 関根慶太郎 著 | 190 | 3300円 |
| C-4 | (第21回) | 数理計画法 | 山下信雄／福島雅夫 共著 | 192 | 3000円 |

| | 配本順 | | | 頁 | 本体 |
|---|---|---|---|---|---|
| C-6 | (第17回) | インターネット工学 | 後藤滋樹／外山勝保 共著 | 162 | 2800円 |
| C-7 | (第3回) | 画像・メディア工学 | 吹抜敬彦 著 | 182 | 2900円 |
| C-8 | (第32回) | 音声・言語処理 | 広瀬啓吉 著 | 140 | 2400円 |
| C-9 | (第11回) | コンピュータアーキテクチャ | 坂井修一 著 | 158 | 2700円 |
| C-13 | (第31回) | 集積回路設計 | 浅田邦博 著 | 208 | 3600円 |
| C-14 | (第27回) | 電子デバイス | 和保孝夫 著 | 198 | 3200円 |
| C-15 | (第8回) | 光・電磁波工学 | 鹿子嶋憲一 著 | 200 | 3300円 |
| C-16 | (第28回) | 電子物性工学 | 奥村次徳 著 | 160 | 2800円 |

## 展開

| | | | | | |
|---|---|---|---|---|---|
| D-3 | (第22回) | 非線形理論 | 香田徹 著 | 208 | 3600円 |
| D-5 | (第23回) | モバイルコミュニケーション | 中川正雄／大槻知明 共著 | 176 | 3000円 |
| D-8 | (第12回) | 現代暗号の基礎数理 | 黒澤馨／尾形わかは 共著 | 198 | 3100円 |
| D-11 | (第18回) | 結像光学の基礎 | 本田捷夫 著 | 174 | 3000円 |
| D-14 | (第5回) | 並列分散処理 | 谷口秀夫 著 | 148 | 2300円 |
| D-15 | (第37回) | 電波システム工学 | 唐沢好男／藤井威生 共著 | 228 | 3900円 |
| D-16 | (第39回) | 電磁環境工学 | 徳田正満 著 | 206 | 3600円 |
| D-17 | (第16回) | ＶＬＳＩ工学 ―基礎・設計編― | 岩田穆 著 | 182 | 3100円 |
| D-18 | (第10回) | 超高速エレクトロニクス | 中村徹／三島友義 共著 | 158 | 2600円 |
| D-23 | (第24回) | バイオ情報学 ―パーソナルゲノム解析から生体シミュレーションまで― | 小長谷明彦 著 | 172 | 3000円 |
| D-24 | (第7回) | 脳工学 | 武田常広 著 | 240 | 3800円 |
| D-25 | (第34回) | 福祉工学の基礎 | 伊福部達 著 | 236 | 4100円 |
| D-27 | (第15回) | ＶＬＳＩ工学 ―製造プロセス編― | 角南英夫 著 | 204 | 3300円 |

定価は本体価格+税です。
定価は変更されることがありますのでご了承下さい。

図書目録進呈◆

# 光エレクトロニクス教科書シリーズ

(各巻A5判,欠番は品切です)

コロナ社創立70周年記念出版 〔創立1927年〕
■企画世話人 西原 浩・神谷武志

| 配本順 | | 著者 | 頁 | 本体 |
|---|---|---|---|---|
| 1.(8回) | 新版 光エレクトロニクス入門 | 西原 浩・裏 升吾 共著 | 222 | 2900円 |
| 2.(2回) | 光 波 工 学 | 栖原敏明 著 | 254 | 3200円 |
| 3. | 光デバイス工学 | 小山二三夫 著 | | |
| 4.(3回) | 光 通 信 工 学 (1) | 羽鳥光俊・青山友紀 監修／小林郁太郎 編著 | 176 | 2200円 |
| 5.(4回) | 光 通 信 工 学 (2) | 羽鳥光俊・青山友紀 監修／小林郁太郎 編著 | 180 | 2400円 |
| 6.(6回) | 光 情 報 工 学 | 黒川隆志・滝沢國治 編著／徳丸春樹・渡辺敏英 共著 | 226 | 2900円 |

# フォトニクスシリーズ

(各巻A5判,欠番は品切または未発行です)

■編集委員 伊藤良一・神谷武志・柊元 宏

| 配本順 | | 著者 | 頁 | 本体 |
|---|---|---|---|---|
| 1.(7回) | 先 端 材 料 光 物 性 | 青柳克信 他著 | 330 | 4700円 |
| 3.(6回) | 太 陽 電 池 | 濱川圭弘 編著 | 324 | 4700円 |
| 13.(5回) | 光 導 波 路 の 基 礎 | 岡本勝就 著 | 376 | 5700円 |

定価は本体価格+税です。
定価は変更されることがありますのでご了承下さい。

図書目録進呈◆